# ZOOLOGISCHE ABHANDLUNGEN

STAATLICHEN MUSEUM FÜR TIERKUNDE IN DRESDEN

**Staatliches Museum für Tierkunde in Dresden**
DDR – 801 Dresden, Augustusstraße 2

# ABHANDLUNGEN UND BERICHTE AUS DEM STAATLICHEN MUSEUM FÜR TIERKUNDE IN DRESDEN



## Hinweise für unsere Autoren

Die Publikationen des Staatlichen Museums für Tierkunde in Dresden dienen der Veröffentlichung von Arbeiten aus dem Museum sowie solchen, die ganz oder teilweise Material des Museums behandeln oder über Materialien berichten, von denen Belegstücke in die Sammlung des Museums kommen.

Die Arbeiten sollen eine Thematik aus den Wissensgebieten Taxonomie, Phylogenie, Evolution, Morphologie, Anatomie, Biologie, Ökologie, Faunistik, Zoogeographie sowie den fachbezogenen Museumswissenschaften beinhalten. Arbeiten anderer Wissensgebiete sowie biographisch oder methodisch orientierte Arbeiten können aufgenommen werden, sofern sie zur Kenntnis der genannten Gebiete beitragen. Es werden nur Originalarbeiten veröffentlicht, die weder ganz noch teilweise bereits an anderer Stelle erschienen sind. Publikationen über Tiermaterial vom Gebiet der Deutschen Demokratischen Republik werden vorrangig behandelt.

Für Inhalt, sprachliche Gestaltung sowie Beachtung einer eventuellen Veröffentlichungsgenehmigung ihrer Arbeiten sind die Autoren selbst verantwortlich. Eine redaktionelle Bearbeitung der Manuskripte behält sich der Herausgeber vor. Die Autoren erhalten eine Eingangsbestätigung oder umfassendere Nachricht über die eingesandten Manuskripte. Nach Veröffentlichung ihrer Arbeiten erhalten die Autoren unentgeltlich 100 Sonderdrucke zugesandt; bei Veröffentlichungen, welche mehr als 200 Seiten umfassen, nur 50 Sonderdrucke. Von in den „Faunistischen Abhandlungen" erscheinenden Kurzmitteilungen werden 10 Belegexemplare ausgegeben. Diese Zahlen können aus technischen Gründen auch bei Veröffentlichungen von zwei oder mehr Autoren nicht erhöht werden.

Die Manuskripte können in deutscher, englischer oder französischer Sprache abgefaßt sein. Jede Arbeit (ausgenommen die für die „Reichenbachia" vorgesehenen Veröffentlichungen) muß eine kurze Zusammenfassung in der zur Abfassung des Manuskriptes verwendeten Sprache enthalten. Diese Zusammenfassung wird einschließlich des Titels der Arbeit bei deutschsprachigen Manuskripten in das Englische, bei fremdsprachigen Manuskripten in das Deutsche übertragen. Es ist erwünscht, daß die Autoren diese Übertragung selbst vornehmen.

Eine Rezension eingesandter Monographien wird auf Wunsch gern vorgenommen.

Spezielle Richtlinien über Manuskriptgestaltung, Ausführung der Illustrationen und Korrekturgang der Publikationen können auf Anforderung vom Herausgeber bezogen werden.

# ZOOLOGISCHE ABHANDLUNGEN

Herausgegeben vom

STAATLICHEN MUSEUM FÜR TIERKUNDE IN DRESDEN

Band 36
1979

DRESDEN

**Inhalt:** Nr. Seiten



## NEMATODA



## REPTILIA



## AVES

Hinweis an die Bezieher der "Zoologischen Abhandlungen"/Note to the subscriders of "Zoologische Abhandlungen:

Die von uns parallel herausgegebenen "Faunistischen Abhandlungen" erscheinen ab Bd. 6 (1976-77) mit thematisch erweitertem Inhalt und schließen die Tiergruppen der Wirbeltiere als auch die Wirbellosen ein. Nähere Auskunft, auch über den Bezug, auf Anfrage.

Beginning with Vol. 6 (1976-77) our simultaneously edited "Faunistische Abhandlungen" come out in a more extensive contents and include both the groups of vertebrates and invertebrates. Details, also about subscription, on inquiry.

## Neue Namen und Kombinationen

### NEMATODA

**Tylenchidae**

*Rotylenchus deckeri* sp. n., p. 131: BRAASCH

### AVES

**Paridae**

*Parus lugubris davidi* stat. n., p. 182: ECK

### MAMMALIA

**Soricidae**

*Crocidura bolivari tamrinensis* ssp. n., p. 41 - *C. tarfayaensis* sp. n., p. 47 - *C. heljanensis safii* ssp. n., p. 49 - *C. gouliminensis* sp. n., p. 52 - *C. tiznitensis* sp. n., p. 54 - *C. essaouiranensis* sp. n., p. 61 - *C. zaianensis* sp. n., p. 62 - *C. chaouianensis* sp. n., p. 64 - *C. agadiri* sp. n., p. 67 - *C. mesatanensis* sp. n., p. 69: VESMANIS/VESMANIS

Zool. Abh. Mus. Tierk. Dresden | Band 36 | 1979

Verantwortlicher Redakteur: Dr. RAINER EMMRICH

**Staatliches Museum für Tierkunde Dresden**
DDR - 801 Dresden, Augustusstraße 2

Genehmigt zum Druck: J 78/79

Satz, Reproduktionen und Druck: NOWA DOBA, Druckerei der Domowina, Bautzen
III-4-9-H. 48-80

## Congressus Europaeus Ichthyologorum I - III (1973, 1976, 1979)

Vom 18. bis 25. September 1979 fand in der VR Polen der 3. Europäische Ichthyologen-Kongreß (CEI III) statt. Daran nahmen auch fünf Fachkollegen aus der DDR teil (Prof. Dr. sc. G. Predel, Dr. habil. D. Barthelmes und Doz. Dr. habil. W. Steffens vom Institut für Binnenfischerei in Berlin-Friedrichshagen, Dipl.-Biol. H.-J. Paepke vom Museum für Naturkunde in Berlin und Dipl.-Biol. W. Hebig vom Staatlichen Museum für Tierkunde in Dresden). Zwar sind die Proceedings über diesen Kongreß noch in Vorbereitung. Dennoch seien schon jetzt (unter zusätzlicher Benutzung einiger am Schluß zitierter Quellen) erste Gedanken gestattet. Dieser Kongreß knüpft gleichsam an seine beiden Vorgänger an. Deshalb sei zu Anfang kurz darauf Bezug genommen.

Der 1. Europäische Ichthyologen-Kongreß (CEI I) fand vom 21. bis 29. September 1973 in Jugoslawien statt. Leider gibt es darüber wenig Unterlagen. So sind nach meinen Informationen auch keine zusammenfassenden Proceedings erschienen. Einige Angaben finden sich bei KLAUSEWITZ (1973), VERIGIN (1974) sowie MERLA (1975).

Der 2. Europäische Ichthyologen-Kongreß (CEI II) fand vom 8. bis 14. September 1976 in Frankreich statt. Plenarvorträge, Abstracts der Fachvorträge in den Arbeitsgruppen, Rekommandationen und Teilnehmerliste wurden in den Proceedings des Kongresses publiziert (HUREAU & BANISTER 1976). Darüber hinaus ist ein weiteres für einen Vortrag vorgesehenes Abstractum an anderer Stelle erschienen (HEBIG 1978) (Für die freundliche Vermittlung dieser Angelegenheit möchte ich Herrn Dr. J.-C. Hureau, dem Generalsekretär des CEI II, auch an dieser Stelle ganz herzlich danken).

Während des Kongresses wurden 6 Rekommandationen angenommen (HUREAU & BANISTER 1976, S. 803-806), die sämtlich auch für den CEI III große Bedeutung haben.

I. Gründung der "European Union of Ichthyology" (E.U.I.) (vgl. auch PEDERZANI 1977; Angaben nach W. KLAUSEWITZ lt. persönl. Auskunft von PEDERZANI). - Gleichsam als vorbereitender Schritt wurde auf dem CEI I bereits ein internationales Komitee zusammengestellt (vgl. KLAUSEWITZ 1973).

II. Empfehlung zur Erfassung der europäischen Kollektionen rezenter und fossiler Fische, vergleichbar einer durchgeführten Inventar-Erhebung in den USA und Kanada (vgl. dazu COLLETTE & LACHNER in HUREAU & BANISTER 1976, S. 548).

III. Empfehlung einer Publikation mit dem provisorischen Titel "Fauna of the Fishes of the North-Eastern Atlantic and of the Mediterranean" als Supplement zu CLOFNAM ("Check-list of the Fishes of the North-Eastern Atlantic and of the Mediterranean").

IV. Zusammenfassung aller verfügbaren Daten über afrikanische Süßwasserfische. Erster Schritt: "Catalogue of the Freshwater Fishes of Africa" (CLOFFA) mit einer kompletten Bibliographie, zweiter Schritt: Publizierung einer kompletten Fauna (s. auch THYS VAN DEN AUDENAERDE in HUREAU & BANISTER 1976, S. 768-770). - Ein erstes Meeting war 1978, ein zweites wird 1980 sein (s. dazu DAGET & THYS VAN DEN AUDENAERDE in den Abstracts zu CEI III, 1979).

V. Empfehlung für das Projekt CLOFETA ("Check-list of the Fishes of the Eastern Tropical Atlantic"), das sich unmittelbar südlich an das CLOFNAM-Gebiet anschließt. - Auf einem ersten Meeting wurde das Gebiet detailliert festgelegt und eine Liste aller zu erfassenden Fischfamilien sowie eine erste Mitarbeiterliste zusammengestellt. Am 1. Dezember 1980 soll das Manuskript zum Druck gegeben werden (vgl. UNESCO 1979).

VI. Empfehlung für ein vergleichbares Projekt für die südamerikanische Küste.

Der 3. Europäische Ichthyologen-Kongreß bestand wie seine Vorgänger (vgl. KLAUSEWITZ 1973, VERIGIN 1974, MERLA 1975; Informationszirkular zum CEI II) aus dem Kongreß selbst (18.-22. Sept., Warszawa), aus einer Fachexkursion (23.-25.Sept.) und aus einer Anzahl von Zusatzprogrammen. Kongreßsprachen waren Englisch, Russisch und Polnisch.

An diesem Kongreß nahmen etwa 330 Teilnehmer aus nahezu allen europäischen Ländern teil. Selbstredend war die VR Polen am stärksten vertreten (etwa 65 Teilnehmer). Die sowjetische Delegation bestand aus etwa 20 Teilnehmern. Aber auch Fachkollegen aus nichteuropäischen Ländern waren anwesend (vgl. dazu eine erste Teilnehmerliste vom CEI III). - Nach der Eröffnung des Kongresses erfolgte der Plenarvortrag von Prof. A. N. Svetovidov: "Types of species described by Pallas in the Zoographia russo-asiatica", ein Thema, zu dem auch seitens des Berliner und Dresdener Museums Zuarbeit geleistet wurde. - Das Feld der speziellen Arbeitsgebiete war sehr weit gespannt. Entsprechend der Spezialisierung der Kongreßteilnehmer wurden die etwa 230 Vorträge (vgl. Abstracts zu CEI III, 1979) in 14 Sessionen gehalten und diskutiert: Morphologie, Physiologie und Pathologie, Genetik, Zoogeographie und Taxonomie, Ökologie ("Species in its geographical range"), Flußfisch-Populationen ("River fish communities"), Biologie und Fischproduktion, Fortpflanzung, Fischzucht, Umweltveränderungen ("Man made changes"), Marine Fische, Coregonidae (Taxonomie, Biologie, Zucht), Parasiten (vgl. Programm zu CEI III), dazu "New session: Varia". Es zeigte sich ein starkes Übergewicht angewandter Themen. Aber es ist wohl in heutiger Zeit eine enge Verflechtung zwischen Ichthyologie und Fischerei unumgänglich. Jedoch müßte bei solch weit gespanntem Rahmen auch die Aquarienkunde mit vertreten sein, "die mit ihren wissenschaftlichen Möglichkeiten eine nicht geringe Bedeutung für die Ichthyologie haben kann" (KLAUSEWITZ 1973, S. 432). Weiterhin war auffällig daß Themen über Meeresfische stärker vertreten waren als über Süßwasserfische. Auch fossile Fische fanden mit einigen Beiträgen Berücksichtigung. - Wichtige Diskussionspunkte waren u. a. die E.U.I. und die Projekte CLOFFA und CLOFETA. Es erfolgte die Neuwahl des E.U.I.-Präsidiums. Neuer Präsident ist Prof. Dr. hab. J. Szczerbowski (Direktor des Instituts für Binnenfischerei in Olsztyn-Kortowo - vgl. auch WALUGA 1976 - und Generalsekretär des CEI III), Generalsekretär Dr. W. Klausewitz (Frankfurt/M.). Weiterhin wurde der Vorschlag angenommen, einen Katalog der Süßwasserfische von Europa zusammenzustellen. - Abschließend wurde als Ort für den 4. Europäischen Ichthyologen-Kongreß Hamburg festgelegt (September 1982).

Benutzte Literatur und Quellen:


KLAUSEWITZ, W., 1973: 1. Europäischer Ichthyologen-Kongreß. - Die Aquar.- u. Terrarien-Zschr. **26**: 431-432. Stuttgart.

VERIGIN, B., 1974: Pervyj evropejskij ichtiologičeskij Kongress. - Rybovodstvo i Rybolovstvo **1974**, No. 2 (Mart-Aprel'), S. 13. Moskva (russ.)

MERLA, G., 1975: VERIGIN, B.: Erster euroäischer Ichthyologen-Kongreß (In russ.). - Z. f. Binnenfischerei d. DDR **22**: 62. Berlin (Besprechung über VERIGIN 1974)

HUREAU, J.-C. & BANISTER, K.-E. (Eds.), 1976: Actes du 2e Congrès Européen des Ichthyologistes organisé par le Muséum National d'Histoire Naturelle. - Rev. Trav. Inst. Pêches marit. **40** (3+4): 357-817. Nantes.

PEDERZANI, 1977: Ichthyologen-Union gegründet. - Aquarien Terrarien **24**: 248. Leipzig/Jena/Berlin.

HEBIG, W., 1978: Pharyngeal teeth of the Cyprinidae from the Pleistocene of Nedzezow near Kalisz (Poland). - Cybium, 3e Sér., **1978**, No. 4: 99-101. Paris.

UNESCO, 1979: Committee for the preparation of CLOFETA (Report of the first meeting, Paris, 16-18 January 1978). - UNESCO Technical Papers in Marine Sciences **29**. Paris.

Unveröffentlichte Unterlagen vom II. und III. Kongreß:

1. CEI II (Sept. 1976, Paris): a) Invitation, b) Informationszirkular.
2. CEI III (Sept. 1979, Warszawa): a) Invitation, b) Programme, c) Abstracts, d) The List of the Participants of the Third European Ichthyological Congress, e) Div. weitere Unterlagen.

WALUGA, J., 1976: Inland Fisheries Institute, Scope-Bibliography 1971-1975. IRS (Instytut Rybactwa Śródlądowego) Olsztyn.


WALTER HEBIG

# ZOOLOGISCHE ABHANDLUNGEN

STAATLICHES MUSEUM FÜR TIERKUNDE IN DRESDEN

Band 36 Ausgegeben: 30. April 1980 Nr. 1

## Lacerta dugesii MILNE-EDWARDS, 1829 und Lacerta perspicillata DUMERIL et BIBRON, 1839 gehören zur Gattung Podarcis WAGLER, Subgenus Teira GRAY, 1838 (Reptilia, Lacertidae)

Mit 1 Abbildung

KLAUS RICHTER
Leipzig

In seiner Arbeit über die verwandtschaftlichen Beziehungen einiger Gattungen der Familie Lacertidae erhebt ARNOLD (1973) *Podarcis* WAGLER, 1830 berechtigterweise zum Genus, stellt aber *Podarcis dugesii* (MILNE-EDWARDS, 1829), deren Zugehörigkeit zur bisherigen Untergattung *Podarcis* innerhalb der Gattung *Lacerta* LINNAEUS, 1758 bis zu diesem Zeitpunkt kaum angezweifelt wurde, in seine Gruppierung *Lacerta* Part II, zu der die Arten der Subgenera *Zootoca* WAGLER, 1830; *Archaeolacerta* MERTENS, 1921; *Scelarcis* FITZINGER, 1843 und *Apathya* MEHELY, 1907 gehören. Außerdem stehen bei ARNOLD in dieser Gruppierung vorläufig alle Arten, deren systematische Stellung z. Z. unklar ist (z. B. *brandtii, cyanura, fraasii, parva, jayakari*), die uns aber hier nicht näher interessieren sollen. Die Gattung *Podarcis* umfaßt mit Ausnahme von *Podarcis dugesii* bei ARNOLD alle bisher zum Subgenus *Podarcis* gestellten Arten sowie die ebenfalls etwas umstrittene *Podarcis peloponnesiaca.*

Für die Abtrennung von *P. dugesii* und die Eingliederung in *Lacerta* Part II sensu ARNOLD führt der Autor eine Reihe von Gründen an, die hier zunächst kurz genannt seien: Seitenarme der Interclavicula deutlich nach hinten gerichtet, ovale Sternalfontanelle, Schwanzwirbel vom A/B-Typ, meist zwei Postnasalia, keine Massetericum oder gut entwickelte Supratemporalia, Rückenzeichnung ähnlich einigen Vertretern von *Lacerta* Part II (z. B. *Lacerta caucasica* oder *perspicillata*) und verschiedene geringfügige Unterschiede in der Hemipenismorphologie (Stachelephithel u. a.). Die nächsten Verwandten von *P. dugesii* sieht ARNOLD in *perspicillata* und der ebenfalls südwestlichen *andreanszkyi.*

Eine genaue Überprüfung der angeführten Merkmale sowie einiger bei ARNOLD nicht erwähnter zeigt jedoch, daß es keinen Grund für eine Abtrennung von *P. dugesii* von *Podarcis* gibt und führt außerdem zu der Schlußfolgerung, daß auch *perspicillata* zum Genus *Podarcis* gehört.

Im Sinne einer phylogenetischen Systematik ist es zunächst notwendig, alle angeführten Merkmale auf apo- bzw. plesiomorphen Charakter zu untersuchen. Um *P. dugesii* zu *Lacerta* Part II stellen zu können, müßte sich unter den zwischen *P. dugesii* und den typischen Arten von *Lacerta* Part II [1] gemeinsamen Merkmalen wenigstens eine eindeutige Synapomorphie

[1] Als typische Arten von *Lacerta* Part II wären die Vertreter der Subgenera *Zootoca* und *Archaeolacerta* zu betrachten. Da jedoch eine Trennung der beiden Subgenera unberechtigt erscheint (vgl. z. B. BÖHME 1971), wollen wir diese im weiteren nur noch mit dem bei einer Vereinigung der beiden Untergattungen gültigen älteren Namen *Zootoca* WAGLER, 1830 bezeichnen.

(gemeinsames abgeleitetes Merkmal) nachweisen lassen. Außerdem wäre die Möglichkeit einer Parallelentwicklung auszuschließen. Nur dann ließe sich mit einiger Berechtigung annehmen, daß *P. dugesii* gemeinsam mit *Zootoca* (vgl. [1])) in eine monophyletische Gruppe gehört, die allein in einem phylogenetischen System Platz finden kann (HENNIG 1950, 1967 u. a.). Die Prüfung von relativer Stabilität und Unabhängigkeit von Umweltfaktoren (sehr ausführlich u. a. bei ARNOLD 1973) kann also für die taxonomische Bewertung eines Merkmales nicht genügen, obwohl dies selbstverständlich für die Wichtung eines Merkmalspaares (!) von entscheidender Bedeutung ist. Die größere Bedeutung von Merkmalen wie Hemipenismorphologie (BÖHME 1971) oder auch z. T. Skelettbau gegenüber den früher zur Unterscheidung der Subgenera vorwiegend benutzten Merkmalen der äußeren Morphologie, die oft in relativ großem Umfang Adaptationen an bestimmte Lebensweisen darstellen, wurde bereits an anderer Stelle ausführlich diskutiert (KLEMMER 1957, BÖHME 1971, ARNOLD 1973).

Primitivitätskriterien sind für die Herpetologie - ausgehend von HENNIG (1950) - von KLUGE (1967) aufgestellt und angewandt worden. Zum Beispiel kann ein Merkmal im allgemeinen als plesiomorph betrachtet werden, wenn es in verwandten Gruppen (etwa Familien) universell oder wenigstens weit verbreitet ist, es innerhalb der untersuchten Gruppe am weitesten verbreitet und oder mit anderen ursprünglichen Merkmalen korreliert ist.

Im folgenden seien die einzelnen Merkmale unter diesem Aspekt kurz diskutiert:

Interclavicula:
Die Seitenarme der Interclavicula sind bei *P. dugesii* und *perspicillata* deutlich nach hinten gerichtet. Im Gegensatz dazu stehen sie bei fast allen Arten der Gattungen *Lacerta, Podarcis, Gallotia, Algyroides, Psammodromus* u. a. in einem Winkel von nahezu 90° seitlich ab, wobei ganz geringe Abweichungen nach vorn oder seltener minimal nach hinten vorkommen können. Der apomorphe Charakter der nach hinten gerichteten Seitenarme scheint zweifelsfrei. Eine geringfügige Tendenz zur Ausbildung nach hinten gerichteter Seitenarme findet sich bei verschiedenen Arten des Genus *Podarcis*, vor allem bei *P. wagleriana*, nicht aber bei den typischen Arten von *Lacerta* Part II *(Zootoca)*.

Sternalfontanelle:
Die meisten Arten von *Lacerta* auct. (außer ARNOLD) besitzen eine ovale oder runde Sternalfontanelle, wie sie auch bei verwandten Gattungen vorkommt. Lediglich bei den Arten der Gattung *Podarcis* besitzt die Fontanelle eine abgeleitete Herzform. In allerdings wesentlich schwächerer Form kommt diese außerdem bei *L. laevis, L. danfordi* und *L. andreanszkyi* vor (ARNOLD 1973). Der nach hinten gerichtete Fortsatz ist aber hier nie stark entwikkelt. Bei allen diesen Arten handelt es sich nicht um typische Arten von *Zootoca. P. dugesii* und *perspicillata* besitzen die plesiomorphe, d. h. ovale Form der Fontanelle.

A/B-Typ der Schwanzwirbel:
Über 70 % aller Arten der Familie Lacertidae besitzen Schwanzwirbel vom A-Typ (vgl. ETHERIDGE 1967, ARNOLD 1973). Schwanzwirbel des B-Typs kommen bei vielen Arten mit A-Typ bei einzelnen Individuen oder Populationen vor. Letzterer unterscheidet sich oft nur sehr geringfügig vom A-Typ. Auch hier teilen *P. dugesii* und *perspicillata* den plesiomorphen A/B-Typ mit den meisten anderen Lacerten, während ansonsten innerhalb der Gattung *Podarcis* geschlossen der stärker abweichende C-Typ vorliegt. Daß dieser Typ außerdem bei *L. danfordi* in einigen Unterarten (!) vorkommt, unterstreicht nur deren momentane systematische Unsicherheit. Eine Synapomorphie ist hier nicht auszuschließen, für die vorliegende Problematik aber zunächst bedeutungslos.

P o s t n a s a l i a:
Obwohl die Anzahl der Postnasalia selbst intraspezifisch nicht völlig konstant ist, ist sie doch innerhalb der verschiedenen Gruppen relativ typisch. Die meisten Arten der Gattung *Podarcis* besitzen nur ein Postnasale, während im Gegensatz dazu eine Reihe von zu *Lacerta* Part II gestellten Arten zwei Postnasalia haben. Viele der typischen Arten dieser Gruppe *(Zootoca)* besitzen jedoch ebenfalls nur ein einfaches Postnasale. *P. dugesii* und *perspicillata* besitzen in der Regel zwei Postnasalia. Exemplare mit nur einem Postnasale kommen jedoch zumindest bei *P. dugesii* vor. Ausnahmen gibt es auch bei einigen Arten der Gattung *Podarcis*, vor allem bei bestimmten Subspezies von *P. hispanica* (STEINDACHNER 1870) [6]. Im übrigen scheint die Anzahl der Postnasalia ganz wesentlich auch mit anderen Merkmalen der Schädelanatomie korreliert zu sein, die ihrerseits weitgehend ökologische Adaptionen darstellen (Ossifikation), so daß ein echter Wert für die Beurteilung der Gruppenzugehörigkeit mehr als zweifelhaft erscheint. Im Falle von *P. dugesii* könnten die beiden Postnasalia z. B. mit der weit nach hinten vergrößerten Nasenöffnung zusammenhängen. Damit zweifellos vorhandene Anklänge an *Zootoca* wurden bereits von KLEMMER (1957) erkannt und schon von ihm für einen Parallelismus gehalten. Ähnliche Parallelen zu *Zootoca* im Schädelbau finden sich bekanntlich auch bei *P. hispanica*, die, wie bereits ausgeführt, ebenfalls zwei Postnasalia besitzen kann, und die noch von MERTENS u. MÜLLER (1940) zum Subgenus *Archaeolacerta* gestellt wurde, aber zweifelsfrei zum Genus *Podarcis* gehört (KLEMMER 1959). Es ist interessant zu vermerken, daß über 80 % aller Arten der Familie Lacertidae zwei Postnasalia besitzen, vermutlich also die Reduktion zu nur einem Postnasale eine Apomorphie darstellt, die allerdings in verschiedenen Gruppen parallel auftritt und außerdem extreme Instabilität zeigt. Immerhin erscheint der Besitz von zwei Postnasalia bei *P. dugesii* geeignet, andere Merkmale, die für einen relativ ursprünglichen Zustand bei *P. dugesii* und *perspicillata* sprechen, wenigstens zu unterstützen.

M a s s e t e r i c u m u n d S u p r a t e m p o r a l i a:
Bei den meisten Lacerten sind Massetericum und Supratemporalia gut entwickelt, wenngleich Zahl und Form innerhalb der Gruppe recht variabel sind. Viele Arten der Gattung *Podarcis* besitzen kleine Supratemporalia. Dies gilt auch für *P. dugesii* und *perspicillata*, bei denen außerdem ein Massetericum fehlt. Auch einzelne Exemplare einiger Unterarten von *P. hispanica* besitzen kein Massetericum (KLEMMER 1959). Andere Arten, denen ebenfalls ein Massetericum fehlt oder bei denen dieses zumindest stark reduziert ist, sind in ihrer Stellung recht unsicher (*jayakari, cyanura, cappadocica, graeca*). Einige wenige andere Arten zeigen ebenfalls eine Tendenz zur Reduktion des Massetericums, die aber insgesamt bei *Podarcis* stärker ausgeprägt scheint als bei *Zootoca*.

P a r i e t a l e / P a r i e t a l k n o c h e n:
Bei 80-90 % aller Arten der Familie erreicht das Parietale die Ecke des Parietalknochens nicht. Dies gilt auch für die typischen Vertreter von *Lacerta* Part II *(Zootoca)*, während bei *Podarcis* - einschließlich *dugesii* und *perspicillata* - die Ecke des Parietalknochens erreicht wird (Apomorphie).

P t e r y g o i d z ä h n e:
Innerhalb der Lacertiden sind Pterygoidzähne weit verbreitet, wobei sie in *Lacerta* Part II nur bei *L. laevis, brandtii* und *jayakari* vorkommen (untypische Arten). Alle Arten der Gattung *Podarcis* scheinen zumindest in einigen Exemplaren Pterygoidzähne zu besitzen, *P. milensis* und *taurica* offenbar ausnahmslos. *P. dugesii* zeigt Pterygoidzähne wenigstens in einzelnen Exemplaren. Das Merkmal ist, ähnlich wie etwa die Anzahl der Postnasalia, selbst

intraspezifisch sehr variabel und möglicherweise mit der allgemeinen Schädelmorphologie teilweise korreliert, so daß es kaum Wert für taxonomische Aussagen besitzt.

S c h w a n z w i r t e l:
Eines der klassischen Merkmale zur Unterscheidung der früheren Subgenera *Podarcis* und *Archaeolacerta* ist die Länge der Schwanzwirtel, die bei *Archaeolacerta* alternierend kurz und lang, bei *Podarcis* dagegen mehr oder weniger gleichlang sind. Es gibt jedoch eine ganze Reihe von Ausnahmen, speziell unter den *Podarcis*-Arten, bei denen öfter ebenfalls alternierende Wirtellängen auftreten. Dazu gehören auch *P. dugesii* und *perspicillata*. Ungleiche Schwanzwirtel kommen daneben innerhalb von *Podarcis* z. B. bei einigen Formen von *P. muralis, sicula, melisellensis, erhardii, tiliguerta* u. a. vor. Dagegen zeigt die zu *Archaeolacerta* gestellte *L. laevis* annähernd gleichlange Wirtel. Im allgemeinen scheinen sich alternierende Wirtellängen bei verhältnismäßig ursprünglichen Formen zu finden.

U n t e r e s A u g e n l i d:
Die Aufstellung der beiden monotypischen Subgenera *Apathyå* MEHELY, 1907 und *Scelarcis* FITZINGER, 1843 basierte zum wesentlichen Teil jeweils auf dem Besitz eines durchsichtigen Fensters im unteren Augenlid. Der taxonomische Wert dieses Merkmales sollte jedoch keinesfalls überschätzt werden. Tendenzen zur Ausbildung durchsichtiger Fenster und zur Vergrößerung der zentralen Schuppen gibt es auch bei anderen Vertretern von *Lacerta* auct., bemerkenswerterweise vor allem bei *P. dugesii*, bei der sich - neben der Vergrößerung der zentralen Schuppen - schon ein Ansatz zur Transparenz zeigt. Die vergrößerten Schuppen erreichen fast die Größe derer von *L. cappadocica*. Bei *P. perspicillata* wird das Fenster von einer einzigen großen Schuppe gebildet. Innerhalb der Familie ist die Tendenz zur Fensterbildung in verschiedenen Gruppen und in unterschiedlicher Ausprägung zu finden (*Cabrita, Eremias, Ophisops* u. a.). Die funktionelle Bedeutung ist an anderer Stelle ausführlich diskutiert (WALLS 1934, WILLIAMS u. HECHT 1955, REICHLING 1957). Der apomorphe Charakter des mehrfach unabhängig entstandenen Merkmales ist eindeutig.

H e m i p e n i s:
Erste Untersuchungen des Hemipenis von Lacerten gehen bereits auf LEYDIG (1857) zurück. Die große systematische Bedeutung dieser Merkmale wurde an anderer Stelle ausreichend erörtert (BÖHME 1971, ARNOLD 1973).

Innerhalb der Gattungen *Lacerta, Podarcis, Gallotia, Psammodromus* u. a. ist am weitesten ein Stachelephithel aus einfachen, hakenartigen Spitzen verbreitet (BÖHME 1971). Dieser Typ muß wohl als der ursprüngliche innerhalb der Gruppe betrachtet werden. Er kommt bei allen Arten der Gattung *Podarcis* vor, daneben innerhalb von ARNOLDs *Lacerta* Part II bei den Arten *andreanszkyi, bedriagae, cappadocica, graeca* und *jayakari*. Die typischen Vertreter dieser Gruppe (*Zootoca*) besitzen jedoch geschlossen ein sogenanntes "Kronenephithel" [2], bei dem sich an der Spitze jedes Fortsatzes eine Anzahl kleinerer Zacken befinden. *P. dugesii* besitzt einfache, hakenförmige Fortsätze, an deren Spitzen ARNOLD (1973) jedoch elektronenmikroskopisch winzige Spinulen nachweisen konnte, so daß er diese Form für intermediär hält. Diese sollten aber durchaus nicht mit dem Kronenephithel homolog, sondern eine sekundäre Apomorphie sein. Dafür spricht beispielsweise, daß die Herausbildung des Kronenephithels wahrscheinlich nicht gleichmäßig auf allen Fortsätzen erfolgte, sondern vom Zentrum ausgehend allmählich nach außen fortschreitend. Der Zustand im Subgenus *Lacerta* s. str. würde einem solchen Zwischenstadium viel eher entsprechen. Arten der Gruppierung *Lacerta* Part II, die ebenfalls ein Hakenephithel haben, sind in ihrer Stellung un-

[2] Ein wesentliches Argument für die Vereinigung der Subgenera *Zootoca* und *Archaeolacerta* (vgl. auch [1]).

sicher und gehören sicher nicht zu *Zootoca*. Auch andere bei ARNOLD (1973) angeführte geringfügige Abweichungen der Hemipenismorphologie bei *P. dugesii* sind nicht für das Subgenus *Zootoca* typisch und kommen allenfalls bei unsicheren Arten vor.

Rückenzeichnung:
Ursprünglich für die Familie der Lacertiden ist das Fehlen eines typischen Sexualdimorphismus in der Rückenzeichnung, der entsprechend auch den meisten Arten fehlt. Viele Arten von *Zootoca* zeigen keinen oder höchstens einen angedeuteten geschlechtsabhängigen Unterschied in der Rückenzeichnung. Für die Gattung *Podarcis* ist dagegen ein Sexualdimorphismus typisch (abgesehen von den bei einigen Arten auftretenden, streifenlosen und einfarbigen "*concolor*"-Mutanten, z. B. *melisellensis, erhardii, taurica* und melanistischen Formen, z. B. Subspezies von *pytiusensis, lilfordi*). Sexualdimorphismus kommt,wenn auch nicht immer

Tabelle 1. Vergleich wichtiger Merkmale von *Podarcis* s. str., *P. dugesii, P. perspicillata* und *Lacerta (Zootoca)*. Es ist jeweils das apomorphe Merkmal im positiven Sinn angegeben (+). Klammern kennzeichnen schwache bzw. angedeutete Ausbildung des Merkmales oder minimale Abweichungen (vgl. dazu auch Text). Die hinreichend bekannten Merkmale zur Unterscheidung der Arten *P. dugesii* und *P. perspicillata* sind nicht mit aufgeführt.

| Merkmal | *Podarcis* s. str. | *dugesii* | *perspicillata* | *Zootoca* |
|---|---|---|---|---|
| 1. Seitenarme d. Interclavicula nach hinten gerichtet | (-) | + | + | - |
| 2. herzförmige Sternalfontanelle | + | - | - | - |
| 3. Schwanzwirbel vom C-Typ | + | - | - | - |
| 4. 1 Postnasale | (+) | (-) | - | (+) |
| 5. Massetericum reduziert oder fehlend | (-) | + | + | - |
| 6. Supratemporalia kaum unterscheidbar | +/- | + | + | - |
| 7. Sexualdimorphismus in der Rückenzeichnung | + | + | (+) | (-) |
| 8. Stachelephithel kronenförmig | - | - 5) | - | + |
| 9. Parietale erreicht Ecke des Parietalknochens | + | + | + | - |
| 10. Pterygoidzähne fehlend | -/+ | (+) | + | + |
| 11. unteres Augenlid mit vergrößerten Mittelschuppen | - | + | + | - |

5) Elektronenmikroskopisch winzige Spinulen nachweisbar, die sicher nicht in Zusammenhang mit dem Kronenephithel stehen (vgl. Text).

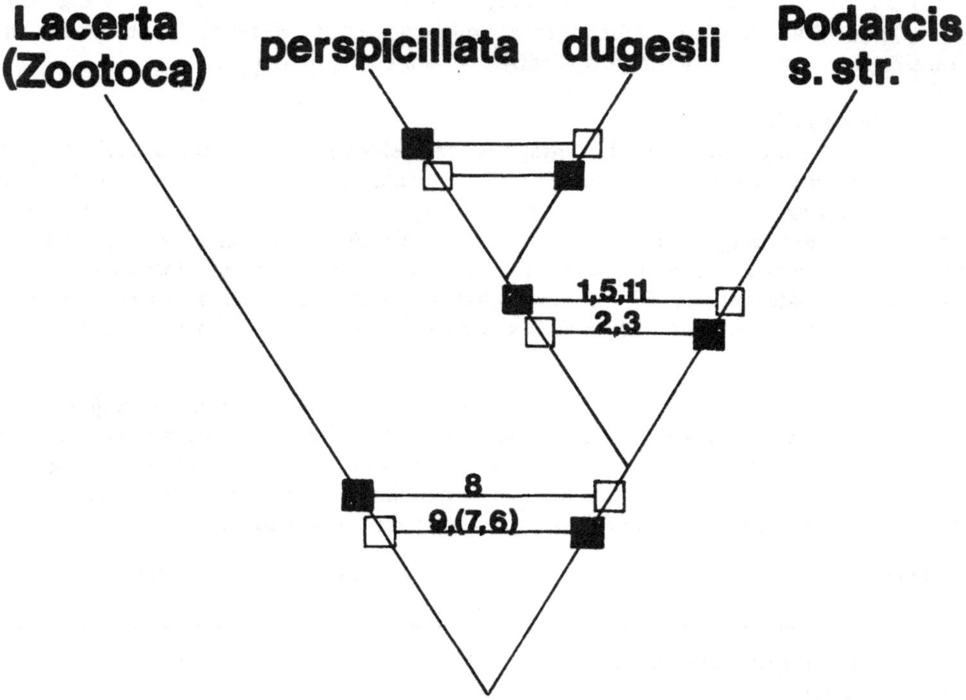


Abb. 1. Schema zur Darstellung der phylogenetischen Beziehungen von *P. dugesii* und *perspicillata*. Die Ziffern beziehen sich auf Merkmale in Tab. 1, schwarze Kästchen symbolisieren apomorphe Merkmale. Die hinreichend bekannten Merkmale zur Unterscheidung von *dugesii* und *perspicillata* wurden der Übersichtlichkeit wegen nicht in die Tabelle aufgenommen.

sehr deutlich, bei *P. dugesii* vor. Außerdem treten auch hier recht häufig melanistische bzw. stark verdüsterte Stücke auf, bei denen ein Sexualdimorphismus in der Zeichnung freilich nicht zu erkennen ist. Sowohl dunkles Wirbelband als auch helle Lateralstreifen treten wenigstens bei einigen Exemplaren auf, so daß sich auch hier eher das Bild eines in der "Entstehung begriffenen *Podarcis*-Musters" bietet. Bei *P. perspicillata* kommen überwiegend eine Querschnörkelung bzw. eine "*concolor*"-Mutante vor. Sexualdimorphismus ist sehr schwach ausgeprägt. Besonders männliche *P. dugesii* mit weitgehend aufgelöster Längsstreifung zeigen in der Rückenzeichnung auffällige Ähnlichkeit mit *P. perspicillata*.

Aus den oben diskutierten und in Tab. 1 z. T. noch einmal zusammengestellten Merkmalen geht tatsächlich, wie ARNOLD (1973) feststellt, hervor, daß *P. dugesii* eine Reihe von Merkmalen auch mit den typischen Vertretern von *Lacerta* Part II (*Zootoca*) teilt. Da es sich dabei jedoch ausnahmslos um plesiomorphe Merkmale handelt (z. B. Sternalfontanelle, Schwanzwirbeltyp), können diese nicht benutzt werden, um eine engere Verwandtschaft zwischen *Zootoca* und *P. dugesii* zu begründen. [3] *P. perspicillata* teilt im wesentlichen die

[3] Etwaige weitere Übereinstimmungen zu untypischen Arten aus ARNOLDs Gruppe *Lacerta* Part II, z. B. *andreanszkyi, danfordi, laevis, brandtii* usw., sollen hier zunächst unberücksichtigt bleiben, da diese Arten in ihrer Stellung noch unsicher sind und z. T. wahrscheinlich sogar in die nähere Verwandtschaft von oder gar zu *Podarcis* gehören. Über ihre Stellung wird an anderer Stelle berichtet werden.

gleichen plesiomorphen Merkmale mit *Zootoca* wie *P. dugesii*. Andererseits gehen aus der Tabelle eine Reihe von Synapomorphien hervor, die *P. dugesii* und *perspicillata* gemeinsam mit anderen Arten von *Podarcis* besitzen, obschon diese nicht in iedem Fall gleich deutlich ausgeprägt sind. Das Stachelephithel des Hemipenis besitzt bei allen Arten von *Podarcis*, einschließlich *dugesii* und *perspicillata*, die plesiomorphe Form. Die Plesiomorphie des Hakenephithels gegenüber dem Kronenephithel ist zwar noch nicht absolut gesichert, im umgekehrten Fall ergäbe sich aber lediglich ein weiteres gewichtiges Merkmal für die Zusammengehörigkeit von *P. dugesii, perspicillata* und den anderen *Podarcis*-Arten, so daß bei der hier interessierenden Fragestellung durch die vorliegende Interpretation keinesfalls eine falsche Schlußfolgerung gezogen werden kann.

Aus der Betrachtung all dieser Merkmale ergibt sich somit, daß es zwar eine Reihe von Synapomorphien gibt, die *dugesii, perspicillata* und die anderen *Podarcis*-Arten gemeinsam haben, sich aber nicht eine einzige zwischen den diskutierten Arten und *Lacerta (Zootoca)* finden läßt. Beide Arten sind aus diesen Gründen nicht zu *Lacerta (Zootoca)* zu stellen, sondern gehören, entsprechend der berechtigten Erhebung von *Podarcis* zum Genus durch ARNOLD (1973), eindeutig zur Gattung *Podarcis* WAGLER, 1830.

Daneben finden sich jedoch außerdem einige Apomorphien, die *P. dugesii* und *perspicillata* deutlich von den anderen Arten der Gattung unterscheiden (vgl. Tab. 1). Insgesamt sprechen so der Besitz einer ganzen Reihe von ursprünglichen Merkmalen (die z. T. mit *Zootoca* geteilt werden) sowie einige apomorphe Merkmale auch gegenüber den typischen *Podarcis*-Arten für eine recht frühe Abtrennung von diesen. Die vorliegenden Unterschiede scheinen deutlich genug, beide Arten in ein selbständiges Subgenus zu stellen, dem nach dem ältesten verfügbaren Namen der Name *Teira* GRAY, 1838 zukommt. Typusart der Untergattung ist *Podarcis (Teira) dugesii* (MILNE-EDWARDS, 1829). Der bisher für *P. perspicillata* verwendete Untergattungsname *Scelarcis* FITZINGER, 1843 fällt unter die Synonymie. Am Rande sei hier noch vermerkt, daß bereits BOULENGER (1920) auf die engen Beziehungen zwischen *P. perspicillata* (damals *L. persp.*) und *Podarcis* hinwies, als er schrieb: "although quite isolated in the Genus *Lacerta* this species (*P. perspicillata*, d. Verf.) is probably derived from the section *Podarcis*."

Innerhalb der Gattung *Podarcis* WAGLER, 1830 sind damit z. Z. folgende Untergattungen und Arten zu unterscheiden:

1. *Podarcis* WAGLER, 1830 (Typusart: *P. muralis*)

1.1. *Podarcis* s. str. WAGLER, 1830 (Typusart: *P. muralis*)
mit den Arten *erhardii* (BEDRIAGA, 1882); *filfolensis* (BEDRIAGA, 1876); *hispanica* (STEINDACHNER, 1870) [4]; *lilfordi* (GÜNTHER, 1874); *melisellensis* (BRAUN, 1877); *milensis* (BEDRIAGA, 1882); *muralis* (LAURENTI, 1768); *pityusensis* (BOSCA, 1883); *sicula* (RAFINESQUE, 1810); *taurica* (PALLAS, 1814); *tiliguerta* (GMELIN, 1789); *wagleriana* (GISTEL, 1868) und *peloponnesiaca* (BIBRON et BORY, 1833) [4].

1.2. *Teira* GRAY, 1838 (Typusart: *P. dugesii*)
mit den Arten *dugesii* (MILNE-EDWARDS, 1829) und *perspicillata* (DUMERIL et BIBRON, 1839).

4) Die genauen verwandtschaftlichen Beziehungen innerhalb der *hispanica*-Gruppe und von *P. peloponnesiaca* sind noch nicht völlig geklärt. Bis zur endgültigen Klärung sollten beide in *Podarcis* s. str. stehenbleiben. Eine entsprechende evtl. notwendig werdende Ergänzung des Stammbaumes (vgl. Abb. 1) bleibt einer späteren Arbeit vorbehalten.

## Zusammenfassung

Die wichtigsten Merkmale von *Podarcis dugesii* und *P. perspicillata* werden aus phylogenetischer Sicht diskutiert. Auf Grund einiger Synapomorphien müssen beide zum Genus *Podarcis* gestellt werden. Zwischen beiden besteht ein Schwesterartenverhältnis. Ein übergeordnetes Schwestergruppenverhältnis läßt sich für beide Arten und die anderen zu *Podarcis* gehörenden Arten nachweisen. *P. dugesii* und *P. perspicillata* werden in der Untergattung *Teira* GRAY, 1838 den anderen *Podarcis*-Arten (*Podarcis* s. str.) als relativ ursprüngliche Arten gegenübergestellt.

## Summary

LACERTA DUGESII MILNE-EDWARDS, 1829 AND LACERTA PERSPICILLATA DUMERIL ET BIBRON, 1839 BELONG TO THE GENUS PODARCIS WAGLER, SUBGENUS TEIRA GRAY, 1838

The most important characters of *Podarcis dugesii* and *P. perspicillata* are discussed in phylogenetic view. By reason of some synapomorphics both species have to be placed into the genus *Podarcis*. Between both species a sibling species relation exists. A subordinate sibling group relation can be proved for both species mentioned and for the other ones belonging to *Podarcis*. Within the subgenus *Teira* GRAY, 1838 the species *P. dugesii* and *P. perspicillata* are placed against the other *Podarcis* species (*Podarcis* s. str.) as relatively primitive.

## Literatur

ARNOLD, E. N., 1973: Relationships of the Palaearctic Lizards assigned to the Genera *Lacerta, Algyroides* and *Psammodromus* (Reptilia: Lacertidae). – Bull. Brit. Mus. **25** (8), 291-366.

BÖHME, W., 1971: Über das Stachelephithel am Hemipenis lacertider Eidechsen und seine systematische Bedeutung. - Z. Zool. Syst. Evol. - Forsch. **9** (3), 187-223.

BOULENGER. G. A., 1920: Monograph of the Lacertidae, Vol. 1, London.

DUMERIL, A. M. C. u. G. BIBRON, 1839: Erpetologie Generale on Histoire Naturelle Complete des Reptiles. Paris, viii+854 pp.

ETHERIDGE, R., 1967: Lizard caudal vertebrae. - Copeia, 1967, 699-721.

GRAY, J. E., 1838: Catalogue of the slender-tongued saurians, with descriptions of many new genera and species. - Ann. Mag. nat. Hist. **1**, 274-283.

HENNIG, W., 1950: Grundzüge einer Theorie der phylogenetischen Systematik. Berlin.

-, 1966: Phylogenetic Systematics. Urbana: Univ. of Illinois Press.

KLEMMER, K.: 1957: Untersuchungen zur Osteologie und Taxionomie der europäischen Mauereidechsen. - Abh. senckenb. naturforsch. Ges. **496**, 1-56.

-, 1959: Systematische Stellung und Rassengliederung der Spanischen Mauereidechse, *Lacerta hispanica*. - Senck. biol. **40**, 245-250.

KLUGE, A. G., 1967: Higher taxonomic categories of gekkonid lizards and their evolution. - Bull. Amer. Mus. nat. Hist. **135** (1), 1-60.

LEYDIG, F., 1857: Lehrbuch der Histologie des Menschen und der Thiere. Frankfurt am Main.

MERTENS, R. u. L. MÜLLER, 1940: Die Amphibien und Reptilien Europas. - Abh. senkkenb. naturforsch. Ges. **451**, 1-56.

MILNE-EDWARDS, M. H., 1839: Recherches zoologiques pour servir a l'histoire de lézards, extraites d'une monographie de ce genre. - Annales Sci. nat. **16**, 50-89.

REICHLING, H., 1957: Transpiration und Vorzugstemperatur mitteleuropäischer Reptilien und Amphibien. - Zool. Jb (Allg. Zool.) **67**, 1-64.
WAGLER, J., 1830: Natürliches System der Amphibien mit vorangehender Classification der Säugetiere und Vögel, München.
WALLS, G., 1934: The reptilian retina. - Amer. J. Ophthal. **17**, 892-915.
WILLIAMS, E. E. u. M. K. HECHT, 1955: "Sunglasses" in two Anoline lizards from Cuba. - Science (New York) **122**, 691-692.

Anschrift des Autors:

Dipl.-Biol. K. Richter, Karl-Marx-Universität Leipzig, Sektion Biowissenschaften, Bereich Ökologie/Taxonomie, DDR - 701 Leipzig, Talstraße 33.

6) Der Artstatus innerhalb des alten *hispanica*-Komplexes erscheint bis heute noch nicht endgültig geklärt, so daß auf eine Arttrennung, die sicher berechtigt ist, an dieser Stelle generell verzichtet werden soll.

**ZOOLOGISCHE ABHANDLUNGEN**

STAATLICHES MUSEUM FÜR TIERKUNDE IN DRESDEN

Band 36 Ausgegeben: 30. April 1980 Nr. 2

# Beitrag zur Kenntnis der Crociduren-Fauna Marokkos

## (Mammalia, Insectivora, Soricidae)

## 1. Die Wimperspitzmäuse aus den Sammlungen des Smithsonian Institution, Washington

Herrn Professor Dr. HENRI HEIM DE BALSAC (Paris) zum 80 Geburtstag gewidmet

Mit 10 Diagrammen, 27 Abbildungen und 1 tabellarischen Übersicht

INDULIS E. VESMANIS und ANDREA VESMANIS
Frankfurt/M.

Nach der morphometrischen Erfassung spanischer (VESMANIS u. KAHMANN 1976, algerischer (VESMANIS 1975, 1976a), tunesischer (VESMANIS im Druck), libyscher (VESMANIS 1977a) und sizilianischer (VESMANIS 1976c) Wimperspitzmäuse, interessierte uns besonders die systematische Stellung verschiedener *Crocidura*-Taxa von Marokko.

Bisher haben wir uns immer nur mit der Grundlagenforschung (vgl. MAYR 1967, 1975), dem Versuch zur Erfassung und Darstellung verschiedener Taxa auf morphometrischer Basis beschäftigt, wobei wir uns durchaus bewußt sind, daß möglichst zuverlässige zoogeographische Daten eine wesentliche Hilfe zur Interpretation (vgl. MÜLLER 1974, 1977; DE LATTIN 1967; UDVARDY 1969; MOREAU 1966; ILLIES 1971; MAC ARTHUR u. WILSON 1967) der verschiedenen *Crocidura*-Taxa sind. Doch die Zuverlässigkeit der Zoogeographie hängt ihrerseits zweifellos von einer guten Faunistik ab (vgl. FREITAG 1962, RIEDL 1975). Das heißt also, eine möglichst eingehende und genaue Faunistik ist für uns unumgänglich. PETERS (1974) stellte hierzu richtig fest: "Einzeldaten, die ganz eindeutig zu sein scheinen, erhalten oft einen völlig anderen Stellenwert in der wissenschaftlichen Argumentation, wenn man sie mit anderen Daten in Beziehung setzt." Aus diesen Gründen soll erst am Schluß der Untersuchung nordafrikanischer Wimperspitzmäuse ein zoogeographischer Ausblick erfolgen (analog zu den Untersuchungen von HEIM DE BALSAC 1936).

Das rezente Untersuchungsmaterial wurde uns freundlicherweise von Herrn Dr. HENRY W. SETZER (Smithsonian Institution, Washington) zur Untersuchung überlassen. Der erste Beitrag zur Crociduren-Fauna Marokkos soll sich mit diesem umfangreichen Material beschäftigen. Gegenstand der zweiten Untersuchung sollen Eulengewölle sein, die uns großzügig von Herrn Prof. Dr. H. HEIM DE BALSAC (Paris) und Mme. Dr. M.-Ch. SAINT-GIRONS (Brunoy) (vgl. SAINT-GIRONS 1973, SAINT-GIRONS u. PETTER 1953) zur Verfügung gestellt wurden. Der letzte Teil unserer Untersuchungen (Nr. 3) soll sich mit subfossilem *Crocidura*-Material aus der Carrière Thomas, sw. von Casablanca (vgl. SAUSSE 1974, 1975; BIBERSON 1964; ENNOUCHI 1969, 1972; JAEGER 1975) befassen, das uns Herr Dr. G. STORCH (Frankfurt) zum Vergleich mit der rezenten Fauna zum Studium überließ. Auch ihm sei an dieser Stelle herzlichst gedankt. Ferner danken wir Herrn Prof. Dr. J. NIETHAMMER (Bonn) für sein unermüdliches Interesse an dem Fortgang der Arbeit.

## Abkürzungen

1. Körpermaße: TL = Total-Länge (Schnauzenspitze bis zum Endpunkt des Schwanzes, ohne Haare, gemessen); KR = Kopf-Rumpf-Länge; S = Schwanz-Länge, ohne Endhaare; HF = Hinterfuß-Länge, ohne Krallen gemessen; OL = Ohr-Länge; G = Körpergewicht in Gramm (vgl. auch HOEKSTRA, VAN DER STRAETEN u. VAN LAAR 1977).

2. Schädelmaße: CIL = Condyloincisiv-Länge; CBL = Condylobasal-Länge; PL = Prosthion bis Lambda; MSQ = Maxillofrontale bis Squamosum; SKB = Schädelkapsel-Breite; IB = Interorbital-Breite; ZB = Zygomatik-Breite; LB = Lacrymale Breite; SKL = Schädelkapsel-Länge; GL = Gaumen-Länge; SB = Staphylion bis Basion; SV = Sphenobasion bis Vertex, entspricht der Schädelkapsel-Höhe; M-M = maximale Breite über den Molaren, an den Kronen gemessen; RB = rostrale Breite, gemessen über der Alveole des 3. kleinen einspitzigen Zahnes; $iP^4$-$iP^4$ = innerer Abstand $P^4$ bis $P^4$; $iM^1$-$iM^1$ = innerer Abstand $M^1$ bis $M^1$; $iM^2$-$iM^2$ = innerer Abstand $M^2$ bis $M^2$; $iM^3$-$iM^3$ = innerer Abstand $M^3$ bis $M^3$; RZ = Rhinion bis Zygion; RL = Rostrum-Länge, zwischen I-Alveole und $P^4$-Alveole gemessen; RH = Rostrum-Höhe, über dem $P^4$ gemessen; AI = Angulare bis einschließlich Incisivus gemessen; UKL = Unterkiefer-Länge; CL = Condylar-Länge; CH = Coronar-Höhe; PCH = Postcoronar-Höhe; CB = Coronar-Breite; RaH = Ramus-Höhe, über dem $M_3$ gemessen; GKBL = Gelenkkopf-Basis-Länge, ventrale Facette des Processus articularis bis medianer Condylus mandibulae-Sporn; GKH = Gelenkkopf-Höhe, senkrecht zu GKBL gemessen, ventrale Facette des Proc. articularis bis dorsale Facette des Proc. articularis; GKL = Gelenkkopf-Länge, diagonal gemessen; GKB = Gelenkkopf-Breite.

3. Zahnmaße: OZL = obere Zahnreihen-Länge, I bis $M^3$; $P^4$-$M^3$ = Zahnreihen-Länge $P^4$ bis $M^3$; $P^1$-$P^3$ = maximale Länge der drei kleinen einspitzigen Praemolaren; UZL = untere Zahnreihen-Länge, I bis $M_3$; C-$M_3$ = untere Zahnreihen-Länge, C bis $M_3$; $LP^4$ = Länge $P^4$, Vorderrand Parastyl bis Hinterrand Metastyl; $BP^4$ = Breite $P^4$, Basis Hypoconus bis Metastyl außen; $LM^1$ = Länge $M^1$, Vorderrand Parastyl bis Hinterrand Metastyl; $BM^1$ = Breite $M^1$, Parastyl außen bis Basis Protoconus; $LM^2$ = Länge $M^2$, Vorderrand Parastyl bis Hinterrand Metastyl; $BM^2$ = Breite $M^2$, Parastyl außen bis Basis Protoconus; $LM^3$ = maximale Länge $M^3$, $LM_1$ = Länge $M_1$, Basis Paraconid bis Basis Entoconid; $BM_1$ = Breite $M_1$, Mesoconid bis Basis Hypoconid; $BM_1$ = Breite $M_1$, Entoconid bis Basis Hypoconid; $LM_2$ = Länge $M_2$, Basis Paraconid bis Basis Entoconid; $BM_2$ = Breite $M_2$, Mesoconid bis Basis Protoconid; $BM_2^+$ = Breite $M_2$, Entoconid bis Basis Hypoconid; $LM_3$ = maximale Länge $M_3$; $BM_3$ = maximale Breite $M_3$.

4. Andere Abkürzungen: B = Balg; S = Schädel; A = Alkohol; Sk = Skelett; SIUSNM = Smithsonian Institution, United States National Museum, Washington; SMF = Senckenberg-Museum, Frankfurt am Main; BMNH = British Museum of Natural History, London; MAKB = Museum Alexander Koenig, Bonn; CBG = Coll. BERNARD, Gembloux, Belgien; CJN = Coll. J. NIETHAMMER, Bonn; n. = nördlich; s. = südlich, etc.; n = Anzahl der gemessenen Stücke; min = Minimum-Wert der Reihe; max = Maximum-Wert der Reihe; $\bar{x}$ = arithmetrisches Mittel der Meßreihe; s = Standardabweichung.

## Meßmethode

Den Schädel- und Zahnmaßen lagen die Untersuchungen von BUCHALCZYK u. RACZYNSKI (1961), BÜHLER (1964), HAMAR u. SIMIONESCU (1967), HAUSSER (1976), HAUSSER u. JAMMOT (1974), KAHMANN u. VESMANIS (1974), RACZYNSKI (1961),

REMPE u. BÜHLER (1969), RICHTER (1963, 1964), RUPRECHT (1971), SCHMIDT (1967, 1969) und VIERHAUS (1973) zu Grunde. Eine detaillierte Abbildung der einzelnen Meßpunkte und Strecken nebst ihren Bezeichnungen ist aus KAHMANN u. VESMANIS (1974) und VESMANIS (1976d) zu ersehen.
Die Maße CIL, CBL, PL, MSQ, SKB, IB, ZB, LB, SKL, GL, SB, SV, M-M, RB, OZL, $P^4$-$M^3$, RZ, AI, UKL, CL, UZL, C-$M_3$ und CH wurden mit einer Uhrschieblehre (Genauigkeit 0.02 mm) gemessen, alle anderen Meßwerte mit einem Stereo-Binokular bei 12facher Vergrößerung, wobei der Schädel mit einem Kreuztisch genau bewegt wurde und die Maße mit einem Weitwinkel-Meßokular (10x, Fadenkreuz incl. Strichplatte mit Meßteilung) abgelesen wurden. (Alle Meßwerte in mm.)

## Altersbestimmung

Zur Charakterisierung des Alters der vorliegenden Wimperspitzmäuse wurden insgesamt fünf Altersgruppen gewählt (vgl. hierzu SAINT-GIRONS 1965; GOMEZ u. SANS-COMA 1976; SANS-COMA, GOMEZ u. GOSALBEZ 1976; VESMANIS u. VESMANIS 1979):

Altersgruppe I: Keine Abkauungsspuren an den Backenzähnen sichtbar.
II: Erste Abkauungsspuren an den Backenzähnen gerade erkennbar.
III: Beginn der flächenhaften Abkauung der Backenzähne.
IV: Alle Höcker an den Backenzähnen mit ihren Ausläufern stark abgekaut; die Höcker sind jedoch noch gut erkennbar.
V: Protoconus am $P^4$ durch Abkauung nicht mehr deutlich erkennbar; das Parastyl kann bis zur Basis abgekaut sein; Verbindungen zwischen Meso- und Metastyl flächenhaft abgekaut. Am $M^1$ und $M^2$ sind Metaconus noch recht gut erkennbar, sonst 'pfannenartige' Abnutzung der beiden Backenzähne. Am $M^3$ können alle Höcker bis zur Basis abgekaut sein. Bei dieser Altersgruppe findet man auch häufig abgebrochene Zähne.

## **Crocidura russula yebalensis** (CABRERA, 1913)

### Material

1. Marrakech Provinz: Imlil, 17 km s. Asni (31°14' N/7°56' W); 17.-20.X.1969, 20.VII.1970, 5 ♀♀, 3 ♂♂ (7 S, 8 B): SIUSNM 470581-6, 476086-7; leg. H. W. SETZER, D. A. SCHLITTER.
2. Rabat Provinz: 17 km sw. Rabat (Küstenregion) (33°55' N/6°59' W); 15.X.1969, 1 ♂ (S, B): SIUSNM 470580; leg. H. W. SETZER. 15 km sw. Rabat (33°57' N/6°57' W); 21.I.1970, 1 ♂ (S, B): SIUSNM 470587; leg. R. E. VADEN.
3. Settat Provinz: 3 km n. Settat (33°02' N/7°46' W); 23.IV.1970, 1 ♀ (S, B): SIUSNM 476082; leg. L. W. ROBBINS. 5 km n. Ben Slimane (33°39' N/7°08' W): 26.IV.1970, 1 ♂ (S, B): SIUSNM 476070; leg. R. E. VADEN.
4. Nador Provinz: 20 km so. Nador (Küstenregion) (35°07' N/2°45' W); 25.V.1970, 1 ♀ (S, B): SIUSNM 476075; leg. R. E. VADEN.
5. Kenitra Provinz: 10 km w. Ouezzane (34°46'N/5°41'W); 5.VI.1970, 1 ♀ (S, B): SIUSNM 476077; leg. R. E. VADEN.
6. Meknes Provinz: 22 km o. Khénifra (32°58' N/5°27' W); 9.VI.1970; 1 ♀ (S, B): SIUSNM 476085; leg. R. E. VADEN.
7. Tétuan Provinz: 13 km n. Tétuan (35°44' N/5°18' W); 1 ♀ (S, B): SIUSNM

476084; leg. R. E. VADEN. Chechaouen (35°19' N/5°16' W); 23.III., 22.V.1970, 1 ♂, 1 ♀ (2 S, 2 B): SIUSNM 476072-3; leg. M. G. HEARST, L. W. ROBBINS. 3 km no. Larache (35°12' N/6°07' W); 1 ♂ (S, B): SIUSNM 476074; leg. M. G. HEARST.

8. S a f i P r o v i n z: 13 km s. Safi (Küstenregion) (32°11' N/ 9°15' W); 15.IV.1970, 1 ♀ (S, B): SIUSNM 476079; leg. L. W. ROBBINS.

9. K h o u r i b g a P r o v i n z: 5 km s. Oued Zem (32°49'N/6°35'W); 28.IV.1970, 1 ♂ (S, B): SIUSNM 476076; leg. L. W. ROBBINS.

10. O u j d a P r o v i n z: 3 km s. Taforalt (34°48' N/ 2°24' W); 6.VI.1970, 1 ♂, 1 ♀ (2 S, 2 B): SIUSNM 476089-90; leg. L. W. ROBBINS, M. G. HEARST. 3 km no. Taforalt (34°49' N/ 2°24' W); 2.VI.1970, 1 ♀ (S, B): SIUSNM 476083; leg. M. G. HEARST.

## V e r g l e i c h s m a t e r i a l

1. A l g e r i e n (*Crocidura russula yebalensis*): Keddaro, bei Algier; 22.X.1953, 1 ♀ (S, B): MAKB 54.104. Algier; 4., 6.IV.1913, 1 ♀, 1 ♂ (2 S, 2 B): BMNH 39.1539-40. Desert of South Oran, Dat.?; 1 sex? (S, A): BMNH 53.671. Heljani, near St. Eugene, Oran; 15.IV.1954, 1 ♀ (S, A): BMNH 55.628a. Biskra; Dat. ? sex ? (S, A): BMNH 8.11.20.12. Algier; 23.I.1911, 18., 22.-23.III., 8., 17.V.1912, 5.IV.1913, 20.-21., 25., 27.-29.III., 21.IV., 17.V.1912, 7.IV.1913, 9 ♀♀, 12 ♂♂ (21 S, 21 B): BMNH 12.6.12.24-39, 12.6.12.42-43, 12.11.14.20, 13.8.6.13-14. Khenchela, Central Plateau; 6., 8.V.1912, 2 ♂♂ (2 S, 2 B): BMNH 12.6.12. 40-41.

(*Crocidura heljanensis*): Heljani; 15.IV.1954, sex ? (S, A): BMNH 55.631 (Typus). Heljani; 15.IV.1954; 1 ♀, 4 sex ? (5 S, 5 A): BMNH 55.629-30, 55.632-34. Hammam Rirha; 4.IV. 1912, 1 ♂ (S, B): BMNH 66.2837 (Paratypen).

2. T u n e s i e n (*Crocidura russula yebalensis*): El Haouaria, Djebel Sidi Abiod, Cap Bon; 2.-13.IV.1972, 22 ♂♂, 9 ♀♀ (30 S, 28 Sk, 31 B): SMF 43409-39. 7 km s. Ain Draham, Straße nach Feriana; 1.IX.1971, 5.-11.III., 23.IV.1972, 6 ♂♂, 4 ♀♀ (8 S, 6 Sk, 8 B, 2 A): SMF 41743-4, 43403-8, 43440-1. Ain Oktor über Soliman, Cap Bon; 28.-30.III.1971, 25.-26.II., 2.III.1972, 3 ♂♂, 5 ♀♀ (8 S, 3 Sk, 8 B): SMF 41611-5, 43400-2. Oued Chaffrou, Djedeida; 16.X.1956, 3 ♂♂, 3 ♀♀ , 1 sex ? (7 S, 6 B): SMF 26940-5, 26947. Carthago, n. Tunis; 10.X. 1957, 1 ♂ (S, B): SMF 26950. Bouxiera, Djedeida; 27.IX.1956, 1 sex ? (S, B): SMF 26946. Galita Archipel, Ile de La Galite; 18.-29.VIII.1971, 1 ♀ (S, A): SMF 41616. Nw. La Marsa, Tunis; 5.X.1971, 1 ♀ (S, B): MAKB 71.187. Korba; 14.III.1957, 1 sex ? (S, B): CJN 608. Kelibia, Cap Bon; 16.III.1957, 1 ♀ (S, B): CJN 615. Sidi Bou Said, n. Tunis; 6.IV.1957, 1 ♂ (S, B): CJN 675. Zaghouan-Gebirge, 40 km s. Tunis; 17.IV.1957, 1 ♀ (S, B): CJN 676. Djebel Nahli; 12.-25.V.1972, 4 ♂♂, 4 ♀♀ (8 S, 8 B): CBG 9-16. El Bathan, s. Tebourba; 7.II.1964 1 ♂ (S): CBG 3. Mansoura; 19.V.1964, 1 ♂ (S, B): CBG 4.

3. L i b y e n (*Crocidura aleksandrisi*): 5 km w. Tocra, Cyrenaica; 12.VI.1962, 1 ♀ (S, B): SIUSNM 325010 (Typus). 5 km w. Tocra; 12.-14.VI.1962, 1 ♂, 3 ♀♀ (4 S, 4 B): SIUSNM 325006-9. 20 km ö. Apollonia (= Marsa Susa); 6.VI.1962, 1 ♀ (S, B): SIUSNM 325005 (Paratypen).

4. S p a n i e n (*Crocidura russula pulchra*): Flix, Provinz Tarragona; 16. VI.1915, 2 ♀♀ (2 S): SMF 6636-7. Puente de Montañana; 12.VI., 19., 25.IX., 12.-13.X.1966, 23.XII.1967, 24.-26.II.1968, 11.I.1969, 28.VI., 20.-21.IX., 12.X.1966, 28., 30.XII.1967, 23.II., 3.III., 17.,

24.IV., 2.V.1968, 6.I.1969, 16 ♂♂, 11 ♀♀ (27 S, 27 B): SMF 33576, 33747-51, 34463, 34465-80, 35576, 35744-7.

### Typus, Typuslokalität
### von *Crocidura russula yebalensis*

*Crocidura yebalensis* wurde zunächst von CABRERA (1913) als Art beschrieben und 1932 als Unterart von *russula* weitergeführt.
Typuslokalität: Tétuan (Marokko, vgl. hierzu die Verbreitungskarte).
Typus: ♂, adult: KR = 70, S = 37, OL = 14, HF = 18 mm; CBL = 19.0, SKB = 9, SV = 4.4, OZL = 8.7 mm.
Paratypen: 2 ♂♂, 1 ♀, jedoch ohne metrische Angaben.

### Verbreitung aus der Literatur

LATASTE (1887): Tanger; CABRERA (1913): Tétuan (= Typus-Lokalität); CABRERA (1932): Melilla, Tétuan, Tanger; MORALES AGACINO (1943): Djebel Gorgues; RODE (1947): östliches Marokko, Tétuan, Tanger, Aguilar, Amat; SAINT-GIRONS u. PETTER (1953): Bouznika; BROSSET (1956): Berkane; BROSSET (1960): Trifa; BLANC et al. (1962): Forêt du Cherrat; SAINT GIRONS (1973a): Bouznika; SAINT-GIRONS, THEVENOT, THOUY (1974): Chaouia bei Settat, Oulmes, Central Plateau; JENKINS (1976a): gesamtes Marokko; HEIM DE BALSAC u. MEESTER (1977): östliches Marokko; JOLEAUD (1934): Nord du Maroc, région de Tanger-Tétouan; CARPENTIER (1932): Khénifra.

Das uns zur Untersuchung zur Verfügung gestellte *C. r. yebalensis*-Material erweitert das bisher aus der Literatur bekannte Verbreitungsgebiet (vgl. Abb. 1). Es zeigt sich, daß leider bisher noch keine *russula*-Stücke südlich des Moyen Atlas, des Haut Atlas und des Anti-Atlas nachgewiesen wurden. Die meisten Funde stammen aus der Küstenregion (Safi, Khouribga, Settat, Rabat, Kenitra, Tétuan, Nador und Oujda Provinzen). Interessant sind die Stücke (n = 8) von Imlil (Marrakech Provinz), die in einer Höhe von 1700 m gefangen wurden, und ein Exemplar von 22 km östlich Khénifra, Meknes Provinz, aus einer Höhe von 1600 m. Die Exemplare der Nador und Oujda Provinz stellen geographisch den Anschluß zu *russula*-Populationen aus dem Norden Algeriens her.

### Taxonomie

Der systematische Status wurde von VESMANIS bereits 1975 erörtert. Wir schließen uns hier der Meinung von HEIM DE BALSAC u. MEESTER (1977) an, daß der Unterartname *yebalensis* für alle nordafrikanischen (Maghreb-Länder) *russula*-Unterarten Priorität hat, wenn wir, wie bereits 1975 von VESMANIS vorgeschlagen, *Crocidura russula agilis* als undefinierbar betrachten wollen.

### Synonymieliste

Es erscheint uns im Rahmen dieser Studie als erforderlich, eine von VESMANIS (1975) veränderte und bei der Untersuchung tunesischer Wimperspitzmaus-Taxa dargestellte Synomieliste für *Crocidura russula yebalensis* (CABRERA, 1913) vorzustellen.

? 1885 *Crocidura araneus*, - LATASTE, Act. Soc. linn. Bordeaux, **39** (9): 204.
? 1906 *Crocidura russulus leucodon*, - TROUESSART, Bull. Mus. Hist. nat. Paris: 447.
? 1908 *Crocidura russula leucodon*, - GADEAU DE KERVILLE, Voy. zool. Khroumirie: 99.
1913 *Crocidura yebalensis* CABRERA, Bol. Soc. esp. Hist. nat. Madrid, **13**: 400.
1913 *Crocidura russula mauritanica*, - THOMAS, Novit. Zool., **20**: 588.
? 1932 *Crocidura russula agilis*, - CABRERA, Trab. Mus. nac. Cienc. nat. Madrid, **57**: 69.
1932 *Crocidura russulus suaveolens*, - CARPENTIER, Bull. Soc. Sci. nat. Maroc, **12**: 12.
? 1935 *Crocidura russulus*, - BLANC, Fauna Tunisienne, Tunis: 19.
? 1936 *Crocidura russula jebalensis* (sic.), - HEIM DE BALSAC, Bull. biol. France Belg., (Suppl.) **21**: 42.
? 1938 *Crocidura russula agilis*, - DE BEAUX, Boll. Mus. Zool. Anat. comp. Torino, (3) **46** (86): 361.
? 1947 *Crocidura russula agilis*, - RODE, Terre et la Vie, Bull. Soc. nat. Acclimat. Protect. Nat., **94** (3-4): 128.
? 1951 *Crocidura russula agilis*, - ELLERMAN u. MORRISIN-SCOTT, London: 80.
? 1953 *Crocidura russula*, - SAINT GIRONS u. PETTER, Mammalia, Paris, **17** (4): 319.
? 1954 *Crocidura russula agilis*, - TOSCHI, Suppl. Ric. Zool. appl. Caccia Bologna, **2** (7): 243.
? 1954 *Crocidura russula*, - HEIM DE BALSAC et al., Bull. Soc. Sci. nat. Tunisie, **7**: 139.
? 1956 *Crocidura russula*, - BROSSET, Alauda, Paris, **24**: 303.
? 1960 *Crocidura russula*, - BROSSET, Soc. Sci. nat. Phys. Maroc, **40**: 245.
? 1960 *Crocidura russula agilis*, - VERCAMEN-GRANDJEAN, Arch. Inst. Pasteur Algerie, **38**: 66, 68.
? 1962 *Crocidura russula agilis*, - BLANC et al., Arch. Inst. Pasteur Maroc, **6** (3): 247, pl. 8.
1972 *Crocidura russula*, - VESMANIS, Senckenbergiana biol., **53** (3/4): 190.
1973 *Crocidura russula*, - SAINT-GIRONS, Bull. Soc. Sci. nat. Phys. Maroc, **53** (1/2): 193-198.
1974 *Crocidura russula*, - SAINT-GIRONS, THEVENOT, THOULY, C.N.R.S., Trav. R.C.P., **249**: 262, 264.
1976 *Crocidura russula agilis*, - JENKINS, Bull. Brit. Mus. (Nat. Hist.) Zool. London, **30** (7): 294.

## Vergleich der *Crocidura russula yebalensis*-Populationen von Marokko untereinander

Bei der ersten metrischen Durchsicht der *russula*-Populationen von Marokko fiel uns die große Variationsspanne bei den einzelnen Maßen auf (vgl. Tab. 1). Aus diesem Grund haben wir das Material von insgesamt 10 Landesprovinzen auf 6 Gebiete (geographisch geordnet) zusammengefaßt (vgl. Abb. 1):

1. Tétuan (= Typus-Lokalität von *C. r. yebalensis*), Kenitra. - 2. Nador, Oujda. - 3. Khouribga, Settat, Rabat. - 4. Mekenes. - 5. Marrakech. - 6. Safi.

Die Körpermaße und die Gewichte haben wir von den Etiketten übernommen, die 53 Schädel- und Zahnmaße sind in der Tabelle 2 und 3 dargestellt. Vergleicht man nun die Maße der Tiere von den einzelnen Provinzen Marokkos untereinander, so kann man zum Teil erhebliche Größenunterschiede feststellen. Betrachtet man zunächst einmal die beiden Populationen aus der Tétuan/Kenitra Provinz und der Nador/Oujda Provinz miteinander, so stellten

Tabelle 1. Darstellung der Meßwerte von *Crocidura russula yebalensis* aus Marokko (n, min.-$\bar{x}$-max.)

| | n | min. | $\bar{x}$ | max. | | n | min. | $\bar{x}$ | max. |
|---|---|---|---|---|---|---|---|---|---|
| TL | 24, | 95.0 | 108.0 | 121.0 | C-M3 | 23, | 5.24 | 5.60 | 5.85 |
| KR | 24, | 61.0 | 70.0 | 79.0 | CH | 23, | 4.38 | 4.56 | 4.81 |
| S | 24, | 27.0 | 38.0 | 45.0 | CB | 22, | 2.28 | 2.47 | 2.68 |
| HF | 24, | 11.0 | 12.3 | 13.0 | PCH | 22, | 2.20 | 2.29 | 2.48 |
| OL | 23, | 8.0 | 9.0 | 11.0 | GKL | 23, | 1.84 | 1.97 | 2.12 |
| Gew(g) | 24, | 5.0 | | 9.0 | GKB | 23, | 0.84 | 0.91 | 1.04 |
| CIL | 22, | 18.12 | 19.04 | 19.81 | RL | 21, | 2.16 | 2.40 | 2.60 |
| CBL | 23, | 17.72 | 18.32 | 19.01 | RH | 23, | 1.44 | 1.70 | 1.88 |
| PL | 23, | 14.76 | 15.50 | 16.25 | LP4 | 23, | 1.76 | 1.85 | 1.96 |
| MSQ | 23, | 3.52 | 3.80 | 4.01 | BP4 | 23, | 1.60 | 1.72 | 1.88 |
| SKB | 21, | 8.46 | 8.78 | 9.30 | LM1 | 23, | 1.32 | 1.48 | 1.56 |
| IB | 22, | 3.86 | 4.09 | 4.34 | BM1 | 23, | 1.60 | 1.73 | 1.80 |
| ZB | 23, | 5.65 | 5.91 | 6.16 | LM2 | 23, | 1.24 | 1.34 | 1.52 |
| LB | 23, | 3.18 | 3.38 | 3.66 | BM2 | 23, | 1.88 | 1.95 | 2.04 |
| SKL | 23, | 10.20 | 10.70 | 11.28 | LM3 | 23, | 1.12 | 1.26 | 1.40 |
| GL | 23, | 7.31 | 7.61 | 8.09 | RaH | 23, | 1.32 | 1.53 | 1.68 |
| SB | 23, | 8.37 | 8.71 | 9.12 | LM1 | 23, | 1.20 | 1.37 | 1.48 |
| SV | 23, | 4.25 | 4.56 | 4.75 | BM1 | 23, | 0.84 | 0.96 | 1.12 |
| M-M | 23, | 5.46 | 5.66 | 5.90 | BM1 + | 23, | 0.96 | 1.10 | 1.20 |
| RB | 23, | 2.15 | 2.35 | 2.56 | LM2 | 23, | 1.16 | 1.22 | 1.32 |
| OZL | 21, | 7.69 | 8.25 | 8.60 | BM2 | 23, | 0.84 | 0.94 | 1.04 |
| P4-M3 | 23, | 4.25 | 4.59 | 4.81 | BM2 + | 23, | 0.92 | 1.01 | 1.08 |
| iP4-iP4 | 23, | 1.00 | 1.18 | 1.32 | LM3 | 21, | 1.08 | 1.15 | 1.28 |
| iM1-iM1 | 23, | 1.80 | 1.99 | 2.16 | BM3 | 23, | 0.60 | 0.67 | 0.72 |
| iM2-iM2 | 23, | 2.00 | 2.25 | 2.48 | RZ | 23, | 5.86 | 6.19 | 6.50 |
| iM3-iM3 | 23, | 2.12 | 2.32 | 2.64 | P-P | 22, | 0.92 | 0.99 | 1.12 |
| AI | 22, | 11.65 | 12.41 | 13.01 | GKBL | 23, | 1.16 | 1.31 | 1.48 |
| UKL | 23, | 9.67 | 10.23 | 10.75 | GKH | 23, | 1.32 | 1.43 | 1.60 |
| CL | 23, | 9.36 | 9.83 | 10.30 | P1-P3 | 23, | 2.28 | 2.56 | 2.76 |
| UZL | 22, | 6.91 | 7.58 | 7.96 | | | | | |

wir den folgenden markanten Größenunterschied fest: Die Tiere von der Terra typica haben die größeren Maße, wie z. B. bei der Condyloincisiv-Länge (CIL), Condylobasal-Länge (CBL) und Palatal-Länge (PL), wo die Maxima der Tiere von der Nador und Oujda Provinz nicht einmal an die Minima-Werte der Exemplare von der Tétuan und Kenitra Provinz heranreichen. Dies läßt sich auch an der SKL, GL, SB, M-M und CL nachweisen. Alle übrigen Maße überschneiden sich in der Variationsbreite, wobei hier - wie auch bei allen Populationsuntersuchungen - die Minima und Maxima von höchster Aussagekraft sind, nicht aber die Mittel-Werte ($\bar{x}$), die mathematisch berechnet werden und sehr stark von der Individuenzahl abhängig sind.

Das Typus-Exemplar *r. yebalensis* fällt mit den Angaben über die KR, S und SV in die Variationsbreite der untersuchten Exemplare von der Terra typica und der Nador/Oujda Provinz. In den Werten OL, HF, CBL und OZL übertrifft das Typus-Exemplar die von uns untersuchten Tiere aus dem Norden Marokkos.

*Crocidura russula* aus den Provinzen Khouribga, Settat und Rabat (unter Nr. 3 in der Karte dargestellt) erreichen mit dem Maximum von 18.45 mm an der CBL gerade den entsprechenden Minimum-Wert von der Population Tétuan und Kenitra. Die Tiere der Population 3 sind bis auf die SKB $LP^4$ und GKBL in allen übrigen Maßen kleiner als Exemplare von

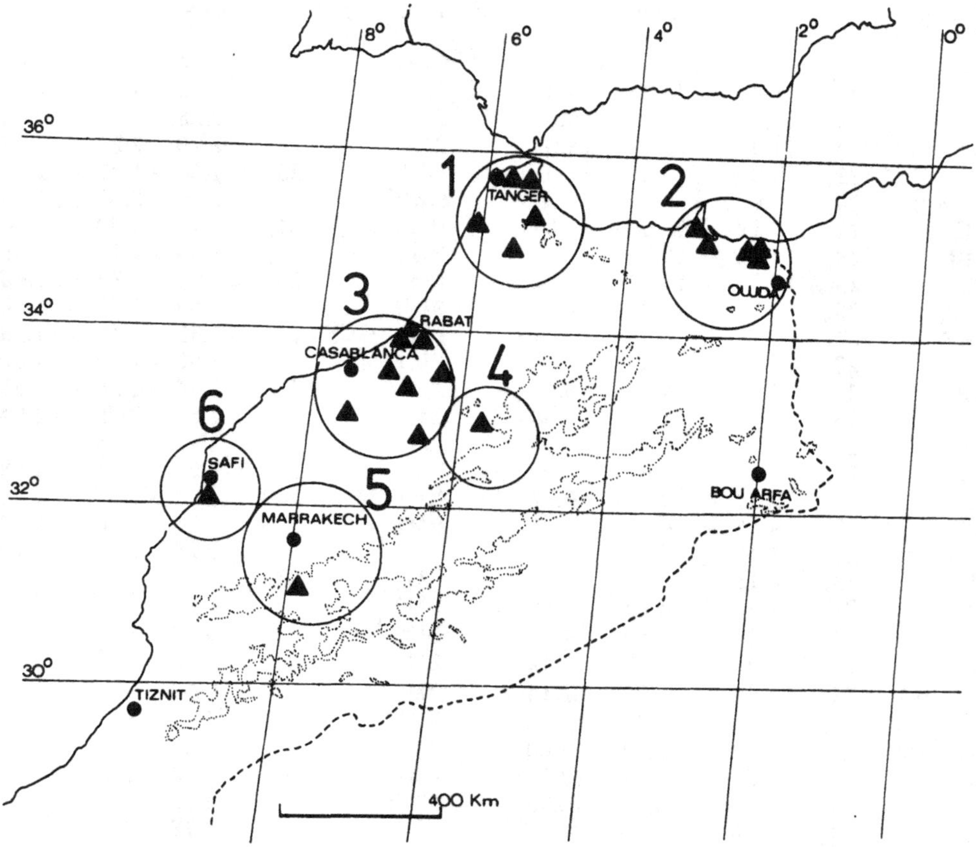


Abb. 1. Verbreitung von *Crocidura russula yebalensis* (CABRERA, 1913) in Marokko. Eingezeichnet wurde das untersuchte Material und auch einige Informationen aus der Literatur. Um die Populationen besser untereinander vergleichen zu können, wurden sie auf insgesamt 6 Provinzen zusammengefaßt: 1 = Tétuan Provinz; 2 = Nador - und Oujda Provinz; 3 = Khouribga -, Settat - und Rabat Provinz; 4 = Mekenes Provinz; 5 = Marrakech Provinz; 6 = Safi Provinz. Gepunktet wurde das Atlas-Gebirge (Höhen über 1500 m NN) und in die Verbreitungskarte eingezeichnet.

Tétuan und Kenitra. Vergleicht man die Population 3 mit Exemplaren von Nador und Oujda (Nr. 2), so stellt man fest, daß sie bis auf die Maße MSQ, $iP^4$-$iP^4$, PCH, $BM^1$, $LM^3$, $BM_3$ und $P^1$-$P^3$ größer sind.

Man kann größenmäßig die Wimperspitzmäuse von Khouribga, Settat und Rabat zwischen die Populationen von Tétuan, Kenitra und Nador, Oujda stellen.

Das *russula*-Exemplar von der Mekenes-Provinz hat gegenüber der kleinen Population von den Provinzen Khouribga, Settat und Rabat eine kleinere Schwanzlänge, dafür bei den Leibesabmessungen einen etwas höheren Wert für den Hinterfuß. In 35 Schädelmaßen (incl. Zahnmaße) übertrifft das Einzelstück von Mekenes die Exemplare der Population 3. Es würde größenmäßig (dem Schädel nach) den Tieren von Tétuan und Kenitra nahestehen.

Die größte uns zur Untersuchung zur Verfügung stehende Aufsammlung von *C. russula yeba-*

Tabelle 2. Darstellung der Meßwerte von *Crocidura russula yebalensis* von den Provinzen Tétuan, Kenitra, Nador und Oujda (n, min. - max. - x̄ - s).

| | Tétuan, Kenitra | | | | | Nador, Oujda | | | | |
|---|---|---|---|---|---|---|---|---|---|---|
| TL | 5, | 103.0 - | 115.0 - | 108.8 | 4.76 | 4, | 102.0 - | 114.0 - | 107.3 | 4.99 |
| KR | 5, | 64.0 - | 77.0 - | 70.6 | 4.67 | 4, | 63.0 - | 74.0 - | 69.0 | 5.35 |
| S | 5, | 35.0 - | 43.0 - | 38.2 | 3.11 | 4, | 34.0 - | 40.0 - | 38.3 | 2.87 |
| HF | 5, | 12.0 - | 13.0 - | 12.6 | 0.55 | 4, | 12.0 - | 13.0 - | 12.3 | 0.50 |
| OL | 5, | 7.0 - | 11.0 - | 9.2 | 1.48 | 3, | 9.0 - | 10.0 - | 9.3 | 0.58 |
| Gew(g) | 5, | 5.0 - | 9.0 | | | 4, | 5.0 - | 8.0 | | |
| CIL | 4, | 19.10 - | 19.41 - | 19.29 | 0.14 | 4, | 18.12 - | 18.96 - | 18.65 | 0.37 |
| CBL | 5, | 18.45 - | 18.75 - | 18.59 | 0.12 | 4, | 17.72 - | 18.15 - | 17.96 | 0.18 |
| PL | 5, | 15.56 - | 16.25 - | 15.83 | 0.30 | 4, | 14.85 - | 15.46 - | 15.11 | 0.27 |
| MSQ | 5, | 3.64 - | 3.94 - | 3.82 | 0.11 | 4, | 3.60 - | 4.01 - | 3.81 | 0.17 |
| SKB | 4, | 8.54 - | 8.76 - | 8.61 | 0.10 | 4, | 8.46 - | 8.57 - | 8.52 | 0.05 |
| IB | 5, | 3.96 - | 4.34 - | 4.10 | 0.14 | 4, | 3.86 - | 4.12 - | 3.97 | 0.11 |
| ZB | 5, | 5.79 - | 6.04 - | 5.93 | 0.11 | 4, | 5.74 - | 5.85 - | 5.81 | 0.05 |
| LB | 5, | 3.26 - | 3.49 - | 3.36 | 0.10 | 4, | 3.18 - | 3.31 - | 3.23 | 0.06 |
| SKL | 5, | 10.71 - | 11.04 - | 10.85 | 0.12 | 4, | 10.20 - | 10.65 - | 10.47 | 0.19 |
| GL | 5, | 7.59 - | 7.90 - | 7.74 | 0.12 | 4, | 7.42 - | 7.54 - | 7.50 | 0.05 |
| SB | 5, | 8.73 - | 8.90 - | 8.81 | 0.07 | 4, | 8.27 - | 8.66 - | 8.51 | 0.12 |
| SV | 5, | 4.37 - | 4.75 - | 4.57 | 0.14 | 4, | 4.36 - | 4.55 - | 4.49 | 0.09 |
| M-M | 5, | 5.59 - | 5.76 - | 5.69 | 0.07 | 4, | 5.50 - | 5.56 - | 5.54 | 0.03 |
| RB | 5, | 2.28 - | 2.56 - | 2.40 | 0.11 | 4, | 2.20 - | 2.33 - | 2.27 | 0.55 |
| OZL | 4, | 8.29 - | 8.40 - | 8.34 | 0.05 | 4, | 7.69 - | 8.42 - | 8.00 | 0.31 |
| P4-M3 | 5, | 4.58 - | 4.80 - | 4.66 | 0.08 | 4, | 4.35 - | 4.75 - | 4.50 | 0.17 |
| iP4-iP4 | 5, | 1.12 - | 1.28 - | 1.22 | 0.09 | 4, | 1.12 - | 1.24 - | 1.17 | 0.05 |
| iM1-iM1 | 5, | 1.96 - | 2.08 - | 1.99 | 0.05 | 4, | 1.92 - | 1.96 - | 1.94 | 0.02 |
| iM2-iM2 | 5, | 2.20 - | 2.36 - | 2.27 | 0.06 | 4, | 2.12 - | 2.24 - | 2.18 | 0.05 |
| iM3-iM3 | 5, | 2.20 - | 2.36 - | 2.30 | 0.06 | 4, | 2.16 - | 2.24 - | 2.22 | 0.04 |
| AI | 5, | 12.06 - | 12.65 - | 12.42 | 0.24 | 4, | 11.65 - | 12.51 - | 12.04 | 0.36 |
| UKL | 5, | 10.13 - | 10.66 - | 10.32 | 0.23 | 4, | 9.67 - | 10.20 - | 9.96 | 0.24 |
| CL | 5, | 9.90 - | 10.16 - | 10.02 | 0.12 | 4, | 9.44 - | 9.83 - | 9.61 | 0.19 |
| UZL | 5, | 7.51 - | 7.78 - | 7.60 | 0.18 | 4, | 6.91 - | 7.61 - | 7.30 | 0.29 |
| C-M3 | 5, | 5.65 - | 5.79 - | 5.69 | 0.06 | 4, | 5.37 - | 5.65 - | 5.46 | 0.13 |
| CH | 5, | 4.50 - | 4.69 - | 4.59 | 0.08 | 4, | 4.40 - | 4.61 - | 4.49 | 0.09 |
| CB | 5, | 2.32 - | 2.60 - | 2.48 | 0.12 | 3, | 2.44 - | 2.52 - | 2.48 | 0.04 |
| PCH | 5, | 2.20 - | 2.32 - | 2.29 | 0.05 | 3, | 2.24 - | 2.32 - | 2.27 | 0.05 |
| GKL | 5, | 1.92 - | 2.12 - | 2.00 | 0.07 | 4, | 1.88 - | 1.92 - | 1.90 | 0.02 |
| GKB | 5, | 0.88 - | 1.04 - | 0.95 | 0.07 | 4, | 0.84 - | 0.92 - | 0.88 | 0.03 |
| RL | 4, | 2.32 - | 2.60 - | 2.44 | 0.12 | 4, | 2.28 - | 2.44 - | 2.35 | 0.07 |
| RH | 5, | 1.64 - | 1.88 - | 1.75 | 0.10 | 4, | 1.56 - | 1.80 - | 1.65 | 0.11 |
| LP4 | 5, | 1.80 - | 1.88 - | 1.84 | 0.03 | 4, | 1.76 - | 1.88 - | 1.81 | 0.05 |
| BP4 | 5, | 1.64 - | 1.76 - | 1.71 | 0.04 | 4, | 1.60 - | 1.72 - | 1.67 | 0.06 |
| LM$^1$ | 5, | 1.44 - | 1.52 - | 1.49 | 0.03 | 4, | 1.44 - | 1.48 - | 1.45 | 0.02 |
| BM$^1$ | 5, | 1.68 - | 1.76 - | 1.70 | 0.06 | 4, | 1.68 - | 1.72 - | 1.70 | 0.02 |
| LM$^2$ | 5, | 1.32 - | 1.40 - | 1.35 | 0.03 | 4, | 1.24 - | 1.36 - | 1.30 | 0.05 |
| BM$^2$ | 5, | 1.88 - | 2.04 - | 1.94 | 0.07 | 4, | 1.88 - | 2.00 - | 1.94 | 0.05 |
| LM$^3$ | 5, | 1.16 - | 1.32 - | 1.26 | 0.06 | 4, | 1.16 - | 1.28 - | 1.22 | 0.05 |
| RaH | 5, | 1.32 - | 1.60 - | 1.52 | 0.12 | 4, | 1.48 - | 1.52 - | 1.50 | 0.02 |
| LM$_1$ | 5, | 1.36 - | 1.48 - | 1.41 | 0.05 | 4, | 1.28 - | 1.36 - | 1.33 | 0.04 |
| BM$_1$ + | 5, | 0.92 - | 1.12 - | 1.01 | 0.08 | 4, | 0.84 - | 1.00 - | 0.93 | 0.07 |
| BM$_1$ | 5, | 1.08 - | 1.16 - | 1.12 | 0.04 | 4, | 0.96 - | 1.16 - | 1.08 | 0.09 |
| LM$_2$ | 5, | 1.20 - | 1.28 - | 1.25 | 0.03 | 4, | 1.16 - | 1.20 - | 1.18 | 0.02 |

| | | | | | | | | | | |
|---|---|---|---|---|---|---|---|---|---|---|
| BM2 + | 5, | 0.88 - | 1.04 - | 0.98 | 0.06 | 4, | 0.84 - | 0.96 - | 0.92 | 0.06 |
| BM2 + | 5, | 0.96 - | 1.08 - | 1.02 | 0.05 | 4, | 0.92 - | 1.04 - | 0.99 | 0.05 |
| LM3 | 4, | 1.08 - | 1.20 - | 1.14 | 0.05 | 4, | 1.12 - | 1.20 - | 1.16 | 0.03 |
| BM3 | 5, | 0.64 - | 0.72 - | 0.69 | 0.04 | 4, | 0.60 - | 0.70 - | 0.67 | 0.05 |
| RZ | 5, | 6.14 - | 6.42 - | 6.28 | 0.11 | 4, | 5.98 - | 6.36 - | 6.10 | 0.18 |
| P-P | 5, | 0.92 - | 1.12 - | 1.00 | 0.09 | 3, | 0.92 - | 1.00 - | 0.96 | 0.04 |
| GKBL | 5, | 1.24 - | 1.48 - | 1.34 | 0.10 | 4, | 1.24 - | 1.28 - | 1.25 | 0.02 |
| GKH | 5, | 1.40 - | 1.60 - | 1.46 | 0.08 | 4, | 1.32 - | 1.44 - | 1.39 | 0.04 |
| P1-P3 | 5, | 2.52 - | 2.68 - | 2.62 | 0.06 | 4, | 2.36 - | 2.68 - | 2.51 | 0.13 |

*lensis* kommt von der Marrakech Provinz. Ein Vergleich mit dem Einzelstück von Mekenes liegt aus der geographisch ähnlichen Beschaffenheit der Biotope nahe. So liegt das Stück von Mekenes in vielen Maßen (außer der kleinen Schwanzlänge von 27.0 mm gegenüber $\bar{x}$ = 41.1 mm) innerhalb der Variationsbreite von der Population aus Marrakech. Die Tiere von Marrakech zeigen größere Maße als Exemplare von Khouribga, Settat, Rabat, Nador und Oujda. Sie sind noch am ehesten mit der Population von Tétuan und Kenitra zu vergleichen.

Von der Küstenregion von Safi liegt uns eine *C. russula* vor. Kleiner in den Maßen als die Population von Marrakech, läßt es sich gut mit den Tieren aus dem Tiefland von den Khouribga, Settat und Rabat Provinzen vergleichen.

Die metrischen Beziehungen der *Crocidura russula yebalensis* von den 6 Regionen Marokkos sind nochmals zusammenfassend in den Diagrammen 1 und 2 dargestellt. Würde man alle Tiere zusammenfassen, so ergäbe sich eine so große Variationsspanne, daß man ohne Schwierigkeiten Populationen von *C. r. pulchra* aus N-Spanien, *C. r. russula* aus dem Rheintal oder sogar *C. r. yebalensis* aus Algerien und Tunesien lückenlos hineinfügen könnte, ohne die schon vorgegebenen Minima- und Maxima-Werte der Marokko-Population zu beeinträchtigen. Die Korrelationsdiagramme zeigen deutlich, wie wichtig eine Analyse von Einzelpopulationen ist, die untereinander sehr stark variieren können. Eine Diskussion auf Unterartbasis erscheint sehr fraglich.

Die Korrelationsdiagramme zeigen deutlich die enge Beziehung der Populationen von Tétuan, Tanger (1) und Marrakech (5). Das Einzelstück von Mekenes (4) stellt größenmäßig die Verbindung zu den kleineren *C. r. yebalensis* her, die Populationen von Nador, Oujda (2), Khouribga, Settat, Rabat (3) und Safi (6), die untereinander kaum zu unterscheiden sind, auch wenn sie von geographisch verschiedenen Biotopen stammen, wie zum Beipsiel die Tiere von Nador, Oujda und Khouribga, Settat, Rabat.

In der Abbildung 2 haben wir zur besseren Übersicht die metrisch verwandtschaftlichen Wechselbeziehungen der Wimperspitzmäuse von Marokko auf der Landkarte graphisch dargestellt. Die Auswertung der Tabellen und der Korrelationsdiagramme weist für Marokko zunächst zwei Gruppen auf: Populationen, die bei der Condylobasal-Länge (CBL) einen $\bar{x}$-Wert um 18.0 mm haben, und Populationen, die einen CBL-$\bar{x}$-Wert von ungefähr 18.6 mm aufweisen. Dazwischen steht ein Einzelstück aus Mekenes mit einer CBL von 18.4 mm. Projiziert man diese Ergebnisse (bei Betrachtung der $\bar{x}$-Werte von CBL und CL) auf eine Karte (siehe Abb. 2), so ergibt sich auf Grund des vorliegenden untersuchten Materials folgendes Bild:
a) Tiere aus der Marrakech-Provinz zeigen die größten Werte.
b) Sie sind mit den Exemplaren von den Provinzen Tétuan und Kenitra vergleichbar.

Tabelle 3. Darstellung der Meßwerte von *Crocidura russula yebalensis* von den Provinzen Khouribga, Settat, Rabat, Meknes, Marrakech und Safi (n, min.- max.- x - s)

| Khouribga, Settat, Rabat | | | | | | Meknes | Marrakech | | | | | Safi |
|---|---|---|---|---|---|---|---|---|---|---|---|---|
| TL | 5, | 95.0 | 110.0 | 102.8 | 5.85 | 99.0 | 8, | 107.0 | 121.0 | 113.0 | 5.32 | 103.0 |
| KR | 5, | 61.0 | 75.0 | 66.8 | 5.23 | 72.0 | 8, | 67.0 | 79.0 | 71.9 | 4.26 | 66.0 |
| S | 5, | 34.0 | 38.0 | 36.0 | 1.58 | 27.0 | 8, | 38.0 | 45.0 | 41.1 | 2.42 | 37.0 |
| HF | 5, | 11.0 | 12.0 | 11.6 | 0.55 | 13.0 | 8, | 12.0 | 13.0 | 12.5 | 0.53 | 12.0 |
| OL | 5, | 8.0 | 9.0 | 8.8 | 0.45 | 8.0 | 8, | 8.0 | 10.0 | 8.8 | 0.71 | 9.0 |
| Gew(g) | 5, | 6.0 | 7.0 | | | 7.0 | 8, | 5.0 | 8.0 | | | 5.0 |
| CIL | 5, | 18.31 | 19.02 | 18.67 | 0.26 | 19.16 | 7, | 18.64 | 19.81 | 19.38 | 0.43 | 19.00 |
| CBL | 5, | 17.76 | 18.45 | 18.09 | 0.31 | 18.38 | 7, | 17.82 | 19.01 | 18.51 | 0.45 | 18.06 |
| PL | 5, | 15.25 | 15.24 | 15.40 | 0.11 | 15.80 | 7, | 15.04 | 16.19 | 15.63 | 0.51 | 14.76 |
| MSQ | 5, | 3.52 | 4.00 | 3.72 | 0.18 | 3.90 | 7, | 3.67 | 4.00 | 3.85 | 0.13 | 3.74 |
| SKB | 5, | 8.61 | 8.92 | 8.78 | 0.12 | - | 7, | 8.65 | 9.30 | 9.03 | 0.21 | 8.65 |
| IB | 5, | 3.90 | 4.04 | 3.97 | 0.06 | 4.00 | 7, | 4.10 | 4.34 | 4.25 | 0.09 | - |
| ZB | 5, | 5.66 | 5.95 | 5.82 | 0.13 | 5.65 | 7, | 5.75 | 6.16 | 6.03 | 0.14 | 5.98 |
| LB | 5, | 3.30 | 3.36 | 3.32 | 0.04 | 3.31 | 7, | 3.37 | 3.66 | 3.51 | 0.10 | 3.38 |
| SKL | 5, | 10.40 | 10.86 | 10.59 | 0.19 | 10.76 | 7, | 10.51 | 11.28 | 10.81 | 0.23 | 10.70 |
| GL | 5, | 7.36 | 7.79 | 7.50 | 0.19 | 7.62 | 7, | 7.31 | 8.09 | 7.70 | 0.25 | 7.36 |
| SB | 5, | 8.40 | 8.72 | 8.58 | 0.16 | 8.78 | 7, | 8.46 | 9.12 | 8.83 | 0.23 | 8.71 |
| SV | 5, | 4.35 | 4.70 | 4.50 | 0.17 | 4.60 | 7, | 4.53 | 4.75 | 4.67 | 0.09 | 4.25 |
| M-M | 5, | 5.44 | 5.74 | 5.60 | 0.12 | 5.46 | 7, | 5.54 | 5.90 | 5.78 | 0.11 | 5.70 |
| RB | 5, | 2.15 | 2.50 | 2.33 | 0.13 | 2.21 | 7, | 2.24 | 2.54 | 2.39 | 0.11 | 2.29 |
| OZL | 4, | 7.89 | 8.35 | 8.11 | 0.20 | 8.26 | 7, | 8.08 | 8.60 | 8.42 | 0.19 | 8.38 |
| P4-M3 | 5, | 4.25 | 4.65 | 4.44 | 0.14 | 4.55 | 7, | 4.53 | 4.81 | 4.68 | 0.11 | 4.71 |
| iP4-iP4 | 5, | 1.00 | 1.24 | 1.12 | 0.09 | 1.08 | 7, | 1.12 | 1.32 | 1.23 | 0.07 | 1.08 |
| iM1-iM1 | 5, | 1.80 | 2.04 | 1.94 | 0.08 | 1.84 | 7, | 1.80 | 2.16 | 2.03 | 0.12 | 1.88 |
| iM2-iM2 | 5, | 2.16 | 2.32 | 2.25 | 0.06 | 2.16 | 7, | 2.00 | 2.48 | 2.30 | 0.17 | 2.20 |
| iM3-iM3 | 5, | 2.12 | 2.48 | 2.29 | 0.15 | 2.20 | 7, | 2.20 | 2.64 | 2.43 | 0.13 | 2.24 |
| AI | 4, | 12.06 | 12.54 | 12.28 | 0.25 | 12.66 | 7, | 12.04 | 13.01 | 12.66 | 0.34 | 12.44 |
| UKL | 5, | 9.82 | 10.25 | 10.07 | 0.19 | 10.40 | 7, | 10.02 | 10.75 | 10.42 | 0.27 | 10.06 |
| CL | 5, | 9.36 | 9.90 | 9.63 | 0.24 | 9.86 | 7, | 9.57 | 10.30 | 9.99 | 0.27 | 9.62 |
| UZL | 4, | 7.26 | 7.72 | 7.48 | 0.19 | 7.68 | 7, | 7.45 | 7.96 | 7.75 | 0.16 | 7.67 |
| C-M3 | 5, | 5.24 | 5.57 | 5.43 | 0.13 | 5.66 | 7, | 5.48 | 5.85 | 5.71 | 0.13 | 5.64 |
| CH | 5, | 4.38 | 4.72 | 4.55 | 0.13 | 4.76 | 7, | 4.45 | 4.81 | 4.58 | 0.15 | 4.50 |
| CB | 5, | 2.36 | 2.52 | 2.45 | 0.07 | 2.48 | 7, | 2.40 | 2.68 | 2.51 | 0.13 | 2.28 |

| Khouribga, Settat, Rabat | | | | | | | Meknes | Marrakech | | | | | | | | Safi |
|---|---|---|---|---|---|---|---|---|---|---|---|---|---|---|---|---|
| PCH | 5, | 2.20 - | | 2.32 - | 2.26 | 0.05 | 2.24 | 7, | 2.24 - | | 2.48 - | 2.35 | 0.08 | | | 2.20 |
| GKL | 5, | 1.92 - | | 2.08 - | 1.98 | 0.06 | 2.04 | 7, | 1.92 - | | 2.08 - | 2.00 | 0.07 | | | 1.84 |
| GKB | 5, | 0.84 - | | 0.96 - | 0.92 | 0.06 | 1.04 | 7, | 0.84 - | | 0.96 - | 0.90 | 0.04 | | | 0.84 |
| RL | 4, | 2.28 - | | 2.60 - | 2.40 | 0.14 | 2.60 | 7, | 2.16 - | | 2.48 - | 2.39 | 0.11 | | | 2.32 |
| RH | 5, | 1.44 - | | 1.84 - | 1.67 | 0.16 | 1.80 | 7, | 1.60 - | | 1.88 - | 1.72 | 0.12 | | | 1.52 |
| LP4 | 5, | 1.80 - | | 1.92 - | 1.86 | 0.06 | 1.88 | 7, | 1.76 - | | 1.96 - | 1.86 | 0.06 | | | 1.84 |
| BP4 | 5, | 1.60 - | | 1.80 - | 1.70 | 0.07 | 1.72 | 7, | 1.72 - | | 1.88 - | 1.76 | 0.06 | | | 1.76 |
| LM1 | 5, | 1.32 - | | 1.52 - | 1.46 | 0.08 | 1.48 | 7, | 1.44 - | | 1.56 - | 1.49 | 0.04 | | | 1.52 |
| BM1 | 5, | 1.64 - | | 1.76 - | 1.68 | 0.09 | 1.72 | 7, | 1.72 - | | 1.80 - | 1.77 | 0.04 | | | 1.80 |
| LM2 | 5, | 1.28 - | | 1.52 - | 1.34 | 0.10 | 1.36 | 7, | 1.28 - | | 1.36 - | 1.35 | 0.03 | | | 1.40 |
| BM2 | 5, | 1.92 - | | 2.00 - | 1.95 | 0.03 | 1.92 | 7, | 1.92 - | | 2.04 - | 1.96 | 0.05 | | | 2.04 |
| LM3 | 5, | 1.12 - | | 1.28 - | 1.20 | 0.06 | 1.16 | 7, | 1.24 - | | 1.40 - | 1.33 | 0.06 | | | 1.28 |
| RaH | 5, | 1.48 - | | 1.60 - | 1.52 | 0.04 | 1.68 | 7, | 1.40 - | | 1.64 - | 1.53 | 0.08 | | | 1.48 |
| LM$_1$ | 5, | 1.20 - | | 1.44 - | 1.34 | 0.11 | 1.40 | 7, | 1.32 - | | 1.48 - | 1.40 | 0.05 | | | 1.40 |
| BM$_1$ + | 5, | 0.92 - | | 1.04 - | 0.97 | 0.05 | 0.96 | 7, | 0.92 - | | 0.96 - | 0.94 | 0.02 | | | 0.92 |
| BM$_1$ | 5, | 1.04 - | | 1.12 - | 1.10 | 0.04 | 1.12 | 7, | 1.00 - | | 1.20 - | 1.10 | 0.06 | | | 1.12 |
| LM$_2$ | 5, | 1.16 - | | 1.32 - | 1.21 | 0.07 | 1.24 | 7, | 1.16 - | | 1.28 - | 1.22 | 0.04 | | | 1.20 |
| BM$_2$ + | 5, | 0.88 - | | 1.04 - | 0.94 | 0.07 | 0.92 | 7, | 0.88 - | | 0.96 - | 0.92 | 0.03 | | | 0.88 |
| BM$_2$ | 5, | 0.92 - | | 1.04 - | 1.00 | 0.06 | 1.00 | 7, | 0.96 - | | 1.08 - | 1.00 | 0.04 | | | 1.04 |
| LM$_3$ | 5, | 1.04 - | | 1.16 - | 1.10 | 0.05 | 1.16 | 6, | 1.12 - | | 1.28 - | 1.20 | 0.06 | | | 1.20 |
| BM$_3$ | 5, | 0.60 - | | 0.68 - | 0.65 | 0.03 | 0.64 | 7, | 0.64 - | | 0.68 - | 0.67 | 0.02 | | | 0.68 |
| RZ | 5, | 6.01 - | | 6.30 - | 6.12 | 0.11 | 6.04 | 7, | 5.86 - | | 6.50 - | 6.26 | 0.23 | | | 6.02 |
| P-P | 5, | 0.92 - | | 1.00 - | 0.97 | 0.03 | 1.00 | 7, | 0.92 - | | 1.04 - | 0.99 | 0.04 | | | 1.00 |
| GKBL | 5, | 1.32 - | | 1.40 - | 1.36 | 0.03 | 1.40 | 7, | 1.20 - | | 1.44 - | 1.31 | 0.09 | | | 1.16 |
| GKH | 5, | 1.36 - | | 1.84 - | 1.41 | 0.04 | 1.52 | 7, | 1.36 - | | 1.48 - | 1.44 | 0.05 | | | 1.32 |
| P1-P3 | 5, | 2.28 - | | 2.64 - | 2.46 | 0.14 | 2.60 | 7, | 2.48 - | | 2.76 - | 2.60 | 0.10 | | | 2.60 |

(Tabelle 3. Fortsetzung)

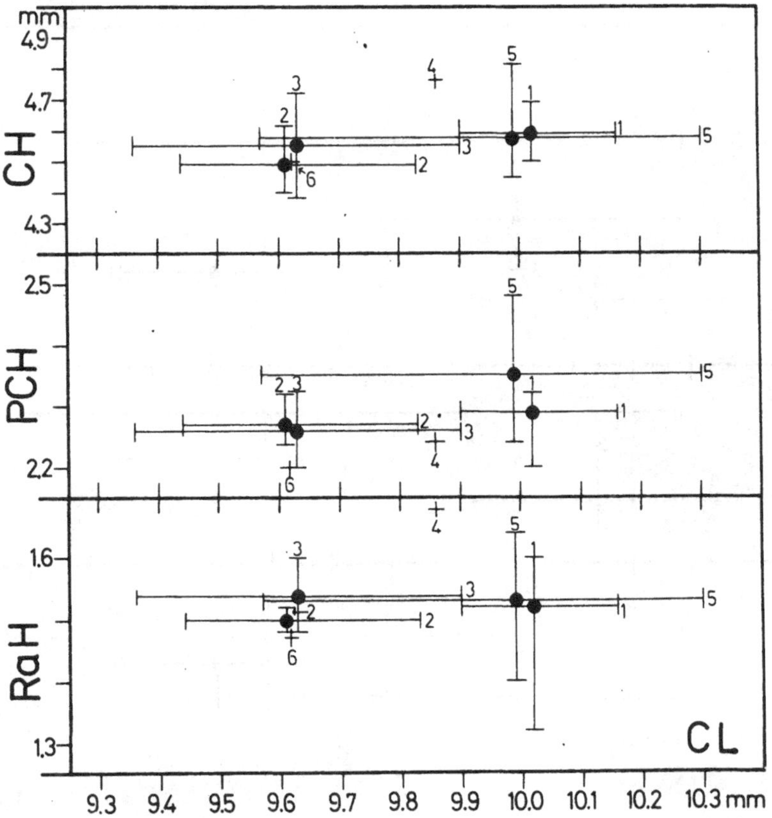


Korrelationsdiagramm 1. Beziehungen der Minima, Maxima und des Mittelwertes ($\bar{x}$) von *C. russula yebalensis* aus sechs Regionen (vgl. Abb. 1) Marokkos. Die Condylar-Länge (CL) wurde in Beziehung zur Ramus-Höhe (RaH), Postcoronar-Höhe (PCH) und Coronar-Höhe (CH) gesetzt. Die Mittelwerte der Reihen wurden mit einem schwarzen Kreis gekennzeichnet, die Einzeltiere von den Provinzen Meknes (4) und Safi (6) sind mit einem Kreuz in das Diagramm eingetragen. Deutlich fällt hier bei der Betrachtung der $\bar{x}$-Werte die Beziehung der Populationen 5 und 1 auf, die die höchsten Maße aufweisen und die Beziehung der Populationen 2 und 3, die viel geringere Meßwerte zeigen. Das Einzelstück von Meknes (4) verbindet metrisch beide Gruppen (2, 3 und 1, 5) miteinander. Das Tier von Safi (6) fügt sich in die Gruppe 2 und 3 mit den kleinen Werten ein.

c) Der Mittel-Wert der kleinen Population von Tétuan und Kenitra liegt etwas über dem entsprechenden Wert (CBL und CL) von Marrakech.

d) Tiere aus dem Flachland von Oujda und Nador sind mit Exemplaren von den Provinzen Khouribga, Settat, Rabat und Safi vergleichbar.

e) *C. russula* von den unter d) genannten Provinzen sind in ihren Abmessungen viel kleiner als Stücke von den Provinzen Tétuan, Kenitra und Marrakech.

f) Zwischen diesen beiden Reihen steht das Einzelstück von Mekenes.

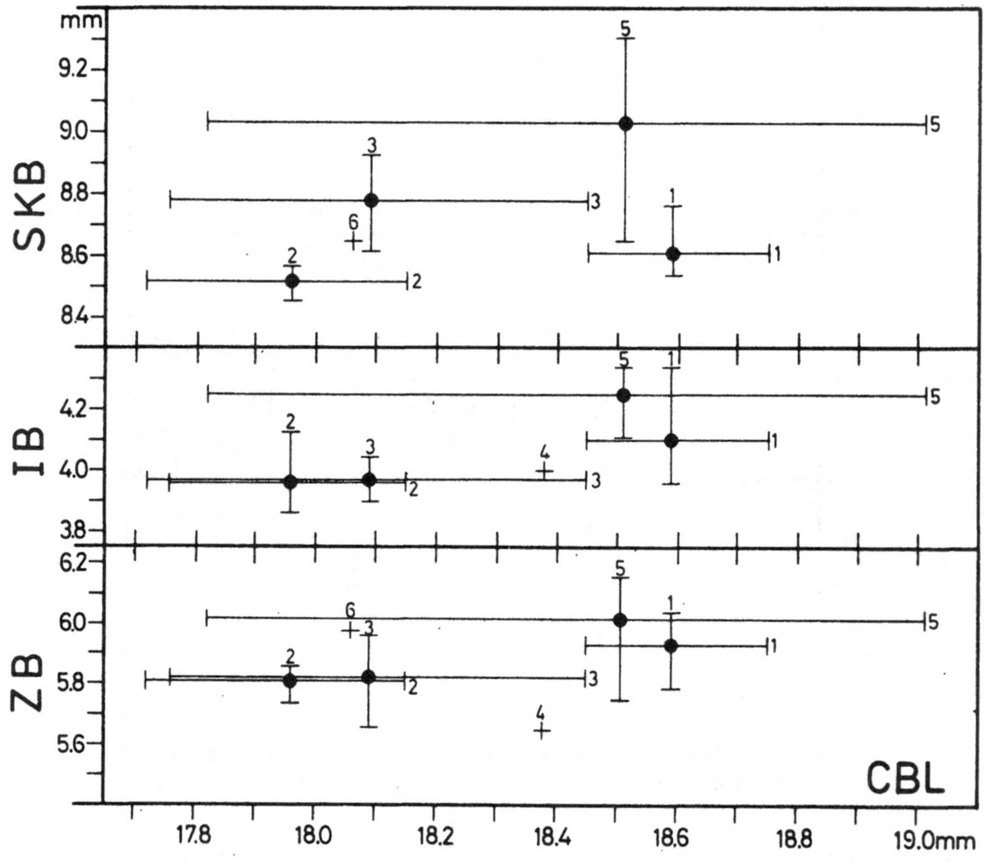


Korrelationsdiagramm 2. Die Condylobasal-Länge (CBL) wurde in Beziehung zur Zygomatik-Breite (ZB), Interorbital-Breite (IB) und Schädelkapsel-Breite (SKB) gesetzt. Die Tiere verhalten sich wie im Diagramm 1. Auffallend die große Variationsbreite der Exemplare von der Marrakech Provinz (5), die fast alle anderen Populationen umfaßt.

## Vergleich der *C. russula yebalensis*-Populationen von Marokko mit Populationen aus Algerien und Tunesien und mit *C. russula pulchra* aus Spanien

Die Maßangaben zu den Reihen aus Algerien, Tunesien und Spanien sind aus den Tabellen in VESMANIS (1975, 1976a, c, 1977 a, b), KAHMANN u. VESMANIS (1974) und VESMANIS u. KAHMANN (1976) zu ersehen. Der Vergleich der Populationen untereinander wurde anhand von 4 Korrelationsdiagrammen (Breite $P^4$ zur Länge $P^4$; Breite $M^1$ zur Länge $M^1$; Coronar-Höhe zur Condylar-Länge und maximale Breite über den Molaren zur Länge der oberen Backenzähne, $P^4$-$M^3$) vorgenommen.

Das erste dieser Diagramme $LP^4$ zur $BP^4$ (eingetragen sind die Minima-, Maxima- und die Mittel-Werte der Meßreihen) zeigt, daß die *yebalensis*- Population von Marokko in ihrer

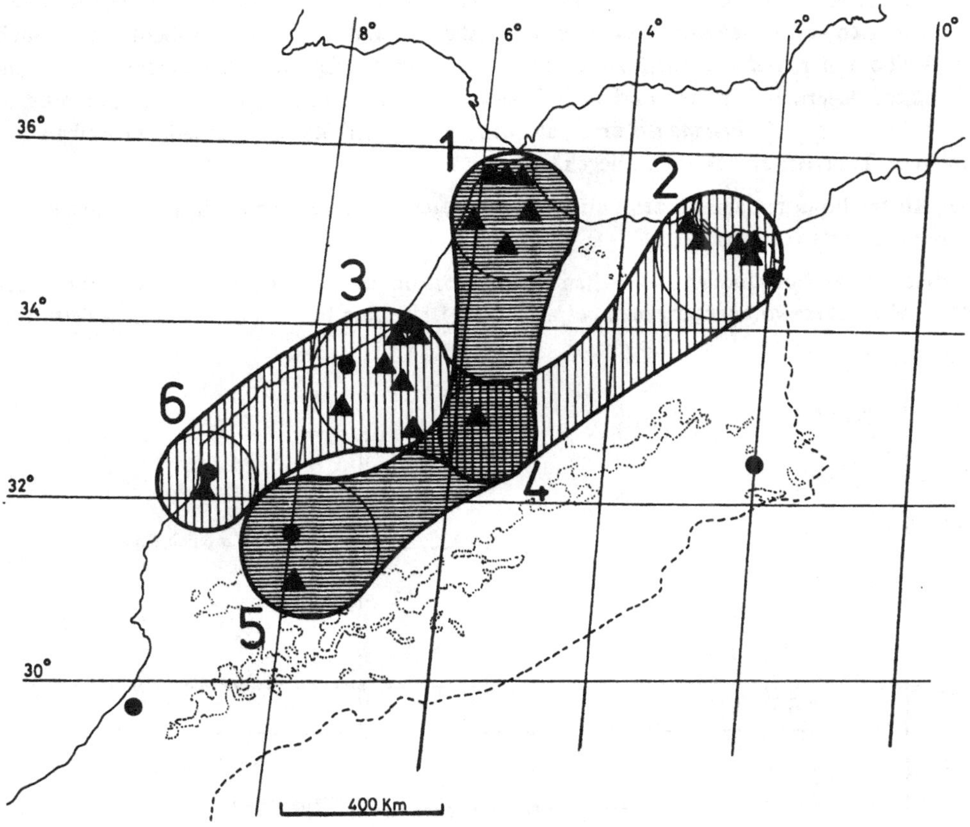


Abb. 2. Darstellung der verwandtschaftlichen Beziehungen (bezüglich der Abmessungen) von *C. r. yebalensis*-Populationen und Einzelstücken. Erklärungen sind aus dem Text zu ersehen.

Gesamtheit - ganz besonders bei der Betrachtung des Mittel-Wertes - gegenüber den *yebalensis*-Reihen aus Tunesien (n = 72) und Algerien (n = 27) die kleineren Werte aufweist. Die $\bar{x}$-Werte der *yebalensis*-Aufsammlungen von Tunesien und Algerien liegen nahe beieinander, auch wenn die Reihe aus Tunesien - sicherlich bedingt durch die große Anzahl der Tiere - eine unverhofft große Variationsbreite vorzeigt. *C. r. pulchra* von Spanien liegt in der $P^4$-Länge innerhalb ($\bar{x}$) der vergleichbaren Werte von *r. yebalensis* aus Algerien und Tunesien, jedoch ist der Mittel-Wert der $BP^4$ größer als bei *yebalensis* der beiden östlichen Maghreb-Länder.

JENKINS (1976b) bezweifelte die Validität von *Crocidura heljanensis* VESMANIS, 1975 mit der Begründung, in der Reihe sei nur ein adultes Tier, alle anderen hätten jugendlichen Charakter. Sie hat natürlich in diesem Punkt ihrer Betrachtung vollkommen recht, doch war die Beschreibung von *heljanensis* hauptsächlich auf die gegenüber *r. yebalensis* viel kleineren Zahnlängen und -breiten ausgelegt. Zähne wachsen bei Wimperspitzmäusen nicht! Daher sind sie ein ausgezeichneter Zeiger für die verschiedensten Maße an ihnen. Auch lassen sich die Strukturen bei nicht abgekauten Zähnen sehr gut erkennen und verfolgen. Aus diesem Grund wurde auch die Serie von *heljanensis* (mit dem adulten Stück inbegriffen) den Populationen von *r. yebalensis* aus Marokko, Algerien und Tunesien und nicht zuletzt auch der Reihe von *r. pulchra* aus Spanien gegenübergestellt. Die Wimperspitzmaus-Reihen von Marokko, Algerien, Tunesien und auch Spanien beinhalten Tiere aller Altersgruppierungen, also I bis V. Wäre *C. heljanensis* eine gute *russula*, dann müßte sie innerhalb der Reihen von Algerien, Tunesien und Marokko liegen.

Das Korrelationsdiagramm 3 zeigt uns aber das Gegenteil. *C. heljanensis* liegt weit abseits der Variationswerte von *russula*.

In dem Korrelationsdiagramm 4 haben wir die Längen- und die Breitenmaße des M1 dargestellt. Wie in dem vorangegangenen besprochenen Diagramm liegen auch hier die $\bar{x}$-Werte von

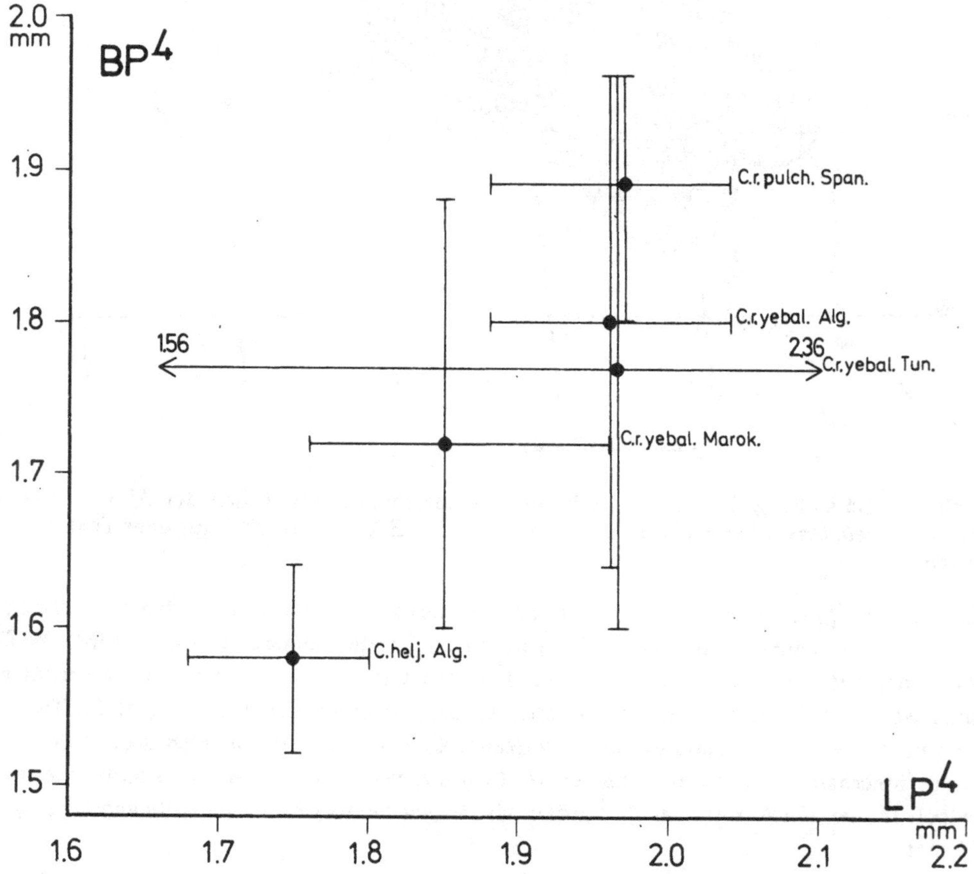


Korrelationsdiagramm 3. Vergleichende Darstellung der Minima-, Maxima- und Mittelwerte vom Längen- und Breitenverhältnis des P4 der Populationen *C. russula yebalensis* von Algerien, Tunesien und Marokko; ferner wurden noch *C. russula pulchra* aus Spanien und *C. heljanensis* aus Algerien in das Diagramm zum Vergleich eingetragen. Man beachte hier die deutlich ausgeprägte Sonderstellung von *C. heljanensis* zu den anderen Populationen, in denen Tiere mit allen Abkauungsstadien (also I bis V) enthalten sind. Die größte Variationsbreite zeigen die Tiere von Tunesien (n = 72).

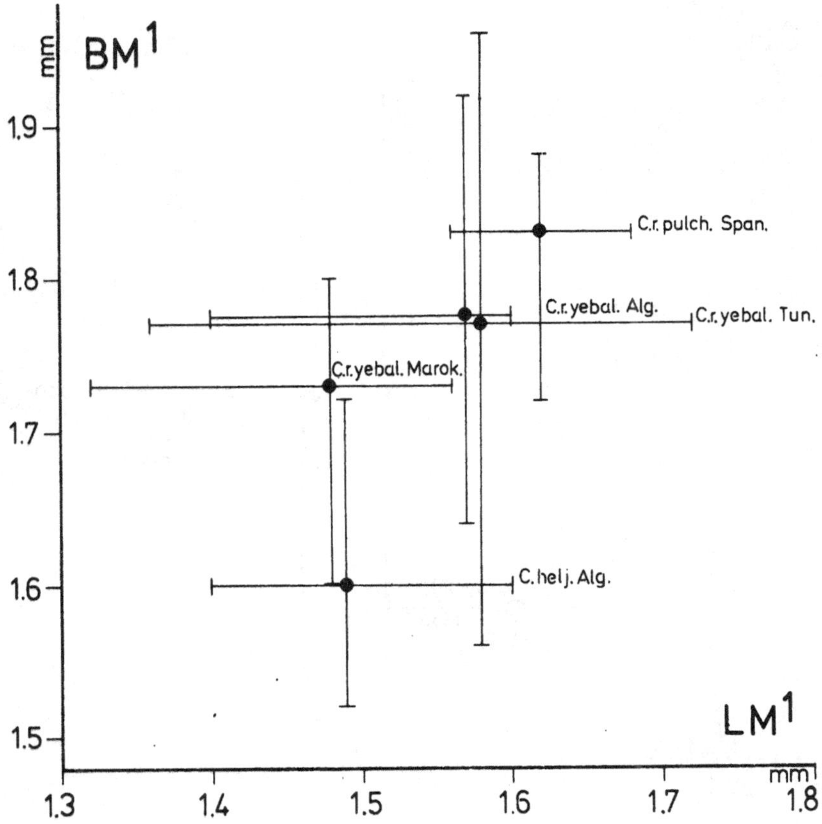


Korrelationsdiagramm 4. Gegenüberstellung der *russula*-Populationen von Marokko, Algerien und Tunesien (*yebalensis*) und Spanien (*pulchra*) in den Längen- und Breitenmaßen des $M^1$. *C. heljanensis* wurde auch hier wieder in das Diagramm zum Vergleich aufgenommen. Unter den *russula*-Reihen zeigen die Tiere von Marokko wieder den kleineren Mittelwert.

*r. yebalensis* aus Tunesien und Algerien nahe beisammen, *r. pulchra* ist etwas größer und die vorliegende Reihe von *r. yebalensis* aus Marokko zeigt wieder den niedrigsten x-Wert unter den *russula*-Aufsammlungen.

In einem weiteren Diagramm (Diagr. 5) wurde die Coronar-Höhe in das Verhältnis zur Condylar-Länge gesetzt. Interessant ist hier das Verhalten der *r. pulchra*-Reihe aus Spanien, denn sie liegt im Mittel-Wert nahe dem $\bar{x}$-Wert der Aufsammlungen von *r. yebalensis* aus Algerien und Tunesien. *C. heljanensis* zeigt weitaus die niedrigsten Werte an und läßt sich nicht mit *r. yebalensis* aus Algerien und Tunesien vergleichen. *R. yebalensis* aus Marokko ist im $\bar{x}$-Wert kleiner (im Diagramm deutlich von *r. yebalensis* aus Algerien und Tunesien entfernt) als die *yebalensis*-Reihen der beiden anderen Maghreb-Länder. Die Tiere von Marokko liegen größenmäßig etwa zwischen *heljanensis* und *r. pulchra* (Spanien) und *yebalensis* (Algerien, Tunesien).

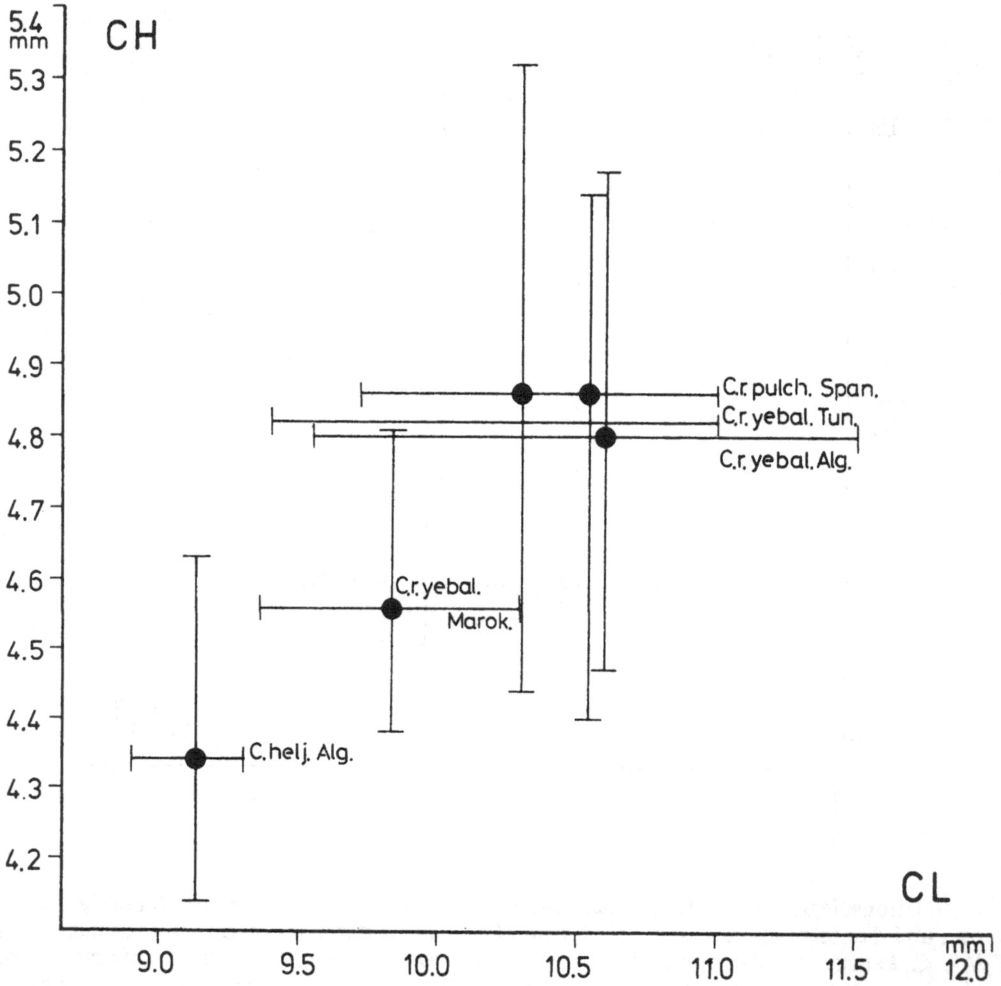


Korrelationsdiagramm 5. Gegenüberstellung der Coronar-Höhe (CH) zur Condylar-Länge (CL). *C. heljanensis* zeigt im Mittelwert das kleinste Maß. Die *russula*-Reihen von Spanien (*pulchra*) und Algerien/Tunesien (*yebalensis*) liegen im Mittelwert nahe zusammen. Die Vorlage von Marokko nimmt größenmäßig die Stellung zwischen *heljanensis* und *yebalensis* aus Algerien und Tunesien ein.

Vergleicht man in dem Diagramm 6 die *russula*-Reihen untereinander, so zeigt - wie bei allen vorangegangenen Korrelationen - *yebalensis* von Marokko den kleinsten $\bar{x}$-Wert, die Werte von *yebalensis* aus Algerien und Tunesien liegen fast identisch zusammen und *pulchra* aus Spanien hat den höchsten x-Wert aufzuweisen. Deutlich abgetrennt liegt auch in diesem Diagramm die Typus-Reihe von *C. heljanensis*.

Alle Korrelationsdiagramme und auch die Tabellen 1 bis 3 zeigen uns ganz deutlich das folgende Bild:

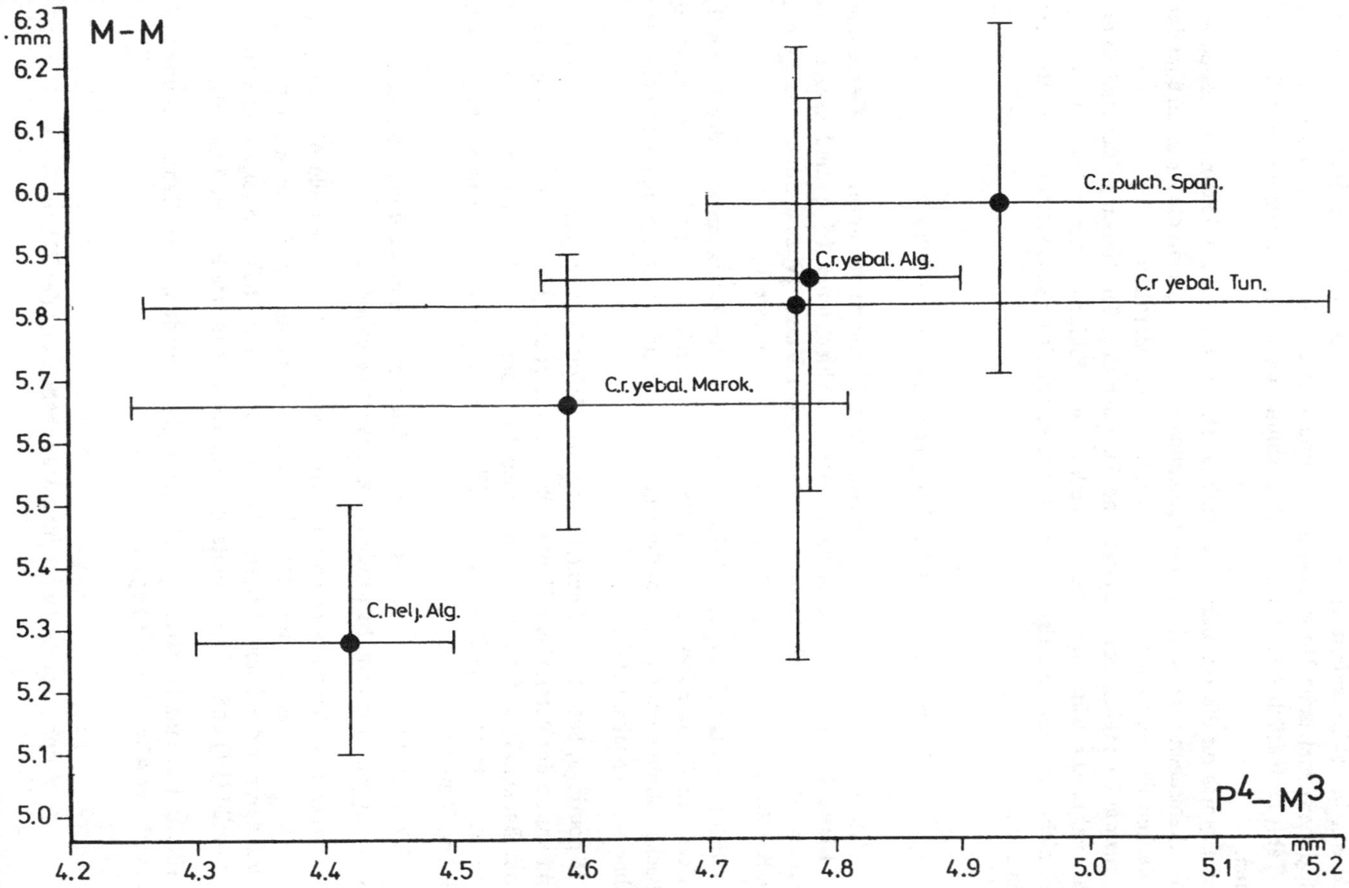


Korrelationsdiagramm 6. Die maximale Breite über den Molaren (gemessen an den Kronen) (M-M) wurde der Backenzahnreihen-Länge (P4-M3) gegenübergestellt. Die *russula yebalensis*-Reihe aus Marokko liegt größenmäßig zwischen *C. heljanensis* und *r. pulchra* (Spanien) und *r. yebalensis* (Algerien, Tunesien).

1. *Russula* von Algerien und Tunesien sind sich morphometrisch sehr ähnlich; *r. pulchra* aus Spanien steht diesen beiden Populationen sehr nahe.
2. *Russula* von Marokko weisen untereinander (Populationen aus verschiedenen Biotopen und Regionen) metrische Unterschiede auf, sind aber dennoch in ihrer Gesamtheit (vgl. hierzu Tab. 3) deutlich (vgl. auch die Diagramme) kleiner als *russula* von Algerien und Tunesien.
3. Die Terra typica für die Unterart *yebalensis* ist Marokko (Tetuan). Demnach müssen wir die marokkanischen *russula* als *russula yebalensis* bezeichnen, denn die Angaben über den Typus decken sich weitgehend mit der Gesamtreihe von Marokko.
4. Da die *russula*-Exemplare von Algerien und Tunesien in vielen Maßen größer sind als die Unterart *yebalensis*, wäre zu überlegen (nach genauer Prüfung weiterer Aufsammlungen), ob man nicht die Tiere von Algerien und Tunesien mit einem gesonderten Unterartnamen kennzeichnet.

## Alterseinstufungen bei *C. r. yebalensis* aus Marokko

Region 1 (Tétuan, Kenitra): Ein ♀ aus Chechaouen zeigt ein gerade angekautes Gebiß und wurde der Klasse II zugeordnet. Drei Exemplare von Chechaouen (♂, ♀) und Larache (♂) haben deutlich abgekaute Backenzähne, sie werden der Klasse IV zugeordnet. Das ♀ von Ouezzane, Kenitra-Prov. hat stark abgekaute Backenzähne (Klasse V).

Region 2 (Nador, Oujda): Das ♀ von Nador entspricht in der Zahnabnutzung der Klasse II; die drei Tiere von Oujda haben ein wesentlich stärker abgekautes Gebiß, bei den beiden ♀ sind die Backenzähne bereits pfannenartig angekaut (V) und bei dem ♂ sind die Höcker der Backenzähne stark angekaut (IV).

Region 3 (Khouribga, Settat und Rabat): Das ♀ von Settat beginnt gerade mit der Zahnabkauung und wurde der Altersklasse II zugeteilt, das ♂ zeigt starke Abkauungsspuren an allen Höckern der Backenzähne (IV). Ein männliches Tier vom Oued Zem (Khouribga Provinz) weist sehr stark abgekaute Backenzähne auf (IV), ebenso die beiden ♂ von Rabat, die den Klassen IV und V zugeordnet wurden.

Region 4 (Mekenes): Stark abgekaute Höcker der Backenzähne nebst ihren Ausläufern finden wir bei dem ♀ von Khenifra. Es wurde der Klasse IV angegliedert.

Region 5 (Marrakech): Bei der kleinen Population von Imlil finden wir alle Abkauungsstadien. Bei einem ♀ sind gerade die ersten Abkauungsspuren an den Zähnen erkennbar (II), 1 ♂, 2 ♀ beginnen mit der flächenhaften Abkauung der Zähne (III), 2 ♀ zeigen ein stark abgekautes Zahnbild (IV) und 1 ♂ hat bereits pfannenartig abgenutzte Backenzähne (V).

Region 6 (Safi): Das einzige *russula*-♀ von Safi beginnt gerade mit der Zahnabkauung und wurde demnach der Altersklasse II zugeordnet.

## Morphologische Darstellung des Schädels und der Zähne

In seiner Arbeit 'Zur Taxonomie und Verbreitung der palaearktischen Crociduren' unterzieht RICHTER (1970) die weißzähnigen Spitzmäuse Europas, des Mittelmeergebietes, Kleinasiens und großer Teile Vorderasiens einer neuen Gruppierung. Die Spezies *Crocidura russula* HERMANN, 1780 wird in eine nord(west)afrikanisch-westmediterran-westeuropäische und in eine ostmediterran-asiatische Subspeziesgruppe aufgeteilt: 'Die westliche Gruppe behält den Namen *russula* bei, für die östliche wird der Name *Crocidura gueldenstaedti* PALLAS, 1811 (= Güldenstädt-Spitzmaus) wieder eingeführt'. Die Unterscheidung beider Gruppen läßt sich gut am $P^4$ darstellen, denn bei *russula* finden wir in der vorderen inneren Ecke des $P^4$ einen recht großen Tuberkel (= Protoconus), der die Ecke des Zahnes völlig ausfüllt. Bei der anderen Gruppe ist dieser Protoconus in Richtung Mitte der Zahnvorderkante (also buccad) verschoben.

Zur Subspeziesgruppe *Crocidura russula* HERMANN, 1780 rechnet RICHTER (1970: 297) die nachfolgend aufgeführten Subspezies:

| | | |
|---|---|---|
| *yebalensis* CABRERA, 1913 | Verbreitung: | nordwestafrikanisch |
| *foucauldi* AGACINO, 1943 | | " |
| *agilis* LEVAILLANT, 1876 | | " |
| *anthonyi* HEIM DE BALSAC, 1940 | | " |
| *sicula* MILLER, 1901 | | westmediterran |
| *ichnusae* FESTA, 1912 | | " |
| *balearica* MILLER, 1907 | | " |
| *zimmermanni* v. WETTSTEIN, 1953 | | " |
| *pulchra* CABRERA, 1907 | | westeuropäisch |
| *cintrae* MILLER, 1907 | | " |
| *peta* MONTAGU u. PICKFORD, 1923 | | " |
| *russula* HERMANN, 1780 | | ". |

JENKINS (1976a) versucht eine Neugliederung, basierend auf Variationsuntersuchungen eurasischer Spitzmäuse. Sie findet heraus, daß sich *Crocidura russula* in zwei Hauptgruppen teilen läßt: Europa + Algerien und Westasien. Die asiatische Gruppe soll einigen Populationen von *C. suaveolens* nahestehen. Die von JENKINS (1976a: 292) dargestellte Verbreitung von *C. russula* in Nord-Afrika entspricht weder Literaturangaben noch dem in verschiedenen Sammlungen verfügbaren *Crocidura russula*-Material.

Bei der Untersuchung von sardischem (VESMANIS 1976e) und sizilianischem (VESMANIS 1976c) *Crocidura russula*-Material wurde eine Variation des Protoconus am $P^4$ festgestellt. Ebenso bei der Untersuchung von tunesischen *russula yebalensis*-Populationen (VESMANIS i. Dr., VESMANIS 1979).

Alle untersuchten *r. yebalensis*-Exemplare von Marokko zeigen die typischen (nach RICHTER 1970) *russula*-$P^4$. Eine Variation, wie zum Beispiel in Tunesien, konnte nicht festgestellt werden. Bei dem ♀ von Safi (USNMSI 476079) finden wir (vgl. Abb. 3) zwischen Hypoconus und Protoconus des $P^4$ ein ganz kleines Tuberkel ausgebildet. Diese Ausbildung bewirkt eine minimale buccade Verschiebung des Protoconus in Richtung Parastyl. Einen lingualen akzessorischen Conulus am Vorderrand eines $P^4$ von *Crocidura gueldenstaedti* fand auch KOCK (1974).

In der Abbildung 4 sind das Rostrum in Seitenansicht, der Condylus mandibulae, der Unterkiefer rechts von der Außen- und Innenseite und die drei kleinen einspitzigen Zähne vom Oberkiefer in Occlusalansicht von *C. r. yebalensis* USNMSI 476079 dargestellt. Alle Zeichnungen entsprechen den Angaben von RICHTER (1963, 1970), CHALINE, BAUDVIN, JAMMOT u. SAINT-GIRONS (1974), SAINT-GIRONS (1973b) und JAMMOT (1971) für *Crocidura russula*.

3

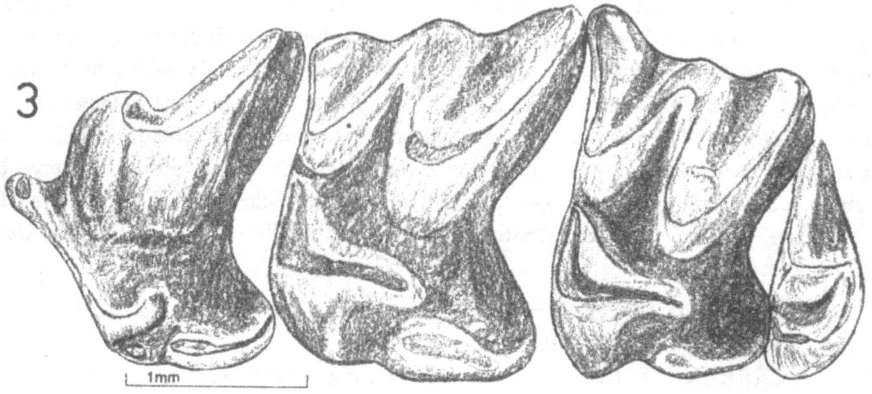


Abb. 3. Zahnreihen-Länge P4-M3 von *Crocidura russula yebalensis*, SIUSNM 476079, 13 km s. Safi. Man beachte den kleinen Tuberkel an der vorderen Innenkante des P4. Dadurch ist der Protoconus minimal buccad (in Richtung Parastyl) verschoben.

## **Crocidura foucauldi** MORALES AGACINO, 1943

Von Beni Seddat, Isaguen (1500 m), beschrieb MORALES AGACINO (1943) eine neue Wimperspitzmaus: *Crocidura foucauldi*.

T y p u s: ♀, 17.VI.1941; KR = 60, S = 37, OL = 8, HF = 7, VF(Vorder-Fuß) = 10; Condylobasal-Länge = 18, Basal-Länge = 16.7, Palatal-Länge = 7.7, rostrale Breite = 2.7, Interorbital-Breite = 4, Schädelkapsel-Breite = 8.7, Schädelkapsel-Höhe = 5.2, Mandibel-Länge = 9, obere Zahnreihen-Länge = 9, untere Zahnreihen-Länge = 8 mm. Da MORALES AGACINO keine Definitionen der Meßstrecken angibt, sind die von ihm angegebenen Werte leider nicht immer mit unseren Meßwerten zu vergleichen. Trotzdem liefert MORALES AGACINO eine recht gute Vorstellung von dem Typus-Exemplar anhand seiner Maße.

Das Hauptkennzeichen von *C. foucauldi* soll am $P^4$ das langgestreckte Talon (MORALES AGACINO 1943: 38, fig. a) sein, das bei *russula* dagegen (: 38, fig. b) recht kurz ausgebildet ist.

Beide Zeichnungen von MORALES AGACINO (1943: 38) sind skizzenhaft! Wir haben uns die Mühe gemacht und in den Abbildungen 5a und b zwei $P^4$ von *C. russula* abgebildet. Die Abb. 5a stellt einen $P^4$ der Altersklasse II dar, 5b einen oberen Praemolaren der Klasse IV. Durch die flächenhafte Abkauung des Metastyl und die mäßige Abnutzung des Mesostyl erhalten wir in der Seitenansicht (5b) ein langes Talon, das gut der Skizze des $P^4$ von MORALES AGACINO (1943: 38) für *foucauldi* entspricht. Wir sind daher der Meinung, daß das Talon kein Unterscheidungspunkt zwischen *C. russula* und *C. foucauldi* ist.

Betrachten wir die Maße vom Typus-Exemplar *foucauldi* mit jenen entsprechenden von *russula* aus Marokko, so erkennen wir, daß sie bis auf die Hinterfuß-Länge (7 mm von *foucauldi* gegenüber einem Mittelwert von 12.3 mm von *russula*; allerdings fehlt bei MORALES AGACINO 1943 eine genaue Definition seines Hinterfußmaßes) gut in die *russula*-Reihe

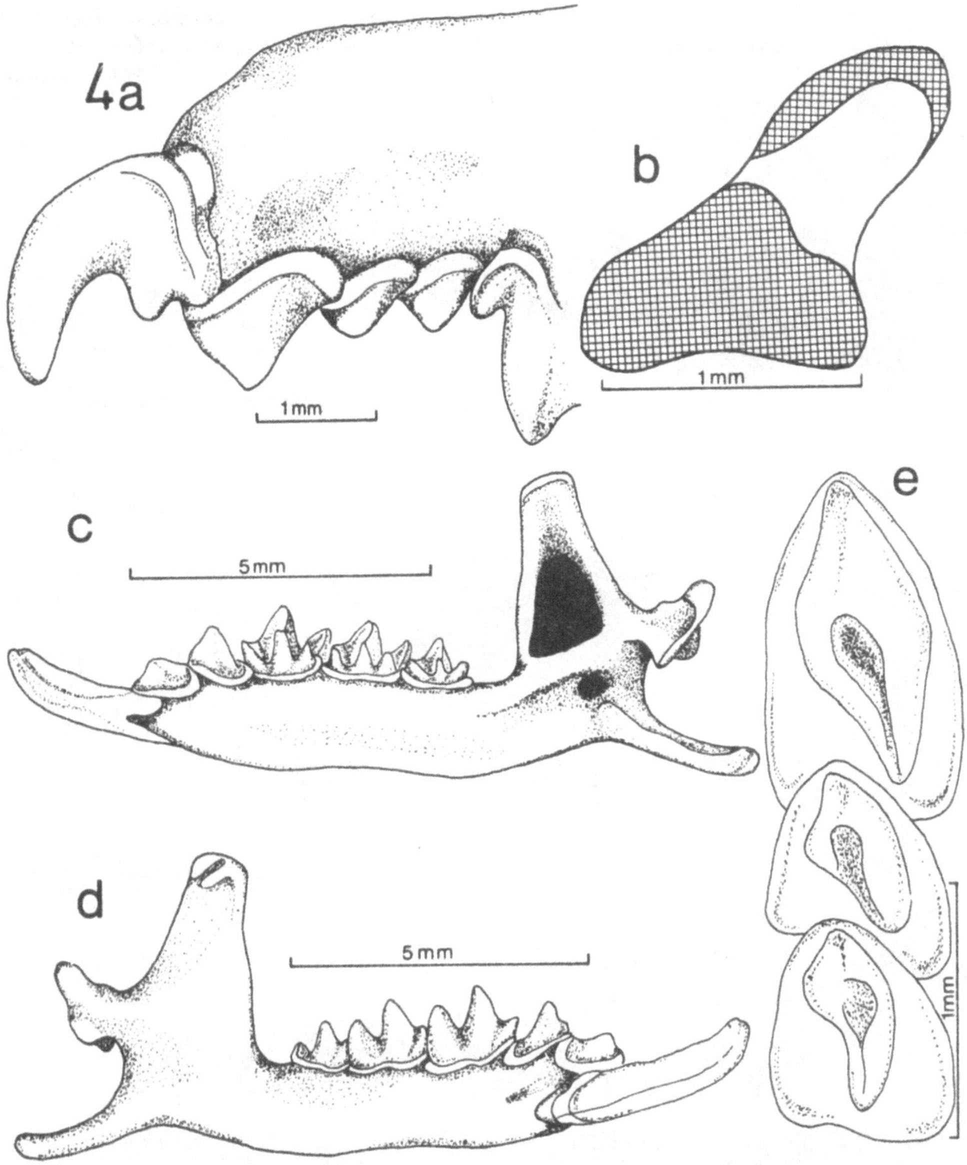


Abb. 4. *Crocidura russula yebalensis*, SIUSNM 476079. a) Seitenansicht vom Rostrum. b) Condylus mandibulae in Aufsicht. c) rechter Unterkieferast, Innenseite. d) rechter Unterkieferast, Außenseite. e) Occlusalansicht der drei kleinen einspitzigen Zähne vom Oberkiefer.

passen. Da wir bei der vorangegangenen Untersuchung des *russula*-Materials von Marokko die großen Variationsbreiten bei den Maßen von Tieren verschiedener Lokalitäten herausgefunden haben, muß man natürlich dementsprechend auch beim Vergleich *russula* - *foucauldi* kleine Maßunterschiede akzeptieren.

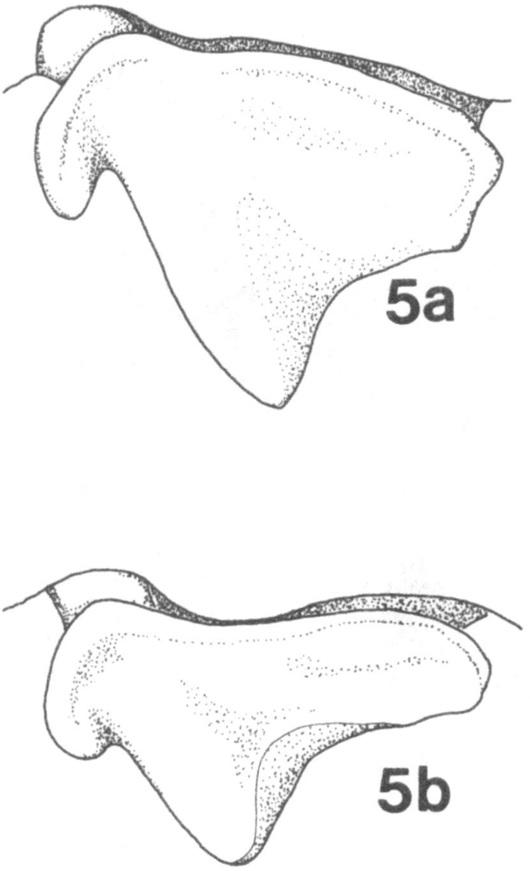


Abb. 5. Seitenansicht eines P4 in fast nicht abgekauten (a) und im abgekauten Zustand (b) von *C. russula*.

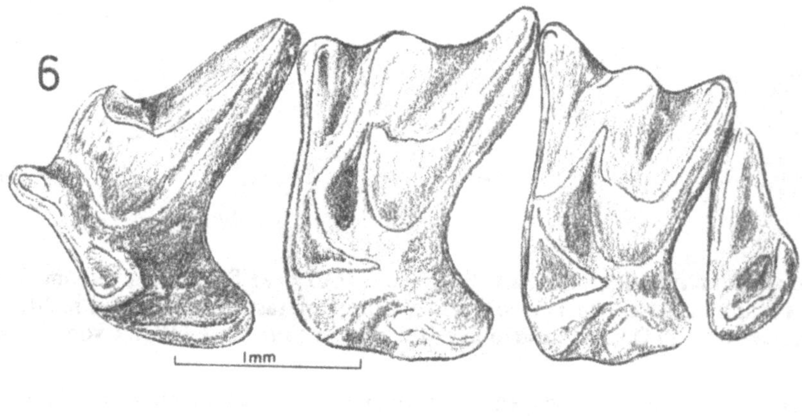


Abb. 6. Zahnreihen-Länge P4-M3 von *Crocidura whitakeri*, SIUSNM 482019, 5 km nö. Essaouira, Safi Provinz.

HEIM DE BALSAC (1968) betrachtet *foucauldi* als distinkt, ELLERMAN u. MORRISON-SCOTT (1951) rechnen *foucauldi* mit Vorbehalt zu *C. russula*. HEIM DE BALSAC u. MEESTER (1977) sind der Meinung, daß *foucauldi* wahrscheinlich mit *C. russula* verwandt ist: 'A small species, with CI ± 19 mm (Anmerkung: MORALES AGACINO 1943 nennt: 'longitud cóndilobasal 18, longitud basal 16.7, longitud palatal 7.7 mm - von einer Condyloincisiv-Länge, CI, von ± 19 mm ist nirgends die Rede; diese Angabe dürfte wohl eine nicht beweisbare Annahme von HEIM DE BALSAC u. MEESTER 1977 sein!), colour mummy brown above, smoke grey below, probably related to *C. russula*, but differing in its longer tail and in the smaller paracone of $P^4$'. Die Annahme von HEIM DE BALSAC u. MEESTER (1977), daß *foucauldi* eine größere Schwanz-Länge als russula hat, läßt sich leicht mit den Angaben der Tabelle 1 widerlegen: S von *foucauldi* = 37 mm; S von *russula* = 27.0-38.0-45.0 (min.- $\bar{x}$ - max.) mm.

Dr. H. W. SETZER (schriftl. Mitt.) zweifelt an der Validität von *foucauldi*: 'The name *Crocidura foucauldi* AGACINO-MORALES, 1943, is considered here as doubtfully valid inasmuch as the features used to distinguish this taxon from *C. r. yebalensis* are merely age characters and can be duplicated in specimens from the Rif as well as the Atlas Mountains. The plasticity of these shrews is truly amazing. In spite of several statistical analysis, no true separation can be effected. Admittedly, the samples are small and perhaps with additional specimens separation into montane Rif, montane Atlas, northern coastal and western coastal populations may be definable'.

Wir stellen daher - resultierend aus dem Vergleich *russula/foucauldi* - *C. foucauldi* MORALES AGACINO, 1943 in die Synonymie von *Crocidura russula yebalensis* (CABRERA, 1913).

### **Crocidura whitakeri** DE WINTON, 1897

*Crocidura whitakeri* wurde von DE WINTON (1897) als Art beschrieben. Der genaue Fundort Sierzet konnte von uns auf den zur Verfügung stehenden Karten (The Times Atlas of the World, Vol. IV, 1956; Michelin Afrique Nord et Ouest, Nr.: 153; Michelin Maroc, Nr.: 169; Principales voies de communication de l'Afrique du Nord, Inst. Geogr. Nat. Paris, 1955; ONC, H-1, Algeria, Canary Islands, Mauritania, Morocco, Spanish Sahara, 1972) nicht gefunden werden.

T y p u s: ♂, Sierzet, Marokko; 5.VI.1897 (Maße siehe VESMANIS 1976a, 1976b).

Die wesentlichen Kennzeichen von *whitakeri* sind: Graue Fellfarbe mit braunen Flecken oberseits, hellgraue Färbung auf der Bauchseite (DE WINTON 1897; CABRERA 1932; HEIM DE BALSAC 1940, 1968a); der dritte einspitzige Zahn im Oberkiefer soll kleiner sein als der zweite, jedoch konnte VESMANIS (1976b) bei der Untersuchung von *whitakeri*-Exemplaren aus Rio de Oro (Yerifia und Uad Belaruk) eine Variabilität bei der Größe des 3. einspitzigen Zahnes vom Oberkiefer nachweisen. Der $P^4$ weist einen buccad verschobenen Protoconus auf, daher ist *whitakeri* nach RICHTER (1970) zur *suaveolens*-Gruppe zu rechnen. $M^1$ und $M^2$ sind sehr hochgestreckt (vgl. VESMANIS 1976a, 1976b, 1977c). Im Gegensatz zur Meinung von WANDELER (1965), ELLERMAN u. MORRISON-SCOTT

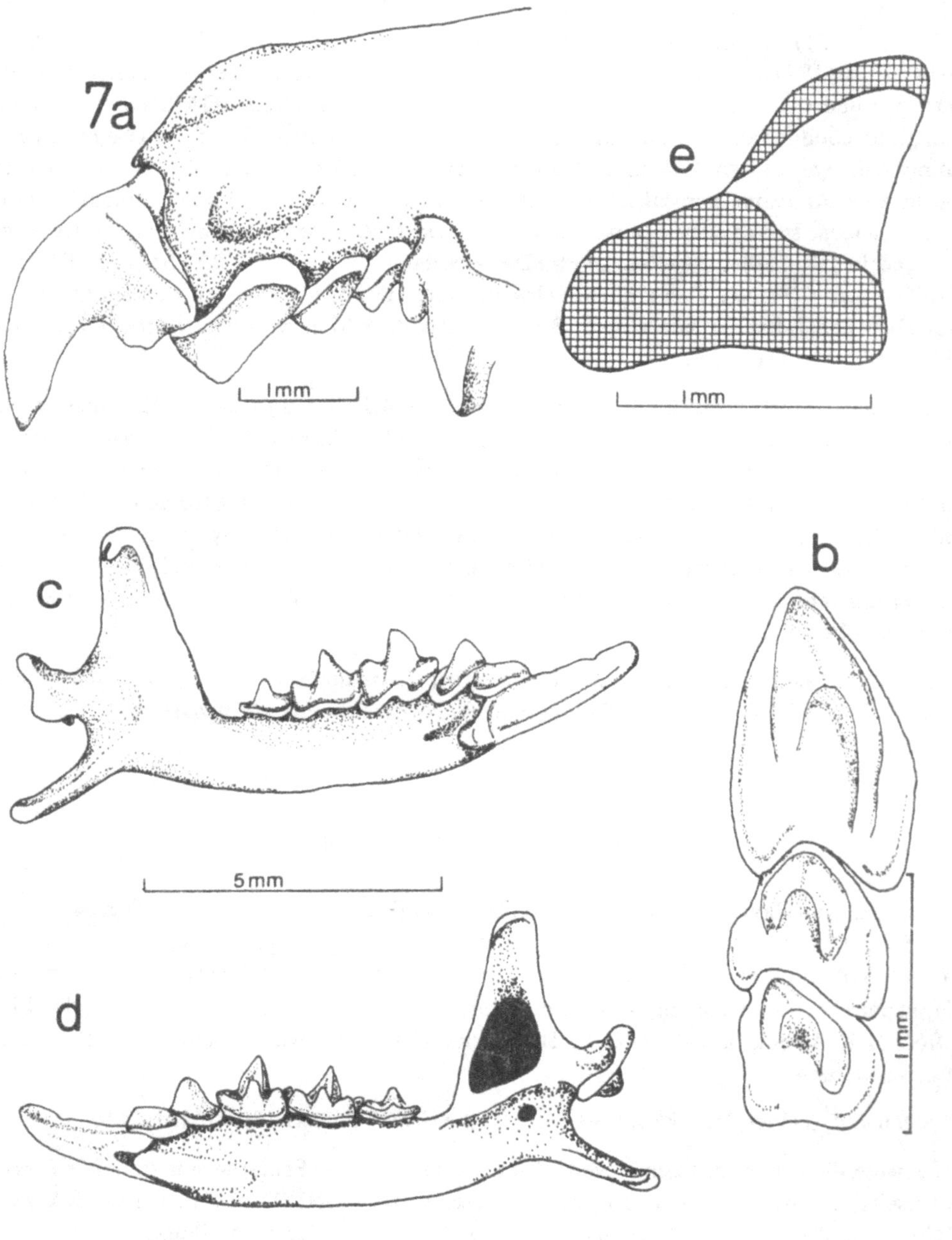


Abb. 7. *Crocidura whitakeri*, SIUSNM 482019. a) Seitenansicht vom Rostrum. b) Occlusalansicht der drei kleinen einspitzigen Zähne vom Oberkiefer. c) Unterkieferast rechts, Außenansicht. d) Unterkieferast rechts, Innenansicht. e) Condylus mandibulae in Aufsicht.

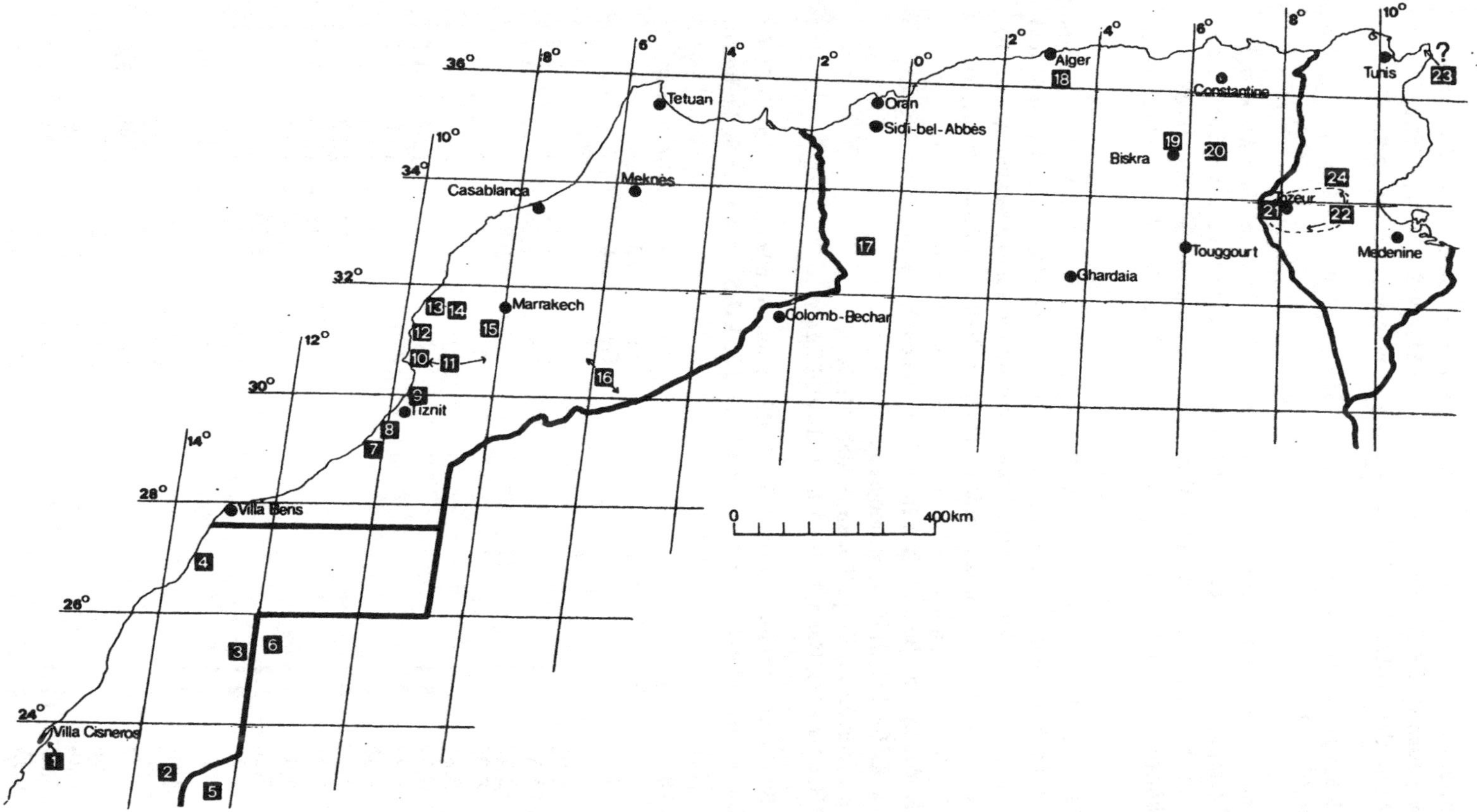


Abb. 8. Verbreitung von *Crocidura whitakeri* in Tunesien, Algerien, Marokko, Westsahara und Mauretanien; in die Karte wurden folgende Fundorte und -regionen eingetragen:
1 = Villa Cisneros, 2 = Tiris, 3 = Zemmur, 4 = El-Aiun, 5 = Kédia d'Idgil, 6 = Bir-Mogrein, 7 = Ifni, 8 = Goulimine, 9 = Tiznit, 10 = Agadir, 11 = V.d.Sous, 12 = Mogador, 13 = 5 km no. Mogador, 14 = Sierzet(?), 15 = Amizmiz, 16 = V.d.Dra, 17 = Ain Sefra, 18 = Blidah, 19 = Biskra, 20 = Mt. Aures, 21 = Nefta, 22 = Chotts du Sud Tunisien, 23 = El Haouaria, 24 = Gafsa.

(1966) und JENKINS (1976a), die *whitakeri* als eine Unterart von *C. suaveolens* ansehen, betrachten wir, wie auch HEIM DE BALSAC (1968a), VESMANIS (1976a, 1976b, 1977c) und HEIM DE BALSAC u. MEESTER (1977) *whitakeri* als eine eigenständige Art.

M a t e r i a l: 5 km no. Essaouira, Safi Provinz, 31°31'N/9°46'W; 17.III.1971; ♂,♀ (2 S, 2 B): SIUSNM 482019-20.

Beide uns vorliegende Stücke aus Marokko entsprechen der Beschreibung für *whitakeri*. Die Zähne von den Exemplaren sind mittelmäßig stark abgekaut, und so werden beide Tiere in die Klasse III gestellt. Morphologisch (vgl. Abb. 6 und 7) entsprechen die Stücke von Essaouira den *whitakeri*-Merkmalen, wie sie bereits von VESMANIS (1976a, 1976b) dargestellt wurden.

DE WINTON (1897), THOMAS (1913), JOLEAUD (1927, 1934), CABRERA (1932), HEIM DE BALSAC et al. (1954), HEIM DE BALSAC (1968a, 1968b), WANDELER (1965) und VESMANIS (1976a, 1976b, 1977c) nennen *whitakeri* von den folgenden Orten (vgl. Abb.8):
M a r o k k o: Sierzet (Terra typica), Goulimine, Mogador, Vallée du Sous, Agadir, Tiznit, Anja, Ifni, Saguiet-el-Amra, Fruga, Imi n'Tala, Amizmiz, Vallée du Dra.
R i o d e O r o: El-Aioun, Uad Belaruk, Yerifia, Villa Cisneros, Zemmour, Tiris.
M a u r e t a n i e n: Kédia d'Idgil, Idgil, Bir Mogrein.
A l g e r i e n: Biskra, Ain Sefra, Yebel Sliman, Blidah, Mt. Aures.
T u n e s i e n: El Haouaria (?), Gafsa, Nefta, Chotts du Sud Tunisien.

Maße der beiden Stücke von Essaouira (482019, 482020); zum Vergleich werden die Maße von dem Typus-Exemplar *whitakeri*, gemessen von P. D. JENKINS, an dritter Stelle hinzugefügt.

| | | | |
|---|---|---|---|
| TL | 90 | - 98 | - 90 |
| S | 34 | - 39 | - 28 |
| OL | 11 | - 11 | - - |
| CIL | 17.31 | - - | - - |
| CBL | 16.45 | - 16.93 | - - |
| PL | 14.05 | - 14.57 | - 14.4 |
| MSQ | 3.62 | - 3.72 | - 3.2 |
| SKB | 7.90 | - 8.05 | - - |
| IB | 3.65 | - 3.88 | - 3.5 |
| ZB | 5.29 | - 5.52 | - 5.4 |
| AB | 2.86 | - 3.27 | - 2.7 |
| SKL | 9.74 | - 9.83 | - - |
| GL | 6.71 | - 7.10 | - 6.7 |
| SB | 7.93 | - 7.96 | - - |
| SV | 4.00 | - 4.35 | - 4.2 |
| M-M | 5.12 | - 5.20 | - 5.2 |
| RB | 2.06 | - 2.26 | - 2.3 |
| OZL | 7.36 | - - | - 7.5 |
| P4-M3 | 4.18 | - 4.14 | - 4.2 |
| iP4-iP4 | 1.04 | - 1.12 | - - |
| iM1-iM1 | 1.64 | - 1.92 | - - |
| iM2-iM2 | 1.92 | - 2.08 | - - |
| iM3-iM3 | 1.96 | - 1.88 | - - |
| AI | 10.78 | - 11.09 | - 11.0 |
| UKL | 8.83 | - 9.35 | - 8.7 |

| | | | |
|---|---|---|---|
| KR | 56 | - 59 | - 62 |
| HF | 13 | - 13 | - 11 |
| Gew. | 6 | - 7 | - - |
| CB | 2.08 | - 2.36 | - 2.1 |
| PCH | 1.88 | - 2.24 | - 2.2 |
| GKL | 1.84 | - 1.92 | - 1.7 |
| GKB | 0.88 | - 0.84 | - 0.8 |
| RL | 1.92 | - 2.40 | - 2.1 |
| RH | 1.52 | - - | - - |
| LP4 | 1.80 | - 1.88 | - 1.8 |
| BP4 | 1.64 | - 1.68 | - 1.6 |
| LM1 | 1.32 | - 1.36 | - 1.2 |
| BM1 | 1.64 | - 1.68 | - 1.6 |
| LM2 | 1.16 | - 1.24 | - 1.0 |
| BM2 | 1.76 | - 1.84 | - 1.7 |
| LM3 | 1.20 | - 1.12 | - 1.2 |
| RaH | 1.32 | - 1.48 | - - |
| LM$_1$ | 1.20 | - 1.20 | - 1.4 |
| BM$_1$ | 0.88 | - 0.88 | - 0.9 |
| BM$_1^+$ | 1.00 | - 1.00 | - 1.0 |
| LM$_2$ | 1.08 | - 1.04 | - 1.0 |
| BM$_2$ | 0.84 | - 0.88 | - 0.8 |
| BM$_2^+$ | 0.92 | - 0.88 | - 0.9 |
| LM$_3$ | 1.08 | - 1.04 | - 1.2 |
| BM$_3$ | 0.60 | - 0.60 | - 0.5 |

| | | | | | | | | | |
|---|---|---|---|---|---|---|---|---|---|
| CL | 8.67 | - 9.20 | - 8.5 | | RZ | 5.41 | - - | - - |
| UZL | 6.72 | - 6.75 | - 7.0 | | P-P | 0.84 | - 0.84 | - - |
| C-M3 | 4.95 | - 4.91 | - 4.9 | | GKBL | 1.36 | - 1.28 | - - |
| CH | 4.08 | - 4.39 | - 4.3 | | GKH | 1.28 | - 1.36 | - - |
| P1-P3 | 2.16 | - 2.24 | - - | | | | | |

### **Crocidura bolivari** MORALES AGACINO, 1934

M a t e r i a l: 8 km s. Tiznit (Agadir Provinz) 29°38'N/9°43'W; 17.XII.1969; ♀ (S, B): SIUSNM 470591, leg. L. W. ROBBINS (Nr. 2169).

Von Rio de Oro, Villa Cisneros, beschrieb MORALES AGACINO (1943) eine Wimperspitzmaus (Rückenfarbe: Bister; Bauchfarbe: Deep Neutral Gray, nach RIDGWAY 1912), die er *Crocidura bolivari* nennt.

T y p u s: Wahrscheinlich ein ♂, adult, 15.IX.1933; KR = 92.2, S = 52, OL = 8, VF (ohne Krallen) = 8.2, HF (ohne Krallen) = 14 mm; Condylobasal-Länge = 21.6, Basal-Länge = 19.4, Palatal-Länge = 9, rostrale Breite = 2.7, Interorbital-Breite = 4.2, Schädelkapsel-Breite = 8.8, Schädelkapsel-Höhe = 5.2, Mandibel-Länge = 11.2, obere Zahnreihen-Länge = 9.7, untere Zahnreihen-Länge = 9 mm.

Bei der systematischen Zuordnung von *Crocidura bolivari* geht die Meinung der einzelnen Bearbeiter auseinander. ELLERMAN u. MORRISON-SCOTT (1951) betrachten *bolivari* als distinkt. HEIM DE BALSAC (1965) vertritt die Meinung, daß *bolivari* zu den 'westlichen Populationen' gehört, die ihr Verbreitungsgebiet in Marokko und dem Tschad haben; diese Populationen ähneln *C. marrensis* und *sericea* (1965: 215): 'Le nom de *C. bolivari* MORALES AGACINO a été donné à un spécimen capturé à Villa-Cisneros, Rio de Oro. Nous avons une expérience directe de cette espèce, tout au moins en ce qui concerne les populations occidentales, distribuées du Tchad au Maroc. Les populations cadrent bien avec *marrensis* et *sericea*'. Mit Vorbehalt betrachtet dann HEIM DE BALSAC (1968a) *bolivari* als eine metrisch kleine Unterart von *sericea* (: 185): 'Toutefois MORALES AGACINO a décrit de Villa-Cisneros une *Crocidura bolivari* qui ne peut-être autre chose qu'un représentant de *sericea*. Ainsi se trouve placé un jalon entre les populations marrocaine et sénégalaise de cette espèce'. Cours du Dra inférieur und Oued Sous werden als Fundorte für *bolivari* aus Marokko von HEIM DE BALSAC (1968b) genannt. Ebenfalls als Unterart von *sericea* wird *bolivari* von HEIM DE BALSAC u. MEESTER (1977) geführt. Verbreitet soll *bolivari* bis in den Süden von Senegal und Guinea-Bissau sein und im Norden bis nach Marokko hinein vorkommen. Es wird von beiden Autoren nicht ausgeschlossen, daß *bolivari* vielleicht doch distinkt sein könnte, doch man schließt sich der Meinung von HEIM DE BALSAC (1968b) an.

Der systematische Status der in Afrika mit vielen Unterarten weit verbreiteten *Crocidura sericea* (südl. Kenia, westl. Äthiopien, südl. Sudan, Zentralafrikanisches Kaiserreich, nördl. Nigeria, Obervolta bis Guinea-Bissau und Senegal, Ifni und Marokko, offenbar begrenzt durch Somalia, dem ariden Süden und der ariden Nordwestküste von Afrika, nach HEIM DE BALSAC u. MEESTER 1977) wird von ALLEN (1914), DAVIS (1962), HEIM DE BALSAC (1947, 1965, 1966, 1967, 1968a, 1968b), HEIM DE BALSAC u. MEIN (1971),

HEIM DE BALSAC u. VERSCHUREN (1968), HINTON u. KERSHAW (1920), JULLIEN u. PETTER (1970), QUATE (1964), ROCHEBRUNNE (1883), SETZER (1956) und THOMAS (1901) erörtert.

Da in allen genannten Untersuchungen nicht eindeutig geklärt wurde, ob *bolivari* nun Artstatus hat oder als Unterart von *sericea* angesehen werden soll, schließen wir uns der Meinung von ELLERMAN u. MORRISON-SCOTT (1951) an und betrachten *bolivari* als Art.

In den Aufsammlungen von Marokko des Smithsonian Institution befindet sich eine Wimperspitzmaus, die etwa der Beschreibung von *C. bolivari* entspricht; recht hellbraun auf dem Rücken und eine fahl-graue Farbtönung auf der Bauchseite.

Abmessungen:

| | | | | | |
|---|---|---|---|---|---|
| TL | = | 131 | KR | = | 78 |
| S | = | 53 | HF | = | 14 |
| OL | = | 11 | Gew. | = | 10 g |
| CIL | = | 21.86 | CB | = | 2.92 |
| CBL | = | 21.07 | PCH | = | 2.60 |
| PL | = | 18.71 | GKL | = | 2.52 |
| MSQ | = | 4.21 | GKB | = | 1.08 |
| SKB | = | 9.50 | RL | = | 2.88 |
| IB | = | 4.38 | RH | = | 2.16 |
| ZB | = | 6.79 | $LP^4$ | = | 2.12 |
| AB | = | 3.56 | $BP^4$ | = | 1.96 |
| SKL | = | 11.84 | $LM^1$ | = | 1.68 |
| GL | = | 9.23 | $BM^1$ | = | 2.00 |
| SB | = | 9.86 | $LM^2$ | = | 1.60 |
| SV | = | 5.25 | $BM^2$ | = | 2.28 |
| M-M | = | 6.40 | $LM^3$ | = | 1.44 |
| RB | = | 2.88 | RaH | = | 1.72 |
| OZL | = | 9.67 | $LM_1$ | = | 1.68 |
| $P^4$-$M^3$ | = | 5.35 | $BM_1$ | = | 1.20 |
| $iP^4$-$iP^4$ | = | 1.28 | $BM_1^+$ | = | 1.32 |
| $iM^1$-$iM^1$ | = | 2.08 | $LM_2$ | = | 1.48 |
| $iM^2$-$iM^2$ | = | 2.40 | $BM_2$ | = | 1.16 |
| $iM^3$-$iM^3$ | = | 2.52 | $BM_2^+$ | = | 1.20 |
| AI | = | 13.90 | $LM_3$ | = | 1.36 |
| UKL | = | 11.46 | $BM_3$ | = | 0.84 |
| CL | = | 11.59 | RZ | = | 7.28 |
| UZL | = | 8.92 | P-P | = | 1.12 |
| C-$M_3$ | = | 6.56 | GKBL | = | 1.64 |
| CH | = | 5.35 | GKH | = | 1.72 |
| $P_1$-$P_3$ | = | 2.96 | | | |

In der Abb. 9 sind die oberen Backenzähne ($P^4$ bis $M^3$) von dem *Crocidura bolivari*-Exemplar abgebildet. Der $P^4$ entspricht dem *'russula*-Typ' nach RICHTER (1970), denn der Protoconus, der mit seiner Basis bis über die Hälfte in den Zahn hineinragt, bildet die vordere Innenkante des Zahnes. Die Rinne zwischen Proto- und Hypoconus verläuft in Richtung Metastyl. Der Hypoconus ist als Leiste ausgebildet. Die Zähne sind mäßig stark abgekaut und würden der Altersklasse III, also adult, entsprechen.

Die Abb. 10 zeigt uns das Rostrum von der Seite, die drei kleinen einspitzigen Zähne des Oberkiefers in Occlusalansicht und einen Unterkiefermandibel von der Innen- und Außen-

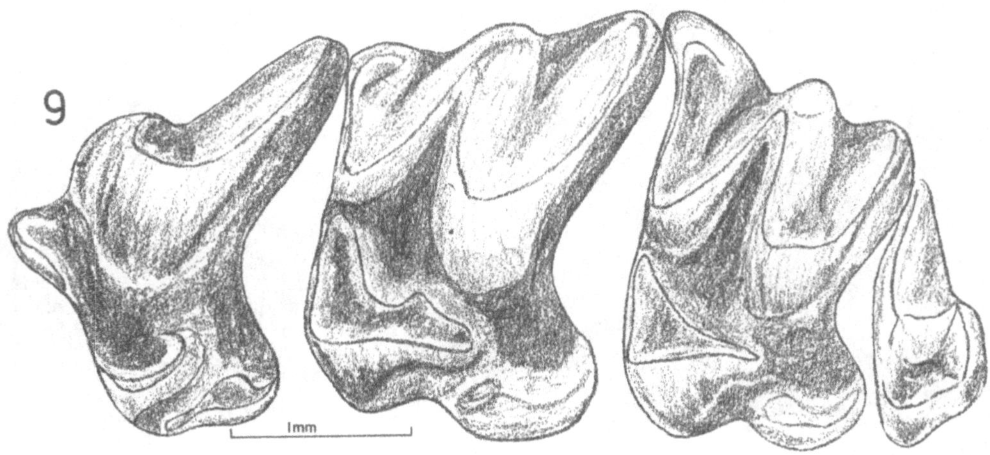


Abb. 9. Backenzahnreihen-Länge P4-M3 von *Crocidura bolivari*, SIUSNM 470591, 8 km s. Tiznit, Agadir Provinz.

seite. Der Condylus mandibulae ist in der Abb. 10e dargestellt. Betrachtet man die Seitenansicht des Rostrums und die drei kleinen einspitzigen Zähne des Oberkiefers, so fällt auf, daß der 2. kleine einspitzige Zahn kleiner ausgebildet ist als der 3.

## Crocidura bolivari tamrinensis n. ssp.

H o l o t y p u s: 10 km n. Tamri (Agadir Provinz), 30°21'N/9°49'W, Marokko; 11.IV.1970; ♂(S, B): SIUSNM 476091, leg. L. W. ROBBINS (Nr. 3007).

D e r i v a t i o n o m i n i s: Abgeleitet von dem Fundort in der Agadir Provinz, Tamri.

D i a g n o s e: Eine weißzähnige Wimperspitzmaus der Gattung *Crocidura*, die in der Fellfarbe *C. bolivari* entspricht, jedoch in allen Maßen (Körper- und Schädelmaße) deutlich größer ist als die Nominatform.

D i f f e r e n t i a l d i a g n o s e: Die Fellfarbe entspricht in allen Einzelheiten derjenigen von *C. bolivari* (SIUSNM 470591): hellbraun, dunkle Haarbasen kommen etwas zum Vorschein auf dem Rücken, und eine fahlgraue Bauchfärbung. Der Übergang zwischen Rücken- und Bauchfarbe ist fließend. Die Schwanzoberseite entspricht der Rückenfarbe, auf der Unterseite ist der Schwanz etwas aufgehellt, mit vielen weißen Borsten behaart. Die Oberseiten der Vorder- und Hinterfüße sind hell und stark behaart.

Abmessungen:

| | | | | | |
|---|---|---|---|---|---|
| TL | = | 152 | KR | = | 95 |
| S | = | 57 | HF | = | 17 |
| OL | = | 14 | Gew | = | 22 g |
| CIL | = | - | CB | = | 3.84 |
| CBL | = | - | PCH | = | 3.44 |
| PL | = | 21.94 | GKL | = | 3.00 |
| MSQ | = | 5.32 | GKB | = | 1.44 |

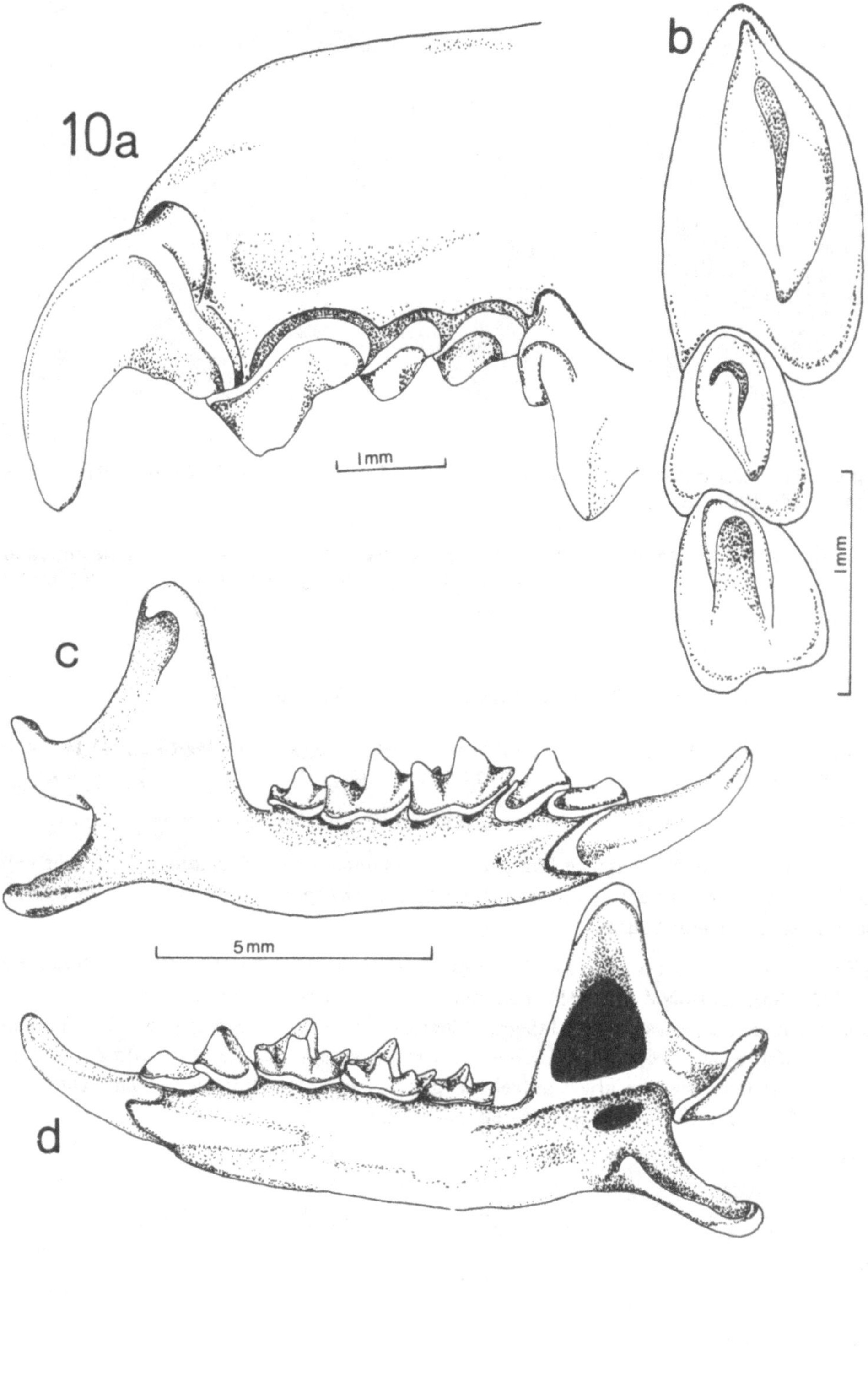
10a
b
1mm
1mm
c
5mm
d

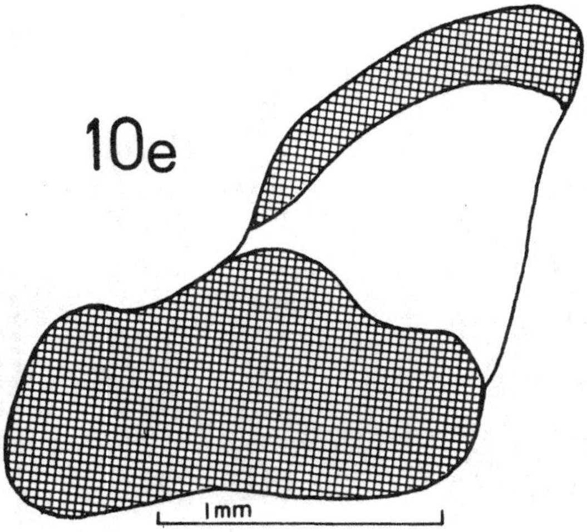


Abb. 10. *Crocidura bolivari*, SIUSNM 470591. a) Seitenansicht des Rostrums. b) Occlusalansicht der drei kleinen einspitzigen Zähne vom Oberkiefer. c) Unterkieferast rechts, Außenseite. d) Unterkieferast rechts, Innenseite. e) Condylus mandibulae in Aufsicht.

| | | | | | |
|---|---|---|---|---|---|
| SKB | = | 10.31 | RL | = | 3.52 |
| IB | = | 4.83 | RH | = | 2.72 |
| ZB | = | 8.16 | LP4 | = | 2.68 |
| AB | = | 4.02 | BP4 | = | 2.44 |
| SKL | = | - | LM$^1$ | = | 1.92 |
| GL | = | 10.94 | BM$^1$ | = | 2.44 |
| SB | = | 11.15 | LM$^2$ | = | 1.88 |
| SV | = | 5.56 | BM$^2$ | = | 2.76 |
| M-M | = | 7.85 | LM$^3$ | = | 1.76 |
| RB | = | 3.31 | RaH | = | 2.44 |
| OZL | = | 11.10 | LM$_1$ | = | 1.80 |
| P4-M3 | = | 5.99 | BM$_1$ | = | 1.44 |
| iP4-iP4 | = | 1.68 | BM$_1^+$ | = | 1.56 |
| iM1-iM1 | = | 2.60 | LM2 | = | 1.64 |
| iM2-iM2 | = | 2.84 | BM2 | = | 1.32 |
| iM3-iM3 | = | 2.72 | BM$_2^+$ | = | 1.40 |
| AI | = | 16.35 | LM3 | = | 1.60 |
| UKL | = | 13.83 | BM3 | = | 1.04 |
| CL | = | 13.56 | RZ | = | 8.92 |
| UZL | = | 9.94 | P-P | = | 1.28 |
| C-M3 | = | 7.44 | GKBL | = | 2.04 |
| CH | = | 6.45 | GKH | = | 2.24 |
| P1-P3 | = | 3.36 | | | |

In der Abb. 11 sind die oberen Backenzähne ($P^4$ bis $M^3$) von *C. b. tamrinensis* abgebildet. Der großvolumige $P^4$ zeigt, wie bei der vorangegangen dargestellten *C. bolivari*, das typische (nach RICHTER 1970) *russula*-Bild. Der Protoconus sitzt auf der vorderen Innenkante des Zahnes, die durch die starke Abkauung etwas zurückgegangen ist. Der Hypoconus ist als Leiste erkennbar. Die Verbindung zwischen Mesostyl und Metastyl ist flächenhaft abgekaut. Stark abgekaut sind auch die drei anderen Molaren, wobei am $M^1$ der Protoconus und der Paraconus so stark heruntergekaut sind, daß sie nun in Verbindung stehen. Bemerkenswert erscheint uns auch am $M^1$ die etwas buccade Verschiebung (also in Richtung Paraconus) der Basis vom Protoconus. Dies ist an dem $M^2$ nicht festzustellen.

11

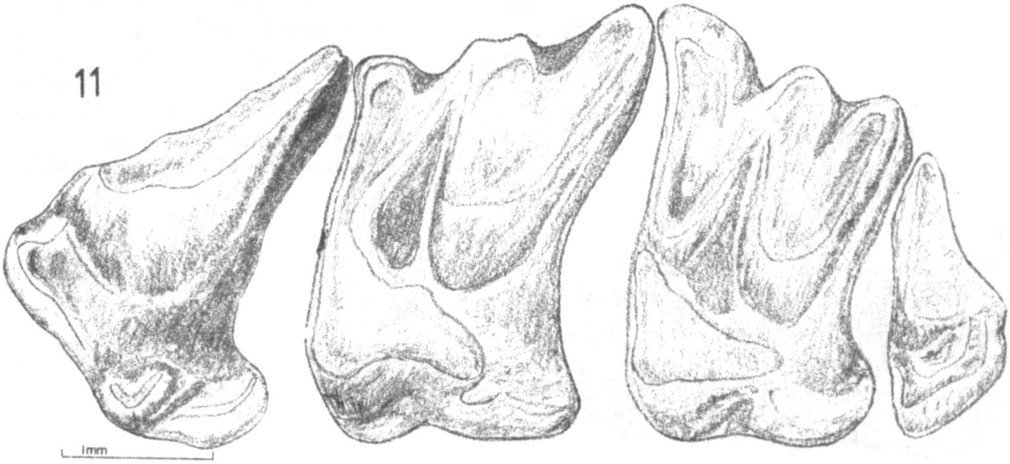


Abb. 11. Backenzahnreihen-Länge P4-M3 von *Crocidura bolivari tamrinensis* n. ssp., SIUSNM 476091, 10 km n. Tiznit, Agadir Provinz.

Die Abb. 12 zeigt das Rostrum in Seitenansicht, mit einem auffallend großen Incisivus, der stark nach unten abgebogen ist. Bei der Seitenansicht, wie auch bei der occlusalen Betrachtung (Abb. 12b) der drei kleinen einspitzigen Zähne, erkennen wir, daß der zweite kleine einspitzige Zahn etwas kleiner ausgebildet ist als der dritte. Der Condylus mandibulae, in Aufsicht betrachtet, vermittelt einen massigen Eindruck.

Auf Grund der Abkauung des Zahnbildes rechnen wir den Holotypus *C. bolivari tamrinensis* zur Altersklasse IV.

## **Crocidura sericea** (SUNDEVALE, 1842)

Aus Marokko lagen uns keine *C. sericea* zur Untersuchung vor, doch da diese Art auch bis nach Marokko vorkommt, wollen wir sie hier kurz erörtern. Als mögliche Vergleichsstücke von *C. sericea* lagen uns drei Exemplare - sie wurden uns von Mss. PAULA D. JENKINS, Brit. Mus. London, zur Untersuchung überlassen - aus dem Sudan vor:

1. Mongalla; 10.II.1918; ♀ (S, B): BMNH 20.4.26.11; leg. Major G. S. HAMILTON (Nr. 37), Altersklasse IV.
2. Chak Chak Bar el Ghazal; 14.III.1907; ♀ (S, B): BMNH 8.4.2.8; (Nr. 44), Altersklasse II.
3. Fashoda; Dat.?; ♂ (S, B): BMNH 1.8.8.18; (Nr. 18), Altersklasse III.

Abmessungen (Reihenfolge wie oben aufgeführt):

| | | | | | | | | | | | | |
|---|---|---|---|---|---|---|---|---|---|---|---|---|
| TL | = | 152 | - 160 | - 180 | | KR | = | 95 | - 98 | - 115 | | |
| S | = | 57 | - 62 | - 65 | | HF | = | 15 | - 15 | - 15 | | |
| OL | = | 8 | - 9 | - 10.5 | | | | | | | | |
| CIL | = | 22.61 | - 24.31 | - - | | C-M3 | = | 6.21 | - 7.10 | - | 6.55 | |
| CBL | = | 22.06 | - 23.59 | - - | | CH | = | 5.21 | - 5.89 | - | 5.76 | |

| | | | | | | | |
|---|---|---|---|---|---|---|---|
| PL = | 19.56 | 21.09 | - | CB = | 3.08 | 3.36 | 3.40 |
| MSQ = | 4.32 | 5.14 | 5.04 | PCH = | 2.76 | 3.04 | 2.92 |
| SKB = | 9.86 | 10.10 | - | GKL = | 2.48 | 2.68 | 2.48 |
| IB = | 4.50 | 4.69 | 4.69 | GKB = | 1.16 | 1.32 | 1.16 |
| ZB = | 6.71 | 7.53 | 7.24 | RL = | 3.28 | 3.40 | 3.40 |
| AB = | 3.72 | 3.71 | 3.48 | RH = | 2.32 | 2.68 | 2.56 |
| SKL = | 12.72 | 13.46 | - | LP4 = | 2.12 | 2.40 | 2.28 |
| GL = | 9.34 | 10.13 | 9.60 | BP4 = | 2.04 | 2.24 | 2.16 |
| SB = | 10.50 | 11.06 | - | LM1 = | 1.68 | 1.96 | 1.84 |
| SV = | 5.30 | 5.27 | - | BM1 = | 2.00 | 2.24 | 2.08 |
| M-M = | 6.40 | 7.18 | 6.74 | LM2 = | 1.52 | 1.76 | 1.60 |
| RB = | 2.98 | 3.08 | 3.05 | BM2 = | 2.32 | 2.52 | 2.48 |
| OZL = | 9.38 | 10.54 | 10.11 | LM3 = | 1.52 | 1.68 | 1.56 |
| P4-M3 = | 4.99 | 5.75 | 5.51 | RaH = | 1.80 | 2.08 | 2.04 |
| iP4-iP4 = | 1.36 | 1.52 | 1.44 | LM1 = | 1.56 | 1.76 | 1.64 |
| iM1-iM1 = | 1.96 | 2.44 | 2.12 | BM1 = | 1.04 | 1.08 | 1.20 |
| iM2-iM2 = | 2.40 | 2.76 | 2.48 | BM1+ = | 1.20 | 1.24 | 1.32 |
| iM3-iM3 = | 2.44 | 2.68 | 2.40 | LM2 = | 1.40 | 1.52 | 1.40 |
| AI = | 13.89 | 15.48 | 14.90 | BM2 = | 1.00 | 1.04 | 1.16 |
| UKL = | 11.80 | 12.80 | 12.38 | BM2+ = | 1.08 | 1.12 | 1.20 |
| CL = | 11.60 | 12.69 | 11.96 | LM3 = | 1.28 | 1.44 | 1.36 |
| UZL = | 8.62 | 9.60 | 9.09 | BM3 = | 0.76 | 0.80 | 0.84 |
| P-P = | 0.88 | 1.12 | - | RZ = | 7.21 | 8.23 | 7.84 |
| GKH = | 1.80 | 1.84 | 1.76 | GKBL = | 1.60 | 1.88 | 1.68 |

In der Färbung unterscheiden sich die *sericea*-Exemplare deutlich von den uns vorliegenden *bolivari*-Stücken: Sie sind auf der Oberseite graubraun gezeichnet, ähnlich *russula yebalensis*; auch die Unterseite ist gräulich, mit brauner Farbtönung durchsetzt.

Angaben zur Verbreitung sind aus ALLEN (1914), DAVIS (1962), HEIM DE BALSAC (1947, 1965, 1966, 1967, 1968a, 1968b), HEIM DE BALSAC u. MEESTER (1977), HEIM DE BALSAC u. MEIN (1971), HEIM DE BALSAC u. VERSCHUREN (1968), HINTON u. KERSHAW (1920), JULLIEN u. PETTER (1970), QUATE (1964), ROCHEBRUNNE (1883), SETZER (1956) und THOMAS (1901) zu ersehen.

HEIM DE BALSAC nennt (1968a) eine *C. sericea*-subspecies von Agadir, die etwas größer sein soll als Vergleichsstücke von Ifni.

## **Crocidura lusitania** DOLLMAN, 1915

Auch diese kleine *Crocidura*-Art fand sich nicht in den umfangreichen Aufsammlungen des Smithsonian Institution; sie soll aber wenigstens der Vollständigkeit halber hier kurz erwähnt werden.

Nach HEIM DE BALSAC (1968a) nimmt *lusitania* in Marokko ein ähnliches Verbreitungsbild wie *C. whitakeri* und *C. sericea* ein, jedoch ist die Art viel seltener. Es werden von Marokko Nachweise von Anja, Anti-Atlas und Dra genannt. Die geographische Verbreitung ist noch sehr lückenhaft (vgl. HEIM DE BALSAC 1947, 1967, 1968a, 1968b; HEIM DE BALSAC u. VERSCHUREN 1968).

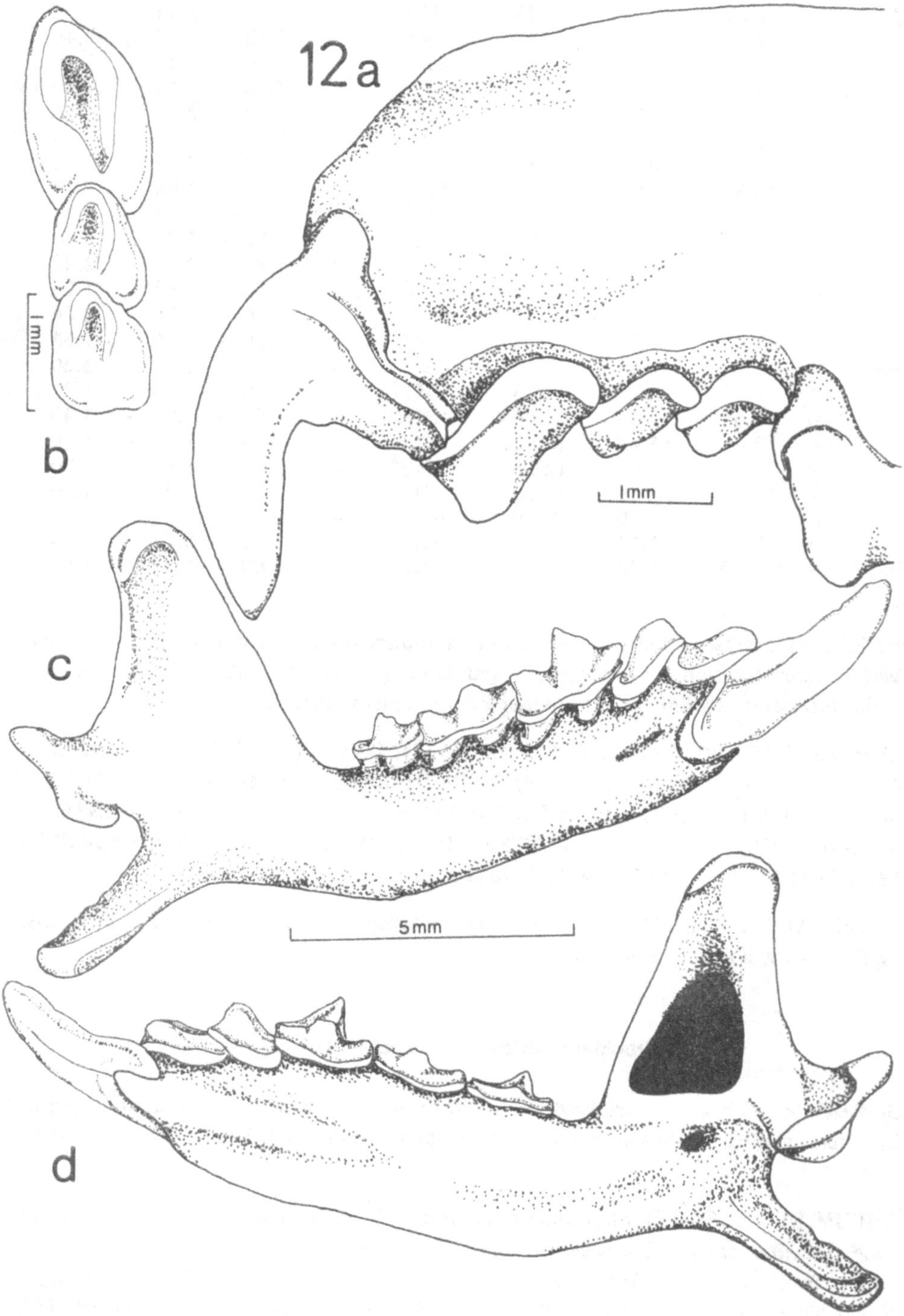
12a
b
1mm
1mm
c
5mm
d

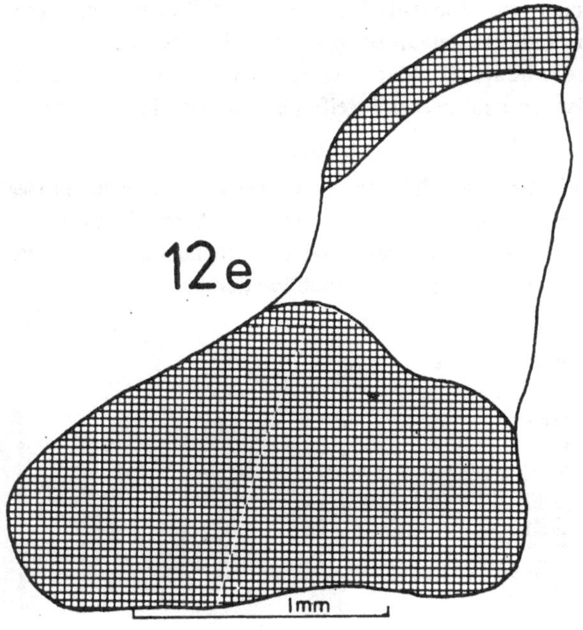


Abb. 12. *Crocidura bolivari tamrinensis* n. ssp. a) Seitenansicht des Rostrums. b) Occlusalansicht der drei kleinen einspitzigen Zähne vom Oberkiefer. c) Unterkieferast rechts, Außenseite. d) Unterkieferast rechts, Innenseite. e) Condylus mandibulae in Aufsicht.

*C. lusitania* soll nach DOLLMAN (1916) ähnlich *C. nana* sein, jedoch größer in den Körpermaßen, mit einem größeren Schädel und Zähnen. Als Maße vom Typus und Paratypus werden folgende Werte angegeben:
KR = 53 - 53, S = 43 - 42, HF = 10.6 - 10.5, OL = 8 - 7.
CIL = 16.9 - 17, SKB = 7.5 - 7.4, IB = 3.6 - 3.2, PL = 7 - 7, Postpalatal-L = 7.8 - 8, ZB = 5.2 - 5, SKL = 3.7 - 3.6, OZL = 7.2 - 7.4.
T y p u s, ♂ adult, BMHN 13.3.7.2., leg. M. AUDAN.
T e r r a t y p i c a: Trarza Country, Mauretanien.

Die Art *C. lusitania* wird (1915) von DOLLMAN in seinem Bestimmungsschlüssel (: 516) afrikanischer *Crocidura*-Arten und -Unterarten mit 'n. sp.' genannt, 1916 bezeichnet DOLLMAN *C. lusitania* (: 198) erneut mit 'sp. n.' und fügt nun eine ausführliche Beschreibung an.

**Crocidura tarfayaensis n. sp.**

H o l o t y p u s: 8 km s. Tarfaya (Tarfaya Provinz), 27°50'N/12°30'W, Marokko; 5.XII. 1969; ♀ (S, B): SIUSNM 470590, leg. L. W. ROBBINS (Nr. 2088).

D e r i v a t i o n o m i n i s: Nach der Terra typica Tarfaya (Vorschlag von Dr. H. W. SETZER, Washington).

D i a g n o s e: Eine weißzähnige Wimperspitzmaus der Gattung *Crocidura*; gekennzeichnet durch die bleichgraue, mit ganz wenig Braun durchsetzte Rückenfarbe des Tieres. Es ist wohl die 'hellste' Spitzmaus, die bisher aus N-Afrika nachgewiesen wurde.

D i f f e r e n t i a l d i a g n o s e: In der Rückenfärbung ist *C. tarfayaensis* wesentlich heller als *C. whitakeri*; die Bauchseite ist weißlich, stellenweise kommt die dunkelgraue Haarbasis zum Vorschein; der Übergang von Bauch- zur Rückenfärbung ist nicht fließend, sondern recht abrupt, ähnlich wie bei *C. leucodon* von Mitteleuropa. Die Oberseiten der Vorder- und Hinterfüße sind weißlich, die Unterseite minimal dunkler. Der Schwanz ist sehr hell, kaum zweifarbig. An beiden Augenregionen ist ein hellbrauner Streifen erkennbar, der beiderseits bis zur Schnauzenspitze vorläuft.

Betrachtet man die Körpermaße, so fällt der lange Schwanz (40 mm) und der recht große Hinterfuß (14 mm) auf, der sogar das Maximum von *russula yebalensis* übertrifft. In vielen Schädelmaßen findet man *tarfayaensis* im Maximum-Bereich der entsprechenden Maße von *russula*, oder vielfach, wie zum Beispiel bei den Zahnmaßen, erheblich darüber.

Abmessungen:

| | | | | | |
|---|---|---|---|---|---|
| TL | = | 102 | KR | = | 62 |
| S | = | 40 | HF | = | 14 |
| OL | = | 11 | Gew | = | 6 g |
| CIL | = | 18.74 | CH | = | 2.56 |
| CBL | = | 17.88 | PCH | = | 2.28 |
| PL | = | 15.24 | GKL | = | 2.24 |
| MSQ | = | 4.20 | GKB | = | 0.96 |
| SKB | = | 8.50 | RL | = | 2.36 |
| IB | = | 4.13 | RH | = | 1.60 |
| ZB | = | 6.15 | LP4 | = | 2.20 |
| AB | = | 3.55 | BP4 | = | 1.96 |
| SKL | = | 10.04 | LM1 | = | 1.56 |
| GL | = | 7.84 | BM1 | = | 1.88 |
| SB | = | 8.31 | LM2 | = | 1.28 |
| SV | = | 4.50 | BM2 | = | 2.08 |
| M-M | = | 5.75 | LM3 | = | 1.36 |
| RB | = | 2.15 | RaH | = | 1.40 |
| OZL | = | 8.61 | LM$_1$ | = | 1.48 |
| P4-M3 | = | 4.96 | BM$_1$ | = | 0.92 |
| iP4-iP4 | = | 1.04 | BM$_1^+$ | = | 1.12 |
| iM1-iM1 | = | 1.84 | LM$_2$ | = | 1.40 |
| iM2-iM2 | = | 2.20 | BM$_2$ | = | 0.88 |
| iM3-iM3 | = | 2.24 | BM$_2^+$ | = | 1.00 |
| AI | = | 12.75 | LM$_3$ | = | 1.36 |
| UKL | = | 10.50 | BM$_3$ | = | 0.68 |
| CL | = | 10.14 | RZ | = | 6.64 |
| UZL | = | 7.97 | P-P | = | 1.00 |
| C-M3 | = | 5.81 | GKBL | = | 1.56 |
| CH | = | 5.00 | GKH | = | 1.60 |
| P1-P3 | = | 2.48 | | | |

In der Abb. 13 sind die oberen Backenzähne $P^4$ bis $M^3$ vom Holotypus *C. tarfayaensis* abgebildet. Abkauungsspuren sind im Bereich vom Meso- und Metastyl des $P^4$ zu erkennen, ebenso am Protoconus des $M^1$ und $M^2$. Das Exemplar wurde von uns in die Altersklasse II gestellt.

Der $P^4$ von *tarfayaensis* ist *suaveolens* ähnlich, er weist einen kleinen, buccad verschobenen Protoconus auf. Dadurch, daß der Hypoconus als schmale Leiste ausgebildet ist, verläuft die Rinne zwischen Protoconus und der Hypoconus-Leiste nicht mehr in Richtung Metastyl, sondern mehr zur Einbuchtung zwischen Metastyl und dem hinteren Cingulum des Hypo-

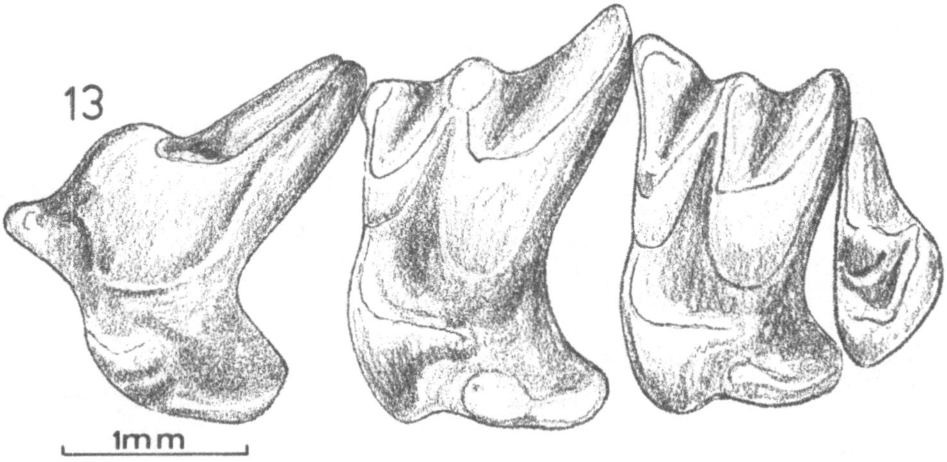


Abb. 13. Backenzahnreihen-Länge P4-M3 von *Crocidura tarfayaensis* n. sp., SIUSNM 470590, 8 km s. Tarfaya, Tarfaya Provinz.

conus. Das Parastyl ist recht groß ausgebildet. $M^1$ und $M^2$ machen einen schlanken Eindruck. Gegenüber dem $M^1$ erscheint der $M^2$ sehr klein, dagegen der $M^3$ wieder etwas größer ausgebildet.

Die Abb. 14 zeigt, daß der dritte kleine einspitzige Zahn vom Oberkiefer reduziert ist. Der erste kleine einspitzige Zahn ist stärker abgekaut als die beiden folgenden. Der Condylus mandibulae ist im Vergleich zu *russula* sehr groß. Der mediane Condylus-Sporn ist langgestreckt und der Condylus mandibulae ist - in Occlusalansicht - zwischen dem medianen Condylus-Sporn und der dorsalen articularen Facette deutlich eingebuchtet. Die coronoide Apiphyse ist deutlich ausgeprägt, ein kleines Coronoid-Spikulum ist vorhanden.

Tarfaya liegt im äußersten Südwesten von Marokko. Das Tier wurde in einer 'steinigen Wüste' (Etikett-Information) in der Nähe der Küstendünen gefangen.

## Crocidura heljanensis safii n. ssp.

H o l o t y p u s: 13 km s. Safi (Safi Provinz), 32°11'N/9°15'W, Marokko; 16.IV.1970; ♂ (S, B): SIUSNM 476078, leg. M. G. HEARST (Nr. 1442).

D e r i v a t i o n o m i n i s: Nach der Terra typica Safi.

D i a g n o s e: Eine kleine weißzähnige Wimperspitzmaus, die der Fellfärbung ähnlich *C. russula yebalensis*, doch in den Abmessungen viel kleiner ist. Auf Grund der Backenzahnmorphologie und den Abmessungen vom Schädel sehen wir das Stück von Safi als eine Unterart von *Crocidura heljanensis* VESMANIS, 1975 an.

D i f f e r e n t i a l d i a g n o s e: Der Balg von *C. heljanensis safii* zeigt oberseits die typischen *C. russula yebalensis*-Farben, graubraun auf dem Rücken, allmählicher Übergang in

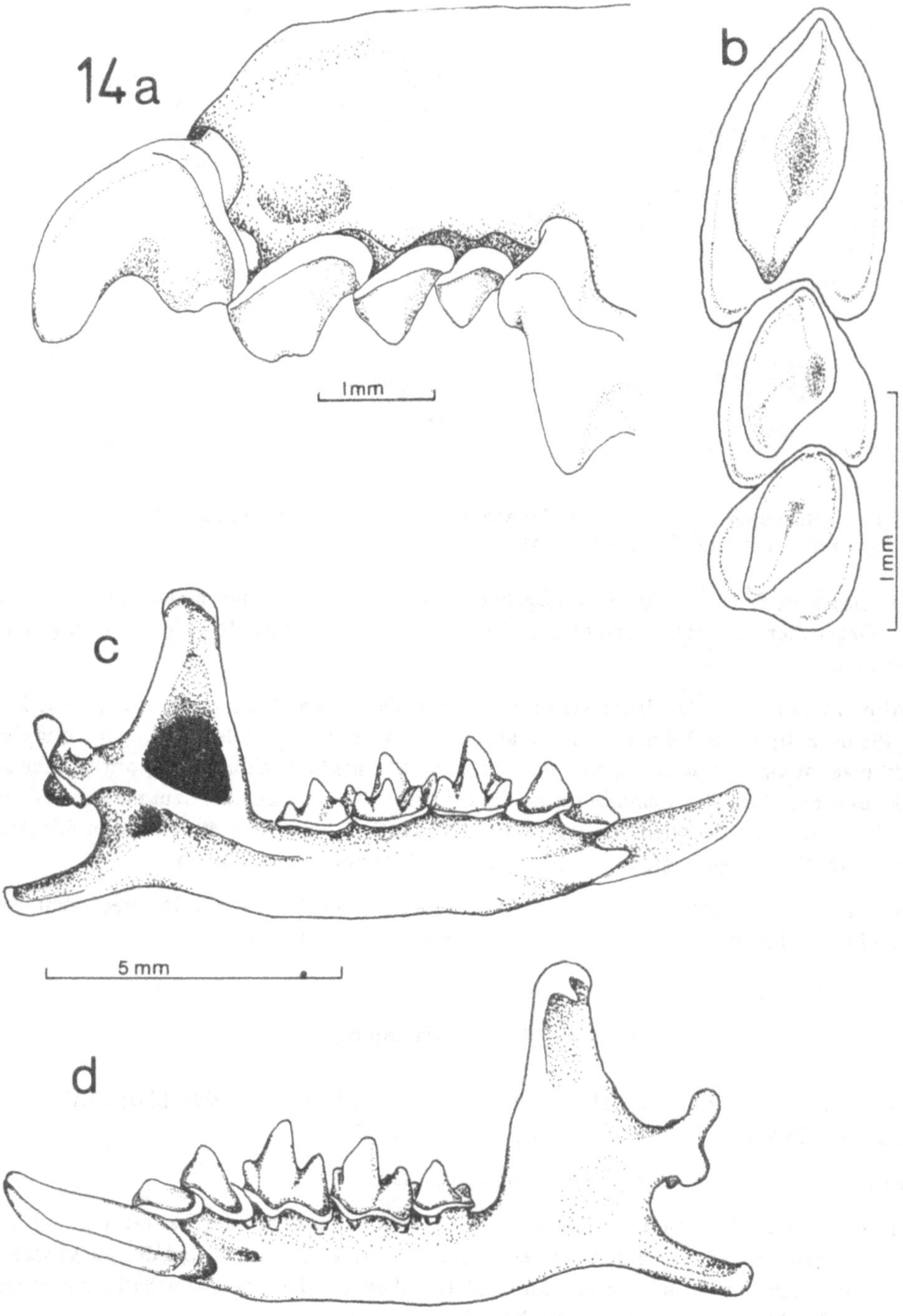
14a
b
1mm
1mm
c
5 mm
d

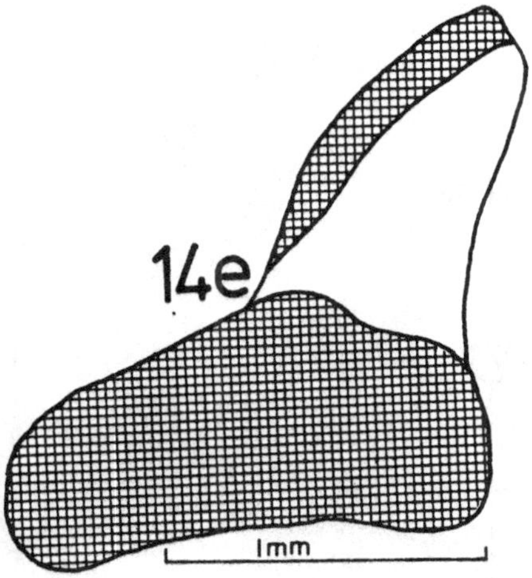


Abb. 14. *Crocidura tarfayaensis* n. sp., SIUSNM 470590. a) Seitenansicht des Rostrums. b) Occlusalansicht der drei kleinen einspitzigen Zähne vom Oberkiefer. c) Unterkieferast rechts, Außenseite. d) Unterkieferast rechts, Innenseite. e) Condylus mandibulae in Aufsicht.

eine dunkel bis hellgräuliche Farbtönung auf der Bauchseite. Der Schwanz ist auf der Oberseite dunkelbraun, auf der Unterseite minimal heller gezeichnet. Vorder- und Hinterfüße sind oberseits dunkelbraun, unterseits etwas heller gehalten. Der Färbung nach ist *h. safii* nicht von *r. yebalensis* mit Sicherheit zu unterscheiden. Doch deutlich werden die Unterschiede in den Maßen.

Zu vergleichen sind die Korrelationsdiagramme 7 bis 10 und die Tabelle 4. In der Korrelation Länge mal Breite des oberen Praemolaren liegt *h. safii* (Nr. 1) im Streuungsbereich der hier aufgeführten Typus-Reihe von *C. heljanensis* (Nr. 2). Deutlich davon getrennt finden wir *r. yebalensis* von Safi (Nr. 3) und die Gesamtstreuung von *r. yebalensis*-Exemplaren aus Gesamt-Marokko (Nr. 4). Die Korrelation von Länge und Breite vom $M^1$ zeigt uns die Besonderheit der Unterart *h. safii* sehr deutlich: Der $M^1$ (und auch der $M^2$, vgl. Tabelle 4) fallen sehr klein in ihren Maßen aus. Dies ist ein auffallendes Kennzeichen von *h. safii* gegenüber der Nominatform und auch besonders gegenüber *russula yebalensis*. In den Unterkiefermaßen, Coronar-Höhe zur Condylar-Länge, fällt *h. safii* wieder in die Streuung von *C. heljanensis* aus Algerien. Da die Breite über den Molaren (M-M) bei *h. safii* klein ist, fällt der Holotypus *safii* in den Korrelationen M-M und $P^4$-$M^3$ aus dem Streuungsfeld von *C. heljanensis* heraus.

Die Korrelationsdiagramme 7 bis 10 und auch die tabellarische Gegenüberstellung von *safii* zu *C. heljanensis* (Algerien) und *C. r. yebalensis* aus Safi zeigt uns, daß die Unterart von *heljanensis, safii*, deutlich von *r. yebalensis* metrisch getrennt ist; wir sehen aber auch aus den Diagrammen und der Tabelle die Beziehungen zur Nominatform.

Der $P^4$ der Unterart *safii* weist einen Protoconus auf, der die vordere Innenkante des Zahnes bildet, wie auch bei der Nominatform (vgl. VESMANIS 1975). Der zweite kleine einspitzige Zahn vom Oberkiefer ist im Gegensatz zu *C. russula yebalensis* etwas reduziert. Alle Backenzähne zeigen deutliche Abkauungsspuren der Klasse III.

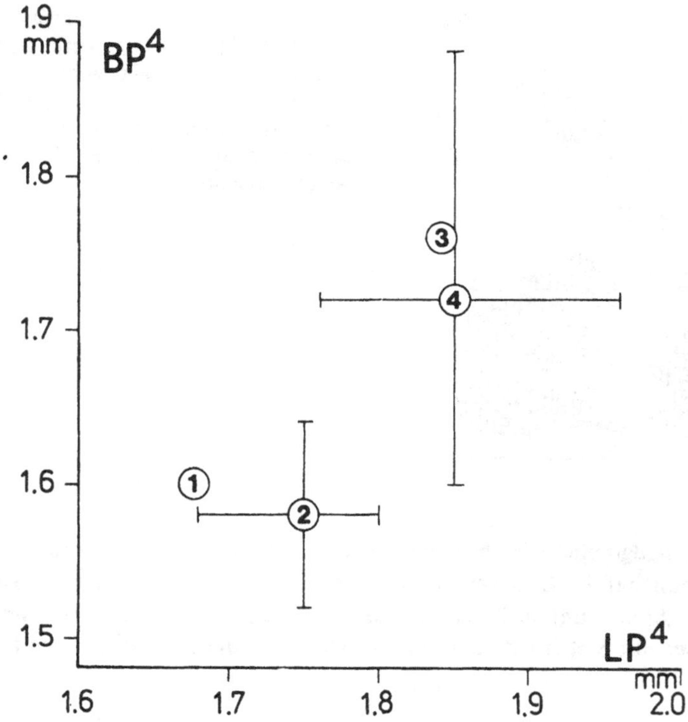


Korrelationsdiagramm 7. Vergleich der Länge P4 und Breite P4 von *C. heljanensis safii* n. ssp. (Nr. 1), Marokko; *C. heljanensis* (Nr. 2), Algerien; *C. russula yebalensis* (Nr. 3), Safi, Marokko; und *C. russula yebalensis* (Nr. 4), Gesamtmarokko.

### Crocidura gouliminensis n. sp.

Holotypus: 28 km sw. Goulimine (Agadir Provinz), 28°46'N/10°14'W, Marokko; 24.VI.1971; ♀ (S, B): SIUSNM 482864, leg. R. E. VADEN (Nr. 6706).

Derivatio nominis: Nach der Stadt, die dem Fundort am nächsten gelegen ist, Goulimine.

Diagnose: Eine weißzähnige Wimperspitzmaus, die größenmäßig in den Variationsbereich von *C. r. yebalensis* fällt, jedoch einen für *suaveolens* typischen $P^4$ aufweist und eine graubraun melierte Rückenfarbe zeigt.

Differentialdiagnose: Der Balg des Holotypus ist oberseits graubraun; die Bauchfärbung ist mit einer hellgrauen/hellbraunen Farbe deutlich von der Rückenfärbung unterschieden. Das Gesicht des Tieres ist hellbraun, die Vorder- und Hinterfüße ober- und unterseits weißlich gehalten. Der Schwanz ist grauweiß, die Oberseite minimal dunkler als die Unterseite.

Die Abb. 15 zeigt uns die Zahnreihen-Länge $P^4$ bis $M^3$ vom Holotypus. Alle Backenzähne sind deutlich angekaut, daher wurde das Tier von uns zur Altersklasse III gestellt. Der $P^4$ hat

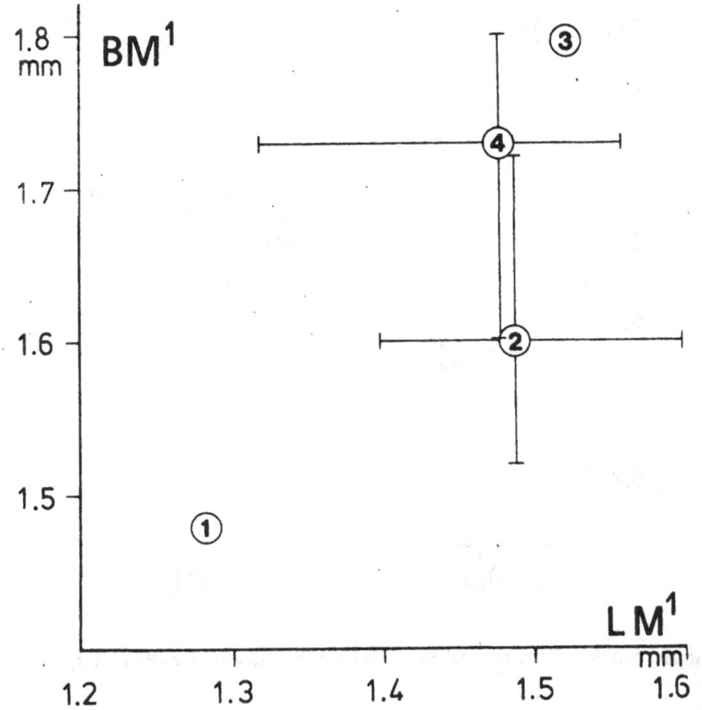


Korrelationsdiagramm 8. Breite M1 zur Länge M1; Symbole siehe Diagramm 7.

einen in Richtung Parastyl verschobenen Protoconus, der eine sehr lange, aber schmale Basis aufweist. Der Hypoconus des $P^4$ ist als solcher nicht zu erkennen, er ist zu einer langen schmalen Leiste ausgebildet, die in ihrer Länge die gesamte Zahninnenbasis einnimmt. Der $M^1$ ist sehr groß, er übertrifft in seinem Längenmaß den $M^2$.

Die seitliche Rostrumansicht (Abb. 16a) und die Occlusalansicht der drei oberen kleinen einspitzigen Zähne (Abb. 16b) zeigt, daß die beiden kleinen einspitzigen Zähne gleich groß sind. Der mediane Condylus-Sporn (Abb. 16e) ist sehr groß ausgebildet, eine Einbuchtung zwischen der dorsalen Articularis-Facette und der ventralen Articularis-Facette ist nicht zu erkennen.

Abmessungen:

| | | | | | |
|---|---|---|---|---|---|
| TL | = | 104 | KR | = | 65 |
| S | = | 39 | HF | = | 13 |
| OL | = | 10 | Gew | = | 7 g |
| CIL | = | 18.51 | CB | = | 2.40 |
| CBL | = | 17.76 | PCH | = | 2.28 |
| PL | = | 15.14 | GKL | = | 2.08 |
| MSQ | = | 3.86 | GKB | = | 0.88 |
| SKB | = | 8.60 | RL | = | 2.24 |
| IB | = | 4.28 | RH | = | 1.68 |
| ZB | = | 5.94 | LP4 | = | 1.92 |
| AB | = | 3.43 | BP4 | = | 1.80 |

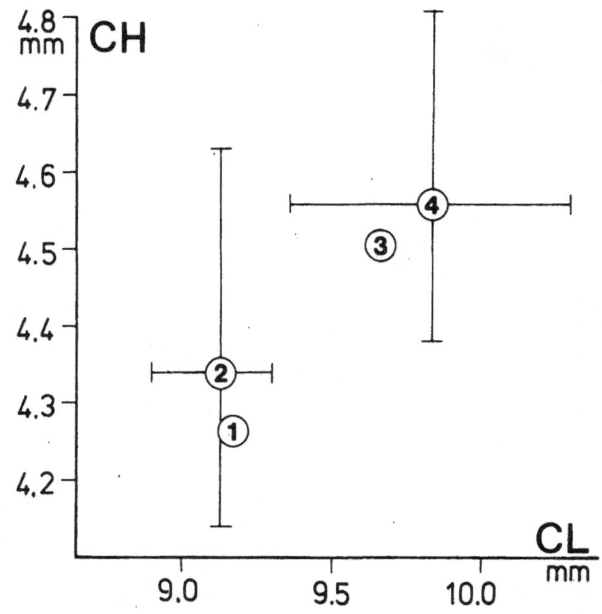


Korrelationsdiagramm 9. Coronar-Höhe (CH) zur Condylar-Länge (CL); Symbole siehe Diagramm 7.

| | | | | | |
|---|---|---|---|---|---|
| SKL | = | 10.29 | $LM^1$ | = | 1.60 |
| GL | = | 7.47 | $BM^1$ | = | 1.76 |
| SB | = | 8.74 | $LM^2$ | = | 1.28 |
| SV | = | 4.51 | $BM^2$ | = | 1.96 |
| M-M | = | 5.74 | $LM^3$ | = | 1.28 |
| RB | = | 2.27 | RaH | = | 1.44 |
| OZL | = | 8.11 | $LM_1$ | = | 1.40 |
| $P^4$-$M^3$ | = | 4.61 | $BM_1$ | = | 1.00 |
| $iP^4$-$iP^4$ | = | 1.20 | $BM_1^+$ | = | 1.12 |
| $iM^1$-$iM^1$ | = | 2.00 | $LM_2$ | = | 1.20 |
| $iM^2$-$iM^2$ | = | 2.28 | $BM_2$ | = | 0.92 |
| $iM^3$-$iM^3$ | = | 2.16 | $BM_2^+$ | = | 1.04 |
| AI | = | 11.86 | $LM_3$ | = | 1.20 |
| UKL | = | 9.87 | $BM_3$ | = | 0.72 |
| CL | = | 9.56 | RZ | = | 6.20 |
| UZL | = | 7.39 | P-P | = | 0.92 |
| C-M3 | = | 5.40 | GKBL | = | 1.44 |
| CH | = | 4.72 | GKH | = | 1.44 |
| $P_1$-$P_3$ | = | 2.36 | | | |

**Crocidura tiznitensis n. sp.**

H o l o t y p u s: 15 km no. Tiznit (Agadir Provinz), 29°49'N/9°39'W, Marokko; 20.X.1969, ♂(S, B): SIUSNM 470589, leg. L. W. ROBBINS (Nr. 2241).

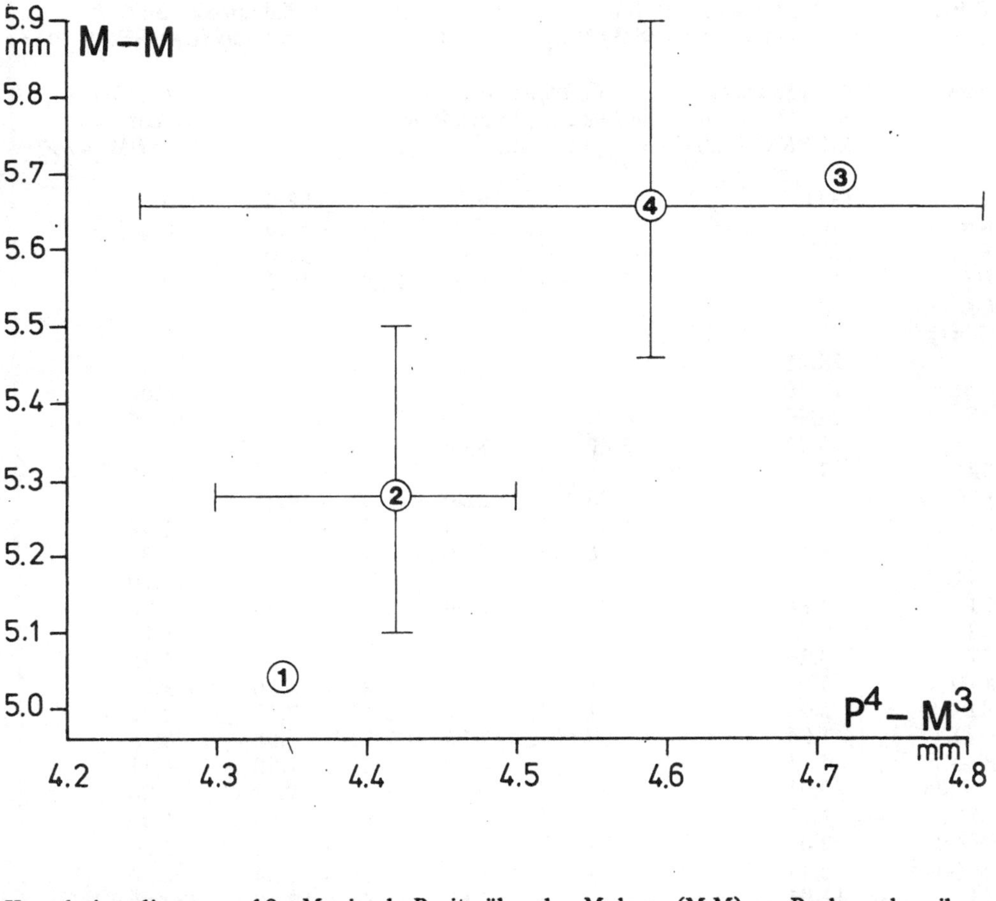


Korrelationsdiagramm 10. Maximale Breite über den Molaren (M-M) zur Backenzahnreihen-Länge $P^4$-$M^3$; Symbole siehe Diagramm 7.

P a r a t y p e n: 27 km sw. Goulimine (Agadir Provinz); 19.X.1970; ♂ (S, B): SIUSNM 482018, leg. L. W. ROBBINS (Nr. 4115). 28 km sw. Goulimine (Agadir Provinz); 28°46'N/ 10°14'W; 12.VI.1972; ♂ (B): SIUSNM 485840, leg. R. E. VADEN (Nr. 7316).

D e r i v a t i o n o m i n i s: Nach der dem Fundort (vom Typus-Exemplar) nahegelegenen Stadt Tiznit (Vorschlag von Dr. H. W. SETZER, Washington).

D i a g n o s e: Eine weißzähnige Wimperspitzmaus, die einen für *C. russula* typischen $P^4$ (nach RICHTER 1970) aufweist, den dritten kleinen einspitzigen Zahn im Oberkiefer reduziert hat und bei der die beiden Molaren $M^1$ und $M^2$ recht breit ausgebildet sind.

D i f f e r e n t i a l d i a g n o s e: a) Typus: Die Balgoberseite ist einheitlich hellbraun/grau gefärbt, ebenso das Obergesicht des Tieres. Die Bauchseite weist eine weißliche Färbung auf, die deutlich von der Rückenfarbe abgesetzt ist. Vorder- und Hinterfüße sind ober- und unterseits weiß. Der Schwanz ist hell, kaum zweifarbig gezeichnet. Die Unterseite des Gesichtsfeldes des Tieres entspricht der Bauchfärbung. - b) Paratypus SIUSNM 482018: Dieses Exem-

Tabelle 4. Vergleichende Darstellung der Körper-, Schädel- und Zahnmaße von *C. heljanensis safii* n. ssp., *C. heljanensis* VESMANIS, 1975 und *C. russula yebalensis* (CABRERA, 1913)

| Maß | *C. heljanensis safii*, Holotypus SIUSNM 476078 | *C. heljanensis* Algerien, Typus-Reihe Typus | | min.- | $\bar{x}$ - | max. | *C. r. yebalensis*, Safi SIUSNM 476079 |
|---|---|---|---|---|---|---|---|
| TL | (91) | 74 | 6, | 74.0 | - 77.4 | - 88.0 | 103 |
| KR | 64 | 48 | 6, | 47.0 | - 48.8 | - 55.0 | 66 |
| S | (27) | 26 | 7, | 26.0 | - 29.2 | - 33.0 | 37 |
| HF | 11 | 10 | 7, | 10.0 | - 10.4 | - 12.0 | 12 |
| OL | 8 | | | | | | 9 |
| Gew(g) | 5 | | | | | | 5 |
| CIL | 18.26 | - | | | - | | 19.00 |
| CBL | 17.46 | - | | | - | | 18.06 |
| PL | 14.66 | - | | | - | | 14.76 |
| MSQ | 3.52 | 3.80 | 6, | 3.46 | - 3.71 | - 3.95 | 3.74 |
| SKB | 8.44 | - | | | - | | 8.65 |
| IB | 3.70 | 3.96 | 5, | 3.96 | - 4.13 | - 4.25 | - |
| ZB | 5.30 | 5.47 | 7, | 5.35 | - 5.55 | - 5.84 | 5.98 |
| AB | 3.15 | 2.96 | 7, | 2.96 | - 3.19 | - 3.31 | 3.38 |
| SKL | 10.12 | - | | | - | | 10.70 |
| GL | 7.34 | 7.25 | 6, | 6.94 | - 7.18 | - 7.85 | 7.36 |
| SB | 8.52 | - | | | - | | 8.71 |
| SV | 4.26 | - | | | - | | 4.25 |
| M-M' | 5.05 | 5.26 | 7, | 5.10 | - 5.28 | - 5.50 | 5.70 |
| RB | 2.06 | 2.14 | 7, | 1.92 | - 2.15 | - 2.38 | 2.29 |
| OZL | 7.94 | 8.00 | 7, | 7.76 | - 7.91 | - 8.08 | 8.38 |
| P4-M3 | 4.35 | 4.46 | 7, | 4.30 | - 4.42 | - 4.50 | 4.71 |
| iP4-iP4 | 0.96 | 0.88 | 7, | 0.88 | - 1.10 | - 1.20 | 1.08 |
| iM1-iM1 | 1.72 | 1.96 | 7, | 1.80 | - 1.89 | - 1.96 | 1.88 |
| iM2-iM2 | 2.00 | 2.24 | 7, | 2.04 | - 2.13 | - 2.24 | 2.20 |
| iM3-iM3 | 2.12 | 2.24 | 7, | 2.12 | - 2.18 | - 2.24 | 2.24 |
| AI | 11.91 | - | 4, | 11.63 | - 11.86 | - 12.40 | 12.44 |
| UKL | 9.82 | - | 4, | 9.40 | - 9.66 | - 10.20 | 10.06 |
| CL | 9.15 | 9.16 | 5, | 8.85 | - 9.13 | - 9.30 | 9.62 |
| UZL | 7.25 | 7.31 | 7, | 7.16 | - 7.30 | - 7.53 | 7.67 |
| C-M3 | 5.26 | 5.35 | 7, | 5.26 | - 5.36 | - 5.52 | 5.64 |
| CH | 4.26 | 4.22 | 6, | 4.14 | - 4.34 | - 4.63 | 4.50 |
| CB | 2.08 | 2.40 | 7, | 2.16 | - 2.31 | - 2.40 | 2.28 |
| PCH | 2.04 | 2.16 | 7, | 2.16 | - 2.25 | - 2.36 | 2.20 |
| GKL | 1.60 | - | 3, | 1.84 | - 1.91 | - 1.96 | 1.84 |
| GKB | 0.76 | - | 3, | 0.88 | - 0.91 | - 0.92 | 0.84 |
| RL | 2.40 | 2.36 | 7, | 2.20 | - 2.31 | - 2.40 | 2.32 |
| RH | 1.48 | 1.44 | 7, | 1.44 | - 1.49 | - 1.56 | 1.52 |
| LP4 | 1.68 | 1.76 | 6, | 1.68 | - 1.75 | - 1.80 | 1.84 |
| BP4 | 1.60 | 1.64 | 6, | 1.52 | - 1.58 | - 1.64 | 1.76 |
| LM1 | 1.28 | 1.48 | 7, | 1.40 | - 1.49 | - 1.60 | 1.52 |
| BM1 | 1.48 | 1.56 | 7, | 1.52 | - 1.60 | - 1.72 | 1.80 |
| LM2 | 1.16 | 1.24 | 7, | 1.24 | - 1.30 | - 1.36 | 1.40 |
| BM2 | 1.76 | 1.80 | 7, | 1.80 | - 1.84 | - 1.96 | 2.04 |
| LM3 | 1.28 | 1.16 | 7, | 1.12 | - 1.15 | - 1.20 | 1.28 |
| RaH | 1.36 | 1.32 | 7, | 1.20 | - 1.30 | - 1.48 | 1.48 |
| LM1 | 1.20 | 1.36 | 7, | 1.32 | - 1.34 | - 1.36 | 1.40 |

| | | | | | |
|---|---|---|---|---|---|
| BM1 | 0.80 | 0.84 | 7, | 0.76 - 0.82 - 0.92 | 0.92 |
| BM1 $^{+}$ | 1.00 | 1.00 | 7, | 0.88 - 0.95 - 1.04 | 1.12 |
| LM2 | 1.08 | 1.16 | 7, | 1.08 - 1.12 - 1.16 | 1.20 |
| BM2 | 0.80 | 0.80 | 7, | 0.76 - 0.82 - 0.92 | 0.88 |
| BM2 $^{+}$ | 0.92 | 0.88 | 7, | 0.80 - 0.89 - 0.96 | 1.04 |
| LM3 | 1.08 | 1.12 | 7, | 1.08 - 1.13 - 1.16 | 1.20 |
| BM3 | 0.60 | 0.60 | 7, | 0.56 - 0.60 - 0.64 | 0.68 |
| RZ | 5.93 | 5.52 | 5, | 5.50 - 5.73 - 6.10 | 6.02 |
| P-P | 0.92 | | | | 1.00 |
| GKBL | 0.96 | | | | 1.16 |
| GKH | 1.24 | | | | 1.32 |
| P1-P3 | 2.44 | | | | 2.60 |

plar ist in der Gesamtfärbung etwas dunkler gehalten als das Typus-Exemplar und weist außerdem noch drei weiße Flecken auf dem Rücken auf: etwa in der Mitte der Rückenpartie rechts und links neben der Wirbelsäule und oberhalb des linken Hinterfußes.- c) Paratypus SIUSNM 485840: Die Zuordnung dieses Exemplares zu *C. tiznitensis* fiel uns besonders schwer, da nur der Balg zur Untersuchung zur Verfügung steht. Er gleicht in seiner Färbung dem Typus-Exemplar, vielleicht etwas heller gehalten.

Das Typus-Exemplar hat mäßig abgekaute Zähne und wurde daher der Altersklasse III zugeordnet. Der dritte kleine einspitzige Zahn vom Oberkiefer ist reduziert, der $P^4$ zeigt uns den *russula*-Typ und die beiden Molaren $M^1$ und $M^2$ sind recht breit ausgebildet.

Die Abb. 17 zeigt uns die Molaren $P^4$ bis $M^3$ vom Paratypus SIUSNM 482018. Die Backenzähne sind sehr stark abgekaut, daher wurde das Tier der Klasse V zugeordnet. Am $P^4$ ist zwischen dem Protoconus und dem Hypoconus, bedingt durch die starke Abnutzung, ein Stückchen Zahn herausgebrochen, und dann ist diese Bruchstelle wieder abgeschliffen worden. Der Hypoconus am $M^1$ ist sehr deutlich als ein nach innen stehender Conus erkennbar. Der $M^2$ ist gegenüber dem $M^1$ recht kurz.

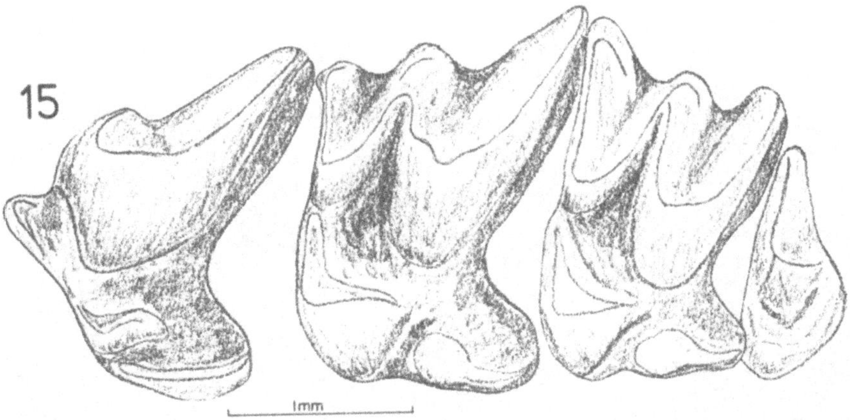


Abb. 15. Backenzahnreihen-Länge P4-M3 von *Crocidura gouliminensis* n. sp., SIUSNM 482864, 28 km sw. Goulimine, Agadir Provinz.

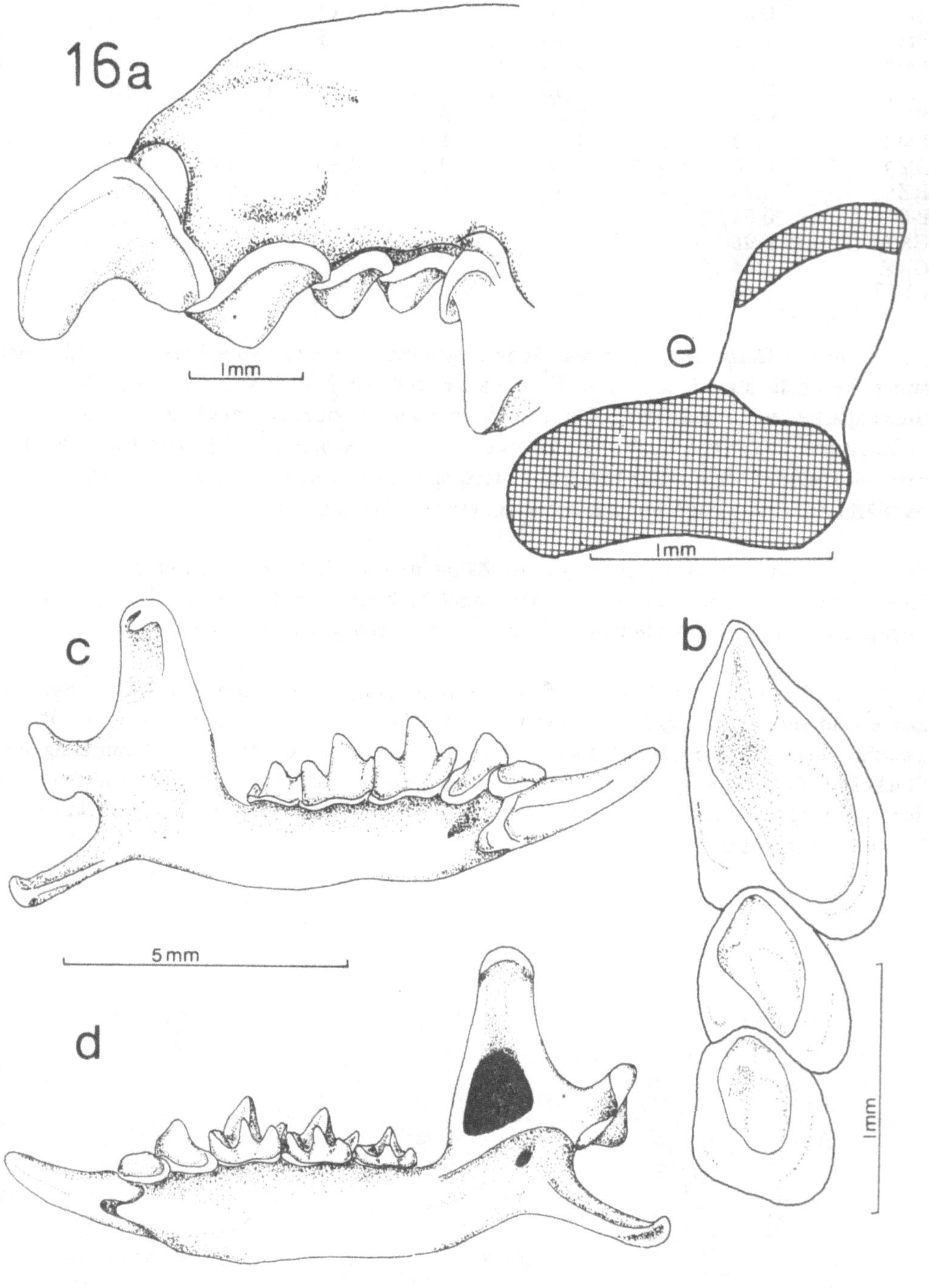


Abb. 16. *Crocidura gouliminensis* n. sp., SIUSNM 482864. a) Seitenansicht des Rostrums. b) Occlusalansicht der drei kleinen einspitzigen Zähne vom Oberkiefer. c) Unterkieferast rechts, Außenseite. d) Unterkieferast rechts, Innenseite. e) Condylus mandibulae in Aufsicht.

17

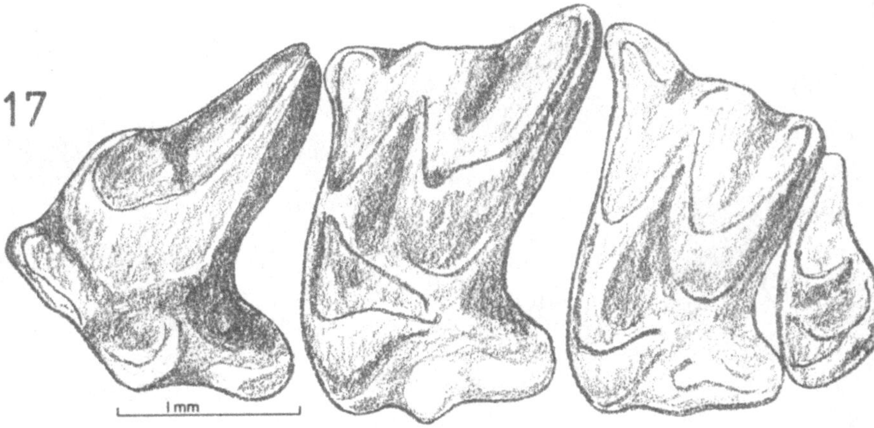


Abb. 17. Backenzahnreihen-Länge P4-M3 von *Crocidura tiznitensis* n. sp. (Paratypus), SIUSNM 482018, 27 km sw. Goulimine, Agadir Provinz.

Sehr starke Abkauungsspuren finden wir auch an den drei kleinen oberen einspitzigen Zähnen (Abb. 18b), auch der Incisivus ist deutlich angekaut (Abb. 18a).

Abmessungen (Reihenfolge: Typus SIUSNM 470589, Paratypen 482018, 48540):

| | | | | | | | |
|---|---|---|---|---|---|---|---|
| TL | 101 | 109 | 97 | KR | 61 | 69 | 64 |
| S | 40 | 40 | 33 | HF | 13 | 13 | 14 |
| OL | 10 | 11 | 9 | Gew | 6 | 7 | 7 g |
| CIL | 18.31 | 18.90 | | CB | 2.40 | 2.56 | |
| CBL | 17.26 | 18.53 | | PCH | 2.28 | 2.56 | |
| PL | 15.80 | 16.21 | | GKL | 1.92 | 2.28 | |
| MSQ | 3.76 | 4.20 | | GKB | 1.00 | 1.00 | |
| SKB | 8.35 | 8.49 | | RL | 2.24 | 2.28 | |
| IB | 4.20 | 4.05 | | RH | 1.80 | 2.00 | |
| ZB | 5.84 | 6.21 | | LP4 | 1.92 | 2.00 | |
| AB | 3.20 | 3.43 | | BP4 | 1.72 | 1.84 | |
| SKL | 10.16 | 10.34 | | LM1 | 1.44 | 1.52 | |
| GL | 7.10 | 8.19 | | BM1 | 1.80 | 2.00 | |
| SB | 8.11 | 8.28 | | LM2 | 1.24 | 1.36 | |
| SV | 4.55 | 4.64 | | BM2 | 1.88 | 2.08 | |
| M-M | 5.56 | 5.91 | | LM3 | 1.20 | 1.28 | |
| RB | 2.21 | 2.50 | | RaH | 1.48 | 1.80 | |
| OZL | 7.94 | 8.16 | | LM$_1$ | 1.40 | 1.40 | |
| P4-M3 | 4.55 | 4.70 | | BM$_1$ | 1.00 | 1.08 | |
| iP4-iP4 | 1.24 | 1.36 | | BM$_1^+$ | 1.12 | 1.20 | |
| iM1-iM1 | 1.96 | 1.80 | | LM$_2$ | 1.20 | 1.20 | |
| iM2-iM2 | 2.24 | 2.32 | | BM$_2$ | 0.96 | 1.00 | |
| iM3-iM3 | 2.32 | 2.52 | | BM$_2^+$ | 1.04 | 1.08 | |
| AI | 11.65 | 12.47 | | LM$_3$ | 1.20 | 1.20 | |
| UKL' | 9.57 | 10.55 | | BM$_3$ | 0.72 | 0.72 | |
| CL | 9.34 | 10.05 | | RZ | 5.98 | 6.35 | |
| C-M3 | 5.45 | 5.49 | | P-P | 1.00 | 1.00 | |
| CH | 4.64 | 4.94 | | GKBL | 1.36 | 1.52 | |
| GKH | 1.44 | 1.68 | | P1-P3 | 2.32 | - | |

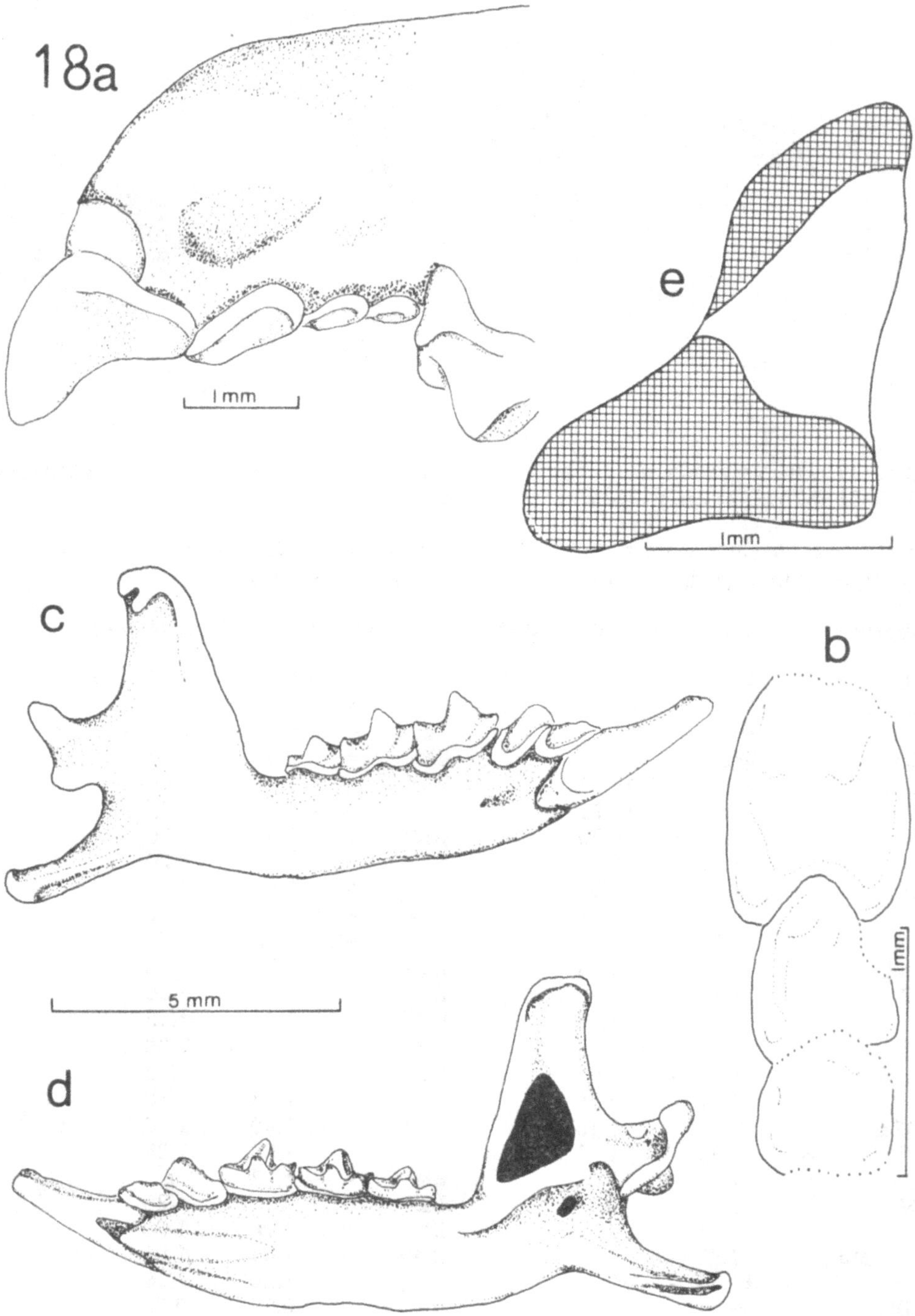


Abb. 18. *Crocidura tiznitensis* n. sp. (Paratypus), SIUSNM 482018. a) Seitenansicht des Rostrums. b) Occlusalansicht der drei kleinen einspitzigen Zähne vom Oberkiefer. c) Unterkieferast rechts, Außenansicht. d) Unterkieferast rechts, Innenansicht. e) Condylus mandibulae in Aufsicht.

## Crocidura essaouiranensis n. sp.

H o l o t y p u s: 5 km no. Essaouira (Safi Provinz), 31°31'N/9°46'W, Marokko; 2.III.1972; ♂ (S, B): SIUSNM 485839, leg. N. L. NORMAN (Nr. 555).

D e r i v a t i o n o m i n i s: Nach dem Ortsnamen Essaouira.

D i a g n o s e: Eine weißzähnige Wimperspitzmaus, in der Färbung ähnlich *C. tiznitensis*, dritter einspitziger Zahn vom Oberkiefer reduziert, der $P^4$ entspricht dem RICHTERschen *russula*-Typ, $M^1$ und $M^2$ sind recht breit ausgebildet. Metrisch viel kleiner als *C. tiznitensis*.

D i f f e r e n t i a l d i a g n o s e: *C. essaouiranensis* weist auf dem Rücken eine graubraune Farbe auf; etwa in der Mitte des Tieres befindet sich beiderseits in der Höhe des Überganges von der Bauch- zur Rückenfärbung ein kleiner weißer Fleck. Die weißen Haare sind sehr kurz. Ein etwas unscheinbar wirkender heller Streifen (grauweiß) befindet sich auf dem Rücken zwischen den beiden Ohren des Tieres. Die Bauchseite des Holotypus ist grauweiß gefärbt, ebenso die Vorder- und Hinterfüße. Der Schwanz ist deutlich zweifarbig, oberseits grau, unterseits grauweiß.

Die Backenzähne des Tieres sind sehr stark pfannenartig abgekaut. Wir rechnen daher das Exemplar zur Altersklasse V. Der $P^4$ entspricht dem RICHTERschen (1970) *russula*-Typ. Trotz starker Abkauung (zwischen Protoconus und dem Parastyl ist ein großes Stück vom Zahn herausgebrochen) läßt sich die Basis des Protoconus verfolgen (besonders am rechten $P^4$). Der dritte kleine einspitzige Zahn vom Oberkiefer ist deutlich gegenüber dem zweiten reduziert.

*C. essaouiranensis* ist in den Schädelabmessungen deutlich kleiner als *C. tiznitensis*.

Abmessungen:

| | | | | | |
|---|---|---|---|---|---|
| TL | = | 99 | KR | = | 62 |
| S | = | 37 | HF | = | 12 |
| OL | = | 9 | Gew | = | 6 g |
| CIL | = | 17.31 | CB | = | 2.16 |
| CBL | = | 17.06 | PCH | = | 2.08 |
| PL | = | 14.65 | GKL | = | 2.00 |
| MSQ | = | 3.45 | GKB | = | 0.96 |
| SKB | = | 8.34 | RL | = | 2.08 |
| IB | = | 3.76 | RH | = | 1.80 |
| ZB | = | 5.26 | LP4 | = | 1.76 |
| AB | = | 2.83 | BP4 | = | 1.72 |
| SKL | = | 9.96 | LM1 | = | 1.20 |
| GL | = | 7.10 | BM1 | = | 1.68 |
| SB | = | 7.92 | LM2 | = | 1.20 |
| SV | = | 4.11 | BM2 | = | 1.76 |
| M-M | = | 5.05 | LM3 | = | 1.08 |
| RB | = | 2.25 | RaH | = | 1.52 |
| OZL | = | 6.94 | $LM_1$ | = | 1.16 |
| P4-M3 | = | 4.01 | $BM_1$ | = | 0.88 |
| iP4-iP4 | = | 1.20 | $BM_1^+$ | = | 0.92 |
| iM1-iM1 | = | 1.76 | $LM_2$ | = | 1.12 |
| iM2-iM2 | = | 2.00 | $BM_2$ | = | 0.84 |
| iM3-iM3 | = | 2.04 | $BM_2^+$ | = | 0.88 |

| | | | | | |
|---|---|---|---|---|---|
| AI | = | 10.73 | LM3 | = | 1.00 |
| UKL | = | 9.35 | BM3 | = | 0.64 |
| CL | = | 8.80 | RZ | = | - |
| UZL | = | 6.12 | P-P | = | 0.96 |
| C-M3 | = | 4.66 | GKBL | = | 1.40 |
| CH | = | 4.29 | GKH | = | 1.48 |
| P1-P3 | = | 2.00 | | | |

**Crocidura zaianensis n. sp.**

H o l o t y p u s: 5 km n. Ben-Slimane (Settat Provinz), 33°39'N/7°08'W, Marokko; 27.IV. 1970; ♀ (S, B): SIUSNM 476071, leg. R. E. VADEN (Nr. 5982).

D e r i v a t i o n o m i n i s: Nach der Gebietsbezeichnung 'Pays Zaer Zaiane'.

D i a g n o s e: Eine weißzähnige Wimperspitzmaus in den typischen *Crocidura russula*-Farben, jedoch mit reduziertem dritten kleinen einspitzigen Zahn im Oberkiefer.

D i f f e r e n t i a l d i a g n o s e: Der Balg ist oberseits dunkelbraun, mit etwas grauer Tönung durchsetzt. Der Übergang zur dunkelgrauen Bauchfärbung ist fast fließend. Die Vorder- und Hinterfüße sind hell, der Schwanz auf der Oberseite etwas dunkler als auf der Unterseite.

Die oberen Backenzähne (Abb. 19) sind stark abgekaut, die pfannenartige Abkauung des $M^1$ und $M^2$ hat begonnen, daher stellen wir das Tier zur Altersgruppe IV. Der $P^4$ zeigt einen ausgeprägten Protoconus, der die vordere Innenkante des Zahnes bildet. Der Hypoconus ist zu einer Leiste ausgebildet. $M^1$ und $M^2$ sind recht breit. Der Incisivus (Abb. 20a) ist deutlich abgekaut, ebenso die drei kleinen Zähne vom Oberkiefer, bei denen im Gegensatz zu *C. russula yebalensis* der reduzierte dritte kleine einspitzige Zahn (Abb. 20b) auffällt.

Nach den Schädelabmessungen liegt *C. zaianensis* größenmäßig zwischen *C. essaouiranensis* und *C. tiznitensis*.

19

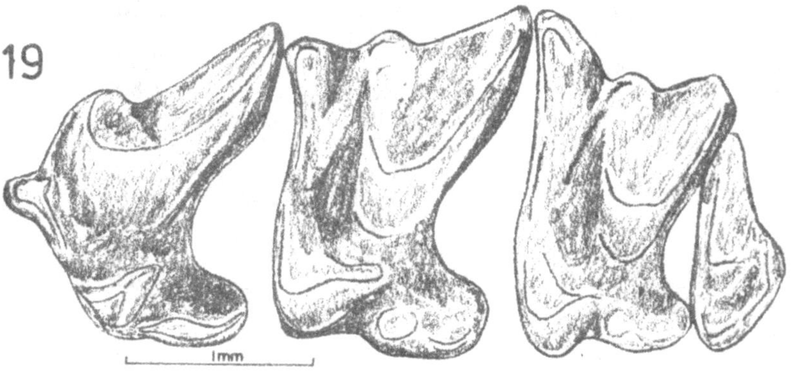


Abb. 19. Backenzahnreihen-Länge P4-M3 von *Crocidura zaianensis* n. sp., SIUSNM 476071, 5 km n. Ben-Slimane, Settat Provinz.

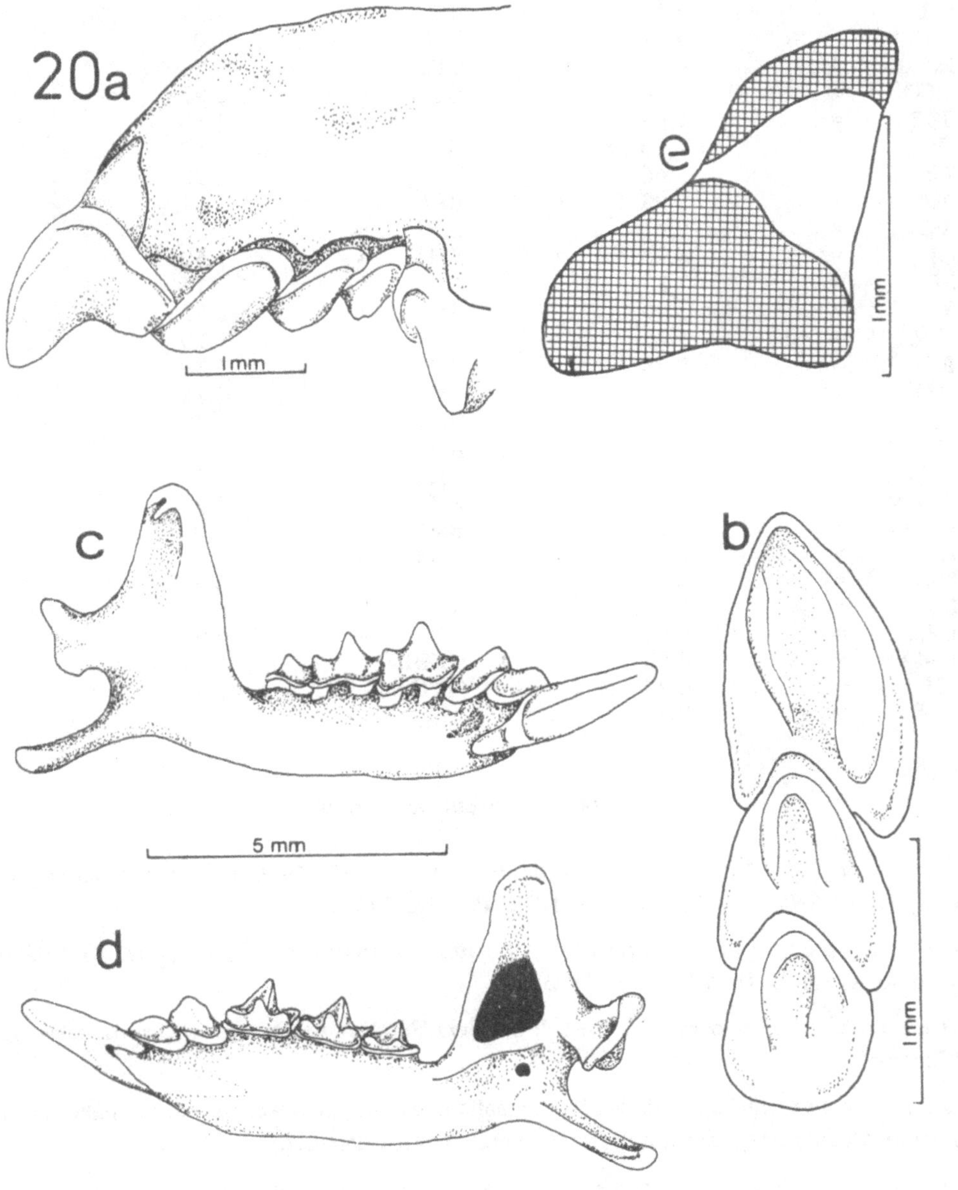


Abb. 20. *Crocidura zaianensis* n. sp., SIUSNM 476071. a) Seitenansicht des Rostrums. b) Occlusalansicht der drei kleinen einspitzigen Zähne vom Oberkiefer. c) Unterkieferast rechts, Außenansicht. d) Unterkieferast rechts, Innenansicht. e) Condylus mandibulae in Aufsicht.

Abmessungen:

| | | | | | |
|---|---|---|---|---|---|
| TL | = | 96 | KR | = | 63 |
| S | = | 33 | HF | = | 11 |
| OL | = | 8 | Gew | = | 3 (?) g |

| | | | | | |
|---|---|---|---|---|---|
| CIL | = | 17.16 | CB | = | 2.36 |
| CBL | = | 16.59 | PCH | = | 2.08 |
| PL | = | 14.54 | GKL | = | 1.88 |
| MSQ | = | 3.64 | GKB | = | 0.92 |
| SKB | = | 7.66 | RL | = | 1.80 |
| IB | = | 3.80 | RH | = | 1.60 |
| ZB | = | 5.46 | LP4 | = | 1.80 |
| AB | = | 2.95 | BP4 | = | 1.64 |
| SKL | = | 9.61 | LM1 | = | 1.36 |
| GL | = | 6.98 | BM1 | = | 1.60 |
| SB | = | 7.83 | LM2 | = | 1.24 |
| SV | = | 3.98 | BM2 | = | 1.88 |
| M-M | = | 5.26 | LM3 | = | 1.20 |
| RB | = | 2.28 | RaH | = | 1.36 |
| OZL | = | 7.30 | $LM_1$ | = | 1.16 |
| P4-M3 | = | 4.15 | $BM_1$ | = | 0.92 |
| iP4-iP4 | = | 1.28 | $BM_1^+$ | = | 1.04 |
| iM1-iM1 | = | 1.80 | $LM_2$ | = | 1.00 |
| iM2-iM2 | = | 2.04 | $BM_2$ | = | 0.92 |
| iM3-iM3 | = | 1.92 | $BM_2^+$ | = | 0.96 |
| AI | = | 10.81 | $LM_3$ | = | 1.04 |
| UKL | = | 8.83 | $BM_3$ | = | 0.64 |
| CL | = | 8.76 | RZ | = | 5.51 |
| UZL | = | 6.66 | P-P | = | 0.92 |
| C-M3 | = | 4.92 | GKBL | = | 1.24 |
| CH | = | 4.25 | GKH | = | 1.36 |
| P1-P3 | = | 2.28 | | | |

### Crocidura chaouianensis n. sp.

H o l o t y p u s: 3 km n. Settat (Settat Provinz), 33°02'N/7°46'W, Marokko; 23.IV.1970; ♀ (S, B): SIUSNM 476081, leg. L. W. ROBBINS (Nr. 3152).

P a r a t y p u s: 3 km n. Settat (Settat Provinz), Marokko; 23.IV.1970; ♀ (S, B): SIUSNM 476080, leg. M. G. HEARST (Nr. 1512).

D e r i v a t i o n o m i n i s: Nach der dem Fundort nahegelegenen Landschaftsregion 'Chaouia'.

D i a g n o s e: Eine weißzähnige Wimperspitzmaus, die im Gegensatz zu *C. zaianensis* den zweiten kleinen einspitzigen Zahn vom Oberkiefer reduziert hat.

D i f f e r e n t i a l d i a g n o s e: Der Balg ist oberseits dunkel rötlichbraun gefärbt, der Übergang zur dunkelgrauen Bauchfärbung ist fließend. Vorder- und Hinterfüße sind recht dunkel gehalten, der Schwanz dunkelbraun oberseits, unterseits minimal heller gezeichnet.

Die Abb. 21 und 22 zeigen uns den Paratypus, der auf Grund der wenig abgekauten Backenzähne der Altersklasse II zugeordnet wird. Der Typus hat stark abgekaute Zähne und wir rechnen ihn zur Klasse IV; wegen der überaus starken Abnutzung des Incisivus des Typus-Exemplares wurden die Maße CIL und OZL in Klammern gesetzt, denn sie täuschen eine viel zu kleine Länge vor. Der $P^4$ hat einen Protoconus, der deutlich (Abb. 21) die vordere Innenkante des Zahnes bildet. Die beiden Molaren $M^1$ und $M^2$ sind im Gegensatz zu *C. zaianensis*,

21

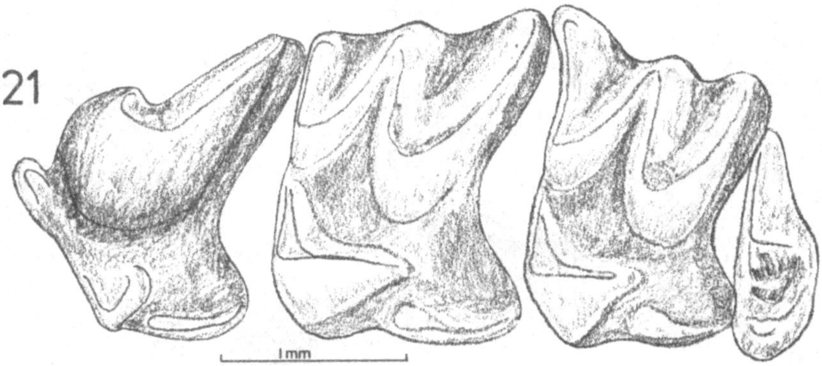


Abb. 21. Backenzahnreihen-Länge $P^4$-$M^3$ von *Crocidura chaouianensis* n. sp. SIUSNM 476080 (Paratypus), 3 km n. Settat, Settat Provinz.

*C. essaouiranensis* und *C. tiznitensis* nicht sehr breit ausgebildet. Der $M^3$ ist recht schmal und hochgestreckt. Die seitliche Ansicht des Rostrums (Abb. 22a) und die occlusale Betrachtung der drei kleinen einspitzigen oberen Zähne (Abb. 22b) zeigen uns, daß hier nun der zweite kleine einspitzige Zahn deutlich reduziert ist.

Gefangen wurden die Tiere im Korkeichenwald (Etiketteninformation).

Abmessungen (Reihenfolge: Typus, Paratypus):

| | | | | | | | |
|---|---|---|---|---|---|---|---|
| TL | = 97 | - 94 | | KR | = 65 | - 65 |
| S | = 32 | - 29 | | HF | = 11 | - 11 |
| OL | = 8 | - 8 | | Gew | = 8 | - 5 g |
| CIL | = (17.81) | - - | | CB | = 2.48 | - 2.24 |
| CBL | = 17.14 | - - | | PCH | = 2.20 | - 2.12 |
| PL | = 14.55 | - - | | GKL | = 1.84 | - 1.92 |
| MSQ | = 3.40 | - 3.62 | | GKB | = 0.80 | - 0.84 |
| SKB | = 8.42 | - - | | RL | = 2.32 | - 2.20 |
| IB | = 3.82 | - 3.90 | | RH | = 1.68 | - 1.72 |
| ZB | = 5.60 | - 5.64 | | LP4 | = 1.80 | - 1.84 |
| AB | = 3.10 | - 3.10 | | BP4 | = 1.64 | - 1.60 |
| SKL | = 9.90 | - - | | LM1 | = 1.40 | - 1.40 |
| GL | = 7.24 | - 7.25 | | BM1 | = 1.60 | - 1.72 |
| SB | = 8.03 | - - | | LM2 | = 1.24 | - 1.32 |
| SV | = 4.34 | - - | | BM2 | = 1.84 | - 1.92 |
| M-M | = 5.30 | - 5.37 | | LM3 | = 1.24 | - 1.24 |
| RB | = 2.21 | - 2.21 | | RaH | = 1.36 | - 1.32 |
| OZL | = (7.70) | - 8.05 | | LM$_1$ | = 1.28 | - 1.36 |
| P4-M3 | = 4.27 | - 4.46 | | BM$_1$ | = 0.92 | - 1.00 |
| iP4-iP4 | = 1.20 | - 1.08 | | BM$_1^+$ | = 1.04 | - 1.14 |
| iM1-iM1 | = 1.88 | - 1.88 | | LM$_2$ | = 1.16 | - 1.16 |
| iM2-iM2 | = 2.12 | - 2.12 | | BM$_2$ | = 0.96 | - 0.92 |
| iM3-iM3 | = 2.04 | - 2.04 | | BM$_2^+$ | = 0.92 | - 1.00 |
| AI | = 11.66 | - 11.84 | | LM$_3$ | = 1.08 | - 1.12 |
| UKL | = 9.57 | - 9.57 | | BM$_3$ | = 0.64 | - 0.64 |
| CL | = 9.12 | - 9.19 | | RZ | = 5.66 | - 5.95 |
| UZL | = 7.12 | - 7.36 | | P-P | = 1.00 | - 0.92 |
| C-M3 | = 5.21 | - 5.45 | | GKBL | = 1.16 | - 1.20 |

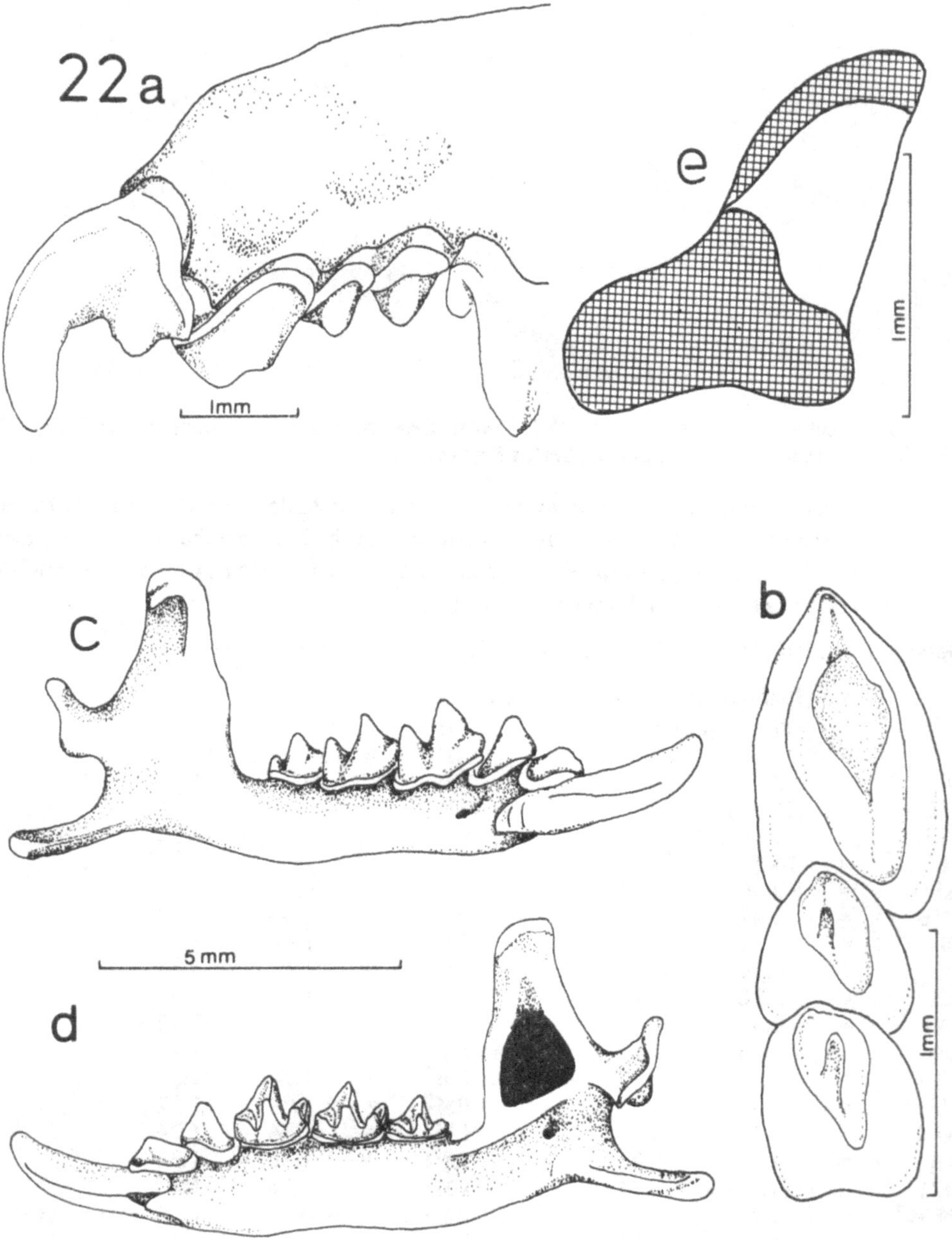


Abb. 22. *Crocidura chaouianensis* n. sp. (Paratypus), SIUSNM 476080. a) Seitenansicht des Rostrums. b) Occlusalansicht der drei kleinen einspitzigen Zähne vom Oberkiefer. c) Unterkieferast rechts, Außenseite. d) Unterkieferast rechts, Innenseite. e) Condylus mandibulae in Aufsicht.

| | | | | | | | | | | |
|---|---|---|---|---|---|---|---|---|---|---|
| CH | = | 4.35 | - | 4.36 | | GKH | = | 1.40 | - | 1.48 |
| P1-M3 | = | 2.44 | - | 2.44 | | | | | | |

## Crocidura agadiri n. sp.

H o l o t y p u s: 15 km no. Tiznit (Agadir Provinz), 29°49'N/9°39'W, Marokko; 20.XII. 1969; ♀ (S, B): SIUSNM 470588, leg. M. G. HEARST (Nr. 567).

D e r i v a t i o n o m i n i s: Nach der Provinz Agadir.

D i a g n o s e: Eine weißzähnige Wimperspitzmaus, die sich besonders durch ihr extrem kurzes Rostrum auszeichnet.

D i f f e r e n t i a l d i a g n o s e: Der Balg ist oberseits hell braungrau gezeichnet, der Bauch hellgrau gefärbt. Die Trennung von Bauch- und Rückenfärbung ist sehr deutlich. Die Vorder- und Hinterfüße sind weißlich, der Schwanz oberseits hellgrau-weiß, die Unterseite ist mehr weißlich.

Die Backenzähne sind mäßig abgekaut und wir rechnen daher das Tier zur Altersklasse III. Der $P^4$ ist durch einen buccad verschobenen Protoconus gekennzeichnet. Die Rinne zwischen Protoconus-Basis und der Hypoconusleiste ist recht breit ausgeformt. $M^1$ und $M^2$ sind sehr breit (Abb. 23). Das Rostrum ist außergewöhnlich kurz (Abb. 24a). Zunächst vermutet man, daß der dritte kleine einspitzige Zahn vom Oberkiefer sehr stark reduziert ist, doch die Abb. 24b beweist das Gegenteil. Die beiden kleinen einspitzigen Zähne sind fast gleich groß, der letzte ist - bedingt durch das gestauchte Rostrum - etwas hinter das Parastyl vom $P^4$ gerückt.

Gefangen wurde das Tier - nach den Angaben auf dem Etikett - auf einer bewachsenen sandigen Ebene.

23

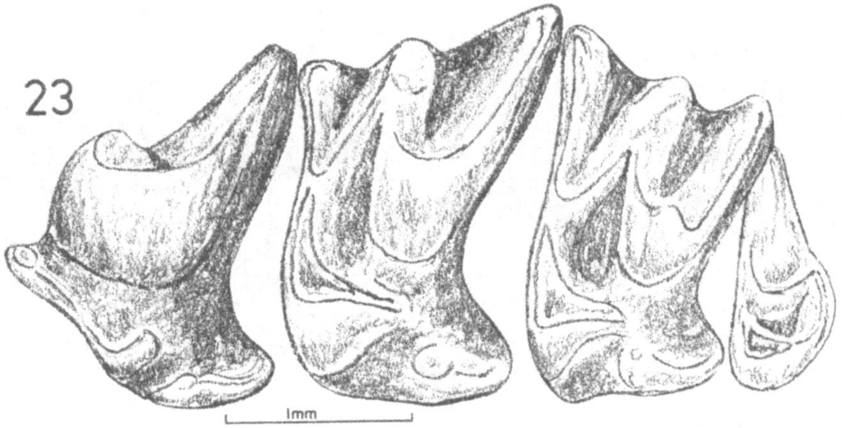


Abb. 23. Backenzahnreihen-Länge $P^4$-$M^3$ von *Crocidura agadiri* n. sp., SIUSNM 470588, 15 km no. Tiznit, Agadir Provinz.

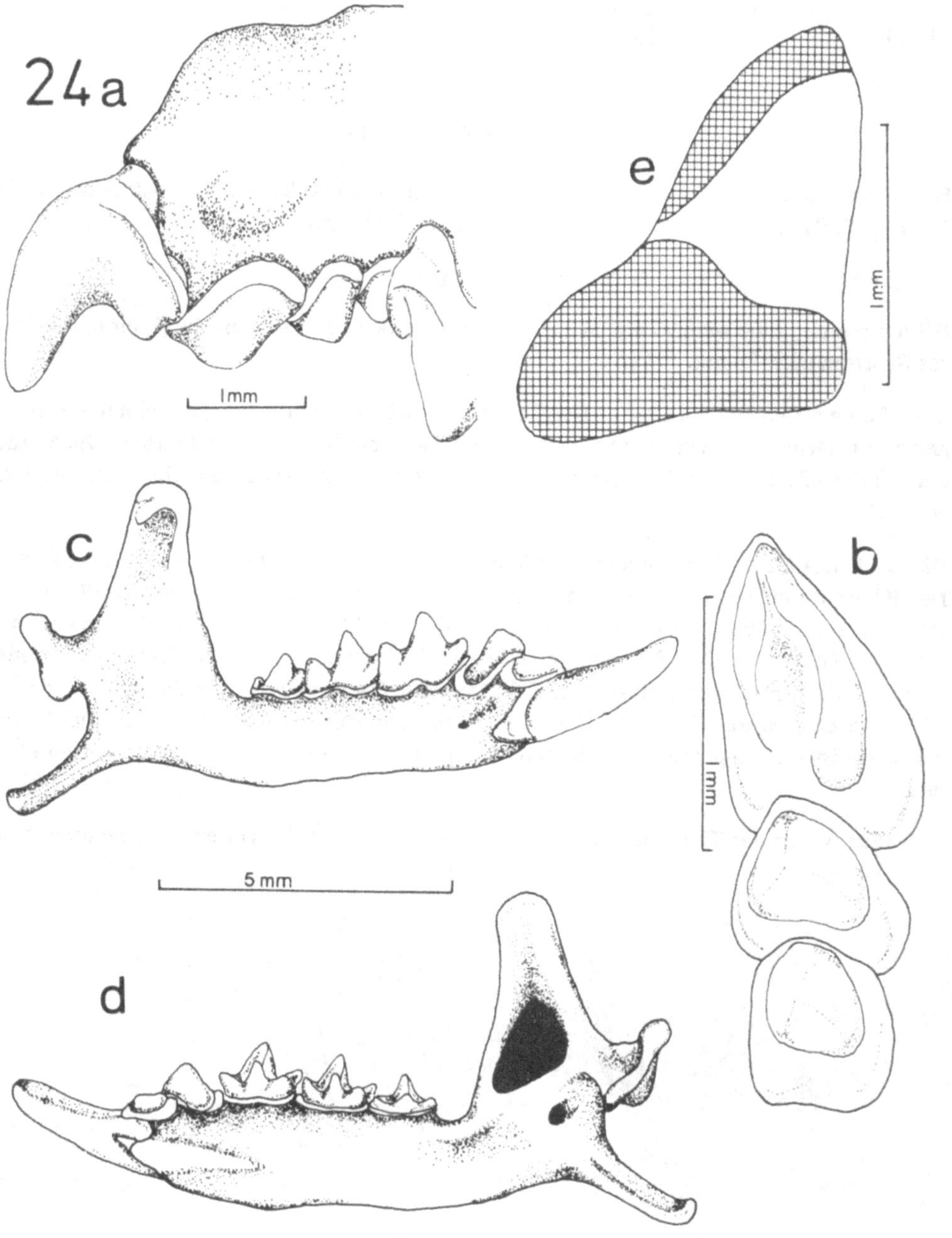


Abb. 24. *Crocidura agadiri* n. sp., SIUSNM 470588. a) Seitenansicht des Rostrums. b) Occlusalansicht der drei kleinen einspitzigen Zähne vom Oberkiefer. c) Unterkieferast rechts, Außenseite. d) Unterkieferast rechts, Innenseite. e) Condylus mandibulae in Aufsicht.

Abmessungen:

| | | | | | |
|---|---|---|---|---|---|
| TL | = | 102 | KR | = | 62 |
| S | = | 40 | HF | = | 13 |
| OL | = | 10 | Gew | = | 6 g |
| CIL | = | 17.92 | CB | = | 2.28 |
| CBL | = | 17.21 | PCH | = | 2.32 |
| PL | = | 15.00 | GKL | = | 2.00 |
| MSQ | = | 3.70 | GKB | = | 0.96 |
| SKB | = | 8.25 | RL | = | 2.00 |
| IB | = | 4.25 | RH | = | 1.72 |
| ZB | = | 6.00 | LP4 | = | 1.96 |
| AB | = | 3.41 | BP4 | = | 1.80 |
| SKL | = | 9.98 | LM$^1$ | = | 1.44 |
| GL | = | 7.23 | BM$^1$ | = | 1.88 |
| SB | = | 8.08 | LM$^2$ | = | 1.32 |
| SV | = | 4.36 | BM$^2$ | = | 2.08 |
| M-M | = | 5.79 | LM$^3$ | = | 1.36 |
| RB | = | 2.40 | RaH | = | 1.44 |
| OZL | = | 7.83 | LM$_1$ | = | 1.32 |
| P4-M3 | = | 4.66 | BM$_1$ | = | 1.00 |
| iP4-iP4 | = | 1.32 | BM$_1^+$ | = | 1.16 |
| iM$^1$-iM$^1$ | = | 1.80 | LM$_2$ | = | 1.20 |
| iM$^2$-iM$^2$ | = | 2.20 | BM$_2$ | = | 1.00 |
| iM$^3$-iM$^3$ | = | 2.24 | BM$_2^+$ | = | 1.08 |
| AI | = | 11.30 | LM$_3$ | = | 1.20 |
| UKL | = | 9.34 | BM$_3$ | = | 0.72 |
| CL | = | 9.18 | RZ | = | 6.02 |
| UZL | = | 7.04 | P-P | = | 0.92 |
| C-M3 | = | 5.26 | GKBL | = | 1.36 |
| CH | = | 4.45 | GKH | = | 1.44 |
| P1-P3 | = | 2.28 | | | |

## Crocidura mesatanensis n. sp.

Holotypus: 10 km s. Oued Zem (Khouribga Provinz), 32°46'N/6°35'W, Marokko; 30.IV.1970; ♀ (S, B): SIUSNM 476088, leg. M. G. HEARST (Nr. 1582).

Paratypus: 5 km no. Essaouira (Safi Provinz), 31°31'N/9°46'W, Marokko; 12.I.1972; ♂ (S, B): SIUSNM 485838, leg. N. L. NORMAN (Nr. 498).

Derivatio nominis: Nach der für den Ort Oued Zem zutreffenden natürlichen Landschaftsregion Meseta (vgl. RAUH 1952; er gibt für Marokko vier natürliche Landschaftsräume an: 1. Rif; 2. Meseta; 3. Atlantische Küstenebene; 4. Atlas-Gebirge).

Diagnose: Eine weißzähnige Wimperspitzmaus, die den dritten kleinen einspitzigen Zahn vom Oberkiefer reduziert hat und von der Struktur des P$^4$ her dem RICHTERschen *suaveolens*-Typ entspricht.

Differentialdiagnose: Der Rücken des Typus-Exemplares ist graubraun, der Bauch hellgrau gefärbt. Der Übergang von der Rücken- zur Bauchfarbe ist sehr deutlich. Vorder- und Hinterfüße sind weißlich, der Schwanz ist oberseits hellgrau, unterseits weißlich gezeichnet.

25

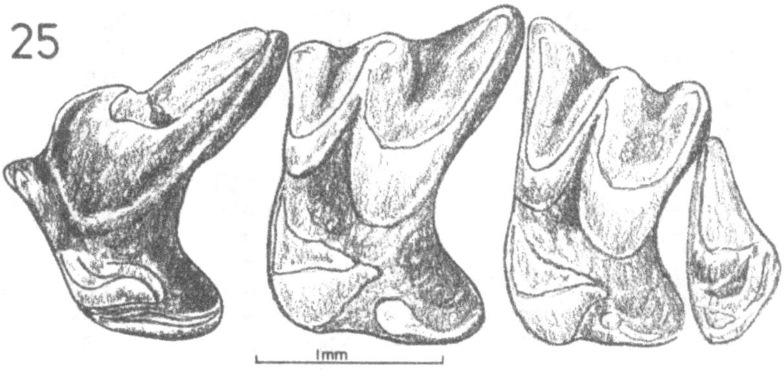


Abb. 25. **Backenzahnreihen-Länge P4-M3** von *Crocidura mesatanensis* n. sp., SIUSNM 485838 (Paratypus), 5 km no. Essaouira, Safi Provinz.

Der $P^4$ (Abb. 25, dargestellt ist der Paratypus) ist in seinen Abmessungen sehr klein und weist einen buccad verschobenen Protoconus auf, der eine sehr lang ausgebildete Basis hat. Die Backenzähne sind beim Paratypus, wie die Abb. zeigt, deutlich abgekaut (Altersklasse III), beim Typus-Exemplar etwas weniger (Klasse II). Die Seitenansicht des Rostrums (Abb. 26a) und die occlusale Betrachtung der drei kleinen einspitzigen Zähne vom Oberkiefer (Abb. 26b) zeigen uns, daß hier der dritte einspitzige Zahn deutlich reduziert ist. Die Mandibeln sind sehr klein in ihren Abmessungen, der Processus angularis endet recht breit und weist beim Paratypus (Abb. 26f), von der Kieferinnenseite her betrachtet, eine unterbrochene Knochenrippe auf (vgl. hierzu RICHTER 1964). Am Condylus mandibulae ist die Einbuchtung zwischen dorsaler Articularis-Facette und dem medianen Condylus-Sporn kaum ausgebildet. Der Condylus wirkt in seinem Gesamthabitus klobig und sehr undifferenziert.

Abmessungen (Reihenfolge: Typus, Paratypus):

| | | | | | | | | | |
|---|---|---|---|---|---|---|---|---|---|
| TL | = | 95 | - | 95 | KR | = | 64 | - | 63 |
| S | = | 31 | - | 32 | HF | = | 12 | - | 11 |
| OL | = | 9 | - | 9 | Gew | = | 5 | - | 6 g |
| CIL | = | - | - | 17.43 | CB | = | 2.20 | - | 2.12 |
| CBL | = | - | - | 16.71 | PCH | = | 2.08 | - | 2.08 |
| PL | = | 14.74 | - | 14.35 | GKL | = | 1.84 | - | 1.84 |
| MSQ | = | 3.54 | - | 3.65 | GKB | = | 1.00 | - | 0.96 |
| SKB | = | - | - | 7.99 | RL | = | 2.16 | - | 1.84 |
| IB | = | 3.76 | - | 3.84 | RH | = | 1.76 | - | 1.72 |
| ZB | = | 5.30 | - | 5.56 | LP4 | = | 1.76 | - | 1.76 |
| AB | = | 2.92 | - | 2.92 | BP4 | = | 1.44 | - | 1.64 |
| SKL | = | - | - | 9.69 | LM1 | = | 1.32 | - | 1.36 |
| GL | = | 7.05 | - | 7.02 | BM1 | = | 1.56 | - | 1.60 |
| SB | = | - | - | 7.69 | LM2 | = | 1.20 | - | 1.20 |
| SV | = | - | - | 4.37 | BM2 | = | 1.68 | - | 1.80 |
| M-M | = | 5.13 | - | 5.25 | LM3 | = | 1.20 | - | 1.12 |
| RB | = | 2.21 | - | 2.26 | RaH | = | 1.40 | - | 1.44 |
| OZL | = | 7.46 | - | 7.27 | LM1 | = | 1.24 | - | 1.24 |

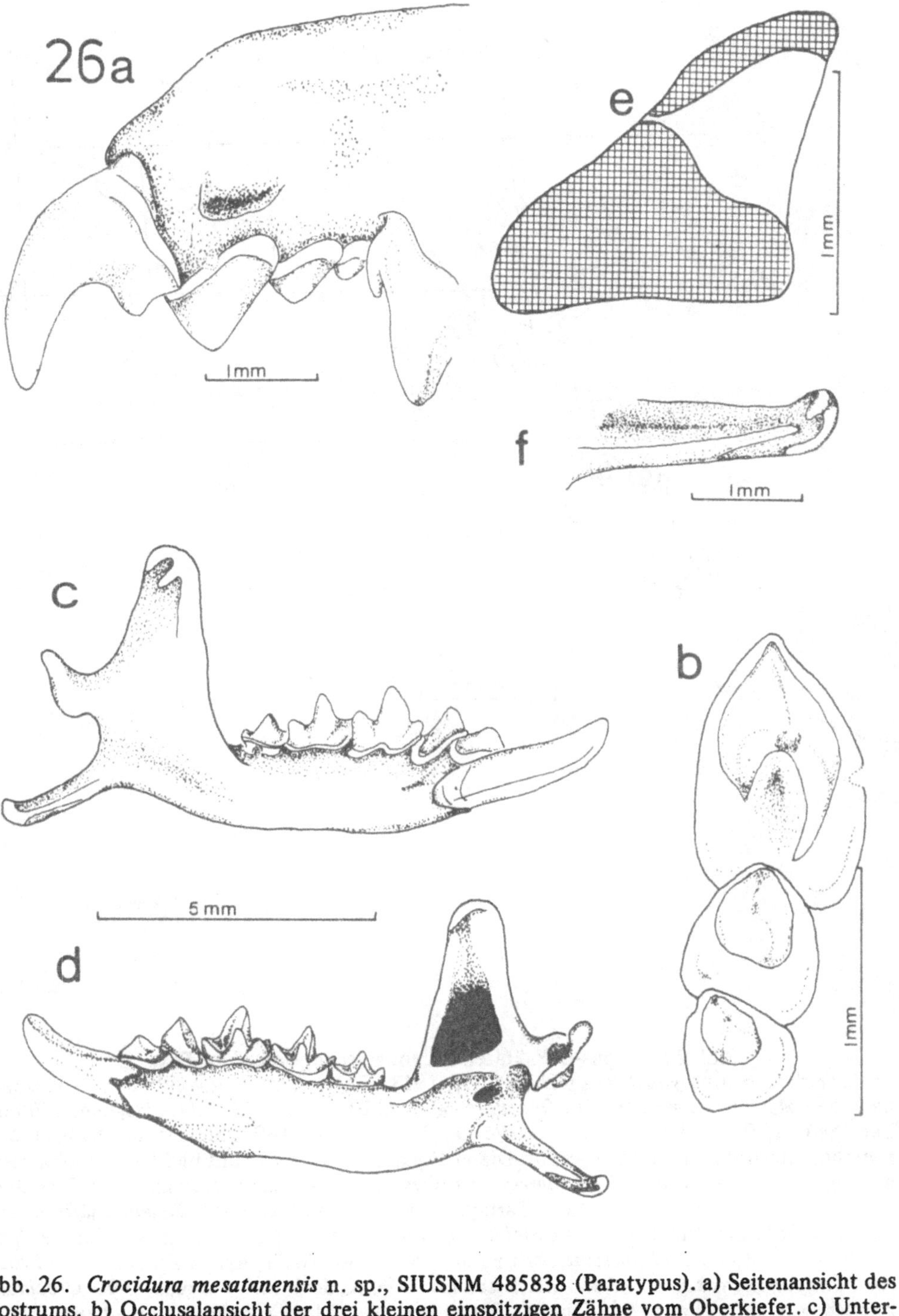


Abb. 26. *Crocidura mesatanensis* n. sp., SIUSNM 485838 (Paratypus). a) Seitenansicht des Rostrums. b) Occlusalansicht der drei kleinen einspitzigen Zähne vom Oberkiefer. c) Unterkieferast rechts, Außenseite. d) Unterkieferast rechts, Innenseite. e) Condylus mandibulae in Aufsicht. f) Processus angularis, von der Kieferinnenseite her betrachtet.

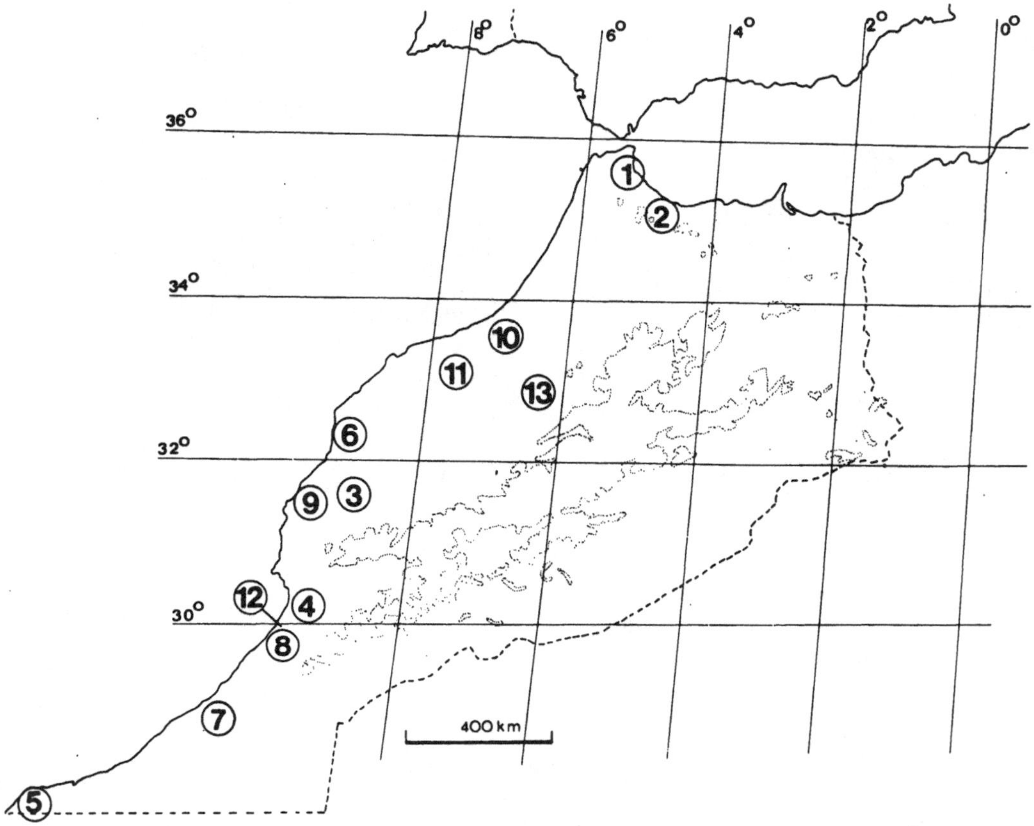


Abb.27. Typus-Lokalitäten marrokanischer *Crocidura*-Taxa.
1= *Crocidura russula yebalensis* (CABRERA, 1913), Tétuan, am Weg von Puerta de la Reina nach Río Martín. - 2 = *Crocidura foucauldi* MORALES AGACINO, 1943, Isaguen, 1500 m, Beni Seddat, Rif. - 3 = *Crocidura whitakeri* DE WINTON, 1897, Sierzet, auf halbem Weg zwischen Morocco City und Mogador. Dieser Fundort konnte von uns nicht genau lokalisiert werden. - 4 = *Crocidura bolivari tamrinensis* n. ssp., Tamri, Agadir Provinz. - 5 = *Crocidura tarfayaensis* n. sp., 8 km s. Tarfaya, Tarfaya Provinz. - 6 = *Crocidura heljanensis safii* n. ssp., 13 km s. Safi, Safi Provinz. - 7 = *Crocidura gouliminensis* n. sp., 28 km sw. Goulimine, Agadir Provinz. - 8 = *Crocidura tiznitensis* n. sp., 15 km no. Tiznit, Agadir Provinz. - 9 = *Crocidura essaouiranensis* n. sp., 5 km no. Essaouira (= Mogador), Safi Provinz. - 10 = *Crocidura zaianensis* n. sp., 5 km n. Ben-Slimane, Settat Provinz. - 11 = *Crocidura chaouianensis* n. sp., 3 km n. Settat, Settat Provinz. - 12 = *Crocidura agadiri* n. sp., 15 km no. Tiznit, Agadir Provinz. - 13 = *Crocidura mesatanensis* n. sp., 10 km s. Oued Zem, Khouribga Provinz.

| | | | | | |
|---|---|---|---|---|---|
| OZL = | 7.46 | - 7.27 | LM1 = | 1.24 | - 1.24 |
| P4-M3 = | 4.22 | - 4.10 | BM1 = | 0.88 | - 0.92 |
| iP4-iP4 = | 1.12 | - 1.16 | BM$1^{+}$ = | 1.00 | - 1.04 |
| iM1-iM1 = | 1.80 | - 1.96 | LM2 = | 1.04 | - 1.08 |
| iM2-iM2 = | 2.08 | - 2.20 | BM2 = | 0.84 | - 0.88 |
| iM3-iM3 = | 2.12 | - 2.12 | BM$2^{+}$ = | 0.92 | - 0.96 |
| AI = | 11.29 | - 11.06 | LM3 = | 1.08 | - 1.00 |
| UKL = | 9.28 | - 9.00 | BM3 = | 0.60 | - 0.60 |
| CL = | 8.79 | - 8.52 | RZ = | 5.52 | - 5.51 |
| UZL = | 6.82 | - 6.65 | P-P = | 0.92 | - 0.80 |
| C-M3 = | 4.95 | - 4.77 | GKBL = | 1.36 | - 1.28 |
| CH = | 3.50 | - 4.40 | GKH = | 1.28 | - 1.24 |
| P1-P3 = | 2.24 | - 2.08 | | | |

## Zusammenfassung

In der vorliegenden Studie der verschiedenen Wimperspitzmäuse von Marokko werden insgesamt 16 *Crocidura*-Taxa behandelt: *C. russula yebalensis, C. foucauldi, C. whitakeri, C. bolivari, C. bolivari tamrinensis* n. ssp., *C. sericea, C. lusitania, C. tarfayaensis* n. sp., *C. heljanensis safii* n. ssp., *C. gouliminensis* n. sp., *C. tiznitensis* n. sp., *C. essaouiranensis* n. sp., *C. zaianensis* n. sp., *C. chaouianensis* n. sp., *C. agadiri* n. sp., *C. mesatanensis* n. sp. Zur Charakterisierung der neuen Arten und Unterarten wurde Wert auf die P4-Struktur, die Ausbildung der drei kleinen einspitzigen Zähne vom Oberkiefer, die Schädelabmessungen und die verschiedene Färbung der Tiere gelegt.

## Summary

### STUDIES ON THE GENUS CROCIDURA FROM MOROCCO (MAMMALIA, INSECTIVORA)

### 1. THE WHITE-TOOTHED SHREWS FROM THE COLLECTION IN THE SMITHSONIAN INSTITUTION, WASHINGTON

On the basis of recent extensive collections it is proposed that the white-toothed shrew species from the genus *Crocidura* to be found in Morocco can be compared with taxonomically similar species which inhabit the other Maghreb countries (Algeria and Tunisia) and Spain. The main work has been divided into three divisions on technical grounds: the first concerns the collection in the Smithsonian Institution, Washington. The second deals with the owl pellets from the collections of H. HEIM DE BALSAC (Paris) and M. CH. SAINT GIRONS (Brunoy). The third considers the subfossil *Crocidura* material from the Carrière Thomas south-west of Casablanca.

This study would indicate a total of 16 taxonomic different species of *Crocidura* in Morocco.

1. *Crocidura russula yebalensis* (CABRERA, 1913): Extensive material from different provinces was studied (Marrakesh, Rabat, Settat, Nador, Khenifra, Meknes, Tétuan, Safi, Khou-

| Art | Merkmale am Balg: Rücken-färbung | Bauch-färbung | Übergang Rücken/Bauch | Schwanz | Vorder-füße | Hinter-füße | sonst. Merkmale | Größe CBL, PL, CL x̄-Werte | Merkmale am Schädel: Lage d. Protoc. P⁴ bildet die vordere Innenkante | buccad verschoben | besondere Merkmale am M¹–M³ | Reduktion des 2. und 3. einspitz. Zahnes vom Okf. 2. | 3. |
|---|---|---|---|---|---|---|---|---|---|---|---|---|---|
| *C. russula yebalensis* | dunkelbraun-graubraun | dunkelgrau | fließend | kaum zweifarbig | dunkel | dunkel | – | 18,32, 15,50, 9,83 | ja | – | – | gleichgroß | |
| *C. foucauldi* | wird in die Synonymie von *C. r. yebalensis* gestellt | | | | | | | | | | | | |
| *C. whitakeri* | grau mit braunen Flecken | hellgrau | fließend | hell | weißlich | weißlich | – | 16,60, 14,00, 9,00 | – | ja | $M^1, M^2$ hochgestreckt | – | ja |
| *C. bolivari* | hellbraun | fahlgrau | fließend | hellbraun und recht dick | hellbraun | hellbraun | – | 21,07, 18,71, 11,59 | ja | – | – | ja | – |
| *C. bolivari tamrinensis n. ssp.* | hellbraun | fahlgrau | fließend | OS: hellbraun US: etwas aufgehellt | hellbraun stark behaart | hellbraun | – | – , 21,94, 13,56 | ja | – | Basis des Protoc. $M^1$ buccad versch | ja | – |
| *C. sericea* (nur Vorlagen vom Sudan) | graubraun | gräulich mit brauner Farbtönung | fließend | graubraun | | | – | 22,83, 20,33, 12,08 | – | ja | – | – | ja |
| *C. tarfayaensis n. sp.* | hellgrau-weißlich | weißlich | deutlich | sehr hell | OS: weißl. US: dunkler | OS: weißl. US: dunkler | hellbrauner Streifen an d. Augenregionen | 17,88, 15,24, 10,14 | – | ja | $M^1, M^2$ hochgestreckt | – | ja |
| *C. heljanensis safii n. ssp.* | graubraun | hellgrau | fließend | OS: dunkelbr. US: etwas heller | OS: dunkelbr. US: etwas h. | OS: dunkelbr. US: etwas h. | – | 17,46, 14,66, 9,15 | ja | – | – | etwas | – |
| *C. gouliminensis n. sp.* | graubraun | hellgrau bis hellbraun | deutlich | grauweiß | weißlich | weißlich | Gesicht hellbraun | 17,76, 15,14, 9,56 | – | ja | $M^1 > M^2$ im Längenmaß | gleichgroß | |
| *C. tiznitensis n. sp.* | hellbraun/grau | weißlich | deutlich | hell | weiß | weiß | – | 17,90, 16,00, 9,70 | – | ja | $M^1, M^2$ recht breit | – | ja |
| *C. essaouiranensis n. sp.* | graubraun | grauweiß | deutlich | OS: grau US: grauweiß | grauweiß | grauweiß | 3 weiße Flecken auf dem Balg | 17,06, 14,65, 8,80 | ja | – | – | – | ja |
| *C. zaianensis n. sp.* | dunkelbraun | dunkelgrau | fließend | OS: bräunlich US: etwas heller | hell | hell | – | 16,59, 14,54, 8,76 | ja | – | $M^1, M^2$ breit | – | ja |
| *C. chaouianensis n. sp.* | dunkel rötlich braun | dunkelgrau | fließend | OS: dunkelbraun US: etwas heller | dunkel | dunkel | – | 17,14, 14,55, 9,16 | ja | – | $M^3$ schmal hochgestreckt | ja | – |
| *C. agadiri n. sp.* | hell braungrau | hellgrau | deutlich | OS: hellgrau-weiß US: weißlich | weißlich | weißlich | – | 17,21, 15,00, 9,18 Rostrum kurz | – | ja | $M^1, M^2$ recht breit | gleichgroß | |
| *C. mesatanensis n. sp.* | graubraun | hellgrau | deutlich | OS: hellgrau US: weißlich | weißlich | weißlich | – | 16,71, 14,55, 8,66 | – | ja | – | – | ja |

ribga and Oujda). Very close relationships were found between the populations of Tétuan and Marrakesh using correlation diagrams. It was not possible to differentiate between the specimens from Nador, Oujda, Khouribga, Settat, Rabat and Safi, however, they tended to be smaller in size than the ones from Tétuan, Tanger and Marrakesh. So far as size is concerned the *Crocidura* specimen from Meknes lies between these two groups. A comparison from Algeria and Tunisia show the Moroccan to be the smallest in size.

2. *Crocidura foucauldi* MORALES AGACINO, 1943: On the basis of a comparison with *Crocidura russula yebalensis* and consultation of literature from various sources *Crocidura foucauldi* is specified as being a synonym with *C. r. yebalensis.*

3. *Crocidura whitakeri* DE WINTON, 1897: This species is distinguished by its grey skin with some lightbrown markings on its upper side; the protocone of the $P^4$ is displaced slightly towards the parastyl. The geographic distribution is discussed.

4. *Crocidura bolivari* MORALES AGACINO, 1934: The different opinions of various authors concerning the systematic classification of *C. bolivari* are discussed. A specimen from Tiznit does however, correspond to the description of *bolivari.* The protocone of the $P^4$ would indicate the *russula*-type according to RICHTER, the second pair of upper small incisors are less well developed than the third.

5. *Crocidura bolivari tamrinensis* n. ssp.: The colour of the skin is similar to that of *bolivari* however, *b. tamrinensis* is clearly larger in all skull sizes.

6. *Crocidura sericea* (SUNDEVALE, 1842): No specimen of this species could be found in the collection of the Smithsonian Institution from Morocco; specimens from the Sudan can be easily distinguished from *bolivari* by their colouring.

7. *Crocidura lusitania* DOLLMAN, 1915: This small species was not to be found in the collections of the Smithsonian Institution. According to HEIM DE BALSAC its distribution within Morocco is similar to that of *C. whitakeri* and *C. sericea.* Its geographic distribution in North Africa is fragmentary.

8. *Crocidura tarfayaensis* n. sp.: Light grey colouring on the upper side with some brown; the molars are larger than in *C. r. yebalensis.* The protocone of the $P^4$ is slightly displaced towards the parastyle; the third pair of upper incisors is reduced in size.

9. *Crocidura heljanensis safii* n. ssp.: The taxonomic status of *C. heljanensis* VESMANIS, 1975 is discussed. The $M^1$ and $M^2$ of *h. safii* are clearly smaller than in the nominal form.

10. *Crocidura gouliminensis* n. sp.: In size it is similar to *C. r. yebalensis* however, the $P^4$ displays *suaveolens* characteristics according to RICHTER; both the pairs of small upper incisors (2nd and 3rd) are of the same size.

11. *Crocidura tiznitensis* n. sp.: The $M^1$ and $M^2$ molars are well developed, the third pair of small upper incisors is reduced in size and the $P^4$ indicates the *russula*-type according

12. *Crocidura essaouiranensis* n. sp.: Similar to *C. tiznitensis* but smaller in skull size.

13. *Crocidura zaianensis* n. sp.: The $P^4$ is identical to that of the *russula*-type, the third pair of small upper incisors is reduced. From skull measurements it has been determined that *zaianensis* lies between *essaouiranensis* and *tiznitensis*.

14. *Crocidura chaouianensis* n. sp.: The skin is a reddish brown in colour on the back, the feet are very dark. The $P^4$ would indicate the *russula*-type however, the second pair of small upper incisors is clearly reduced in size.

15. *Crocidura agadiri* n. sp.: The skin on the upper parts is a brownish grey in colour, the feet are whitish. The protocone of the $P^4$ is slightly displaced towards the parastyle, the third pair of small upper incisors is considerably reduced in size. The species can also be identified by its very short rostrum.

16. *Crocidura mesatanensis* n. sp.: The protocone of the $P^4$ is slightly displaced towards the parastyle and indicates a very small difference in size; the third pair of small upper incisors is reduced in size. The skin on the back is a greyish brown colour while the peritoneum is light grey, the demarcation between these colours is most distinct; the feet are whitish.

## Literatur


ALLEN, G. M., 1914: Mammals from the Blue Nile Valley. - Bull. Mus. comp. Zool. Harv. College **58** (7): 305-357.

-, 1939: A checklist of African mammals. - Bull. Mus. comp. Zool. Harv. College **83**: 1-763.

BIBERSON, P., 1964: La place des hommes du paléolithique marocain dans la chronologie du pléistocène atlantique. - L'Anthropologie **68** (5-6): 475-526.

BLANC, G., DELAGE, B. u. ASCIONE, L., 1962: Étude epidemio-ecologique dans la forêt du Cherrat. - Arch. Inst. Past. Maroc **6** (3): 223-292.

BLANC, M., 1935: Faune tunisienne. Dactylographiée en trois parties: 1. Mammifères; 2. Oiseaux, et leur migration; 3. Reptiles et batrachiens, scorpions. Tunis (1. Mammifères, Kopie des Originals): 1-43.

BROSSET, A., 1956: Le régime alimentaire de l'effraye *Tyto alba* au Maroc oriental. - Alauda (Paris) **24**: 303-305.

-, 1960: Les mammifères du Maroc oriental. Leur répartition. Leur statut actuel. - Bull. Soc. Sci. nat. Phys. Maroc **40**: 243-263.

BUCHALCZYK, T. u. RACZYNSKI, J., 1961: Taksonomiczna wartość niektórych pomiarów czaszki krajowych przedstawicieli rodzajn *Sorex* Linnaeus, 1758 i *Neomys* Kaup, 1829. - Acta theriol. **5** (9): 115-124.

BÜHLER, P., 1964: Zur Gattungs- und Artbestimmung von *Neomys*-Schädeln. - Gleichzeitig eine Einführung in die Methodik der optimalen Trennung zweier systematischer Einheiten mit Hilfe mehrerer Merkmale. Zeitschr. f. Säugetierkde. **29** (2): 65-93.

CABRERA, A., 1913: Una musarana nueva de Marruecos. - Bol. real. Soc. esp. Hist. nat. Madrid **13**: 399-400.

-, 1932: Los mamiferos de Marruecos. - Trab. Mus. nac. Cienc. nat. Madrid, (Zool.) **57**: 1-361.

CARPENTIER, C.-J., 1932: Les mammifères du pays Zaian. - Bull. Soc. Sci. nat. Maroc **12**: 11-22.

CHALINE, J., BAUDVIN, H., JAMMOT, D. u. SAINT-GIRONS, M.-CH., 1974: Les proies des rapaces (petits mammifères et leur environnement). Paris: 1-141.
DAVIS, D. H. S., 1962: Distribution patterns of Southern African Muridae, with notes on some of their fossil antecedents. - Ann. Cape Prov. Mus. **2**: 56-76.
DE BEAUX, O., 1938: Missione zoologica del Dott. E. Festa in Cirenaica, II. Viaggio. Mammiferi. - Boll. Mus. Zool. Anat. comp. Torino (3) **46** (86): 359-379.
DE LATTIN, G., 1967: Grundriß der Zoogeographie. Stuttgart: 1-602.
DE WINTON, W. E., 1897: On a collection of mammals from Morocco. - Proc. zool. Soc. London (1897): 953-962.
DOLLMAN, G., 1915: On the African shrews belonging to the genus *Crocidura*. - Ann. Mag. nat. Hist. London, (Ser. 8) **15**: 507-527.
-, 1916: On the African shrews belonging to the genus *Crocidura* - VII. - Ann. Mag. nat. Hist. London, (Ser. 8) **17** (98): 188-209.
ELLERMAN, J. R. u. MORRISON-SCOTT, T. C. S., 1951: Checklist of Palearctic and Indian mammals 1758 to 1946. London: 1-810.
ENNOUCHI, E., 1969: Découverte d'un Pithécanthropien au Maroc. - C. R. Acad. Sci. Paris **269**: 763-765
-, 1972: Nouvelle découverte d'un Archantropien au Maroc. - C. R. Acad. Sci. Paris **274**: 3088-3090.
FREITAG, H., 1962: Einführung in die Biogeographie von Mitteleuropa unter besonderer Berücksichtigung von Deutschland. Stuttgart: 1-214.
GADEAU DE KERVILLE, H., 1908: Voyage zoologique en Khroumirie. Paris: 1-101.
GÓMEZ, I. u. SANS-COMA, V., 1976: Edad relativa de *Crocidura russula* en egagropilas de *Tyto alba* en al nord-este iberico. - Misc. Zool. **3** (5): 209-212.
HAMAR, M. u. SIMIONESCU, V., 1967: Date noi privind variabilitatea si raspindirea geografica a genuli *Crocidura* Wagler (1832) (Insectivora) in Republica Socialista Romania. - Comunicari de Zool. **5**: 115-125.
HAUSSER, J., 1976: Contribution à l'étude des musaraignes du genre *Sorex* (Cytotaxonomie, morphologie, répartition).- Thèse Fac. Sci. Univ. Genève, Nr. 1732: 1-89.
HAUSSER, J. u. JAMMOT, D., 1974: Étude biometrique des machoires chez les *Sorex* du groupe *araneus* en Europe continentale (Mammalia, Insectivora). - Mammalia **38** (2): 324-343.
HEIM DE BALSAC, H., 1936: Biogeographie des mammifères et des oiseaux de l'Afrique du Nord. - Bull. biol. France Belgique **21** (Suppl.): 1-446.
-, 1940: Une musaraigne nouvelle de Tunisie. - Bull. Mus. (2) **12** (7): 382-384.
-, 1947: État actuel de nos connaissances concernant la faune des mammifères du Maroc. - Mem. Soc. Sci. nat. Maroc, vol. jubil. (1948): 289-303.
-, 1965: Quelques enseignements d'ordre faunistique tirés de l'étude du régime alimentaire de *Tyto alba* dans l'ouest de l'Afrique. - Alauda (Paris) **33** (4): 309-322.
-, 1966: Contribution à l'étude des Soricidae de Somalie. - Monit. zool. ital. Firenze **74** (Suppl.): 196-221.
-, 1967: La distribution réelle de *Desmodilliscus* (Gerbillinae). - Mammalia **31** (1): 160-164.
-, 1968a: Les Soricidae dans le milieu désertique saharien. - Bonn. zool. Beitr. **19** (3-4): 181-188.
-, 1968b: Recherches sur la faune des Soricidae de l'ouest africain (du Ghana au Sénégal). - Mammalia **32** (3): 379-418.
HEIM DE BALSAC, H., ARNOULD, M., CANTONI, J. u. DELEUIL, R., 1954: Note sur les régurgitations de la chouette éffraye. - Bull. Soc. Sci. nat. Tunisie **7**: 139-140.
HEIM DE BALSAC, H. u. MEIN, P., 1971: Les musaraignes momifiées des Hypogées de Thebes. Existence d'un metalophe chez les Crocidurinae (sensu Repenning). - Mammalia **35** (2): 220-244.
HEIM DE BALSAC, H. u. MEESTER, J., 1977: Order Insectivora, main text.
In: J. MEESTER u. H. W. SETZER: The mammals of Africa - an identification manual, part 1: 1-29.

HEIM DE BALSAC, H. u. VERSCHUREN, J., 1968: Exploration du Parc National de la Garamba. Mission H. DE SAEGER. Fasc. 54. Insectivores. Inst. Parcs nation. du Congo, Bruxelles et Kinshasa: 1-50.

HINTON, M. A. C. u. KERSHAW, P. S., 1920: On a collection of mammals from the Dinka country, Bahr-el-Ghazal. - Amer. Mus. nat. Hist. **6** (9): 94-101.

HOEKSTRA, B., VAN DER STRAETEN, E. u. VAN LAAR, V., 1977: Handleiding ten behoeve van het inventaris eren van landzoogdieren in de Benelux. - Wetenschappel. Med. K. N. N. V. **119**: 1-48.

ILLIES, J., 1971: Einführung in die Tiergeographie. Stuttgart: 1-91.

JAEGER, J.-J., 1975: Les faunes de mammifères et les hominides fossiles du pleistocene moyen du Maghreb. In: Étude de certains milieux du Maroc et de leur evolution recente III. CNRS, Traveaux de la R. C. P., **249**: 265-290.

JAMMOT, D., 1971: Les insectivores actuels et fossiles du Quaternaire de Bourgogne. Thèse, Fac. Sci. Univ. Dijon: 1-91.

JENKINS, P. D., 1976a: Variation in Eurasian shrews of the genus *Crocidura* (Insectivora: Soricidae). - Bull. Brit. Mus. (nat. Hist.) Zool. (London) **30** (7): 269-309.

-, 1976b: A note on the type material of *Crocidura heljanensis* Vesmanis, 1975. - Mammalia **40** (1): 166-167.

JOLEAUD, L., 1927: Études de géographie zoologique sur la Barberie. - C. R. Ass. franç. Avancem. Sci. **51**: 523-526.

-, 1934: La science au Maroc. La faune. I. Vertébrés. - Sess. Assoc. franç. Avancem. Sci. (Casablanca) **58**: 251-280.

JULLIEN, R. u. PETTER, F., 1970: La faune du grisement d'Akjoujt (Mauretanie). - Bull. Mus. nat. Hist. nat. Paris, (2) **41** (5): 1290-1291.

KAHMANN, H. u. VESMANIS, I., 1974: Morphometrische Untersuchungen an Wimperspitzmäusen (*Crocidura*). 1. Die Gartenspitzmaus *Crocidura suaveolens* (Pallas, 1811) auf Menorca. - Säugetierkdl. Mitt. **22** (4): 313-324.

KOCK, D., 1974: Zur Säugetierfauna der Insel Chios, Ägäis (Mammalia). - Senckenberg. biol. **55** (1/3): 1-19.

KRAUS, O., 1970: Internationale Regeln für die zoologische Nomenklatur beschlossen vom XV. Internationalen Kongress für Zoologie. Senckenberg Buch (Frankfurt/M.) **51** (2. Aufl.): V-IX, 1-92.

LATASTE, F., 1885: Étude de la faune des vertébrés de Barbarie (Algèrie, Tunisie et Marroc). - Act. Soc. linn. Bordeaux, (19) **39** (9): 129-289.

-, 1887: Catalogue critique des mammifères apélagiques sauvages de la Tunisie. Explor. Sci. Tunisie, Paris: V-VX, 1-42.

MAC, ARTHUR, R. H. u. WILSON, E. O., 1967: Biographie der Inseln. München: 1-201.

MAYR, E., 1967: Artbegriff und Evolution. Hamburg u. Berlin: 1-617.

-, 1975: Grundlagen der zoologischen Systematik. Hamburg u. Berlin: 1-370.

MORALES AGACINO, E., 1934: Descriptión de un nuevo sorícido del género *Crocidura* Wagler, procedente de Río de Oro. - Bol. Soc. esp. Hist. nat. **34**: 93-95.

-, 1943: Algunos datos y observaciones sobre mamiferos marroqies. - Bol. real. Soc. esp. Hist. nat. **41** (1-2): 37-47.

MOREAU, R. E., 1966: The bird faunas of Africa and its islands. New York u. London: 1-424.

MÜLLER, P., 1974: Aspects of zoogeography. Den Haag: 1-208.

-, 1977: Tiergeographie. Teubner Studienbücher, Stuttgart: 1-268.

PETERS, D. S., 1974: Wert und Unwert der Lokalfaunistik für zoogeographische und phylogenetische Verallgemeinerungen. - Fol. Ent. Hung. **27** (Suppl.): 357-364.

QUATE, L. W., 1964: Phlebotomus sandflies of the Paloich area in the Sudan. - Journ. Med. Ent. **1** (3): 213-268.

RACZYNSKI, J., 1961: Convenient taxonomic features of skulls of certain mammals from owl pellets. - Acta theriol. **5** (20): 295-297.

RAUH, W., 1952: Vegetationsstudien im Hohen Atlas und dessen Vorland. - Sitzungsber. Heidelb. Akad. Wiss., Math.-naturw. Kl. (Heidelberg) **1**: 1-118.

REMPE, U. u. BÜHLER, P., 1969: Zum Einfluß der geographischen und altersbedingten Variabilität bei der Bestimmung von *Neomys*-Mandibeln mit Hilfe der Diskriminanzanalyse. - Zeitschr. f. Säugetierkde. **34** (3): 148-164.
RICHTER, H., 1963: Zur Unterscheidung von *Crocidura r. russula* und *Crocidura l. leucodon* nach Schädelmerkmalen, Gebiß und Hüftknochen. - Zool. Abh. (Mus. Tierkde. Dresden **26** (7): 123-133.
-, 1964: Bestimmung der Unterkiefer (Mandibulae) von *Crocidura r. russula* (Hermann, 1780) und *Crocidura l. leucodon* (Hermann, 1780). - Zeitschr. f. Säugetierkde. **29** (4): 253.
-, 1970: Zur Taxonomie und Verbreitung der palaearktischen Crociduren (Mammalia, Insectivora, Soricidae). - Zool. Abh. Mus. Tierkde. Dresden **31** (17): 293-304.
RIDGWAY, R., 1912: Color standards and color nomenclature. - Washington, LIII Pl, 1-44.
RIEDL, R., 1975: Die Ordnung des Lebendigen - Systembedingungen der Evolution. Hamburg u. Berlin: 1-372.
ROCHEBRUNNE, 1883: Faune de la Sénégambie. - Acts. Soc. linn. Bordeaux **37**: 49-204.
RODE, P., 1947: Les mammifères de l'Afrique du Nord. I. - La Terre et la Vie, Bull. Soc. Nat. Acclimat. Protect. Nature **94** (3-4): 120-142.
RUPRECHT, A. L., 1971: Taxonomic value of mandible measurements in the genus *Plecotus* Geoffroy, 1818. - Acta theriol. **14** (6): 63-68.
SAINT-GIRONS, M.- CH., 1965: Notes sur les mammifères de France. IV. - Prelevements exerces sur des populations de petits mammifères par la chouette effraye, *Tyto alba* (Région de Lyon). - Mammalia **29** (1): 42-53.
-, 1973a: Le régime de l'effraye, *Tyto alba*, sur la côte atlantique du Maroc. - Bull. Soc. Sci. nat. phys. Maroc **53** (1/2): 193-198.
-, 1973b: Les mammifères de France et du Benelux (faune marine exceptée). Paris: 1-481.
SAINT-GIRONS, M.- CH., THEVENOT, M. u. THOUY, P., 1974: Le régime alimentaire de la chouette effraye (*Tyto alba*) et du grand-duc ascalaphe (*Bubo bubo ascalaphus*) dans quelques localites marocaines. In: Étude de certains milieux du Maroc et de leur evolution recente II. - CNRS, Traveaux de la R. C. P., **249**: 257-265.
SAINT-GIRONS, M.- CH. u. PETTER, F., 1953: Notes sur quelques petits mammifères du Maroc atlantique. - Mammalia **17** (4): 318-321.
SANS-COMA, V., GÓMEZ, I. u. GOSÁLBEZ, J., 1976: Eine Untersuchung an der Hausspitzmaus (*Crocidura russula* Hermann, 1780) auf der Insel Meda Grossa (Katalonien, Spanien). - Säugetierkdl. Mitt. **24** (4): 259-288.
SAUSSE, F., 1974: Geologie de la Carriere atlanthrope 'Thomas I' (Casablanca). In: Étude de certains milieux du Maroc et leur evolution recente II. - CNRS, Travaux de la R. C. P., **249**: 267-271.
-, 1975: La mandibulae atlanthropienne de la Carriere Thomas I (Casablanca). - L'Anthropol. (Paris) **79** (1): 81-112.
SCHMIDT, E., 1967: Vergleichende und populationsstatistische Untersuchungen an Unterkiefern der Feld- und Gartenspitzmaus, *Crocidura leucodon* (Hermann, 1780) und *Crocidura suaveolens* (Pallas, 1811), in Ungarn. - Säugetierkdl. Mitt. **15** (1): 61-67.
-, 1969: Über die Koronoidhöhe als Trennungsmerkmal bei den *Neomys*-Arten in Mitteleuropa sowie über neue *Neomys*-Fundorte in Ungarn. - Säugetierkdl. Mitt. **17** (2): 132-136.
SETZER, H. W., 1956: Mammals of the Anglo-Egyptian Sudan. - Proc. U. S. nat. Mus. **106**: 447-587.
THOMAS, O., 1901: On a collection of small mammals from the Upper Nile, obtained by Mr. R. M. Howker. - Amer. Mus. nat. Hist. **7** (8): 273-278.
-, 1913: List of mammals obtained by the Hon. Walter Rothschild, Ernst Hartert and Carl Hilgert in western Algeria during 1913. - Novit. Zool. **20**: 586-588.
TOSCHI, A., 1954: Elenco preliminare dei mammiferi delle Libia. - Suppl. Ric. Zool. appl. Caccia Bologna, (Suppl. Zool.), **2** (7): 241-273.
TROUESSART, E. L., 1906: Liste des mammifères rapportés par M. H. Gadeau de Kerville

de Khroumirie (Tunisie occidentale). - Bull. Mus. Hist. nat. Paris **12**: 447-448.
UDVARDY, M. D. F., 1969: Dynamic zoogeography with special reference to land animals. D. Van Nostrand Comp. Canada: 1-445.
VERCAMMEN-GRANDJEAN, P. H., 1960: Trombiculidae larvaires de l'Afrique septentrionale et centre. Huit espèces nouvelles et six sous-genres nouveaux (Acarina). - Arch. Inst. Pasteur Algerie **38**: 50-69.
VESMANIS, I., 1972: Einige Kleinsäuger vom Galita-Archipel, Tunesien (Mammalia). - Senckenberg. biol. **53** (3/4): 189-195.
-, 1975: Morphometrische Untersuchungen an algerischen Wimperspitzmäusen, 1. Die *Crocidura russula*-Gruppe (Mammalia: Insectivora). - Senckenberg. biol. **56** (1/3): 1-19.
-, 1976a: Morphometrische Untersuchungen an algerischen Wimperspitzmäusen, 2. Die *Crocidura suaveolens*-Gruppe (Mammalia: Insectivora). - Zeitschr. f. Säugetierkde. **41** (4): 216-225.
-, 1976b: Zur weiteren Kenntnis von *Crocidura whitakeri* De Winton, 1897 (Mammalia: Insectivora: *Crocidura*). - Bonn. zool. Beitr. **27** (1/2): 1-6.
-, 1976c: Beitrag zur Kenntnis der Crociduren-Fauna Siziliens (Mammalia: Insectivora). - Zeitschrift f. Säugetierkde. **41** (5): 257-273.
-, 1976d: Vorschläge zur einheitlichen morphometrischen Erfassung der Gattung *Crocidura* (Insectivora, Soricidae) als Ausgangsbasis für biogeographische Fragestellungen. - Abh. Arbeitsgem. tier- u. pflanzengeogr. Heimatforschg. Saarland **6**: 71-78.
-, 1976e: Morphometrische Untersuchungen an sardischen Wimperspitzmäusen (Insectivora: *Crocidura*). - Zool. Beitr., Berlin, (N. F.) **22** (3): 459-474.
-, 1977a: Eine neue *Crocidura*-Art aus der Cyrenaica, Libyen: *Crocidura aleksandrisi* n. sp. (Mammalia: Insectivora: *Crocidura*). - Bonn. zool. Beitr. **28** (1/2): 3-12.
-, 1977b: Zur Identität einer Wimperspitzmaus (Mammalia: Insectivora: *Crocidura*) der Sammlung Lataste aus Tunesien. - Zool. Beitr., Berlin, N.F. **23** (1): 45-50.
-, 1979: Die Kleinsäugetiere Tunesiens (Mammalia: Insectivora, Rodentia). Eine bionomische und tiergeographische Untersuchung. Inaugural-Diss. Saarbrücken.
-, im Druck: Beitrag zur Kenntnis der Crociduren-Fauna Tunesiens (Mammalia: Insectivora).
VESMANIS, I. u. VESMANIS, A., 1979: Ein Vorschlag zur einheitlichen Altersabstufung bei Wimperspitzmäusen (Mammalia: Insectivora: *Crocidura*). - Bonn. zool. Beitr. **30** (1/2): 7-13.
VESMANIS, I. u. KAHMANN, H., 1976: Morphometrische Untersuchungen an Wimperspitzmäusen (*Crocidura*): 3. Ein Vorkommen der Gartenspitzmaus, *Crocidura suaveolens* (Pallas, 1811) in der Provinz Salamanca, Spanien. - Säugetierkdl. Mitt. **24** (1): 19-25.
VIERHAUS, H., 1973: Zum Vorkommen der Feldspitzmaus *Crocidura leucodon* (Hermann, 1780) in Westfalen. - Natur u. Heimat (Münster) **33** (1): 1-11.
WANDELER, A. I., 1965: Die Wirbeltiere von Nefta. - Jb. naturh. Mus. Bern (1963-1965): 229-292.

Anschrift der Autoren:

Dr. Indulis E. und Andrea Vesmanis, J. W. Goethe-Universität, Institut f. Paläoanthropologie und Archäometrie, Siesmayerstraße 70; D - 6000 Frankfurt/M.

III-4-9 D 2/1/79

ZOOLOGISCHE ABHANDLUNGEN

STAATLICHES MUSEUM FÜR TIERKUNDE IN DRESDEN

Band 36 Ausgegeben: 30. April 1980 Nr. 3

# Das Problem der Crocidura-Systematik in Afrika, mit Vorschlägen über neue Zahnmessungen

## (Mammalia, Insectivora, Soricidae)

Herrn Prof. Dr. HENRI HEIM DE BALSAC (Paris) zum 80. Geburtstag gewidmet

Mit 3 Abbildungen

INDULIS E. VESMANIS
Frankfurt/M.

## 1. Die augenblickliche Situation der Systematik bei der Gattung *Crocidura* in Afrika

Afrika, gegliedert in drei Florenreiche (Holarktisches -, Paläotropisches - und Kapländisches Florenreich) mit insgesamt acht Florengebieten (Mediterranes -, Nordafrikanisch-indische Wüste, Senegambisch-Sudanesisches -, Nordafrikanische Hochländer, West-Afrika, Ostafrika-Angola, Süd-Afrika und Kapländisches Florengebiet) (vgl. SCHMITHÜSEN 1968) und den dazugehörenden verschiedensten Vegetationstypen, wie z. B. Hartlaubvegetation, Trockensteppen und Hartpolsterformationen, Dornbaum- und Sukkulentenwälder, Dornstrauch- und Sukkulentenformationen, Trockenwüsten, Halbwüsten, Dornsavannen, Trockensavannen, Feuchtsavannen, Mangrove, Tropische Regenwälder, Tropische Trockenwälder, Schwarzerde- und Übergangssteppen, Lorbeerwälder und subtropische Regenwälder (vgl. SCHMITHÜSEN 1976) wird von einer fast unübersichtlichen Anzahl von *Crocidura*-Taxa bewohnt. Ökologische Nischen, geprägt durch die verschiedensten Vegetationstypen und Mikroklimate innerhalb einer Region ließen eine Vielzahl von *Crocidura*-Taxa entstehen.

ALLEN (1939) nannte in seiner 'Checklist of African Mammals' 110 *Crocidura*-Arten und 52 Unterarten für das gesamte Afrika. Das Ergebnis vielfältiger Studien von AGACINO (1943), ANSELL (1960, 1964, 1973), BROSSET, DUBOST u. HEIM DE BALSAC (1965 a, b), BUTLER (1956), CORBET u. YALDEN (1972), DEKEYSER (1943), DIPPENAAR (1976), DOLLMAN (1915a, b, c, d, e, f, 1916), ELLERMAN u. MORRISON-SCOTT (1951, 1953), ELLERMAN, MORRISON-SCOTT u. HAYMAN (1953), FINDLEY (1967), FUNAIOLI u. SIMONETTA (1960), HAYMAN (1963), HEIM DE BALSAC (1940, 1956 a, b, 1957a, b, 1958, 1959a, b, 1966a, b, 1967, 1968a, b, c, d, e, 1970, 1974, 1975), HEIM DE BALSAC u. AELLEN (1958), HEIM DE BALSAC u. BARLOY (1966), HEIM DE BALSAC u. LAMOTTE (1956, 1957), HEIM DE BALSAC u. VERSCHUREN (1968), HELLER (1910, 1912), HILL u. CARTER (1941), HOLLISTER (1916), JENKINS (1976a), KUHN (1965), LUNDHOLM (1955), McDOWELL (1958), MEESTER (1953, 1954, 1958, 1963, 1964),

MOREAU, HOPKINS u. HAYMAN (1946), OSGOOD (1910, 1936), SANDERSON (1940), SETZER (1956, 1957, 1960), SMITHERS (1971), SMITHERS u. TELLO (1976), SWYNNERTON (1959), SWYNNERTON u. HAYMAN (1975), VESMANIS (1975, 1976a, b) und WANDELER (1965) faßten HEIM DE BALSAC u. MEESTER (1977) mit einer Reduktion der von ALLEN (1939) genannten 110 *Crocidura*-Arten auf 85 Arten mit 82 Unterarten zusammen. Typisch für die desolate systematische Situation der *Crocidura*-Forschung in Afrika sind die einleitenden Sätze von HEIM DE BALSAC u. MEESTER (1977):

'The genus *Crocidura* is undoubtedly the most complex of any of the African shrews, and perhaps even of any living African mammal. This genus, at present experiencing rapid adaptation to an abundance of habitats over a wide geographic area, includes an overwhelming diversity of often poorly-defined forms. Complex distribution patterns result in the frequent co-existence of several sympatric species, and sibling species are common. The problem is further complicated by the usually inadequate and widely distributed nature of available study collections, so that it is extremely difficult to assemble representative series of a single species or group of related forms. Much more collecting in most parts of Africa is required before the taxonomy of *Crocidura* can be definitively treated'.

Es ist also nicht verwunderlich, daß tiergeographische Grundfragestellungen (MÜLLER 1974, 1977a, b) zunächst in den Hintergrund rücken müssen und erst dann zu sinnvollen Diskussionen gestellt werden können, wenn die Taxonomie der einzelnen *Crocidura*-Komplexe im Sinne von MAYR (1967, 1975) geklärt ist.

## 2. Die bisherigen Versuche zur Lösung der Taxonomie von *Crocidura* im Mittelmeerraum und Afrika

In den letzten Jahren wurden zahlreiche Versuche und Vorschläge gemacht, um etwas Licht in die unübersichtliche *Crocidura*-Systematik zu werfen. JENKINS (1976b) stellte an Hand von Computer-Programmen (:276, relevant information produced by the program: (1) Correlation matrix between characters for all specimens. (2) Distance matrix ($D^2$) or Mahalanobis' distances which are an index of dissimilarity between OTUs) (vgl. SNEATH u. SOKAL 1973) einen Bestimmungsschlüssel für Spitzmäuse von Eurasien vor; das Programm zeigt zwar sehr anschaulich die verwandtschaftlichen Beziehungen der Taxa, jedoch wurde die so wichtige Überprüfung auf Homogenität der verwendeten Populationen verzichtet.

RICHTER (1970a) gliederte mit Hilfe der Lage des Protoconus vom $P^4$ die Crociduren der Paläarktis.

Dieses Zahnmerkmal am $P^4$ wurde von KAHMANN u. VESMANIS (1974, 1975), VESMANIS u. KAHMANN (1976) und VESMANIS (1975, 1976a, b, c, d, e, f, 1977a, b) aufgegriffen und im gesamten Mittelmeerraum incl. Nord-Afrika zur Unterscheidung der dortigen *Crocidura*-Taxa mit Erfolg angewandt.

Basierend auf Schädeluntersuchungen von BUCHALCZYK u. RACZYNSKI (1961), BÜHLER (1964), HAMAR u. SIMIONESCU (1967), HAUSSER (1976), JAMMOT (1971), KAHMANN u. EINLECHNER (1959), KAHMANN u. KAHMANN (1954), KAHMANN u. VESMANIS (1974, 1975), RACZYNSKI (1961), REMPE u. BÜHLER (1969), RICHTER

(1963, 1964, 1970a, b), RUPRECHT (1969), SCHMIDT (1967, 1969) und VIERHAUS (1973) schlug VESMANIS (1976g) insgesamt 53 Meßwerte am Schädel und den Zähnen als Ausgangsbasis für die taxonomische Erfassung der Crociduren vor.

Mit viel Erfolg konnten einzelne Populationen mit diesen Maßen analysiert werden, jedoch traten bei der Beurteilung des Protoconus vom $P^4$ Schwierigkeiten auf: Es stellte sich heraus, daß dieser Conus durchaus in seiner Lage (bei homogenem Material) variabel sein kann (VESMANIS 1976d), nicht nur auf den beiden mediterranen Inseln Sardinien und Sizilien, sondern auch in Tunesien. Das bedeutet, daß z. B. nordafrikanische *Crocidura*-Taxa nicht mehr ohne weiteres morphologisch nach der Lage des Protoconus vom $P^4$ unterschieden werden können. Es ist hier bei der Beurteilung höchste Vorsicht geboten. Man muß sich die Frage stellen, ob nicht vielleicht z. B. *Crocidura russula* (bisher mit der Unterart *yebalensis* auf den nordwest-afrikanischen Raum begrenzt) unter anderen Namen ein Verbreitungsgebiet bis nach Süd-Afrika aufweist.

Um die äußerst schwierigen systematischen Fragen bei der Gattung *Crocidura* lösen zu können, müssen wir unsere bisherigen Untersuchungsmethoden erweitern:
(a) Züchtung und Kreuzung
(b) Laboruntersuchungen biochemischer Art
(c) Laboruntersuchungen karyologischer Art
(d) Freilanduntersuchungen ökologischer Art
(e) detaillierte morphometrische Untersuchungen am Schädel
(f) detaillierte morphometrische Untersuchungen an den Zähnen (vgl. hierzu MAIER 1977a, b)
(g) detaillierte morphometrische Untersuchungen am Skelett (im Sinne von UERPMANN u. KAHMANN 1977).

Um eine Art genau zu charakterisieren, müßten wir eigentlich bei einer Revision alle die oben genannten Punkte berücksichtigen. Ein erster ausgezeichneter Schritt wurde von DIPPENAAR (1977) bei der Bearbeitung von *Crocidura mariquensis* unternommen.

## 3. Neue Meßeinheiten beim $P^4$, $M^1$, $M^2$, $M_1$ und $M_2$

Um die von mir (1976g) aufgestellten Maße an den *Crocidura*-Zähnen zu verfeinern, möchte ich hier weitere Möglichkeiten, die zur systematischen Trennung führen, vorstellen:

(a) $P^4$: Besondere Beachtung gebührt bei diesem Zahn dem Protoconus. Er kann entweder die vordere Innenkante des Zahnes bilden, oder in Richtung Parastyl verschoben sein. Um diese Verschiebung zu erfassen, führe ich die Meßstrecke b, zwischen der Spitze (in Zahnaufsicht) des Parastyls (A) und des Protoconus (C) ein. Eine Verschiebung des Protoconus in Richtung Parastyl hat für die Gestaltung des Hypoconus große Folgen: Er kann bei einer Verschiebung des Protoconus bis an die Vorderkante der Zahninnenseite heranreichen. Das bedeutet, daß die Rinne zwischen dem Proto- und Hypoconus mehr parallel zur Zahninnenbasis ausgerichtet ist, der neu eingeführte Winkel $\alpha$ wird dann einen niedrigen Wert haben. Bildet der Protoconus dagegen die vordere Innenkante des Zahnes, so zeigt die Rinne in Richtung Metastyl, der Winkel $\alpha$ bekommt einen hohen Wert.

Da häufig, besonders bei Eulengewöllen, die Zahnaußenkanten abgebrochen sind, halte ich es für nützlich, die Entfernungen zwischen den einzelnen Höckerspitzen zu messen. So kann man gut über das Parastyl, das Metastyl und den Protoconus ein Dreieck konstruieren, dessen

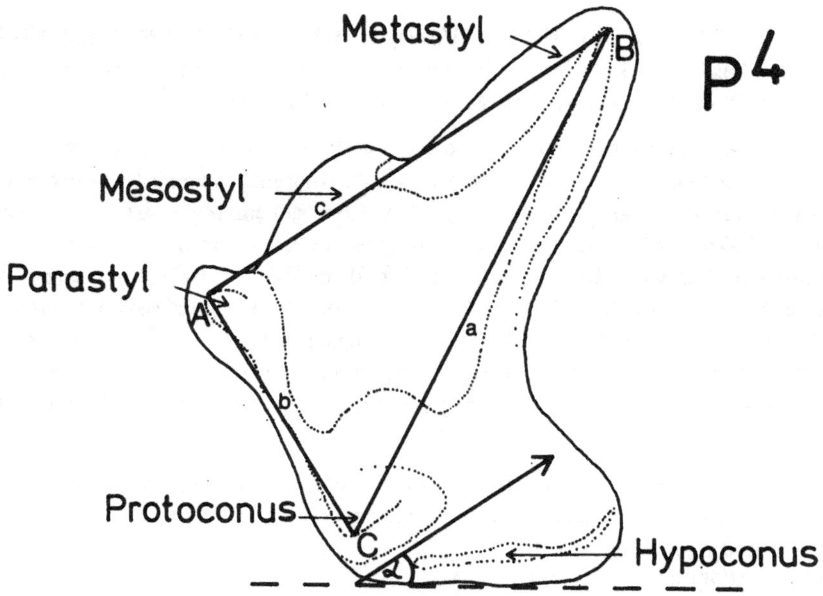


Abb. 1. Graphische Darstellung der Meßstrecken (in Occlusal-Ansicht) am P4.

Flächeninhalt sich leicht berechnen läßt, da alle Seiten meßbar sind:

$$U = 2\,s = a + b + c$$

$$F = \sqrt{s\,(s - a)\,(s - b)\,(s - c)}$$

U = Umfang des Dreiecks, F = Flächeninhalt, a, b, c = Seitenlinien des Dreiecks

Es muß hier ausdrücklich betont werden, daß man gleichaltrige Tiere, also Tiere mit gleicher Zahnabnutzung, miteinander vergleichen sollte.

FELTEN (1977) konstruierte zur besseren Bewertung und Unterscheidung von *Myotis myotis* und *Myotis blythi* drei Trapeze über den Schädel der Fledermäuse (gesamte Schädelfläche, Rostrumfläche und Hirnkapselfläche) und berechnete die einzelnen Flächeninhalte der Trapeze. Ich möchte hier die Meinung vertreten, daß sich über einen gewachsenen Schädel niemals ein Trapez konstruieren läßt, zumindest nicht in der Art, wie es bei FELTEN (1977) dargestellt ist. Der Grund dafür liegt in der Definition des Trapezes: Ein Viereck mit nur zwei parallelen Seiten heißt Trapez.

Das würde bedeuten, daß z. B. die Mastoid-Breite parallel der Breite über den oberen Canini ist, die größte Breite an den Alveolen über den Molaren parallel zur Breite über den oberen Canini liegt (FELTEN 1977: 29). Dies ist nur in einem Schema möglich, nicht jedoch bei einem gewachsenen Schädel. Aus diesem Grund schlage ich für die Flächenberechnung unregelmäßige Dreiecke vor, denn nur sie können den gewachsenen Zahn genau charakterisieren.

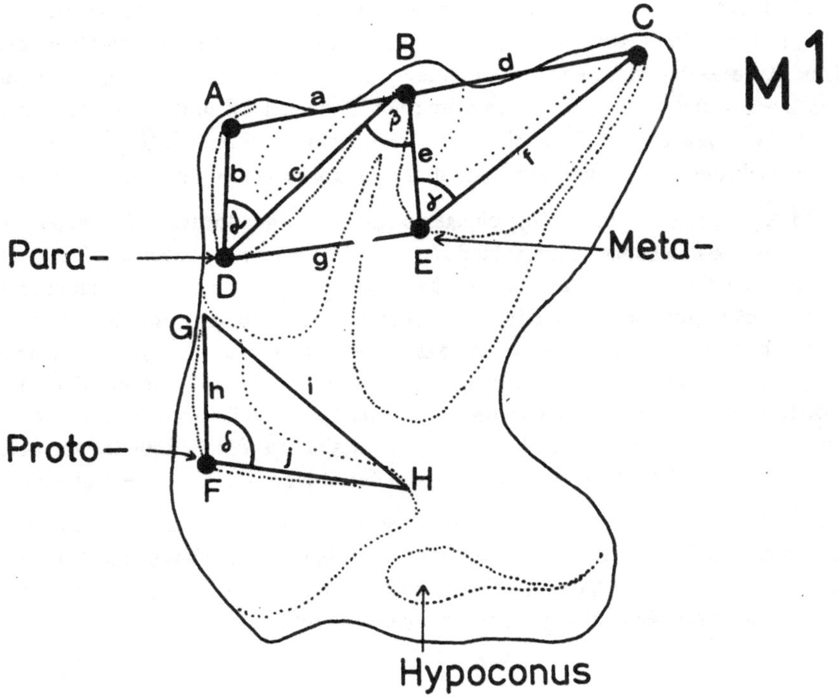


Abb. 2. Graphische Darstellung der Meßstrecken und der Dreiecke (zur Flächenberechnung) am M1; entsprechend auch am M2 gültig.

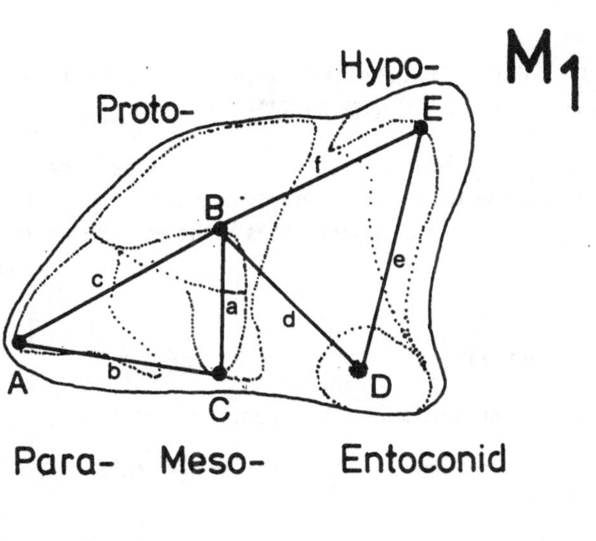


Abb. 3. Graphische Darstellung der Meßstrecken und der Dreiecke (zur Flächenberechnung) am M1; entsprechend auch am M2 gültig.

(b) $M^1$ und $M^2$: Ähnlich wie beim $P^4$ schlage ich auch hier zur Bewertung des Zahnes kleine Dreiecke vor: ABD, DEB, BEC und GFH. Auch hier lassen sich die Flächeninhalte der unregelmäßigen Dreiecke leicht berechnen, denn alle Seiten sind gut meßbar. Der Paraconus soll durch das Dreieck ABD, der Metaconus durch das Dreieck BCE und der Protoconus durch das Dreieck GFH bewertet und charakterisiert werden. Die Winkel $\alpha$, $\beta$, $\gamma$ und $\delta$ sollen die Ausdehnungsrichtungen der einzelnen Höcker charakterisieren und im Maß festhalten.

(c) $M_1$ und $M_2$: Meine (1976g) vorgeschlagenen Längen- und Breitenmaße am $M_1$ und $M_2$ erlaubten keine ausreichende Unterscheidung der verschiedenen *Crocidura*-Taxa. Da aber Unterscheidungen metrisch an den oberen Backenzähnen in Korrelationsdiagrammen möglich waren, muß es auch Möglichkeiten zur Unterscheidung bei den unteren Backenzähnen geben. Ich habe nun auch hier die Abstände zwischen den einzelnen Höckern als neue Meßstrecken genommen und versuche den Backenzahn durch zwei Dreiecke, dem Trigonid-Dreieck ABC (Proto-, Para- und Mesoconid) und dem Talonid-Dreieck BED (Proto-, Hypo- und Entoconid) zu kennzeichnen. Auch hier lassen sich die Flächeninhalte gut berechnen und in Korrelation zu den entsprechenden Werten der oberen Backenzähne bringen.

Ich bin überzeugt, daß, wenn alle Wissenschaftler, die sich mit den Crociduren Afrikas beschäftigen, sich die Mühe machen, uns so viele wie mögliche Meßdaten und Informationen über die verschiedenen Taxa geben, es doch in nächster Zukunft möglich sein wird, eine umfangreiche Revision der Gattung *Crocidura* zu erarbeiten.

## Zusammenfassung

Unter Verwendung vieler Literaturquellen wird die augenblickliche systematische Situation der Gattung *Crocidura* in Afrika dargestellt. Am $P^4$, $M^1$, $M^2$, $M_1$ und $M_2$ werden neue Meßmöglichkeiten vorgestellt. Es wird vorgeschlagen, die einzelnen Höcker der Zähne mit Flächeninhalten von unregelmäßigen Dreiecken zu charakterisieren.

## Summary

### THE SYSTEMATIC PROBLEMS OF THE GENUS CROCIDURA IN AFRICA AND NEW METHODS OF MEASURING THE TEETH

The present situation of the *Crocidura* species has been defined on the basis of many information sources. New methods of measuring the teeth have been introduced ($P^4$, $M^1$, $M^2$, $M_1$, $M_2$). It is suggested that the characterization of the several cones of the teeth be based upon the surface areas of irregular triangles.

## Literatur

AGACINO, E. M., 1943: Algunos datos y observationes sobre mamiferos marroquies. - Boll. Soc. Esp. Hist. nat. **41**, 37-47.

ALLEN, G. M., 1939: A checklist of African mammals. - Bull. Mus. comp. Zool., Harv. College, Cambridge Mass. **83**, 1-763.

ANSELL, W. F. H., 1960: Mammals of Northern Rodesia. Lusaka.
-, 1964: Addenda and corrigenda to 'Mammals of Rhodesia'. - Puku **2**, 14-52.
-, 1973: Addenda and corrigenda to 'Mammals of Rhodesia'. - Puku **7**, 1-19.
BROSSET, A., DUBOST, G. u. HEIM DE BALSAC, H., 1965a: Une nouvelle espèce de *Crocidura* du Gabon. - Mammalia **29**, 268-274.
-, 1965b: Mammifères inédits récoltés au Gabon. - Biol. Gabon. **1**, 147-174.
BUCHALCZYK, T. u. RACZYNSKI, J., 1961: Taksonomiczna wartość niektórych pomiarú czaszki krajowych przedstawicieli rodzaju *Sorex* Linnaeus, 1758 i *Neomys* Kaup, 1829. - Acta theriol. **5**, 115-124.
BÜHLER, P., 1964: Zur Gattungs- und Artbestimmung von *Neomys*-Schädeln. - Gleichzeitig eine Einführung in die Methodik der optimalen Trennung zweier systematischer Einheiten mit Hilfe mehrerer Merkmale. - Z. Säugetierkde. **29**, 65-93.
BUTLER, P. M., 1956: The skull of *Ictops* and the classification of the Insectivora. - Proc. zool. Soc. London **126**, 453-481.
CORBET, G. B. u. YALDEN, D. W., 1972: Recent records of mammals (other than bats) from Ethiopia. - Bull. Brit. Mus. (nat. Hist) Zool. **22**, 213-252.
DEKEYSER, P.-L., 1943: Description d'un type de Crocidure Africaine d. A. Milne-Edwards: *Crocidura bloyeti*. - Bull. Mus. Hist. nat. Paris **15**, 155-157.
DIPPENAAR, N. J., 1977: Variation in *Crocidura mariquensis* (A. Smith, 1844) in Southern Africa, Part 1,(Mammalia: Soricidae). - Ann. Transvaal Mus. **30**, 163-206.
DOLLMAN, G., 1915a: On the African shrews belonging to the genus *Crocidura*. - Ann. Mag. nat. Hist. London **15**, 507-527.
-, 1915b: On the African shrews belonging to the genus *Crocidura*, II. - Ann. Mag. nat. Hist. London **15**, 562-575.
-, 1915c: On the African shrews belonging to the genus *Crocidura*, III. – Ann. Mag. nat. Hist. London **16**, 66-80.
-, 1915d: On the African shrews belonging to the genus *Crocidura*, IV. - Ann. Mag. nat. Hist. London **16**, 124-146.
-, 1915e: On the African shrews belonging to the genus *Crocidura*, V. - Ann. Mag. nat. Hist. London **16**, 357-380.
-, 1915f: On the African shrews belonging to the genus *Crocidura*, VI. - Ann. Mag. nat. Hist. London **16**, 506-514.
-, 1916: On the African shrews belonging to the genus *Crocidura*, VII. - Ann. Mag. nat. Hist. London **17**, 188-209.
ELLERMAN, J. R. u. MORRISON-SCOTT, T. C. S., 1951: Checklist of Palaearctic and Indian mammals 1758 to 1946. - Trustees Brit. Mus. (nat. Hist.) London, 1-810.
-, 1953: Checklist of Palaearctic and Indian mammals - amendments. - J. Mammalogy **34**, 516-518.
ELLERMAN, J. R., MORRISON-SCOTT, T. C. S. u. HAYMAN, R. W., 1953: Southern African mammals 1758 to 1951: a reclassification. - Trustees Brit. Mus. (nat. Hist.) London, 1-363.
FELTEN, H., 1977: In FELTEN, H., SPITZENBERGER, F. u. STORCH, G.: Zur Kleinsäugerfauna West-Anatoliens. Teil IIIa. - Senckenberg. biol. **58**, 1-44.
FINDLEY, J. S., 1967: In ANDERSON, S. u. JONES, J. K.: Recent mammals of the world. New York.
FUNAIOLI, U. u. SIMONETTA, A. M., 1960: Spedizione biologica in Somalia, 1959. Risultati zoologici. III. Insectivora. - Monit. zool. Ital. **68**, 1-8.
HAMAR, M. u. SIMIONESCU, V., 1967: Date noi privind variabilitatea si raspindirea geografica a genuli *Crocidura* Wagler (1832) (Insectivora) in Republica Socialista Romania. - Comunicari de Zool. **5**, 115-125.
HAUSSER, J., 1976: Contribution a l'etude des musaraignes du genre *Sorex* (Cytotaxonomie, Morphologie, Repartition). - These, Geneve, 1-89.
HAYMAN, R. W., 1963: Mammals from Angola, mainly from the Luanda district. - Publ. cul. Co. Diam. Angola, Lisboa, **66**, 81-140.

HEIM DE BALSAC, H., 1940: Une musaraigne nouvelle de Tunisie. - Bull. Mus. Hist. nat. Paris **12**, 382-384.
-, 1956a: Diagnoses de *Crocidura* inédites d'Afrique Occidentale. - Mammalia **20**, 131-139.
-, 1956b: Un Soricidae inédit et aberrant du Kasai exige la creation d'un genre nouveau. - Rev. Zool. Bot. afr. **54**, 137-146.
-, 1957a: Insectivores Soricidae du Mont Cameroun. - Zool. Jb. Syst. **85**, 607-618.
-, 1957b: Insectivores de la famille des Soricidae de l'Afrique Orientale. - Zool. Anz. (Leipzig) **158**, 143-153.
-, 1958: La Reserve Intégrale du Mont Nimba, 14. Mammifères Insectivores. - Mém. Inst. Fr. Afr. noire **53**, 301-337.
-, 1959a: Premières données sur la répartition générale l'écologie et la variation morphologique du genre *Paracrocidura* Heim de Balsac en Afrique Centrale. - Rev. Zool. Bot. afr. **59**, 19-28.
-, 1959b: Nouvelle contribution à l'étude des Insectivores Soricidae du Mont Cameroun. - Bonn. zool. Beitr. **10**, 198-217.
-. 1966a: Faits nouveaux concernant certaines Crocidures du Harar (Ethiopie). - Mammalia **30**, 446-453.
-, 1966b: Contribution à l'étude des Soricides de Somalie. - Monit. zool. Ital. **74**, 196-220.
-, 1967: Faits nouveaux concernant les *Myosorex* (Soricidae) de l'Afrique Orientale. - Mammalia **31**, 610-628.
-, 1968a: Contribution à l'étude des Soricidae de Fernando Po et du Cameroun. - Bonn. zool. Beitr. **19**, 15-42.
-, 1968b: Les Soricidae dans le milieu désertique saharien. - Bonn. zool. Beitr. **19**, 181-188.
-, 1968c: Recherches sur la faune des Soricidae de l'Ouest Africains (du Ghana au Senegal). - Mammalia **32**, 379-418.
-, 1968d: Contributions à la faune de la région de Yaoundé. I. Premier aperçu sur la faune des Soricidae (Mammalia, Insectivors). - Ann. Fac. Sci. Cameroun **2**, 49-58.
-, 1968e: Considerations preliminaires sur le peuplement des montagnes Africaines par les Soricidae. - Biol. Gabon. **4**, 299-323.
-, 1970: L'unité spécifique entre *Crocidura giffardi* De Winton et *C. goliath* Th. se trouve démontrée grâce aux plus récentes captures effectuées au Cameroun. - Bonn. zool. Beitr. **21**, 83-88.
-, 1974: Les Insectivores de Lamto (Côte d'Ivoire). - Mammalia **38**, 637-646.
-, 1975: Nouvelles données sur la faune soricidienne du Cameroun. - Bonn. zool. Beitr. **26**, 94-99.
HEIM DE BALSAC, H. u. AELLEN, V., 1958: Les Soricidae de basse Côte d'Ivoire. - Rev. Suisse Zool. **65**, 921-956.
HEIM DE BALSAC, H. u. BARLOY, J.-J., 1966: Revision des Crocidures du groupe *flavescens-occidentalis-manni*. - Mammalia **30**, 601-633.
HEIM DE BALSAC, H. u. LAMOTTE, M., 1956: Evolution et phylogénie des Soricides Africains. I. La lignée *Myosorex-Surdisorex*. - Mammalia **20**, 140-167.
-, 1957: Evolution et phylogénie des Soricides Africains. II. La lignée *Sylvisorex-Suncus-Crocidura*. III. La lignée *Scutisorex*. - Mammalia **21**, 15-49.
HEIM DE BALSAC, H. u. MEESTER, J., 1977: In MEESTER, J. u. SETZER, H. W.: The mammals of Africa: an identification manual. Part 1, Insectivora, Main text. - Smiths. Inst. Washington, 1-29.
HEIM DE BALSAC, H. u. VERSCHUREN, J., 1968: Exploration du Parc National de la Garamba. Insectivors. - Inst. Parcs. nat. Congo **54**, 1-49.
HELLER, E., 1910: New species of insectivores from British East Africa, Uganda, and the Sudan. - Smiths. misc. Coll. **56**, 1-8.
-, 1912: New races of insectivores, bats, and lemurs from British East Africa. - Smiths. misc. Coll. **60**, 1-13.
HILL, J. E. u. CARTER, T. D., 1941: The mammals of Angola, Africa. - Bull. Amer. Mus. nat. Hist. **78**, 1-211.

HOLLISTER, N., 1916: Three new African shrews of the genus *Crocidura*. - Smiths. misc. Coll. **66**, 1-3.
JAMMOT, D., 1971: Les insectivores actuèls et fossiles du Quaternaire de Bourgogne. - Thèse, Dijon, 1-91.
JENKINS, P. D., 1976a: A note on the type material of *Crocidura heljanensis* Vesmanis, 1975. - Mammalia **40**, 166-167.
-, 1976b: Variation in Eurasian shrews of the genus *Crocidura* (Insectivora: Soricidae). - Bull. Brit. Mus. (nat. Hist.) London **30**, 269-309.
KAHMANN, H. u. EINLECHNER, J., 1959: Bionomische Untersuchungen an der Spitzmaus (*Crocidura*) der Insel Sardinien. - Zool. Anz. (Leipzig) **162**, 63-83.
KAHMANN, H. u. KAHMANN, E., 1954: La musaraigne de Corse. - Mammalia **18**, 129-158.
KAHMANN, H. u. VESMANIS, I., 1974: Morphometrische Untersuchungen an Wimperspitzmäusen (*Crocidura*) 1. Die Gartenspitzmaus *Crocidura suaveolens* (Pallas, 1811) auf Menorca. - Säugetierkdl. Mitt. **22**, 313-324.
-, 1975: Morphometrische Untersuchungen an Wimperspitzmäusen (*Crocidura*) (Mammalia: Soricidae) 2. Zur weiteren Kenntnis von *Crocidura gueldenstaedti* (Pallas, 1811) auf der Insel Kreta. - Opuscula Zool. **136**, 1-12.
KUHN, H.-J., 1965: A provisional check-list of the mammals of Liberia. - Senckenberg. biol. **46**, 321-340.
LUNDHOLM, B. G., 1955: Descriptions of new mammals. - Ann. Transvaal Mus. **22**, 279-303.
MAIER, W., 1977a: Die Evolution der bilophodonten Molaren der Ceropithecoidea. Eine funktionsmorphologische Untersuchung. - Z. Morph. Anthrop. **68**, 26-56.
-, 1977b: Die bilophodonten Molaren der Indriidae (Primates) - ein evolutionsmorphologischer Modellfall. - Z. Morph. Anthrop. **68**, 307-344.
MAYR, E., 1967: Artbegriff und Evolution. - Hamburg/Berlin, 1-617.
-, 1975: Grundlagen der zoologischen Systematik. Theoretische und praktische Voraussetzungen für Arbeiten auf systematischem Gebiet. - Hamburg/Berlin, 1-370.
McDOWELL, S. B., 1958: The Greater Antillean insectivores. - Bull. Amer. Mus. nat. Hist. **115**, 113-214.
MEESTER, J., 1953: The genera of African shrews. - Ann. Transvaal Mus. **22**, 205-214.
-, 1954: On the status of the shrew genus *Myosorex*. - Ann. Mag. nat. Hist. **12**, 947-950.
-, 1958: Variation in the shrew genus *Myosorex* in Southern Africa. - J. Mammal. **39**, 325-339.
-, 1963: A systematic revision of the shrew genus *Crocidura* in Southern Africa. - Menoir, Transvaal Mus., **13**, 1-127.
-, 1964: The status of *Crocidura mariquensis* (Smith). - Puku **2**, 78-80.
MOREAU, R. E., HOPKINS, G. H. E. u. HAYMAN, R. W., 1946: The type-localities of some African mammals. Proc. zool. Soc. London **115**, 387-447.
MÜLLER, P., 1974: Aspects of zoogeography. The Hague, 1-208.
-, 1977a: Tiergeographie. Struktur, Funktion, Geschichte und Indikatorbedeutung von Arealen. Stuttgart, 1-268.
-, 1977b: Biogeographie und Raumbewertung. Darmstadt, 1-164.
OSGOOD, W. H., 1910: Two new African shrews. - Ann. Mag. nat. Hist. **5**, 369-370.
-, 1936: New and imperfectly known small mammals from Africa. - Field Mus. nat. Hist. Zool. **20**, 217-256.
RACZYNSKI, J., 1961: Convenient taxonomic features of skulls of certain mammals from owl pellets. - Acta theriol. **5**, 295-297.
REMPE, U. u. BÜHLER, P., 1969: Zum Einfluß der geographischen und altersbedingten Variabilität bei der Bestimmung von *Neomys*-Mandibeln mit Hilfe der Diskriminanzanalyse. - Z. Säugetierkde. **34**, 148-164.
RICHTER, H., 1963: Zur Unterscheidung von *Crocidura r. russula* und *Crocidura l. leucodon* nach Schädelmerkmalen, Gebiß und Hüftknochen. - Zool. Abh. Mus. Tierkde. Dresden **26**, 123-133.

-, 1964: Bestimmung der Unterkiefer (Mandibulae) von *Crocidura r. russula* (Hermann, 1780) und *Crocidura l. leucodon* (Hermann, 1780). - Z. Säugetierkde. **29**, 253.
-, 1970a: Zur Taxonomie und Verbreitung der palaearktischen Crociduren. - Zool. Abh. Mus. Tierkde. Dresden **31**, 293-304.
-, 1970b: Neue Funde der Gartenspitzmaus, *Crocidura suaveolens* (Pallas, 1811), in Nordspanien und Portugal. - Mitt. zool. Mus. Berlin **46**, 91-95.
RUPRECHT, A. L., 1969: Taxonomic value of mandible measurements in the genus *Plecotus* Geoffroy, 1818. - Acta theriol. **14**, 63-68.
SANDERSON, I. T., 1940: The mammals of the north Cameroons forest area. - Trans. zool. Soc. London **24**, 623-725.
SCHMIDT, E., 1967: Vergleichende populationsstatistische Untersuchungen an Unterkiefern der Feld- und Gartenspitzmaus, *Crocidura leucodon* (Hermann, 1780) und *Crocidura suaveolens* (Pallas, 1811), in Ungarn. - Säugetierkdl. Mitt. **15**, 61-67.
-, 1969: Über die Koronoidhöhe als Trennungsmerkmal bei den *Neomys*-Arten in Mitteleuropa sowie über neue *Neomys*-Fundorte in Ungarn. - Säugetierkdl. Mitt. **17**, 132-136.
SCHMITHÜSEN, J., 1968: Allgemeine Vegetationsgeographie. Berlin, 1-463.
-, 1976: Atlas zur Biogeographie. Zürich, 1-80.
SETZER, H. W., 1956: Mammals of the Anglo-Egyptian Sudan. - Proc. U. S. nat. Mus. **106**, 447-587.
-, 1957: The hedgehogs and shrews (Insectivora) of Egypt. - J. Egypt. Publ. Hlth. Assoc. **32**, 1-17.
-, 1960: Two new mammals from Egypt. - J. Egypt. Publ. Hlth. Assoc. **33**, 1-5.
SMITHERS, R. H. N., 1971: The mammals of Botswana. - Mus. Memoir, Trustees Nation. Mus. Rhodesia, Salisbury, **4**, 1-340.
SMITHERS, R. H. N. u. TELLO, J. L. P. L., 1976: Check list and atlas of the mammals of Mocambique. - Mus. Memoir, Trustees Nation. Mus. Rhodesia, Salisbury, **8**, 1-184.
SNEATH, P. H. A. u. SOKAL, R. R., 1973: Numerical taxonomy. San Francisco.
SWYNNERTON, G. H., 1959: A tentative grouping of the species of the genus *Crocidura* Wagler, 1832 (Insectivora: Soricidae) occuring in Africa. - Durban Mus. Novit. **5**, 185-189.
SWYNNERTON, G. H. u. HAYMAN, R. W., 1951: A check list and atlas of the land mammals of the Tanganyika Territory and the Zanzibar Protectorate. - J. East Afr. nat. Hist. Soc. **20**, 274-392.
VESMANIS, I., 1975: Morphometrische Untersuchungen an algerischen Wimperspitzmäusen. 1. Die *Crocidura russula*-Gruppe (Mammalia: Insectivora). - Senckenberg. biol. **56**, 1-19.
-, 1976a: Morphometrische Untersuchungen an algerischen Wimperspitzmäusen. 2. Die *Crocidura suaveolens*-Gruppe (Mammalia: Insectivora). - Z. Säugetierkde. **41**, 216-225.
-, 1976b: Zur weiteren Kenntnis von *Crocidura whitakeri* De Winton, 1897 (Mammalia: Insectivora: Crocidura). - Bonn. zool. Beitr. **27**, 1-6.
-, 1976c: Zur Identität des Typus-Exemplares von *Crocidura corsicana* Raynaud u. Heim de Balsac, 1940 im Vergleich mit *Crocidura cyrnensis* Miller, 1907 (Mammalia: Insectivora). - Bonn. zool. Beitr. **27**, 164-171.
-, 1976d: Beitrag zur Kenntnis der Crociduren-Fauna Siziliens (Mammalia: Insectivora). - Z. Säugetierkde. **41**, 257-273.
-, 1976e: Vergleichende morphometrische Untersuchungen an der Gartenspitzmaus aus Jugoslawien. - Acta theriol. **21**, 513-526.
-, 1976f: Morphometrische Untersuchungen an sardischen Wimperspitzmäusen (Insectivora: Crocidura). - Zool. Beitr. (N. F.) Berlin **22**, 459-474.
-, 1976g: Vorschläge zur einheitlichen morphometrischen Erfassung der Gattung *Crocidura*, Insectivora, Soricidae als Ausgangsbasis für biogeographische Fragestellungen. - Abh. Arbeitsgem. tier- u. pflanzengeogr. Heimatforschg. Saarland **6**, 71-78.
-, 1977a: Zur Identität einer Wimperspitzmaus (Mammalia: Insectivora: *Crocidura*) der Sammlung Lataste aus Tunesien. - Zool. Beitr. (N. F.) Berlin **23**, 45-50.

-, 1977b: Eine neue *Crocidura*-Art aus der Cyrenaica, Libyen: *Crocidura aleksandrisi* n. sp. (Mammalia: Insectivora: Crocidura). - Bonn. zool. Beitr. **28**, 3-12.

VESMANIS, I. u. KAHMANN, H., 1976: Morphometrische Untersuchungen an Wimperspitzmäusen (*Crocidura*): 3. Ein Vorkommen der Gartenspitzmaus, *Crocidura suaveolens* (Pallas, 1811) in der Provinz Salamanca, Spanien. - Säugetierkdl. Mitt. **24**, 19-25.

VIERHAUS, H., 1973: Zum Vorkommen der Feldspitzmaus *Crocidura leucodon* (Hermann, 1780) in Westfalen. - Natur u. Heimat (Münster) **33**, 1-11.

WANDELER, A. I., 1965: Die Wirbeltiere von Nefta. - Jb. naturh. Mus. Bern (1963-1965), 229-292.

UERPMANN, H.-P. u. KAHMANN, H., 1977: Altersveränderungen am postkranialen Skelett des Gartenschläfers, *Eliomys quercinus* (Linne, 1766). - Säugetierkdl. Mitt. **25**, 27-34.

Anschrift des Autors:

Dr. Indulis E. Vesmanis, Institut f. Paläoanthropologie u. Archäometrie, J. W. Goethe-Universität, Siesmayerstraße 70; D - 6000 Frankfurt/M.

ZOOLOGISCHE ABHANDLUNGEN

STAATLICHES MUSEUM FÜR TIERKUNDE IN DRESDEN

Band 36 Ausgegeben: 30. April 1980 Nr. 4

# Bemerkungen zur Rostrum-Länge einiger Wimperspitzmausarten im Mittelmeergebiet

## (Mammalia, Insectivora, Crocidura)

Herrn Prof. Dr. HENRI HEIM DE BALSAC (Paris) zum 80. Geburtstag gewidmet

Mit 1 Diagramm

INDULIS E. VESMANIS und ANDREA VESMANIS
Frankfurt/M.

Zur Unterscheidung von *Crocidura r. russula* (HERMANN, 1780) und *Crocidura l. leucodon* (HERMANN, 1780) führte RICHTER (1963) am Vorschädel zwei neue Meßstrecken, die Rostrum-Länge E und die Rostrum-Höhe F, ein: "Wesentlich ist die Entfernung vom hinteren (unteren) Alveolenrand von $I^1$ bis zur vorderen Alveolenkante von $P^2$, also auf die Länge des 'Vorschädels', der die drei einspitzigen Zähne trägt. Diese Strecke ist bei *russula* verhältnismäßig lang und erlaubt allen Zähnen unbehindertes Wachstum. Bei *leucodon* dagegen ist diese Entfernung relativ kurz. Die beiden kleinen einspitzigen Zähne erscheinen stets mehr oder weniger 'eingeklemmt' und in der Entwicklung behindert. Unabhängig davon kann bei beiden Arten jede der drei möglichen Varianten ausgebildet sein, wobei zu berücksichtigen ist, daß bei Überwinterern und älteren Tieren der *russula*-Typ zugunsten des *leucodon*-Types schwindet" (: 127).

Bei der Bearbeitung der beiden Crociduren-Formen von der Insel Kreta, *C. gueldenstaedti caneae* (MILLER, 1909) und *C. zimmermanni* (WETTSTEIN, 1953), wies RICHTER (1970a) deutlich auf das unterschiedlich lange Rostrum der beiden Taxa hin; VESMANIS u. KAHMANN (1978) bestätigten diese Unterscheidungsmöglichkeit im Rahmen einer neuen Analyse der kretischen *Crocidura*-Taxa. Weiterhin wurde die Rostrum-Länge erfolgreich bei der Trennung von *C. suaveolens* und *C. russula* von der Provinz Salamanca, Spanien, von VESMANIS u. KAHMANN (1976: 24) angewendet.

In der vorliegenden Arbeit soll die Rostrum-Länge mit dem dazugehörenden Rostrum-Index (RICHTER 1963) von verschiedenen *Crocidura*-Taxa im Mittelmeergebiet dargestellt und diskutiert werden.

Ein Diagramm stellt die Rostrum-Länge (RL) mit ihren Variationsbreiten und den Mittelwerten der Taxa vor. Die gesamte Spannlänge läuft im Mittelmeergebiet von 1.72 (*C. suaveolens*; Istrien und Kroatien, Jugoslawien) bis zu 3.32 (*C. zimmermanni*; Insel Kreta); das Mittel liegt bei 2.51 mm.

*C. suaveolens* von M-Spanien läßt sich - ohne Überschneidungen - von *C. russula pulchra* von N-Spanien trennen, ebenso verhält es sich mit *C. s. iculisma* und *C. russula* von S-Frankreich,

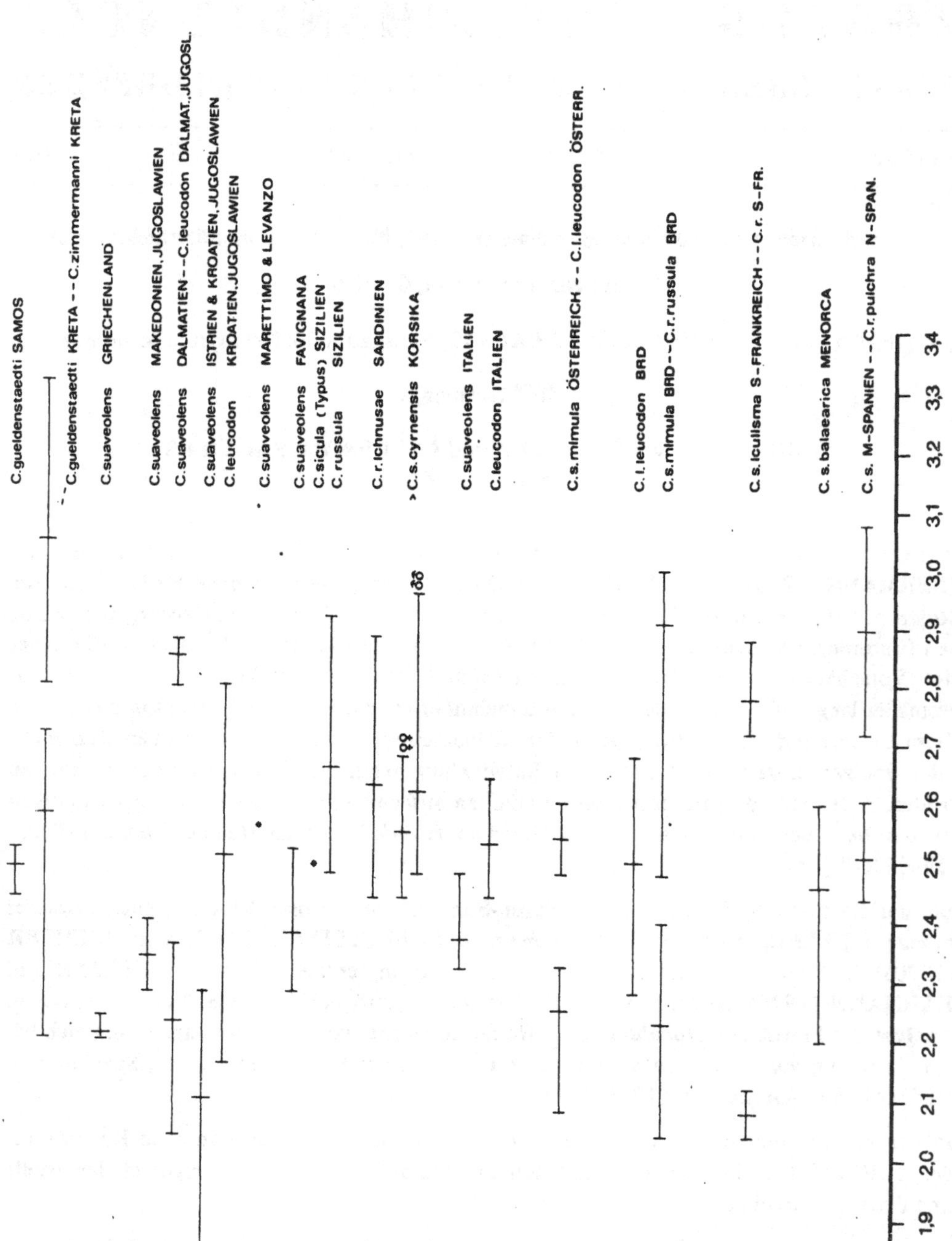


**Diagramm 1.** Darstellung der Variationsbreite von den Rostrum-Längen (RL) verschiedener *Crocidura*-Taxa im Mittelmeerraum.

*C. s. mimula* und *C. r. russula* von der BRD, *C. s. mimula* und *C. leucodon* von Österreich, *C. suaveolens* und *C. leucodon* aus Dalmatien und *C. gueldenstaedti* und *C. zimmermanni* von der Insel Kreta. Aufgrund des uns zur Zeit vorliegenden *Crocidura*-Materials aus dem Mittelmeerraum läßt sich zusammenfassend sagen, daß die Rostrum-Länge eine gute Trenneigenschaft aufweist, wenn zwei Taxa nebeneinander vorkommen.

Die Trennung von *C. leucodon* anhand der Rostrum-Länge von *C. s. mimula* und *C. r. russula* aus der BRD dürfte nicht eindeutig möglich sein, denn *leucodon* überstreicht mit ihrer Variationsbreite das Maximum von *suaveolens mimula* und das Minimum von *r. russula*; ähnliche Überschneidungen deuten sich in Italien mit *suaveolens* und *leucodon* an. Dies bestätigt ganz eindeutig die Meinung von RICHTER (1963), daß *leucodon* ein verhältnismäßig kurzes Rostrum hat.

Obwohl man die sardische Wimperspitzmaus von der korsikanischen anhand des Zahnmerkmales am $P^4$ (RICHTER 1970b) gut trennen kann, gelingt dies nicht mit der Rostrum-Länge. Die Mittelwerte von 2.55 (*C. s. cyrnensis*, ♀♀), 2.62 (*C. s. cyrnensis*, ♂♂) und 2.63 (*C. r. ichnusae*) liegen nahe zusammen. In diese Größenordnung gehört auch überraschenderweise die *russula* von Sizilien mit einem Mittelwert von 2.66 mm.

Das kürzeste Rostrum finden wir bei *suaveolens* von Istrien und Kroatien (Jugoslawien) vor. Die *leucodon*-Exemplare von Kroatien haben eine sehr große Variationsbreite (vielleicht bedingt durch das Fehlen von *russula*); sie reicht vom *suaveolens*-Bereich (Istrien/Kroatien) bis hinein in den *russula*-Bereich (Sizilien, BRD).

Der systematische Status von *gueldenstaedti* ist umstritten. Wir sehen sie als Art an, dagegen SPITZENBERGER (1970, 1973, 1978) als eine Unterart von *russula*. Das Diagramm zeigt, daß die Rostrum-Länge zwar die beiden kretischen Taxa, *gueldenstaedti* und *zimmermanni*, zu trennen vermag, aber wir können nicht ohne weiteres nach der Rostrum-Länge *gueldenstaedti* einem anderen Taxon zuordnen. Anhand eines einzigen Merkmals läßt sich der Status von *gueldenstaedti* nicht klären, wie bereits schon SPITZENBERGER (1970: 246) bezüglich der relativen Schwanzlänge schrieb: "M. E. ist es verfrüht, eine Theorie darüber zu bilden, ob und wie die langschwänzige Hausspitzmaus des Orients mit den langschwänzigen mediterranen Inselformen zusammenhängt. Die rel. Schwanzlänge ist ein variables und offenbar umweltabhängiges Merkmal. Es ist daher leicht vorstellbar, daß eine vorwiegend nach der rel. Schwanzlänge getroffene Gruppierung nicht genetisch einheitliche Einheiten zusammenfaßt. Da andere Merkmale als die rel. Schwanzlänge, die eine Aufspaltung von *C. russula* in zwei oder mehrere Arten rechtfertigen könnten, bisher nicht gefunden wurden, schlage ich vor, auch alle langschwänzigen Hausspitzmäuse zu *russula* zu stellen und somit die nahöstlichen Populationen (soweit einheitlich) als *C. r. gueldenstaedti* zu bezeichnen".

Neben der Rostrum-Länge benutzte RICHTER (1963) einen Rostrum-Index, den er aus der Länge und der Höhe des Rostrums bildete. Wir haben diesen Index für einige Taxa berechnet (die Rostrum-Länge und -Höhe wurden aus verschiedenen Arbeiten übernommen bzw. nachberechnet) und größenmäßig geordnet.

In dieser Aufstellung sehen wir, daß *C. leucodon* von Österreich den kleinsten Index aufweist. Bemerkenswert ist der überaus unerwartet hohe Index von *leucodon*/Dalmatien, der im Maximum-Bereich von *russula* liegt. Nach *leucodon*/Österreich folgt übergreifend *suaveolens* aus Italien mit 1.36. Auffallend ist die große Streuung von *suaveolens*: 1.36-1.60. Wäh-

Tabelle 1. Geographische Ordnung (von Westen nach Osten) einiger *Crocidura*-Taxa im Mittelmeerraum (Maße in mm).

| Art | Rostrum Länge, E | | | Rostrum-Höhe, F | | | E:F-Index | Quelle |
|---|---|---|---|---|---|---|---|---|
| | min | x | max | min | x | max | | |
| *C. r. pulchra* (N-Spanien) | 2.72 | 2.90 | 3.08 | 1.52 | 1.72 | 1.92 | 1.69 | VESMANIS 1975 |
| *C. suaveolens* (M-Spanien) | 2.44 | 2.51 | 2.60 | 1.44 | 1.59 | 1.76 | 1.58 | VESMANIS u. KAHMANN 1976 |
| *C. s. balearica* (Menorca) | 2.20 | 2.46 | 2.60 | 1.52 | 1.68 | 1.80 | 1.46 | KAHMANN u. VESMANIS 1974 |
| *C. russula* (S-Frankreich) | 2.72 | 2.78 | 2.88 | 1.56 | 1.78 | 2.04 | 1.56 | VESMANIS 1975 |
| *C. s. iculisma* (S-Frankreich) | 2.04 | 2.08 | 2.12 | 1.28 | 1.41 | 1.52 | 1.48 | VESMANIS 1976b |
| *C. l. leucodon* (BRD) | 2.28 | 2.50 | 2.68 | 1.68 | 1.84 | 2.00 | 1.36 | VESMANIS u. VESMANIS i. Dr. |
| *C. r. russula* (BRD) | 2.48 | 2.91 | 3.00 | 1.64 | 1.80 | 1.92 | 1.62 | VESMANIS 1975 |
| *C. s. mimula* (BRD) | 2.04 | 2.23 | 2.40 | 1.32 | 1.49 | 1.80 | 1.50 | VESMANIS 1976a, b |
| *C. suaveolens* (Österreich) | 2.08 | 2.25 | 2.32 | 1.12 | 1.41 | 1.72 | 1.60 | VESMANIS 1976a, b |
| *C. leucodon* (Österreich) | 2.48 | 2.54 | 2.60 | 1.80 | 1.90 | 2.00 | 1.34 | VESMANIS u. VESMANIS i. Dr. |
| *C. leucodon* (Italien) | 2.44 | 2.53 | 2.64 | 1.72 | 1.85 | 1.96 | 1.37 | VESMANIS u. VESMANIS i. Dr. |
| *C. suaveolens* (Italien) | 2.32 | 2.37 | 2.48 | 1.40 | 1.66 | 1.88 | 1.43 | VESMANIS 1976a |
| *C. s. cyrnensis* (Korsika) ♀♀ | 2.44 | 2.55 | 2.68 | 1.56 | 1.75 | 1.96 | 1.46 | VESMANIS 1976d |
| *C. s. cyrnensis* (Korsika) ♂♂ | 2.48 | 2.62 | 2.96 | 1.64 | 1.82 | 1.96 | 1.44 | VESMANIS 1976d |
| *C. r. ichnusae* (Sardinien) | 2.44 | 2.63 | 2.88 | 1.56 | 1.71 | 1.96 | 1.54 | VESMANIS 1977 |
| *C. sicula* (Sizilien) | | 2.50 | | | 1.60 | | 1.56 | VESMANIS 1976c |
| *C. russula* (Sizilien) | 2.48 | 2.66 | 2.92 | 1.56 | 1.67 | 1.80 | 1.59 | VESMANIS 1976c |
| *C. suaveolens* (Favignana) | 2.28 | 2.38 | 2.52 | 1.44 | 1.51 | 1.60 | 1.58 | VESMANIS 1976c |
| *C. suaveolens* (Marettimo, Levanzo) | | 2.56 | | | 1.64 | | 1.56 | VESMANIS 1976c |
| *C. leucodon* (Kroatien, Jugosl.) | 2.16 | 2.51 | 2.80 | 1.52 | 1.69 | 1.88 | 1.49 | VESMANIS u. VESMANIS i. Dr. |

| Art | Rostrum-Länge, E min | x | max | Rostrum-Höhe, F min | x | max | E:F-Index | Quelle |
|---|---|---|---|---|---|---|---|---|
| *C. leucodon* (Dalmatien, Jugosl.) | 2.80 | 2.85 | 2.88 | 1.68 | 1.74 | 1.80 | 1.64 | VESMANIS u. VESMANIS 1978 |
| *C. suaveolens* (Istrien, Kroatien, Jugosl.) | 1.72 | 2.10 | 2.28 | 1.28 | 1.54 | 1.68 | 1.36 | VESMANIS 1976a |
| *C. suaveolens* (Dalmatien, Jugosl.) | 2.04 | 2.23 | 2.36 | 1.48 | 1.57 | 1.72 | 1.42 | VESMANIS 1976a |
| *C. suaveolens* (Makedonien, Jugosl.) | 2.28 | 2.34 | 2.40 | 1.52 | 1.55 | 1.60 | 1.51 | VESMANIS 1976a |
| *C. suaveolens* (Griechenland) | 2.20 | 2.21 | 2.24 | 1.32 | 1.44 | 1.56 | 1.53 | VESMANIS 1976a |
| *C. zimmermanni* (Kreta) | 2.80 | 3.05 | 3.32 | 1.50 | 1.57 | 1.70 | 1.94 | VESMANIS u. KAHMANN 1978 |
| *C. gueldenstaedti* (Kreta) | 2.20 | 2.58 | 2.72 | 1.48 | 1.69 | 2.10 | 1.53 | VESMANIS u. KAHMANN 1978 |
| *C. gueldenstaedti* (Samos) | 2.44 | 2.49 | 2.52 | 1.52 | 1.55 | 1.60 | 1.61 | KAHMANN u. VESMANIS 1976 |

rend *C. r. ichnusae*/Sardinien anhand der rostralen Länge kaum von *C. russula*/Sizilien und *C. s. cyrnensis*/Korsika zu unterscheiden war, liegen die rostralen Indizes deutlich auseinander. *C. gueldenstaedti*/Kreta liegt nahe bei *C. r. ichnusae*/Sardinien und im Index-Wert gleich mit *C. suaveolens*/Griechenland. Dagegen finden wir *C. gueldenstaedti*/Samos eindeutig im Bereich von *russula* (Sizilien, BRD).

## Zusammenfassung

Die Rostrum-Länge kann bei zwei Taxa eine sehr gute Trennwirkung zeigen, wenn beide Taxa nebeneinander vorkommen. Der Rostrum-Index ist bei *C. zimmermanni*/Kreta am höchsten, bei *C. leucodon*/Österreich am niedrigsten. Eine Sonderstellung nimmt *C. leucodon*/Dalmatien ein, mit einem Index, der im *C. russula*-Bereich liegt.

## Summary


### NOTES ABOUT THE ROSTRUM-LENGTH OF SOME WHITE-TOOTHED SHREWS FROM THE MEDITERRANEAN REGION

The rostrum-length of several mediterranean white-toothed shrews of the genus *Crocidura* is discussed in this paper. We are able to separate by the rostrum-length (as shown by RICHTER 1963) *Crocidura* species, provided that the two 'different species' are living in coexistence. The rostrum-length alone can not clear up the systematic position of *gueldenstaedti*

Tabelle 2. Größenmäßige Ordnung (nach dem E:F-Index) einiger *Crocidura*-Taxa im Mittelmeerraum.

| E:F-Index | Art | Art | Art | Art | Herkunft |
|---|---|---|---|---|---|
| 1.34 | *C. leucodon* | | | | Österreich |
| 1.36 | *C. l. leucodon* | | | | BRD |
| 1.36 | | *C. suaveolens* | | | Istrien + Kroatien, Jugoslawien |
| 1.37 | *C. leucodon* | | | | Italien |
| 1.42 | | *C. suaveolens* | | | Dalmatien, Jugoslawien |
| 1.43 | | *C. suaveolens* | | | Italien |
| 1.44 | | *C. s. cyrnensis* ♂♂ | | | Insel Korsika |
| 1.46 | | *C. s. cyrnensis* ♀♀ | | | Insel Korsika |
| 1.46 | | *C. s. balearica* | | | Insel Menorca |
| 1.48 | | *C. s. iculisma* | | | S-Frankreich |
| 1.49 | *C. leucodon* | | | | Kroatien, Jugoslawien |
| 1.50 | | *C. s. mimula* | | | BRD |
| 1.51 | | *C. suaveolens* | | | Makedonien, Jugoslawien |
| 1.53 | | *C. suaveolens* | | | Griechenland |
| 1.53 | | | *C. gueldenstaedti* | | Insel Kreta |
| 1.54 | | | | *C. r. ichnusae* | Insel Sardinien |
| 1.56 | | *C. suaveolens* | | | Inseln Marettimo und Levanzo |
| 1.56 | | | | *C. sicula* | Insel Sizilien |
| 1.56 | | | | *C. russula* | S-Frankreich |
| 1.58 | | *C. suaveolens* | | | Insel Favignana |
| 1.58 | | *C. suaveolens* | | | M-Spanien |
| 1.59 | | | | *C. russula* | Insel Sizilien |
| 1.60 | | *C. suaveolens* | | | Österreich |
| 1.61 | | | *C. gueldenstaedti* | | Insel Samos |
| 1.62 | | | | *C. r. russula* | BRD |
| 1.64 | *C. leucodon* | | | | Dalmatien, Jugoslawien |
| 1.69 | | | | *C. r. pulchra* | N-Spanien |
| 1.94 | | | | *C. zimmermanni* | Insel Kreta |

in the mediterranean region. *Crocidura leucodon* from Dalmatia (Jugoslavia) has an exceptional position with an rostrum-index laying in the range of *Crocidura russula*.

## Literatur

KAHMANN, H. u. VESMANIS, I., 1974: Morphometrische Untersuchungen an Wimperspitzmäusen (*Crocidura*). 1. Die Gartenspitzmaus *Crocidura suaveolens* (Pallas, 1811) auf Menorca. - Säugetierkdl. Mitt. **22**, 313-324.

- u. -, 1976: Morphometrische Untersuchungen an Wimperspitzmäusen (*Crocidura*) (Mammalia: Soricidae). 2. Zur weiteren Kenntnis von *Crocidura gueldenstaedti* (Pallas, 1811) auf der Insel Kreta. - Opuscula Zool. **136** (1975), 1-12.

RICHTER, H., 1963: Zur Unterscheidung von *Crocidura r. russula* und *Crocidura l. leucodon* nach Schädelmerkmalen, Gebiß und Hüftknochen. - Zool. Abh. Mus. Tierkde. Dresden **26**, 123-133.

-, 1970a: Systematisch-taxonomische Untersuchungen an palaearktischen Weißzahnspitzmäusen der Gattung *Crocidura* (II). Zum taxonomischen Status der zwei Crociduren-Formen von Kreta (Mammalia, Insectivora, Soricidae). - Zool. Abh. Mus. Tierkde. Dresden **31**, 279-291.

-, 1970b: Systematisch-taxonomische Untersuchungen an palaearktischen Weißzahnspitzmäusen der Gattung *Crocidura* (III). Zur Taxonomie und Verbreitung der palaearktischen Crociduren (Mammalia, Insectivora, Soricidae). - Zool. Abh. Mus. Tierkde. Dresden **31**, 293-304.

SPITZENBERGER, F., 1970: Zur Verbreitung und Systematik türkischer Crocidurinae (Insectivora, Mammalia). - Ann. naturhistor. Mus. Wien **74**, 233-252.

-, 1973: In: FELTEN, H., SPITZENBERGER, F. u. STORCH, G.: Zur Kleinsäugerfauna West-Anatoliens. Teil II. - Senckenbergiana biol. **54**, 227-290.

-, 1978: Die Säugetierfauna Zyperns. Teil I: Insectivora und Rodentia. - Ann. naturhistor. Mus. Wien **81**, 401-441.

VESMANIS, I., 1975: Morphometrische Untersuchungen an algerischen Wimperspitzmäusen, 1. Die *Crocidura russula*-Gruppe (Mammalia: Insectivora). - Senckenbergiana biol. **56**, 1-19.

-, 1976a: Vergleichend - morphometrische Untersuchungen an der Gartenspitzmaus aus Jugoslawien. - Acta theriol. **21**, 513-526.

-, 1976b: Morphometrische Untersuchungen an algerischen Wimperspitzmäusen 2. Die *Crocidura suaveolens*-Gruppe (Mammalia: Insectivora). - Z. f. Säugetierkde. **41**, 216-225.

-, 19/6c: Beitrag zur Kenntnis der Crociduren-Fauna Siziliens (Mammalia: Insectivora). - Z. f. Säugetierkde. **41**, 257-273.

-, 1976d: Zur Identität des Typus-Exemplares von *Crocidura corsicana* Raynaud u. Heim de Balsac, 1940 im Vergleich mit *Crocidura cyrnensis* Miller, 1907 (Mammalia: Insectivora). - Bonn. zool. Beitr. **27**, 164-171.

-, 1977: Morphometrische Untersuchungen an sardischen Wimperspitzmäusen (Insectivora: *Crocidura*). - Zool. Beitr. N. F., Berlin **22** (1976), 459-474.

VESMANIS, I. u. KAHMANN, H., 1976: Morphometrische Untersuchungen an Wimperspitzmäusen (*Crocidura*): 3. Ein Vorkommen der Gartenspitzmaus, *Crocidura suaveolens* (Pallas, 1811) in der Provinz Salamanca, Spanien. - Säugetierkdl. Mitt. **24**, 19-25.

- u. -, 1978: Morphometrische Untersuchungen an Wimperspitzmäusen (*Crocidura*) 4. Bemerkungen über die Typusreihe der kretaischen *Crocidura russula zimmermanni* Wettstein, 1953 im Vergleich mit *Crocidura gueldenstaedti caneae* (Miller, 1909). - Säugetierkdl. Mitt. **26**, 214-222.

VESMANIS, I u. VESMANIS, A., i. Dr.: Morphometrische Untersuchungen an der Feldspitzmaus, *Crocidura leucodon* (Hermann, 1780), aus Jugoslawien. - Zool. Beitr. N. F., Berlin.

Anschrift der Autoren:

Dr. Indulis E. und Andrea Vesmanis, Institut f. Paläoanthropologie u. Archäometrie, J. W. Goethe-Universität, Siesmayerstraße 70; D - 6000 Frankfurt/M.

# ZOOLOGISCHE ABHANDLUNGEN

STAATLICHES MUSEUM FÜR TIERKUNDE IN DRESDEN

Band 36 Ausgegeben: 30. April 1980 Nr. 5

## Geographical Variation of the Fire Bellied Toad (Bombina bombina (L.)) in the USSR (Amphibia, Anura, Discoglossidae)

With 3 Figures

BOGDAN STUGREN
Cluj-Napoca, S. R. Romania

### 1. Introduction

Specimens of the Fire Bellied Toad (*Bombina bombina*(L.)) with an immixture of characters of the Yellow Bellied Toad (*Bombina variegata* (L.)) were recorded in South-Western Poland (MÁDEJ 1964a, 1964b; MICHAŁOWSKI 1958, 1961a, 1961b), in Czechoslovakia and the Transcarpathian Region of the USSR (LÁC 1961; ŠTĚPÁNEK 1949; STUGREN and POPOVICI 1961), and in Transylvania (STUGREN 1959). They are reported from the overlapping zone of the ranges of both European species of *Bombina*, which is extended from the Weser River to the Lower Danube (MERTENS 1928). It was suggested that the immixture of species-characters is due to interspecific crosses and backcrosses (MICHAŁOWSKI 1958, 1964).

The present author supported a different statement (STUGREN 1959). In my opinion, interspecific crosses explain the immixture of species-characters only when both species occur together or are at least ineffectively isolated one from another, living in different neighbouring habitats. Moreover, the phaenotypical heterogeneousness with toad populations, the admixture of characters of the other species cannot be entirely explained only by the assumption of interspecific crosses. In addition, specimens of *B. bombina* with an immixture of characters of *B. variegata* were recorded in the USSR, outside the overlapping zone of the ranges of these species, namely from Orkhei (Moldavian SSR, between the Pruth and Dniester rivers), Izmail (on the Danube, Izmail Region of the Ukrainian SSR), and, what is more striking, even from Brovar, a locality in the Chernigov Region of the Ukraine, East of Dnieper (STUGREN and POPOVICI 1961). In Bulgaria BURESCH and ZONKOW (1942) also observed a high degree of variation of *B. bombina* from the Lower Danube Plain, where no *B. variegata* occurs. Conversely, a population of *B. variegata* from the Eastern Carpathian Chain (Romania) comprises specimens which resemble by their color pattern which *B. bombina* (STUGREN and VANCEA 1968). But the advanced explanation on the outcoming of atavistic features in populations of *B. variegata* by the present author is not satisfactorily. I believe that the problem could be solved only by an extensive statistic analysis of the phaenogenetic features of the populations of both species of *Bombina*, from territories where only one of these occurs, thus being eliminated the possibility of interbreeding with the other species. This paper is the first one where results of such studies carried out by the author are published.

## 2. Examined Material

The investigated material consists of 286 adults, and 84 juveniles preserved in the Zoological Museum of the Moscow University (ZMMU), the Department of Vertebrate Zoology at the Moscow University (VZMU), the Zoological Institute of the Academy of Sciences of the USSR in Leningrad (ZIN), and the Zoological Institute of the Academy of Sciences of the Ukrainian SSR in Kiev (ZIK). The specimens were distributed in 21 samples representing 21 different geographical populations, as follows (see also Fig. 1):

I. Southern Bessarabia (part of the Izmail Region of the Ukrainian SSR, between the Danube Delta, the Bay of Dniester and the Black Sea), 40 (31 ad., 9 juv.): 1. Izmail, on the left riverside of the Kiliya arm of the Danube Delta, 6 (ZIK). - 2. Kiliya, on the left riverside of the Kiliya arm of the Danube Delta, 2 (ZIN, Nos. 2442, 3955). - 3. Tatar-bunar, 7 (ZIN, No. 2443). - 4. Belgorod-Dniestrovskii, on the Bay of Dniester, 5 (ZIN, Nos. 2438, 2946). - Purkary, on the right riverside of the Dniester, 20 (ZIN, Nos. 2441, 2444, 2550).
II. South-Western Ukraine (part of the Odessa Region of the Ukrainian SSR, between the rivers Dniester and Bug and the Black Sea), 17 (14 ad., 3 juv.): 6. Kotovsk, 9 (ZIK). - 7. Lyubomirka, Kotovsk District, 7 (ZIK), - 8. Birzula, Ananeev District, 1 (ZIN, No. 2320a).
III. The Bay of Dnieper (Kherson Region of the Ukrainian SSR), 35 ad.: 9. Kherson, 35 (ZIN, Nos. 2247, 2320; ZIK).
IV. Central area of the Pontic Steppes (the Kirovograd and Dniepropetrovsk Regions of the Ukrainian SSR, between the rivers Ingul and Dnieper), 27 (17 ad., 10 juv.): 10. Kirovograd, on the Ingul river, 22 (ZIK). - 11. Dniepropetrovsk, 5 (ZIN, No. 2960).
V. The Bay of Don (Rostov Region of the Russian SFSR), 13 (9 ad., 4 juv.): 12. Taganrog, 2 (ZIN, No. 1222). - 13. Azov-Don Biological Station, Myasnikovsk District, 6 (ZIN, No. 3737). - 14. Rostov, 1 (ZIN, No. 3727). - 15. Aksai river, near Novocherkask, 4 (ZIN, No. 3373).
VI. Caucasus (Krasnodar Land, Russian SFSR), 1 juv.: 16. Caucasian National Park, 1 (ZIN, No. 3517). Other caucasian specimens examined by the author were not included in the list, because of the uncertainty of their geographical origin. Sample No. 81 in the ZMMU, composed of 2 specimens, is labelled as being from Lenkoran (a lowland in Azerbaidzhan, to the South of the Caucasus Chain). It seems to be an error. *B. bombina* is not reported from Lenkoran in SOBOLEVSKII's comprehensive paper (1929) on the herpetological fauna of this area. It is absent even in South Daghestan (BANNIKOV 1964), situated farther north than Lenkoran.
VII. Volga-Don Area (part of Volgograd Region of the Russian SFSR), 6 ad.: 17. Sergievka, on the Khoper river, left tributary of the Don, 1 (ZIN, No. 1802). - 18. Ilovlya station, on the Ilovlya river, left tributary of the Don, 5 (ZIN, No. 3712).
VIII. The Kazakh SSR, 3 ad.: 19. Krugloe, on Bagyr-Dai, between the Volga and the Ural rivers, 1 (ZIN, No. 4039). - 20. Upper course of the Or river, left tributary of the Ural river, Chkalov Region, 2 (ZIN, No. 400).
IX. Central Bessarabia (Moldavian SSR, between the rivers Pruth and Dniester), 28 (24 ad., 4 juv.): 21. Kharitonovka, near Kishinev, 2 (ZIK). - 22. Orkheev District, 10 (ZIK). - 23. Pogribeni, Kipercheni District, 3 (ZIK). - 24. Rezina, on the right riverside of the Dniester, 3 (ZIK). - 25. Novo Limbeni, Byltsi District, 10 (ZIK).
X. North Bukovina (Czernowitz Region of the Ukrainian SSR), 8 ad.: 26. Czernowitz, on the Pruth river, 6 (ZIN, No. 4100). - 27. Khotyn, on the right riverside of the Dniester, 2 (ZIK).

XI. Podolia (Khmelnitskii Region of the Ukrainian SSR), 24 ad.: 28. Letychev District, 24 (ZMMU, Nos. 636, 873).
XII. Western Polesia (North-Western Ukraine and South-Eastern Byelorussia), 14 (7 ad., 7 juv.): 29. Zverevo, Kivertsy District, Volhynian Region, Ukrainian SSR, 1 (ZIK). - 30. Sviteli, Shatsk District, Volhynian Region, Ukrainian SSR, 1 (ZIK). - 31. Lake Beloe, Lyubeshovsk District, Volhynian Region, Ukrainian SSR, 1 (ZIK). - 32. Dolsk, Volhynian Region, Ukrainian SSR, 7 (ZIK). - 33. Byelovezh National Park, Brest Region, Byelorussian SSR, 4 (ZIN, No. 3088).
XIII. Kiev Region (Ukrainian SSR), 43 (29 ad., 14 juv.): 34. Kiev and surroundings, 36 (ZIN, Nos. 357, 1571, 1572; ZIK). - 35. Malyutinka, Vasilkovsk District, 7 (ZIK).
XIV. Chernigov Region (Ukrainian SSR), 11 (10 ad., 1 juv.): 36. Chernigov, on the Desna river, 2 (ZMMU, No. 68). - 37. Nezhin, on the Oster river, left tributary of the Desna, 4 (ZIK).
XV. Sozh-Upper Desna Area (South-Eastern Byelorussian SSR and adjacent parts of the Russian SFSR), 21 (6 ad., 15 juv.): 38. Novozybkov, Bryansk Region, Russian SFSR, 1 (ZIN, No. 476). - 39. Gomel District, Gomel Region, Byelorussian SSR, 20 (ZIN, Nos. 3057, 3658).
XVI. Pripet-Berezina Area (Byelorussian SSR), 3 ad.: 40. Drunki, Khoiniki District, Gomel Region, 1 (ZIN, No. 3657). - 41. Yazym, Bobruisk District, Minsk Region, 2 (ZIN, No. 2508).
XVII. Poltava Region (Ukrainian SSR), 1 juv.: 42. Gadyach, on the Psel river, left tributary of the Dnieper, 1 (ZIN, No. 2966).
XVIII. Kursk-Orel Area (Russian SFSR), 8 (7 ad., 1 juv.): 43. L'gov, on the Seim river, Kursk Region, 3 (ZIN, No. 2868). - 44. Maloarkhangel'sk, Orel Region, 5 (ZMMU, Nos. 77, 913).
XIX. Voronezh Region (Russian SFSR), 25 (24 ad., 1 juv.): 45. Voronezh, and Voronezh Region without accurate localization, and stations Korennaya Balanda and Podury, 6 (ZIN, Nos. 1801, 1803, 3102). - 46. Bityug river, Bobrovsk District, 18 (ZMMU, No. 587).
XX. Moscow Region (Russian SFSR), 35 (23 ad., 12 juv.): 47. Moscow, 15 (ZMMU, Nos. 76, 82, 860; VZMU, No. 298; ZIN, No. 3397). - 48. Domodedovo, Podol'sk District, 5 (ZMMU, No. 79). - 49 Serpukhovo, 13 (ZMMU, No. 74; VZMU, No. 304; ZIN, No. 3396). - 50. Kashira, 4 (ZIN, Nos. 2803, 2976).
XXI. Ryazan Region (Russian SFSR), 7 (6 ad., 1 juv.): 51. Oka National Park, Inel'sk District, 7 (VZMU, No. 316).

## 3. Variation in biometrical features

Except samples Nos. VI, VIII, XVI, and XVII, which consist of 1-3 specimens only, all the others were subjected to a biometrical analysis. Calculations were based only on measurements of adult specimens (with the body size exceeding 30 mm). Arithmetic mean and its error, standard deviation of the variation of the body size (from snout to vent) were calculated separately for each sample.

As shown in table 1, there are slight differences between the arithmetic means of body size in diverse samples. When disposed on a map (Fig. 1), these values suggest some continuous geographical variation, which resembles to geoclines. Although there are no perfect continuous transitions between the different mean values of the body size of the geographical extremes in these supposed clines, one can imagine that the observed slight discontinuities are due to different volumes of samples. The existence of 5 clines may be supposed:

1. from the Danube Delta up to the Bay of Don, comprising samples I, II, III, IV, V, along the northern shores of the Black and Azov Seas, characterized by a growth in body size from West to East;

Table 1. Biometrical features of *B. bombina* from the USSR (variation in body size).

Roman numbers indicate the same samples as in text and in Fig. 1. N - number of examined specimens; min. - minimum value; max. - maximum value; $\bar{x} \pm \sigma_{\bar{x}}$ - arithmetic mean and standard error; $\sigma d$ - standard deviation.

| Sample | N | min. | $\bar{x} \pm \sigma_{\bar{x}}$ | max. | $\sigma d$ |
|---|---|---|---|---|---|
| I | 31 | 30 | 36,51 ± 0,67 | 49 | 3,73 |
| II | 14 | 33 | 36,07 ± 0,69 | 40 | 2,59 |
| III | 35 | 31 | 38,13 ± 0,67 | 47 | 4,05 |
| IV | 17 | 32 | 38,41 ± 0,84 | 44 | 3,48 |
| V | 9 | 36 | 39,66 ± 0,83 | 43 | 2,49 |
| VII | 6 | 30 | 35,16 ± 1,54 | 43 | 3,76 |
| IX | 24 | 31 | 35,08 ± 0,51 | 40 | 2,51 |
| X | 8 | 40 | 42,62 ± 0,46 | 44 | 1,32 |
| XI | 24 | 30 | 35,37 ± 1,59 | 53 | 7,63 |
| XII | 7 | 33 | 37,14 ± 1,01 | 42 | 2,67 |
| XIII | 29 | 30 | 38,20 ± 0,76 | 48 | 4,10 |
| XIV | 10 | 30 | 35,50 ± 1,30 | 43 | 4,11 |
| XV | 6 | 30 | 33,66 ± 1,06 | 39 | 2,59 |
| XVIII | 7 | 30 | 38,42 ± 2,10 | 46 | 5,56 |
| XIX | 24 | 32 | 40,66 ± 0,83 | 46 | 4,08 |
| XX | 23 | 30 | 37,00 ± 1,08 | 49 | 5,22 |
| XXI | 6 | 30 | 31,33 ± 0,32 | 32 | 0,80 |

2. from the Danube Delta through Bessarabia up to the Bukovina, comprising samples I, IX, X, characterized by a growth in body size from South-East to North-West;

3. from the South-Eastern Ukraine up to Western Polesia, comprising samples II, XI, XII, characterized by a growth in body size from South-East to North-West;

5. from Chernigov up to Moscow, comprising samples XIV, XV, XX, characterized by a growth in body size from South to North.

The assumption of a clinal variability was then analysed by the t-test of STUDENT (SNÉDÉCOR 1957; WEBER 1959). The logical background of this testing was the statement that there are real clines only when the differences between the arithmetic means of the body size of geographical extremes are not due to randomness of sampling. One may consider two samples as being really different if the calculated parameter $t_o$ exceeds the corresponding theoretical $t_{0,05}$ at the same level of degrees of freedom. As seen in table 2, only the differences between samples I and V, and I and X, are significant, their arithmetic means being really different. Therefore, only the existence of two geoclines could be accepted: the continuous growth in body size from the Danube Delta to the Don, and from the Danube Delta to the North-West. Other supposed clines are unreal, the observed differences between arithmetic means being due to randomness of sampling.
I did not test the differences in femur and tibia lengths because the variations of these characters are closely correlated to the body size (TERENT'EV 1949).

The above described clines enable us to consider *B. bombina* as a species with clinal variation. This statement completes the viewpoint of MERTENS (1928), who described an in-

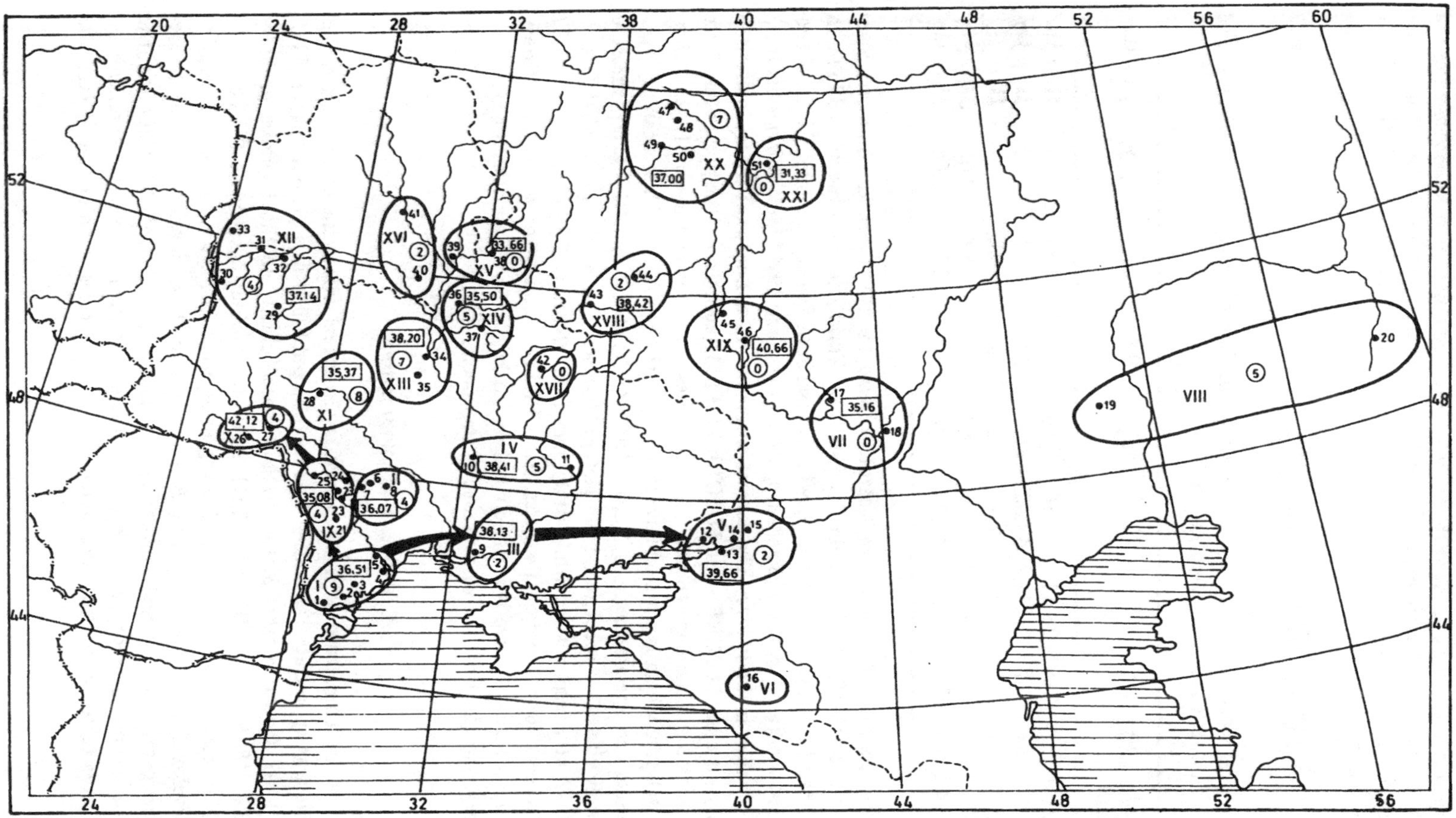


Fig. 1. Geographical variation of biometrical features and colour patterns of *B. bombina* (L.) in the USSR.
Roman numbers indicate samples from geographical populations, while arab numbers indicate localities, both being the same as in the text. Numbers in quadrilaterals - arithmetic means of body size in samples; encircled numbers - numbers of characters which show reverse mutations; arrows - directions of geoclines.

Table 2. Parameters for testing the differences of the body size of *B. bombina* from the USSR. $N_1$, $N_2$ - volumes of samples; $\bar{x}'$, $\bar{x}''$ - arithmetic means of samples 1 and 2; $\sigma_d$ - common standard deviation of samples 1 and 2; D. F. - degrees of freedom ($N_1 + N_2 - 2$); the parameter to results from:

$$t_0 = \frac{(\bar{x}' - \bar{x}'')}{\sigma_d} \cdot \sqrt{\frac{N_1 \cdot N_2}{N_1 + N_2}} \quad ;$$

$t_{0,05}$ - theoretical value of t at the significance level of P (probability) = 0,05; $\mu_1$, $\mu_2$ - real (theoretical) arithmetic means of samples 1 and 2.

| Cline (?) | Tested samples | $N_1$ | $N_2$ | $\bar{x}'$ | $\bar{x}''$ | $\sigma_d$ | D.F. | $t_0$ | $t_{0,05}$ | Results |
|---|---|---|---|---|---|---|---|---|---|---|
| 1 | I, V | 31 | 9 | 36,51 | 39,66 | 3,50 | 38 | 2,47 | 2,04 | $\mu_1 \neq \mu_2$ |
| 2 | I, X | 31 | 8 | 36,51 | 42,62 | 3,41 | 37 | 4,51 | 2,02 | $\mu_1 \neq \mu_2$ |
| 3 | II, XII | 14 | 7 | 36,07 | 37,14 | 2,61 | 19 | 0,66 | 2,09 | $\mu_1 = \mu_2$ |
| 4 | XII, XIX | 7 | 24 | 37,14 | 40,66 | 3,83 | 29 | 1,98 | 2,05 | $\mu_1 = \mu_2$ |
| 5 | XIV, XX | 10 | 23 | 35,50 | 37,00 | 4,92 | 31 | 0,78 | 2,04 | $\mu_1 = \mu_2$ |

crease in body size from North-Western Anatolia toward the North Sea and Southern Sweden. According to MERTENS, Fire Bellied Toads from Turkey reach at the most 37 mm in body size, those from Bucharest 40 mm, while those from Sweden 50 mm. GISLÉN and KAURI (1959) mention the size of Swedish specimens as being 19-47 mm. *B. bombina* from Romania is smaller in body size. The largest specimen from Bucharest in my collection measures only 43 mm. STUGREN and POPOVICI (1961), reported for the population from Ada-Kaléh, an islet on the Danube near the Iron Gates, an arithmetic mean of 32,54 mm, and for Transylvania which is situated farther in the north than Ada-Kaléh, a mean of 41,22 mm. Two examined specimens from Tihany, on the Balaton Lake (Hungary), measure 41 mm in body size. Two specimens from Hettstedt (near Halle an der Saale, GDR), measure 45 and 47 mm respectively, while other two from Berlin (GDR) (ZIN, No. 757) 37 and 39 mm respectively. These data suggest that MERTEN's statement was correct. However, one cannot be sure if there is a real cline from Turkey to Sweden, without a statistical analysis of large samples from the whole range of the species.

## 4. Variation in colour pattern

The amount of the immixture of the *B. variegata* characters within the examined samples of *B. bombina* was appreciated according to a method published in a previous paper (STUGREN 1959). As shown in table 3, the method, based chiefly on the diagnoses given by BOULENGER (1886) and MÉHELY (1891), made it possible to calculate the character ratio of both species at individual level. The suggested formula *b : v* expresses the ratio of characters developed as "*b*" (representing *B. bombina*) to those developed as "*v*" (representing *B. variegata*). This method enables us to estimate, on a statistical background, the frequencies of diverse phaenotypes within the samples and their degree of heterogeneousness with regards to the admixture of characters for both species. As a matter of fact, the

Table 3. Differential characters of the European species of *Bombina* (from STUGREN 1959).

| | Differential character | *B. bombina (b)* | *B. variegata (v)* |
|---|---|---|---|
| A | Colour of the light spots on the lower surface of the body | red, orange, till yellowish | yellow |
| B | Patterns of the abdomen, including the lower surface of hands | prevailingly black; acred or orange spots scattered on a black area | prevailingly yellow; black spots scattered on a yellow area |
| C | Ventral surface of the thigh (light spots) | small, right and left spots separated | big, right and left spots united |
| D<br>E | Colour of the upper part of the thumb (right and left) | black | light |
| F<br>G | Colour of the tips of the toes (right and left) | black | light |
| H<br>I | Relation between the light tarsal and sole spot (right and left) | separated | united |
| J | Colour of the upper surface of the body | black | argillaceous or sallow |
| K | Patterns of the upper surface of the body | regularly disposed dark tubercles | scattered dark tubercles |
| L | Dorsal warts | flat, sleek, lenticular | cone-shaped, rugged |

method is not a perfect one, because no differential values of characters were taken into account (MÁDEJ 1964a).

Character *A* was not used in this study, because of the loss of colour of the light spots in alcohol.

Except character *K*, all eleven investigated colour patterns are developed both as "*b*" and "*v*" in various rates (see table 4). The "*v*" features of the colour patterns in *B. bombina*, may by reverse mutations, because *B. variegata* is a form closely related to the ancestor of the European species of the genus (MERTENS 1928; TERENT'EV 1949). Of course, it is a matter of discussion if the patterns of the upper surface of the body (characters *J*, *K*, and *L*), are to be considered like those of the lower surface (characters *A*, *B*, *C*, *H*, and *I*), as genetically fixed or due to environmental influences. In Hungary, MARIAN (1959) has found specimens with grass-green colour of the upper surface together with normal (deeply dark) ones. According to MARIAN's observations, the definitive colour of the upper surface appears immediately after the metamorphosis and does not present seasonal changes.

The admixture of the "*v*" features of characters is present on the whole range of the species in the USSR, outside the overlapping zone with *B. variegata*, even in West Kazakhstan (table 4) at the easternmost limits of the species range. Only the samples from the Volga-Don-Area, the Sozh-Upper Desna Area, the Voronezh and Ryazan Regions are "pure" *B. bombina.*

The number of characters which present reverse mutations is distributed at random throughout the investigated area (Fig. 1), and does not decrease from West to East, from the

Table 4. Amount of "v"-expression (%) of colour patterns of *B. bombina* in the USSR.
Roman numbers indicate samples as in Fig. 1; N - number of examined specimens; A-L - differential characters of species.

| Sample | N | A | B | C | D | E | F | G | H | I | J | K | L |
|---|---|---|---|---|---|---|---|---|---|---|---|---|---|
| I | 40 | - | 27,50 | 0 | 2,50 | 2,50 | 10,00 | 10,00 | 5,00 | 5,00 | 15,00 | 0 | 10,00 |
| II | 17 | - | 0 | 0 | 0 | 0 | 94,11 | 94,11 | 5,89 | 5,89 | 0 | 0 | 0 |
| III | 35 | - | 0 | 0 | 0 | 0 | 82,85 | 82,85 | 0 | 0 | 0 | 0 | 0 |
| IV | 27 | - | 3,70 | 0 | 0 | 0 | 3,70 | 3,70 | 7,40 | 7,40 | 0 | 0 | 0 |
| V | 13 | - | 23,07 | 0 | 0 | 0 | 0 | 0 | 0 | 7,69 | 0 | 0 | 0 |
| VII | 6 | - | 0 | 0 | 0 | 0 | 0 | 0 | 0 | 0 | 0 | 0 | 0 |
| VIII | 3 | - | 66,66 | 0 | 66,66 | 66,66 | 0 | 0 | 66,66 | 66,66 | 0 | 0 | 0 |
| IX | 28 | - | 0 | 0 | 7,14 | 7,14 | 46,41 | 46,41 | 0 | 0 | 0 | 0 | 0 |
| X | 8 | - | 25,00 | 0 | 0 | 0 | 25,00 | 25,00 | 12,50 | 0 | 0 | 0 | 0 |
| XI | 24 | - | 41,60 | 0 | 8,32 | 8,32 | 45,76 | 45,76 | 8,32 | 4,16 | 0 | 0 | 4,16 |
| XII | 14 | - | 21,42 | 7,14 | 0 | 0 | 0 | 0 | 14,28 | 0 | 0 | 0 | 7,14 |
| XIII | 43 | - | 16,24 | 2,32 | 0 | 0 | 53,56 | 51,04 | 2,32 | 6,96 | 0 | 0 | 6,96 |
| XIV | 11 | - | 0 | 0 | 0 | 0 | 27,27 | 27,27 | 9,09 | 9,09 | 45,45 | 0 | 0 |
| XV | 21 | - | 0 | 0 | 0 | 0 | 0 | 0 | 0 | 0 | 0 | 0 | 0 |
| XVI | 3 | - | 0 | 0 | 0 | 0 | 66,66 | 66,66 | 0 | 0 | 0 | 0 | 0 |
| XVII | 1 | - | 0 | 0 | 0 | 0 | 0 | 0 | 0 | 0 | 0 | 0 | 0 |
| XVIII | 8 | - | 0 | 0 | 0 | 0 | 37,50 | 25,00 | 0 | 0 | 0 | 0 | 0 |
| XIX | 25 | - | 0 | 0 | 0 | 0 | 0 | 0 | 0 | 0 | 0 | 0 | 0 |
| XX | 355 | - | 2,85 | 8,55 | 0 | 2,85 | 42,75 | 45,60 | 5,70 | 5,70 | 0 | 0 | 0 |
| XXI | 7 | - | 0 | 0 | 0 | 0 | 0 | 0 | 0 | 0 | 0 | 0 | 0 |

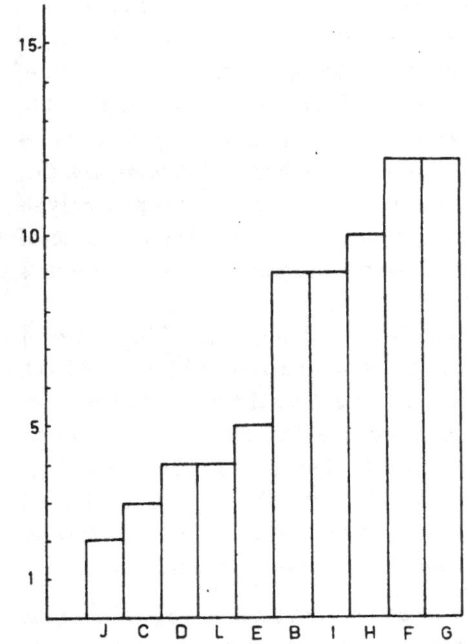


Fig. 2. Frequencies of characters with reverse mutations. On the abscissa - characters B-L; on the ordinate - numbers of samples where their reverse mutations occur.

overlapping zone of *B. bombina* and *B. variegata* ranges in Central Europe toward the Ural River. Specimens from the Kazakh Steppes present five characters with reverse mutations, and those from the Moscow Region seven. Although some samples are very small in volume, the whole material could be considered as representative for the species. The absence of reverse mutations in some samples may be regarded as a consequence of genetic drift or, perhaps, of randomness of sampling.

Some characters show reverse mutations in a small number of samples only. Therefore, the geographical distribution of such mutations is restricted. Character *J* present reverse mutations only in two samples (South Bessarabia and Chernigov Region). For other characters reverse mutations are evident in a great number of samples. Consequently, the geographical distribution of such mutations is wide. Characters *F* and *G* show reverse mutations in twelve samples. It seems that the mutability of various characters i. e. of genes supporting them, has different degrees of intensity, as shown in Fig. 2.

Populations of the Fire Bellied Toad from the USSR are more or less saturated with reverse mutations. They present a high degree of phaenotypical heterogeneousness. It is obvious that the occurrence of reverse mutations, which reproduce features of *B. variegata* in areas where no populations of *B. variegata* occur, cannot be explained by the hypothesis of interspecific hybridization. Of course, one could imagine a gene-flow of *B. variegata*-type running from the hybridization areas in Central Europe toward the Kazakh Steppes. This could be true if there had been observed a gradual decrease in the rate of *B. variegata* patterns toward the eastern limit of the range of *B. bombina*. But this does not happen. The populations of Moscow Region and those of Central Bessarabia and from Romania, are saturated with reverse mutations. For this reason, it seems to be more plausible to explain the phaenotypical heterogeneousness as a consequence of the heterozygosity of populations. *B. bombina*

has possibly inherited from its ancestor, which was very close to *B. variegata*, pairs of genes of both "*b*" and "*v*" type (*B. bombina* and *B. variegata* patterns). In *B. bombina*, the segregation and the higher frequency of the "*b*" allele induced the higher frequency of the "pure" phaenotype ($b : v = 11 : 0$). This process of the wide-spreading of "*b*" alleles was probably directed by selection pressure connected with the general nature of East-European environment, different from that of Italy and South-Eastern Europe, the home of *B. variegata*. But the "*v*" allele was not completely inhibited in the *B. bombina* areas. It is also phaenotypically expressed, following the laws of random distribution of variations. The existence of various genotypes is, in my opinion, the main cause of the phaenotypical heterogeneousness and appearance of reverse mutations in *B. bombina*.
I do not deny the importance of interspecific crosses in the overlapping zone of the ranges of both species. The genetical analysis of *Bombina* from Slovakia undertaken by LÁC (1961), has brought the evidence for such crosses. According to this author the features of *B. bombina* have a much stronger expression in the first generation than those of *B. variegata*. Interbreeding between *B. bombina* and *B. variegata* was, in fact, observed by MÉHELY (1905) and SZABÓ (1959). Local interbreeding in Romania, Hungary, Czechoslovakia, Poland intensifies probably the amount of "*v*" alleles, but is not responsible for the occurence of features of *B. variegata* in *B. bombina* populations from Moscow and the Kazakh Steppes.

Interspecific crosses did not produce a new species, because natural selection reduces the ratio of individual with alien genes in populations of the overlapping zone of two closely related species, the gene-complexes of species being well integrated units (MAYR 1963). Strong selection forces act against hybrids, and reduces the gene-flow into the overlapping zone from adjacent "pure" populations, and the frequency of heterozygous specimens (SZYMURA 1976). The ratio of individuals with alien genes, possibly introgressed from the other species, is therefore always reduced. *B. bombina* is, despite the reverse mutations and the introgressive gene-flow from *B. variegata*, a valid species with its own gene-complexes, well balanced within themselves. A single specimen may present features of *B. variegata*, sometimes in a high degree, which causes difficulties for taxonomists. But a sample is always recognizable as representing *B. bombina* or *B. variegata*.

## 5. History of Distribution

With regard of the European species of *Bombina*, MERTENS (1928) advanced the hypothesis of an allopatric speciation: the range of a common praeglacial ancestor was split by the Quaternary ice-sheets in two isolated areas, one in the West and South of Europe, another in the East. Thus, in these areas sibling species evolved, *B. variegata* in the West and South, *B. bombina* in the East. According to this hypothesis, the Pontic steppes may be regarded as the geographical center of the evolution of *B. bombina*. This species is very frequent in the Northern Caucasus today (KRASAVTSEV 1938). The area between the lower course of the Dnieper and the Delta of the Volga, including the Northern Caucasus, was ice-free even during the maximal third glaciation. Although the winter temperatures were lower, the summer temperatures were probably not substantially different from those measurable nowadays in this extraglacial area; the Southern Ural was then occupied by forest-steppe, while isles of broad-leaved forests survived in the Northern Caucasus (GRICHUK

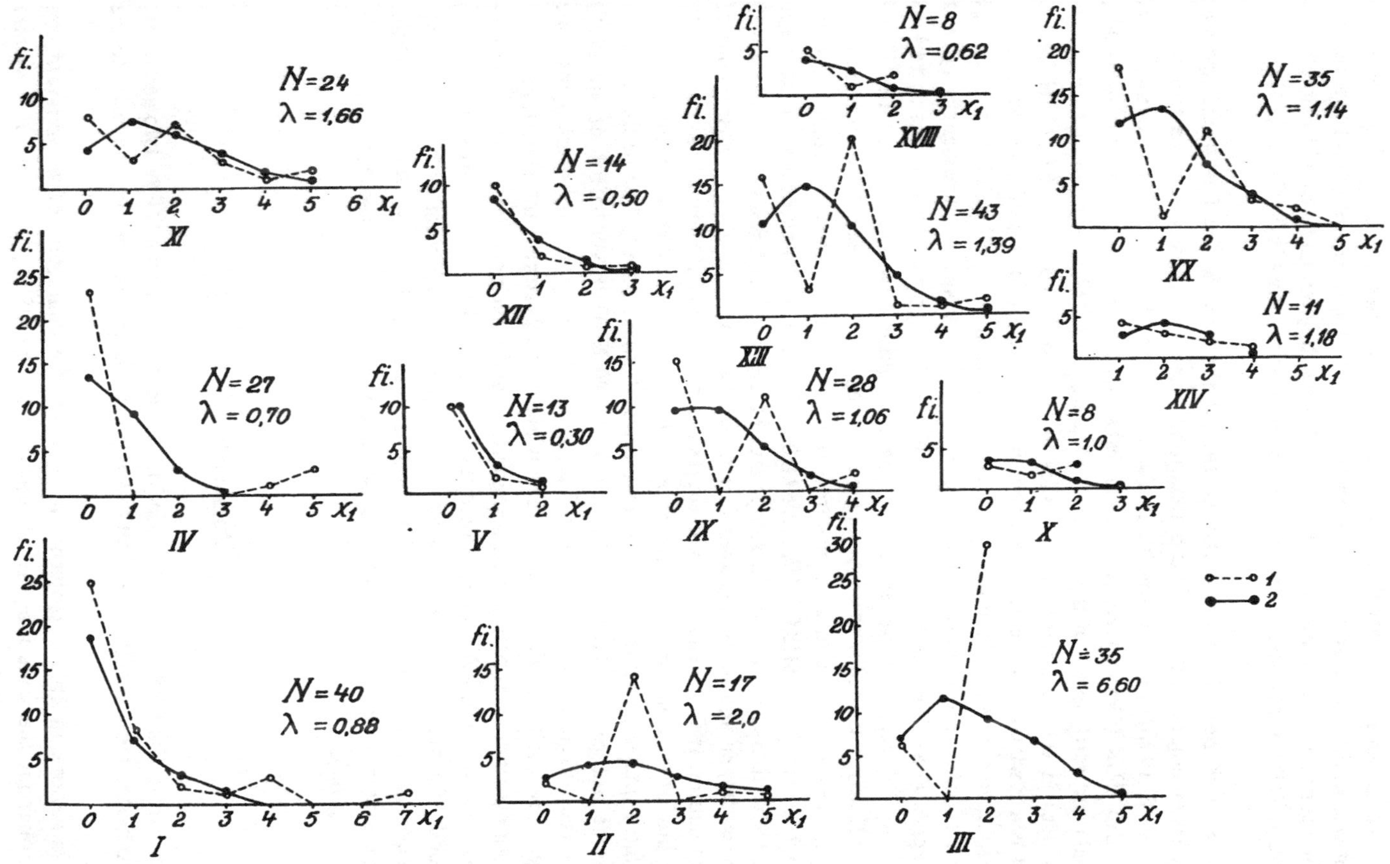


Fig. 3. Distribution of reverse mutations according to POISSON's law.
Roman numbers indicate the geographical site of samples as in Fig. 1. $x_i$ - number of reverse mutations at the individual level; $f_i$ - frequencies of individuals which bear the correspondent number of mutations; 1 - empirical distribution; 2 - theoretical (POISSON's) distribution.

1950). These conditions were probably tolerable for toads, since at present they tolerate similar conditions in Southern Sweden. It is obvious that *B. bombina* withstood low temperatures, a rude continental climate like that of the Moscow Region, and a humid cold climate like that of the Baltic republics, where the species is at home nowadays (GAIZHAUSKENE 1964).

The spreading of *B. bombina* toward the North and the West in the Postglacial age was favoured by its ecological features. It is a stenotopic form, specifically adapted to lowland areas (MERTENS 1928). But the species is also a member of various biotic communities. Thus, TARASHCHUK (1959) describes it as an inhabitant of fens to be met with in woods, open lowlands and settlements in the Ukraine. Although *B. bombina* is a lowland form, this species also lives in the neighbourhood of Kiev in hilly landscape (SHARLEMAN 1917). *B. bombina* is a lowland form in Romania too. But some populations of it are at home in hilly landscapes, in the Macin Mountains, at about 400 m above sea level. The species was found in the Ukraine in a typical steppe area, in the Askania Nova Nature Sanctuary, and in forest steppes (TSEMSH 1939). SHARLEMAN (1937) reported it from fens in various communities in Polesia: alder groves, brakes and low shrub formations. BANNIKOV and DENISOVA (1956) described it as a species living in steppes, broad-leaved forests and mixed forests. The species is common in a mixed-forest area, the Prioksko-Terrasnyi Nature Sanctuary in Central Russia (PERESHKOL'NIK 1964). The fact that *B. bombina* is at home in the Ural Steppe (NIKOL'SKII 1918), in the steppe area of Crimea (SHCHERBAK 1966), as well as in the forest steppe and in broadleaved forests, may be interpreted as a consequence of its euryoecic nature. It is a stenotopic and euryoecic species, living especially in fens, as microhabitats, but situated in various communities. Thank to this ecological feature, *B. bombina* immigrated into wide areas till the other species of *Bombina*, the Yellow Bellied Toad was met. Some authors (MÉHELY 1905; VAN NIEWENHOVEN-SUNIER et al. 1965) supposed a successful competition of *B. bombina* against *B. variegata* in the overlapping zone of their ranges. MERTENS (1928) denied it. The problem needs further investigations.

This history of distribution is based on zoogeographical and ecological facts. It is not supported by fossil records. BOLKAY (1913) described from the Praeglacial Period site in the neighbourhood of Oradea, Romania, remains of an anuran amphibium as of "*Bombina*". But the generic identification seems to be uncertain (MERTENS 1928). Bones resembling those of *Bombina* are reported from the Pleistocene at Węże near Działoszyn (Poland) by MŁYNARSKI (1961).

## Summary

1. *B. bombina* from the USSR presents variations in body size which follow two geoclines: growth in body size from the Danube Delta to the Don, and from the Danube Delta to the North-West.

2. Reverse mutations in colour pattern which reproduce characters of *B. variegata*, are scattered throughout the wide range of *B. bombina* in the USSR, where no *B. variegata* occurs. Except character *K* (patterns of the upper surface of the body), all eleven investigated characters are expressed as both "*b*" and "*v*" in various rates.

3. The number of characters which present reverse mutations is randomly distributed throu-

ghout the species range. The mutability of genes supporting these characters has different degrees of intensity.

4. The phaenotypical heterogeneousness in populations of *B. bombina* is due to the existence of various genotypes which produce reverse mutations, distributed at random, following POISSON's law. Interspecific crosses may only be local processes and do not responsible for the high degree of intraspecific variation in *B. bombina*.

5. The Northern Caucasus and the Southern Ural areas are regarded as the geographical center of the origin of *B. bombina*.

6. *B. bombina* is an euryoecic and stenotopic species.

A c k n o w l e d g e m e n t s. The examination of large samples was carried out by the author in the Zoological Museums of Moscow, Leningrad, and Kiev in 1963, thanks to a research grant from the Ministry of Education of the S. R. Romania, and the permission to do it was given by the Lomonossov University in Moscow, the Academy of Sciences of the USSR - Leningrad branch, and the Academy of Sciences of the Ukrainian SSR. The author is also indebted to his Soviet colleagues for their assistance in museum researches, and finding rare herpetological literature: V. F. POLOZHIKHINA-ORLOVA (Moscow), Y. u. D. CHUGUNOV (Moscow), P. V. TERENT'EV, I. S. DAREVSKII (Leningrad), and N. N. SHCHERBAK (Kiev).

**Zusammenfassung**

GEOGRAPHISCHE VARIATION DER ROTBAUCHUNKE (BOMBINA BOMBINA (L.)) IN DER UdSSR

Es wurden insgesamt 370 Exemplare der Rotbauchunke (davon 286 adulte und 84 juvenile Exemplare) untersucht. Das Material wird in den folgenden zoologischen Museen der Sowjetunion aufbewahrt: Zoologisches Museum der Lomonossow-Universität in Moskau, Sammlung am Lehrstuhl für Wirbeltiere der Lomonossow-Universität in Moskau, Zoologisches Institut der Akademie der Wissenschaften der UdSSR in Leningrad, Zoologisches Museum der Akademie der Wissenschaften der Ukrainischen SSR in Kiew. Auf Grund einer variationsstatistischen Bearbeitung der gewonnenen Meß- und Zählwerte sowie der geographisch-ökologischen Analyse des Areals wurden einige Schlußfolgerungen über die Populationsgenetik und Geschichte der Ausbreitung der Art erarbeitet:

1. Die Variation der Kopf-Rumpf-Länge folgt zwei Geoklinen: vom Donaudelta in Richtung der Donmündung, zum anderen vom Donaudelta in Richtung Nordwest.

2. Im Gesamtareal der Art in der UdSSR kommen verstreut Rückmutationen von Farbkleid und Zeichnung vor, welche die Merkmale der Zwillingsart *B. variegata* wiedergeben. Rückmutationen kommen selbst in Gebieten vor, wo *B. variegata* fehlt. Diese Tatsache schließt die Möglichkeit einer Erklärung durch Bastardierung aus. Mit Ausnahme des Merkmals *K* (Rükkenzeichnung) treten alle anderen 11 untersuchten Merkmale sowohl als "*b*" (*B. bombina*) als auch als "*v*" (*B. variegata*) in verschiedenen Zahlenverhältnissen auf.

3. Die Anzahl der Merkmale, welche Rückmutationen aufweisen, ist zufallsbedingt verteilt nach der Regel von POISSON.

4. Die phänotypische Ungleichheit der Populationen von *B. bombina* ist das Ergebnis ihrer genotypischen Mannigfaltigkeit. Rückmutationen werden von Genotypen erzeugt, welche in ihrer Natur an die andere europäische Unken-Art erinnern. Die interspezifische Bastardierung ist nur eine lokale Erscheinung in der Überlappungszone der Areale von *B. bom-*

*bina* und *B. variegata*. Die intraspezifische Variabilität von *B. bombina* kann nicht aus der Bastardierung abgeleitet werden.

5. Das geographische Artbildungszentrum von *B. bombina* befindet sich wahrscheinlich im Steppengebiet zwischen dem Nordkaukasus und dem Südural.

6. *B. bombina* ist eine euryöke und stenotope Art.

## References


BANNIKOV, A. G., 1954: Materialy po biologii zemnovodnykh i presmykayiushchikhsya Yuzhnogo Daghestana. - Uchenye Zapiski Mosk. Gor. Pedag. In-ta im. V. P. Potemkina **28**, 75-88.

- and DENISOVA, M. N., 1956: Ocherki po biologii zemnovodnykh. Moscow.

BOLKAY, S. J., 1913: Additions to the fossil herpetology of Hungary from the Pannonian and Praeglacial Period. - Mitt. Jb. Kgl. Ungar. Geol. Reichsanstalt **31**, 217-230.

BOULENGER, G. A., 1886: On two European species of *Bombinator*. - Proc. Zool. Soc. London 1886, 499-501.

BURESCH, I. and ZONKOW, J., 1942: Untersuchungen über die Verbreitung der Reptilien und Amphibien in Bulgarien und auf der Balkanhalbinsel. IV. Amphibia, Salientia. - Mitt. Kgl. Naturw. Inst. Sofia **15**, 68-165.

GAIZHAUSKENE, I. I., 1964: Materialy po biologii i faune zemnovodnykh Litovskoi SSR. , In: Voprosy Gerpetologii, Leningrad, 16-17.

GISLÉN, T. and KAURI, H., 1959: Zoogeography of the Swedish amphibians and reptiles with notes on their growth and ecology. - Acta Vertebr. Lund **1**, 197-397.

GRICHUK, V. P., 1950: Rastitel'nost Russkoi Ravniny v nizhne- i srednechetvertichnoe vremya. - Tr. In-ta Geogr. AN SSSR **46**, 5-202.

KRASAVTSEV, B. A., 1938: K biologii krasnobryukhoi zherlyanki. - Priroda **27**, 90-95.

LÁC, J., 1961: Rozšírenie kuncov (*Bombina bombina* L. a *Bombina variegata* L.) na Slovensku a k probleme ich vzájomného kríženia. - Biol. Práce Slov. Akad. Vied **7**, 5-32.

MÁDEJ, Z., 1964a: Studies on the Fire Bellied Toad (*Bombina bombina* (Linnaeus, 1761)) and the Yellow Bellied Toad (*Bombina variegata* (Linnaeus, 1758)) of Upper Silesia and Moravian Gate. - Acta Zool. Cracov. **9**, 291-334.

-, 1964b: The Bombinators of the Beskides. - Acta Zool. Cracov. **9**, 291-334.

MARIÁN, M. 1959: A vöröshasu unka (*Bombina bombina* Linnaeus) zöldszinü változata. - Vertebr. Hung. **1**, 155-159.

MAYR, E. 1963: Change of genetic environment and evolution. In: Evolution as a Process (HUXLEY, J., HARDY, A. C., FORD, E. B., Editors), New York, 188-213.

MEHELY, L., 1891: A magyar fauna Bombinatorjai és egy új Triton (*Molge*) faj hazánkból. - Math. Természettud. Közlem. **24**, 553-574.

-, 1905: Die herpetologischen Verhältnisse des Mecsek-Gebirges und der Kapela. - Ann. Hist.-Nat. Mus. Nat. Hung. **3**, 256-316.

MERTENS, R., 1928: Zur Naturgeschichte der europäischen Unken (*Bombina*). - Z. Morphol. Ökol. d. Tiere **11**, 613-623.

MICHAŁOWSKI, J., 1958: Rozmieszczenie geograficzne kumaków (*Bombina* Oken) między Wisłą, Skawą i Rabą (Województwo Krakówskie). - Acta Zool. Cracov. **3**, 247-283.

-, 1961a: The Bombinators of the Kraków-Chrzanów Ridge and the adjacent part of the river Wisla valley. - Acta Zool. Cracov. **5**, 699-714.

-, 1961b: Studies on species characters in *Bombina variegata* (L.) and *Bombina bombina* (L.). - Acta Zool. Cracov. **6**, 51-59.

-, 1964: Isolationsmechanismen und Bastardierungsmöglichkeiten bei den Amphibien. - Biol. Zbl. **83**, 561-585.

MŁYNARSKI, M., 1961: Plazy (Amphibia) z Pliocenu Polski. - Acta Paleontol. Polon. **6**, 261-282.

NIEWENHOVEN-SUNIER, L, VAN, BREE, P. J. H. VAN and DAAN, S., 1965: Notities over de Gelbbuikpad *Bombina variegata* (Linnaeus 1758) in Nederland. - Naturhist. Maandblad **54**, 7-14.
NIKOL'SKII, A. M., 1918: Fauna Rossii: Zemnovodnye,Petrograd, 166-174.
PERESHKOL'NIK, S. L., 1964: Naselenie amfibii i reptilii Prioksko-Terrasnogo Gosudarstvennogo Zapovednika. In: Voprosy Gerpetologii, Leningrad, 52.
SHARLEMAN, E. V., 1917: Zametka o faune presmykayushchikhsya i zemnovodnykh okrestnostei Kieva. In: Materialy k Poznaniyu Fauny Yugo-Zapadnoi Rossii, Kiev, Izd. Kievsk. Ornitol. Obshch. im. Kesslera **2**, 1-17.
-, 1937: Zoogeografiya URSR. Kiev.
SHCHERBAK, N. N., 1966: Zemnovodnye i presmykayushchikhsya Kryma. Kiev.
SNÉDÉCOR, G. W., 1957: Statistical methods applied to experiments in agriculture and biology. Fifth Ed., Ames Iowa, The University of Iowa Press.
SOBOLEVSKII, N. I., 1929: Gerpetofauna Talysha i Lenkoranskoi nizmennosti. - Mem. Zool. Otd. Obshch. Lyubit. Estestvozn., Antropol. i Etnogr. **5**, 1-141.
ŠTĚPÁNEK, O., 1949: Obojživelníci a plazi zemi českých. - Archiv pro Prirod. Výzkum Čech (Nova Rada) **1**, 1-122.
STUGREN, B., 1959: Eidonomische Untersuchungen an *Bombina* Oken (Amph., Discoglossidae) aus dem Gurghiu-Tale (Siebenbürgen). - Zool. Jb. Syst. **86**, 383-394.
- and POPOVICI, N., 1961: Analiz izmenchivosti vneshnykh priznakov zherlyanok Rumanii.- Zool. Zhurn. **40**, 568-576.
- and VANCEA, S., 1968: Geographic variation of the Yellow Bellied Toad (*Bombina variegata* (L.)) from the Carpathian Mountains of Romania and the USSR. - J. Herpetol. **2**, 97-105.
SZABÓ, I., 1959: Contributions à la répartition du Sonneur aux pieds épais (*Bombina variegata* Linné) en Hongrie. - Vertebr. Hung. **1**, 161-169.
SZYMURA, J. M., 1976: New data on the hybrid zone between *Bombina bombina* and *Bombina variegata* (Anura, Discoglossidae). - Bull. Acad. Polon. Sci., Sér. Sci. Biol., Cl. II, **24**, 355-363.
TARASHCHUK, V. I., 1959: Zemnovodni ta plazune. In: Fauna Ukraine, Kiev, **7**.
TERENT'EV, P. V., 1949: Vzaimootnosheniya zherlyanok. - Nauchn. Byull. Leningr. Univ. Biol. **24**, 25-32.
TSEMSH, I. O., 1939: Do posherenya amfibii ta reptilii na Ukraini. - Studentski Nauk. Pratsi Keivsk. Derzh. Univ. **4**, 103-117.
WEBER, E., 1957: Grundriß der biologischen Statistik. Jena.

Address of the author:

Prof. Dr. B. Stugren, P. O. B. 549, R - 3400 Cluj-9, S. R. Romania.

# ZOOLOGISCHE ABHANDLUNGEN

STAATLICHES MUSEUM FÜR TIERKUNDE IN DRESDEN

Band 36 Ausgegeben: 30. April 1980 Nr. 6

## Untersuchungen zur Fortpflanzungsbiologie der Kreuzotter (Vipera b. berus (L.)) (Reptilia, Serpentes, Viperidae)

Mit 5 Abbildungen

HANS-JÜRGEN BIELLA
Groß-Särchen

### 1. Einleitung

Dem Schutz unserer heimischen Lurche und Kriechtiere wurde in den letzten Jahren besondere Aufmerksamkeit geschenkt, hat sich doch deren Situation durch die Einführung industriemäßiger Produktion in die Landwirtschaft, Ausbau des Tourismus u. a. m. grundlegend geändert. Von den zur Begründung von Schutzmaßnahmen notwendigen wissenschaftlichen Arbeiten kommt neben Ermittlungen zu ökologischen Bindungen in verschiedenen Territorien auch langzeitlichen Untersuchungen von Reproduktionsmechanismen Bedeutung zu. Genaueste Kenntnisse der Fortpflanzungsbiologie einzelner Arten sind für einen wirkungsvollen Schutz unerläßlich.

Der Autor, der seine begonnenen Beobachtungen auch in den nächsten Jahren fortsetzen wird, möchte durch seine Arbeit zu ähnlichen Untersuchungen an Kreuzotterpopulationen in möglichst anders strukturierten Lebensräumen anregen. Voraussetzungen hierfür sind die Kenntnis überschaubarer Vorkommen mit entsprechender Abundanz sowie das nötige "Durchhaltevermögen"! Etwaige Untersuchungen sollten aber in jedem Fall erst nach Absprache mit dem Institut für Landschaftsforschung und Naturschutz Halle, Zweigstelle Dresden erfolgen.

### 2. Untersuchungsgebiet und Methode

Die Untersuchungen wurden 1971-1978 in einem relativ feuchten Mischwaldbiotop bei Wartha (Kreis Hoyerswerda) vorgenommen. Das regelmäßig kontrollierte Gebiet hatte eine Fläche von 230 m x 115 m und kann durch folgende stichwortartige Angaben charakterisiert werden:

S t a n d o r t: Kahlschläge, mit Jungkiefern und Birken bewachsen, von Schneisen bzw. Gräben durchzogen, teilweise von feuchten Wiesen und Heidestreifen begrenzt.

B o d e n b e w u c h s: Heide, Blau- und Preiselbeere, Pfeifengras.

H e r p e t e n: Teichfrosch, Moorfrosch, Rotbauchunke, Knoblauchkröte, Erdkröte, Laubfrosch, Blindschleiche, Zaun- und Waldeidechse, Ringelnatter.

Kleinsäuger: Waldspitzmaus, Gelbhals-, Brandmaus, Rötel- und Erdmaus.
Die hier befindliche Kreuzotterpopulation ist relativ stabil. Zur Einschätzung der Abundanz wurde im Jahr 1973, das durch ein starkes Auftreten der Kreuzotter gekennzeichnet war, an klimatisch begünstigten Tagen das Gebiet systematisch abgesucht. Der Autor zählte am 22.3. 11 ad. Exemplare (9 Männchen, 2 Weibchen) und am 28.9. 17 Exemplare (12 ad., 5 juv. Tiere).
Die durchschnittliche Aktivitätszeit der letzten 6 Jahre betrug 220 Tage. Im einzelnen wurden als Daten ermittelt:

| Jahr | 1973 | 1974 | 1975 | 1976 | 1977 | 1978 |
|---|---|---|---|---|---|---|
| 1. Auftreten der ♂♂: | 8.3. | 13.3. | 22.3. | 27.2. | 23.2. | 26.2. |
| 1. Auftreten der ♀♀: | 22.3. | 1.4. | - | 29.3. | 5.4. | 10.4. |
| Aktivitätsperiode: | 8.3.- 13.10. | 13.3.- 27.9. | 22.3.- 15.10. | 27.2.- 14.10. | 23.2.- 18.10. | 26.2.- 17.10. |

Die längsten Weibchen maßen etwa 65 cm und ihre Maximalgewichte lagen bei 180 g. Hinsichtlich der Färbung sind die häufig auftretenden melanistischen Ottern zu erwähnen, die beiden Geschlechtern angehören. Die Untersuchungsfläche wird von Pilz- und Beerensammlern wenig begangen. Als Feinde spielen u. U. Wildschwein, Igel, Iltis, Mäusebussard, Eichelhäher und Nebelkrähe eine Rolle.
Zum Erhalt spezieller ökologischer Daten, die der Autor teilweise bereits in früheren Jahren veröffentlichte (BIELLA 1977 u. 1978), wurden 5 Männchen und 10 Weibchen beringt. Davon konnten bei den Männchen nur 2 in der Länge einer Aktivitätsperiode beobachtet werden. Von den Weibchen ließen sich 2 nach der Beringung nicht wiederfinden, 4 waren 1 Jahr und 4 bis zum Abschluß der Arbeit, also etwa 3 Jahre zu verfolgen. Das unterschiedlich lange Kontrollintervall der Geschlechter weist möglicherweise darauf hin, daß bei *Vipera berus*, ebenso wie bei *Vipera aspis*, die weiblichen Ottern weniger agil als die Männchen sind (vgl. NULLEAU 1966). Im Herbst 1978 wurden die Ringe abgenommen, da diese z. T. einwuchsen, wobei sich an der Ringstelle des Schwanzes charakteristische Einschnürungen zeigten (Abb. 1). Im ganzen Untersuchungszeitraum funktionierte die Häutung tadellos, und es waren bei dieser Methode keine Auswirkungen auf das Verhalten zu erkennen. Für langzeitliche feldherpetologische Untersuchungen einzelner Fortpflanzungszyklen ist vielleicht die Beschneidung der Subcaudalia und Ventralia am besten geeignet (BLANCHARD u. FINSTER 1933). Nach bisherigen Erfahrungen des Autors sind vernarbte Einschnitte zumindest über 2 Jahre sichtbar. Eine radioaktive Markierung mit Kobalt 60 scheidet für derartige Vorhaben aus, da starke Dosen bereits nach 2-6 Monaten tödlich wirken (NULLEAU 1966).

## 3. Angaben zur Fortpflanzungsbiologie im Jahresrhythmus

Der Beginn der Aktivitätsperiode hängt u. a. vom Ernährungszustand ab. Kreuzotternweibchen, die sich fortpflanzen, verlassen das Wintergebiet bereits Anfang April, während vorjährig reproduzierende Tiere erst Mitte bis Ende April ihre ersten Sonnenbäder nehmen und noch ziemlich inaktiv sind. Je nach klimatischen Verhältnissen besiedeln die Männchen von Ende März/Anfang April bis Ende April/Anfang Mai ihre Wintersonnenplätze, wobei sie sich häufig vergesellschaften. An einem Platz wurden folgende Gruppierungen registiert: 1974 4 Männchen, 1975 4 Männchen, 1976 4 Männchen, 1977 2 Männchen, 1978 4 Männchen. Die längste ermittelte Entfernung vom Überwinterungsort zum Sonnenplatz betrug 65 m.

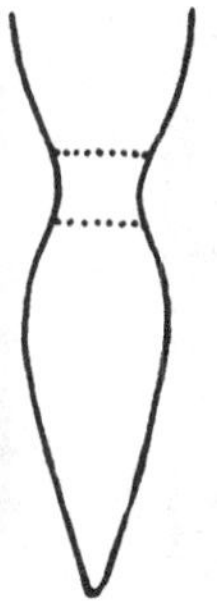

Abb. 1. Charakteristische Einschnürung des Schwanzes der Kreuzotter infolge langzeitlicher Beringung.

In diesem Fall kehrten die beiden Ottern nach dem Reifen der Spermatozoen zu den Kommentkämpfen wieder in ihre Wintergebiete zurück. Ein derartiger Kampf, an dem 3 Männchen beteiligt waren, konnte am 8.5.1976 von 8.15 - 11.15 Uhr beobachtet werden. Dabei kam es zu 5 "Duellen", wobei stets nur 2 Schlangen in der bekannten Weise miteinander rangen (s. hierzu SCHIEMENZ 1978 und THOMAS 1955). Zwischen den Kämpfen krochen die Tiere pausenlos umher. Zeitweise hielten sich im Kommentkampfgebiet auch 2 Weibchen auf, die, wenn ein Männchen auf sie traf, augenblicklich verfolgt wurden. Die Paarungsperiode fällt gewöhnlich in die Zeit von Ende April bis Mitte Mai. Ein markiertes Pärchen kopulierte 1975 am 10.5., 10.30 Uhr und am 13.5. um 15 Uhr. 1978 wurde eine Paarung am 24.4. um 15 Uhr beobachtet. Die dabei existierenden aktiven und passiven Phasen zeigen Abb. 2-4. Die Vereinigung der vom Autor beobachteten Tiere kam immer überraschend schnell beim Verfolgen des flüchtenden Weibchens zustande. Dies scheint die Vermutung STEMMLER-MORATHs (1937) zu bestätigen, wonach sich bei der Verfolgung durch das Männchen automatisch die richtige Lage der Partner ergibt. Nach SAINT GIRONS (1971) paaren sich im Terrarium *Vipera aspis* 5-6 mal in jeder Fortpflanzungszeit. Bisher von verschiedenen Herpetologen innerhalb der Unterfamilie Viperinae getätigte Ermittlungen sprechen weder eindeutig für ein polygames noch für ein monogames Verhalten.

Nach der Kopula verbleiben manche Weibchen bis zur Geburt der Jungtiere in unmittelbarer Nähe des Paarungsortes. Andere suchen nahe, mikroklimatisch begünstigte Brutplätze auf, reproduzieren hier oder wandern kurz vorher an einen Absetzplatz im Überwinterungsgebiet. Ähnliche Mitteilungen macht auch CLAUSNITZER (1978) für Populationen des Landkreises Celle.

An Brutplätzen, die Mitte Juni bis Anfang Juli aufgesucht werden, kommt es häufig zu ähnlichen stabilen Vergesellschaftungen wie an den Wintersonnenplätzen (Gruppierungen an einem Brutplatz: 1974 3 Weibchen, 1975 1 Weibchen, 1976 3 Weibchen, 1977 Platz durch forstwirtschaftliche Arbeiten zerstört!). Wie schon an anderer Stelle angedeutet (BIELLA 1977), belegen diese Plätze langzeitlich auch Tiere, die sich im Vorjahr fortpflanzten und in einem 3- bzw. 4jährigen Rhythmus reproduzieren.

VIITANEN (1967) gibt als Wanderrichtung im Frühling SW und im Herbst NO an. Dies trifft für das engbegrenzte Vorkommen, in dem keine generellen, strukturbedingten Winter- und Sommergebiete vorhanden sind, nur bedingt zu. Zur Illustration des Gesagten seien die Ortsbewegungen 3 markierter Weibchen konkret aufgezeichnet.

Tier Nr. 1

1975: 12.6.-16. 7. Sommergebiet II (Brutplatz II, bzw. in dessen nächster Umgebung,

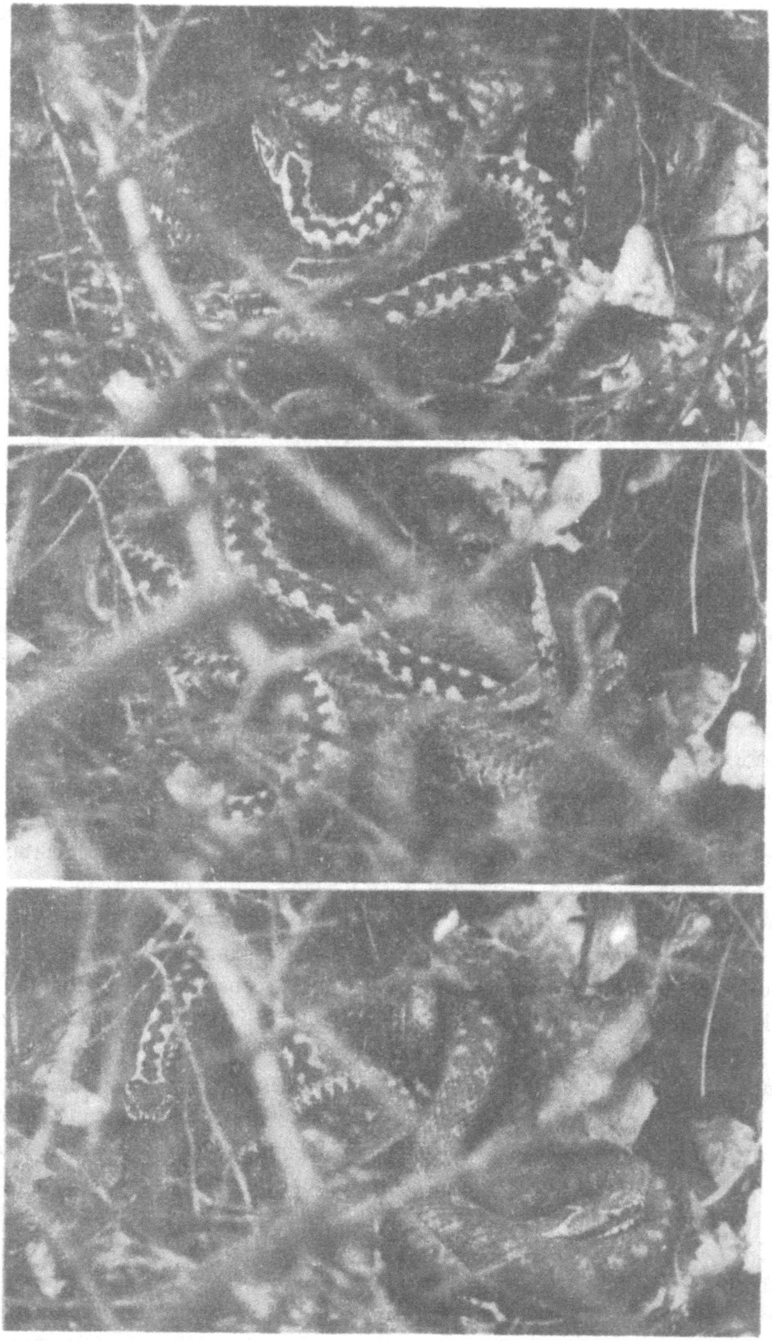

Abb. 2-4 (von oben nach unten). Paarungsverhalten der Kreuzotter.
Das Männchen schiebt sich unter den Körper des Weibchens und versucht dieses durch stemmende Kopfbewegungen "aufzurollen". Beim Übertragen des Spermas werden die Schwänze wiederholt emporgehoben. Dazwischen liegen kurze Pausen (Abb. 4).

| | | |
|---|---|---|
| | | Reproduktion am Brutplatz). |
| 1976: | 8.4.u.19.9. | Wintergebiet II (Hauptschneise, ca. 60 m südlich vom Sommergebiet). |
| 1977: | 25.4.- 3.10. | Sommergebiet II (Brutplatz II, bzw. April u. Mai in dessen nächster Umgebung, Reproduktion am Brutplatz II, zeitweise mit einem hier 1978 reproduzierenden Weibchen vergesellschaftet). |
| 1978: | 11.9. | Wintergebiet II (Anfang der Hauptschneise, ca. noch 100 m westlich vom 19.9.1976 entfernt). |

Tier Nr. 2

| | | |
|---|---|---|
| 1976: | 29.3. | Wintergebiet I. |
| | 12.4.-12.8. | Sommergebiet I (90 m südöstlich vom Wintergebiet, Paarungsort bzw. in dessen nächster Umgebung, hier am 12.8. Reproduktion). |
| | 21.9.-9.10. | Wintergebiet I. |
| 1977: | 6.6. | Wintergebiet I. |
| | 25.7.-26.9. | Sommergebiet I (Paarungsort und nähere Umgebung). |
| | 3.10. | Wintergebiet I. |
| 1978: | 10.4.-26.4. | Wintergebiet I. |
| | 25.5.-2.6. | Sommergebiet I (Paarungsort). |
| | 8.6.-29.6. | keine Funde. |
| | 3.8. | Sommergebiet I (Paarungsort). |
| | 10.8.-11.9. | keine Funde. |
| | 18.9. | Wintergebiet I. |

Tier Nr. 3 (Weibchen aus Uhyst)

| | | |
|---|---|---|
| 1975: | 11.9.-15.10. | Sommergebiet I (nach Reproduktion im Terrarium am Paarungsort ausgesetzt). |
| 1976: | 20.4.-11.10. | Sommergebiet I (fortwährend auf einer Fläche von 240 $m^2$ zu beobachten, meist Aufenthalt am Wintersonnenplatz und Paarungsort, keine Nachweise in der Zeit von Ende April - Mitte Juni). |
| 1977: | 9.6.-10.10. | Sommergebiet I (noch häufige Funde auf der Fläche von 1976, jedoch deutliche Radiuserweiterung). |
| 1978: | 29.5.- 9.6. | Sommergebiet I (Paarungsort bzw. dessen nächste Umgebung). |
| | 25.7. | Abwanderung (ca. 100 m nordöstlich vom Paarungsort entfernt). |

## 4. Zum Reproduktionszyklus markierter Weibchen

Wie der Vergleich lokaler Untersuchungen zeigt, bestimmen als äußere Faktoren Nahrungsangebot, Temperatur und die Länge der Aktivitätsperiode den Reproduktionszyklus. Nach VIITANEN (1976) reproduzieren in Südfinnland die Kreuzottern alle 2, ausnahmsweise alle 3 Jahre. Ebenso pflanzen sich die Kreuzottern in den schweizerischen Alpen zwischen 1000 m und 2000 m Höhe alle 2 Jahre fort. SAINT GIRONS nennt für die Art in NW-Frankreich und Dänemark einen 1jährigen Zyklus. Es scheint aber auch immer Vipern zu geben, die lokale Grundrhythmen, soweit überhaupt vorhanden, durchbrechen und andere Intervalle zeigen. So gibt der letztgenannte Autor für *Vipera aspis* an der Nordgrenze des Verbreitungsgebietes einen recht komplizierten Geschlechtszyklus an. Natürliche Beobachtungen lassen erkennen, daß manche Weibchen sich dort jedes 2., andere aber sich nur jedes 3. oder 4. Jahr fortpflanzen. Der Autor hält für sein bearbeitetes Gebiet einen 1jährigen Zyklus für wenig wahrscheinlich. Die Gewichtszunahmen der Schlange Nr. 1 sind in den Jahren nach der Reproduktion enorm. Wie Abb. 5 zeigt, war 1976 der eingetretene Zuwachs bei den nichtreproduzierenden Weibchen beachtlich, während 1977 nur geringe Zunahme bzw. sogar Gewichtsverlust festzustellen war. Interessanterweise verpaarte sich Nr. 4 erst am

24.4.1978 und nicht 1977, wo doch der Gewichtsverlust bereits ergänzt und der im Laufe des Jahres eingetretene Zuwachs gering war. Die sich z. T. bei den Spätherbstwägungen zeigenden beträchtlichen Gewichtsverluste sind dadurch erklärbar, daß die Schlangen zum Zeitpunkt der vorhergehenden Gewichtsermittlungen noch nicht verdaut hatten. Nichtreproduzierende Tiere nehmen also im Freien manchmal noch bis Mitte September Nahrung auf. Ein ähnliches Verhalten ist nach längerer erzwungener Freßpause auch bei gehälterten Kreuzottern zu erkennen, während bei kontinuierlicher Fütterung nichtreproduzierende Weibchen u. U. bereits im Juli die Nahrungsaufnahme einstellen (s. SCHIEMENZ 1978). Beachtenswert sind auch die nachfolgenden Daten. Sie demonstrieren, daß nach dem Geburtsakt im Freiluftterrarium einige eingewöhnte Weibchen trotz des permanenten Futterangebotes und gegebener klimatischer Voraussetzungen nur einen geringen bzw. sogar keinen Drang zur Nahrungsaufnahme besitzen.

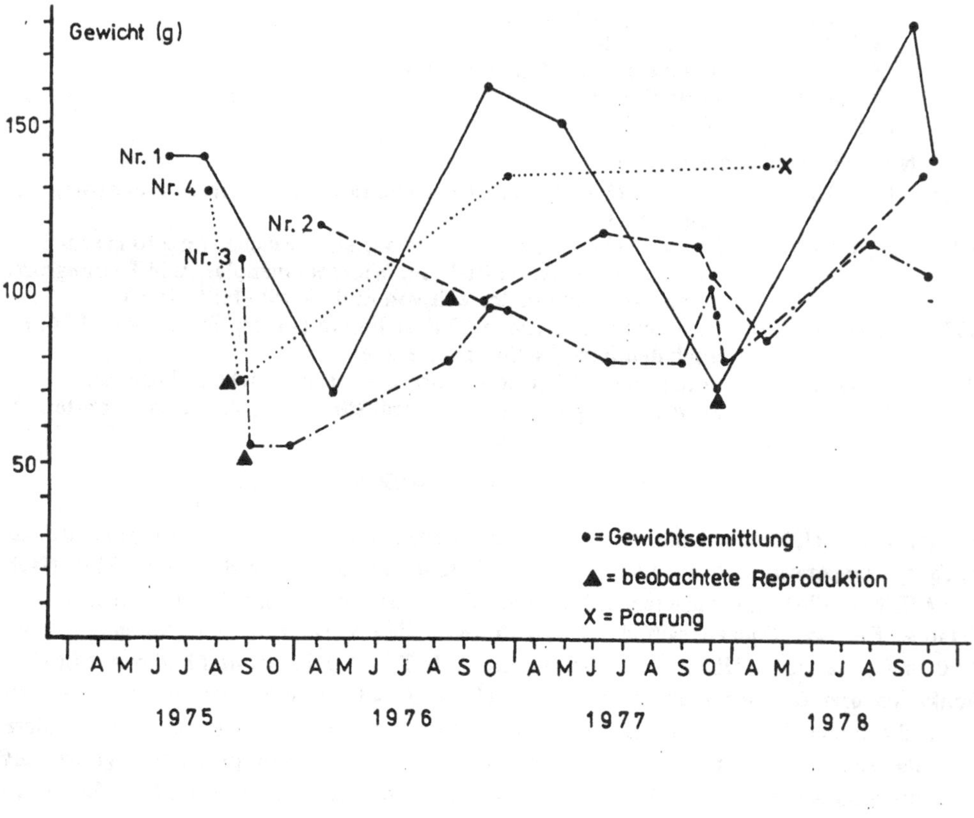


Abb. 5. Gewichtszunahmen markierter Weibchen.
Tier Nr. 1: 2jähriger Fortpflanzungszyklus bei 1jähriger Gewichtsergänzung - Tier Nr. 2: wahrscheinlich 3jähriger Zyklus bei 2jähriger Gewichtsergänzung - Tier Nr. 3: wahrscheinlich 4jähriger Zyklus bei 3jähriger Gewichtsergänzung - Tier Nr. 4: 3jähriger Zyklus bei 1jähriger Gewichtsergänzung.

| Reproduktion | Nahrungsaufnahme | Nahrungsmenge |
|---|---|---|
| 8./9. 8.1976 | 11.8.-11.9 | 97 g |
| 13. 8.1976 | - | - |
| 14. 8.1976 | 17.8.-29.8. | 40 g |
| 15. 8.1976 | 26.8. | 7 g |
| 1. 9.1976 | 6.9.-10.9. | 15 g |
| 1. 9.1976 | - | - |
| 9.10.1977 | - | - |
| 15. 9.1978 | - | - |

Das 1977 gravide Weibchen nahm bei von Anfang April bis Mitte September kontinuierlich eingebrachter Nahrung vom 4.5.-20.8.1978 108 g Futter auf und wog am 28.9. 25 g mehr als am 27.3. Dabei kam es nur zu einer Häutung (19.7.). Es scheint, daß, neben den genannten äußeren, auch endogene Faktoren den Geschlechtszyklus beeinflussen. Diese müssen allerdings recht formbar sein. So konnte NULLEAU (1973) bei konstanten künstlichen Bedingungen (optimales Nahrungsangebot und hohe Temperatur) den natürlichen 2jährigen Rhythmus einer *Vipera aspis* im Terrarium soweit verkürzen, daß es in einem Kalenderjahr zu 2 Fortpflanzungen kam.

## 5. Ermittlungen zur Geburt der Jungtiere

Für die *Vipera aspis* ist erkannt worden, daß zwischen der Dauer des Fortpflanzungszyklus und der Zahl der geborenen Jungen kein Zusammenhang besteht. Vermutlich trifft dies auch für *Vipera berus* zu. Eindeutig wird die Geburtenzahl vom Alter und von der Größe des Muttertieres beeinflußt. Die Höchstzahl abgesetzter Kreuzotterjungen geben SAINT GIRONS (1971), LUTTENBERGER (1978) u. a. mit 18, SMITH (1954) und TRUTNAU (1975) mit 20 an.

Der Geburtsakt wurde 5mal vormittags (9.30 - 10 Uhr) und je 1mal mittags, nachmittags und abends (18 Uhr) beobachtet. In einem Fall waren innerhalb 1 Stunde bereits 7 der 9 Jungtiere abgesetzt (Intervalle: 10.00 1 Junges, 10.20 1 Junges, 10.30 2 Junge unmittelbar nacheinander, 10.45 1 Junges, 10.55 2 Junge unmittelbar nacheinander). Mitunter treten auch längere Abstände auf. So ist bekannt, daß zwischen den einzelnen Geburten sogar stundenlange Pausen liegen können (FROMMHOLD 1969). Ein derartiges Verhalten beschreibt SCHIEMENZ (1978). Danach setzte ein Weibchen am 8.8.1976 von 14-16 Uhr 4 Junge und am 9.8. von 10.10-10.51 Uhr 9 Junge ab.

Die Unterscheidung des Geschlechtes von Frischgeborenen des Untersuchungsgebietes machte wenig Schwierigkeiten, da Männchen neben den anderen Charakteristika durchweg weiße und Weibchen rötlichbraune bis braungelbe Rostralschilder zeigten. Traten in den Würfen Mutanten auf, wurde auf eine derartige Bestimmung verzichtet.

Für *Vipera aspis*-Weibchen gibt NULLEAU (1973) als Gewichtsverlust nach dem Geburtsakt etwa 1 Drittel des ursprünglichen Körpergewichtes an, wobei auf das Gewicht der Geborenen 54,8 % - 67,5 % entfallen. Bei einer daraufhin vom Autor untersuchten Kreuzotter machte das Gewicht der Jungen 52,3 % des Verlustes aus, der bei 7 gewogenen Weibchen ein Drittel bis die Hälfte des Muttertiergewichtes betrug. Im einzelnen wurde ermittelt:

| Tier Nr. | Herkunft | Länge | Absetztermin | Wurfzahl | Geschlechterverhältnis |
|---|---|---|---|---|---|
| 1 | Wartha | 50 cm | 2. 9.1971 | 8 | - |
| 2 | Wittichenau | 71 cm | 22. 8.1975 | 18 | 10 ♀♀, 8 ♂♂ |
| 3 | Königshain | 60 cm | 29. 8.1975 | 9 | 5 ♀♀, 4 ♂♂ |
| 4 | Uhyst | 52 cm | 2. 9.1975 | 9 | 5 ♀♀, 4 ♂♂ |
| 5 | Wartha | 63 cm | 19. 9.1975 | 15 | - |
| 6 | Wartha | 57 cm | 9.10.1977 | 8 | - |
| 7 | Wartha | 56 cm | 15. 9.1978 | 7 | 4 ♀♀, 3 ♂♂ |

## Zusammenfassung

Neben Angaben über Untersuchungsgebiet und Methode werden Beobachtungen zum Kommentkampf- und Paarungsverhalten sowie zum Absetzen der Jungtiere mitgeteilt.
Durch die Beringung von 15 Kreuzottern (10 Weibchen, 5 Männchen) lassen sich in bezug auf Aktionsradius und Fortpflanzungszyklus der Weibchen für das Untersuchungsgebiet folgende Aussagen machen: Der Aktionsradius nichtreproduzierender Weibchen wird vom Intervall ihrer Fortpflanzung bestimmt. Tiere mit einem 3- oder mehrjährigen Zyklus zeigen im Jahr nach der Reproduktion einen ähnlichen kleinen Radius wie gravide Weibchen mit starker Bindungstendenz an mikroklimatisch begünstigte Brutplätze.
Die von 1975 bis 1978 an 4 markierten Weibchen gemachten Beobachtungen lassen erkennen, daß bei der Population 2-, 3- und vermutlich auch 4jährige Fortpflanzungszyklen auftreten, die sich nicht ausschließlich als Folge einwirkender äußerer Faktoren (klimatische Bedingungen, Nahrungsangebot) interpretieren lassen. Die ermittelten Wurfstärken zeigen deutlich eine Abhängigkeit von der Größe und vom Alter des Muttertieres und liegen zwischen 7 und 18 Jungtieren. Soweit feststellbar, wurden durchschnittlich 1-2 Weibchen mehr als Männchen geboren.

## Summary

### OBSERVATIONS ON REPRODUCTION BIOLOGY OF THE COMMON VIPER (VIPERA B. BERUS (L.))

The contribution informs about the field of investigation, the method, and observations concerning displaying ritual, courtship behaviour, and birth process. The ringing of 15 Common vipers (10 females, 5 males) allows the following statements regarding area of activity and reproduction cycle of females for the investigated area: The activity area of non-reproducing females depends on their reproduction interval. In the year after reproduction, animals with a cycle of three or more years have an activity area which is nearly as small as that of gravid females with distinct connection to places of birth with favourable microclimate.
Observations made between 1975 and 1978 with four marked females show reproduction cycles of two, three, and - probably - even four years which cannot be declared exclusively as an effect of external factors (climatic conditions, available food). The size per brood - between 7 and 18 juveniles - depends obviously on size and age of the parent. As far as observable, the females in a brood exceeded the males by one or two as an average.

## Literatur


BIELLA, H.-J., 1977: Studien zur Verbreitung und Ökologie der Kreuzotter (*Vipera b. berus* L.) in der Oberlausitz. - Abh. Mus. Naturkunde Görlitz **51**, Nr. 4, S. 1-9.

-, 1978: Beobachtungen zur Vergesellschaftung der Kreuzotter (*Vipera b. berus* (L.)) während der Aktivitätsperiode. - Zool. Abh. Mus. Tierk. Dresden **35**, Nr. 13, S. 219-221.

BLANCHARD, N. u. FINSTER, E. B., 1933: A method of marking living snakes for future recognition. - Ecology **14**.

CLAUSNITZER, H.-J., 1978: Nahrung und Biotopanspruch der Kreuzotter (*Vipera berus*) im Kreis Celle. - Beiträge zur Naturkunde Niedersachsens **31** (2), S. 41-43.

FROMMHOLD, E., 1969: Die Kreuzotter (*Vipera berus* L.). - Die Neue Brehmbücherei, H. 332, 2. Aufl. Lutherstadt Wittenberg.

LUTTENBERGER, F., 1978: Die Schlangen Österreichs. Wien.

NULLEAU, G., 1966: Etude complementaire de l'active de *Vipera aspis* dans la nature. - Vie et Milieu **17** (1-c), S. 461-509.

-, 1973: Reproduktion twice in one year in a captive Viper (*Vipera aspis*). - Brit. Journal of Herpetology **5** (1), S. 353-357.

SAINT GIRONS, H., 1971: Die Vipern Westeuropas. In: Die Reptilien von A. Bellairs, Editions Rencontre Lausanne, S. 610-636.

SCHIEMENZ, H., 1978: Zur Ökologie und Bionomie der Kreuzotter (*Vipera b. berus* (L.)). Teil I: Adulte Männchen und Weibchen. - Zool. Abh. Mus. Tierk. Dresden **35**, Nr. 12, S. 203-218.

SMITH, M., 1954: The British Amphibians and Reptiles. Rev. Ed. London.

STEMMLER-MORATH, C., 1937: Zur Gefangenschaftsbiologie von *Natrix natrix* und *Natrix tesselatus*. - Zool. Garten (NF) **9**, S. 229-230.

THOMAS, E., 1955: Der Kommentkampf der Kreuzotter (*Vipera berus* L.). - Naturw. **42**, S. 539.

TRUTNAU, L., 1975: Europäische Amphibien und Reptilien. Stuttgart.

VIITANEN, P., 1967: Hibernation and seasonal movements of the viper, *Vipera berus berus* L. in southern Finland. - Ann. Zool. Fennici **4**, S. 472-546.



Anschrift des Autors:

Hans-Jürgen Biella, DDR - 7701 Groß-Särchen, Wittichenauer Straße 1a.

# ZOOLOGISCHE ABHANDLUNGEN

STAATLICHES MUSEUM FÜR TIERKUNDE IN DRESDEN

Band 36 Ausgegeben: 30. April 1980 Nr. 7

## Nachbemerkungen zur Subspezies-Gliederung des Scheltopusiks, Ophisaurus apodus (PALLAS)

**(Reptilia, Squamata, Anguidae)**

FRITZ JÜRGEN OBST
Dresden

Unter dem erfreulichen Echo, das meine in dieser Zeitschrift (Band 35, Nr. 8, pp. 129-140, 1978) veröffentlichten Befunde zum geographisch bezogenen Merkmalswandel des Scheltopusiks und der daraus abgeleiteten Subspezies-Gliederung gefunden haben, verdient die kritische Zuschrift meines verehrten Kollegen Dr. Heinz WERMUTH, Stuttgart, besondere Erwähnung und Verdankung, macht sie mich doch auf die unterlassene Auseinandersetzung mit den "nachgelassenen" Synonymen anderer Autoren zur PALLASschen *Lacerta apoda* in meiner knappen Diskussion der Namenswahl der westlichen Unterart aufmerksam.
Nach der Auffassung WERMUTHs könnte der 1829 von CUVIER beschriebene *Pseudopus d'Urvillii* die Priorität gegenüber meinem *Ophisaurus apodus thracius* beanspruchen, folglich müßte die westliche Unterart als *Ophisaurus apodus durvillii* (CUVIER) bezeichnet werden.

Ich möchte dieser Denkmöglichkeit WERMUTHs nicht folgen, obwohl die zu CUVIERs Taxon gegebene Terra typica "dans l'Archipel" die Vermutung zuläßt, daß damit die Inselwelt um die Balkanhalbinsel gemeint sein kann, mir aber gerade die Ägäis infolge ihrer herpetogeographischen Rolle zu differenziert erscheint, als daß ich sie ohne exakte Angaben zum historisch-geographischen Bezugsort der westlichen Subspezies wählen möchte.
Nach PETZOLD (1971) ist das Ausbreitungszentrum von *Ophisaurus apodus* vermutlich in Kleinasien gelegen. Dieser Auffassung kann ich durch meine Befunde durchaus folgen. Wahrscheinlich erfolgte die Besiedlung des Balkans mit der westlichen Populationsgruppe von Kleinasien ausgehend über Thrakien, also den östlichen Rand der Halbinsel. Von dort aus erreichte vermutlich die eine Ausbreitungsgruppe im ägäischen, ionischen und adriatischen Küstenbereich schließlich Istrien als nordwestlichen Randpunkt des Areals. Eine andere Ausbreitungsgruppe wanderte eventuell von Thrakien aus ostwärts entlang der pontinischen Nordküste und schließlich südöstlich bis zum Kaukasusvorland. Als Reliktareale dieser Ausbreitungsrichtung kann man mit hoher Wahrscheinlichkeit die Scheltopusiks der Krim und eventuell die der isolierten Population im nordwestlichen Kaukasusvorland betrachten. Ein Aufeinandertreffen dieser Scheltopusiks mit den über den Kaukasus nördlich bis ins Terek-Gebiet vorgedrungenen Angehörigen der östlichen Populationsgruppe erfolgte wahrscheinlich nicht. Die zweite und zugleich Hauptausbreitungsrichtung der östlichen Populationsgruppe verlief hingegen entlang der Südküste des Kaspischen Meeres nach Mittelasien.
Aus den hier breiter erörterten zoogeographischen Bezügen möchte ich an der Terra typica

meines *Ophisaurus apodus thracius*, der Schwarzmeer-Küste Bulgariens zwischen Nessebar und Primorsko, festhalten und diesen westlichen, eigentlichen Balkan-Scheltopusik auch nomenklatorisch selbständig fassen. Es ist aus herpetogeographischer Sicht nicht auszuschließen, daß auch *Ophisaurus apodus* in der Ägäis weitere geographisch bezogene Wandlungen erlitten haben kann. Mir sind infolge des spärlichen Materials von Insel-Scheltopusiks leider keine Aussagen dazu möglich. Sollten sich derartige Befunde dereinst ergeben, so käme bei taxonomischer Relevanz der Name *durvillii* CUVIER weit eher in Betracht. Inzwischen fasse ich dieses Taxon weiterhin als nicht näher zuordenbares Synonym von *Ophisaurus apodus* auf.

Am Rande sei noch vermerkt, daß CUVIER mit seiner Beschreibung erstmals die signifikant gezeichnete Jugendform des Scheltopusiks erfaßt hat, wie es bereits SCHREIBER (1912) bemerkte. Bekanntlich sind die auffällig gezeichneten Juveniles von *Ophisaurus apodus* nur selten zu finden. Das Verkennen der Zugehörigkeit zum Taxon ihrer Eltern ist CUVIER also kaum zu verübeln. Dieser Sachverhalt macht zwar deutlich, in welcher Beziehung der CUVIERsche Name zu PALLAS' *Lacerta apoda* steht, und daß mit der Beschreibung nach dem damaligen Kenntnisstand schon gar nicht geographisch bedingte Variationen der "Bezugs"art gemeint sein konnten. Diese Randbemerkungen sollen lediglich die wissenschaftshistorische Situation der diskutierten Taxa klarer herausstellen und keinesfalls als weitere Argumente im Sinne des oben bekräftigten Standpunktes hinsichtlich der Namenswahl betrachtet werden, obwohl sich das logisch anböte, wenn nicht bereits die "Internationalen Regeln für die Zoologische Nomenklatur" (Artikel 17, Abs. 4 bzw. auch Artikel 24b) derartige Diskussionen ablehnten.

## Zusammenfassung

Der Name *Pseudopus durvillii* CUVIER, 1829, wird als Nomen dubium hinsichtlich seiner Relevanz für die Benennung der westlichen geographischen Unterart des Scheltopusik betrachtet und in der allgemeinen Synonymie von *Ophisaurus apodus* (PALLAS, 1775) belassen. Infolge der dubiösen Terra typica und wegen der zoogeographischen Differenziertheit des ägäisch-kleinasiatischen Raumes wird er nicht als prioritätsberechtigt vor *Ophisaurus apodus thracius* OBST, 1978 betrachtet.

## Summary

### SUBSEQUENT NOTES TOWARDS SUBSPECIES DIVISION OF OPHISAURUS APODUS (PALLAS)

Concerning its significancy for denomination of the geographically separated western subspecies of *Ophisaurus apodus*, the name *Pseudopus durvillii* CUVIER, 1829, is considered to be a nomen dubium which has to remain within the common synonymy of *Ophisaurus apodus* (PALLAS, 1775). Because of the dubious terra typica and the zoogeographically differentiated area of Aegean Sea and Asia Minor this name cannot claim priority as compared with *Ophisaurus apodus thracius* OBST, 1978.

## Literatur

CUVIER, G., 1829: La Regne animal. Edition 2, 2: 69.
OBST, F. J., 1978: Zur geographischen Variabilität des Scheltopusik, *Ophisaurus apodus* (Pallas) (Reptilia, Squamata, Anguidae). - Zool. Abh. Mus. Tierk. Dresden **35**, Nr. 8: 129-140.
SCHREIBER, E., 1912: Herpetologia europaea. Jena.

Anschrift des Autors:

Dipl.-Biol. F. J. Obst, Staatliches Museum für Tierkunde, DDR - 801 Dresden, Augustusstraße 2.

# ZOOLOGISCHE ABHANDLUNGEN

STAATLICHES MUSEUM FÜR TIERKUNDE IN DRESDEN

Band 36 Ausgegeben: 30. April 1980 Nr. 8


## Rotylenchus deckeri sp. n. aus dem Kiefernwald bei Potsdam

## (Nematoda, Tylenchidae)

Mit 1 Abbildung


HELEN BRAASCH
Potsdam


Während einer Untersuchung über die Nematodenfauna von Kiefernnadelerde in einem älteren Bestand von Pinus silvestris L. südwestlich Potsdams fanden wir ein Exemplar einer *Rotylenchus*-Art, die in manchen Merkmalen *R. agnetis* SZCZYGIEL, 1968 ähnelt, aber auch Abweichungen von dieser Art zeigt. Sie wird nachfolgend als *R. deckeri* sp. n. beschrieben (benannt nach dem Nematologen Prof. Dr. H. DECKER von der Wilhelm-Pieck-Universität Rostock).

### Rotylenchus deckeri sp. n.

1 Weibchen (Holotypus): L = 0,57 mm; a = 22; b = 3,7; c = 44; V = 58 %; Stachellänge = 30 µm; O = 15.
Der Körper ist nach der Abtötung spiralig aufgerollt. Die Kutikula ist deutlich geringelt und weist eine Ringelbreite von ca. 1 µm auf.
Das Seitenfeld trägt 4 gekerbte Linien. Die Lippenregion ist kaum abgesetzt, abgerundet, vorn wenig abgestutzt und trägt 5 ziemlich deutliche Ringe. Der Mundstachel ist kräftig entwickelt. Seine Knöpfe sind vorn leicht konkav, hinten konvex. Die Einmündung der dorsalen Oesophagusdrüse in das Oesophaguslumen liegt ca. 4,5 µm hinter der Stachelbasis (undeutlich ausgeprägt). Der Exkretionsporus ist 85 µm vom Vorderende entfernt und liegt unmittelbar an der vorderen Grenze des Mittelbulbus. Das Hemizonid ist 2 Ringe vor dem Exkretionsporus sichtbar und etwa 2 Ringe lang. Der Schwanz ist abgerundet, dorsal stärker gekrümmt und ziemlich kurz. Er trägt ventral 5 Ringe und am Ende eine ungeringelte bzw. unregelmäßig geringelte Zone (1 oder 2 Ringe sind offenbar nicht schwanzumfassend). Die Ringelung ist am Schwanz gröber als am übrigen Körper. Das Breiten-Längen-Verhältnis des Schwanzes beträgt 1,2. Die Phasmiden liegen 1 Ring vor dem Anus. Die Ovarien sind paarig, Spermatheken sind nicht sichtbar.

Männchen unbekannt.

Diagnose:
In Größe, Lage der Vulva und Phasmiden sowie Schwanzform ähnelt die neue Art *R. agnetis*, unterscheidet sich aber von diesem durch den weiter vorn gelegenen Exkretionsporus (bei

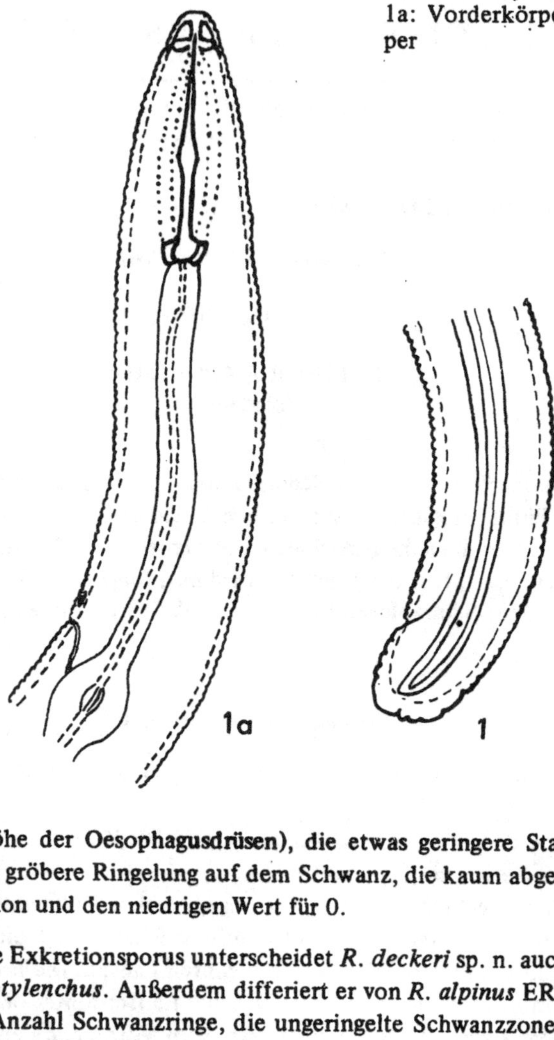


Abb. 1. *Rotylenchus deckeri* sp.n. 1a: Vorderkörper - 1b: Hinterkörper

*R. agnetis* auf der Höhe der Oesophagusdrüsen), die etwas geringere Stachellänge (bei *R. agnetis* 32-35 µm), die gröbere Ringelung auf dem Schwanz, die kaum abgesetzte, vorn etwas abgestutzte Lippenregion und den niedrigen Wert für 0.

Der weit vorn gelegene Exkretionsporus unterscheidet *R. deckeri* sp. n. auch von den übrigen Arten der Gattung *Rotylenchus*. Außerdem differiert er von *R. alpinus* EROSHENKO, 1976 durch eine geringere Anzahl Schwanzringe, die ungeringelte Schwanzzone und den geringeren 0-Wert, von *R. helicus* HUSAIN et KHAN, 1967 durch die etwas geringere Größe, den geringeren 0-Wert und die ungeringelte Schwanzzone, von *R. pini* MAMIYA, 1968 durch die weiter hinten gelegenen Phasmiden (bei *R. pini* 11-30 Ringe vor dem Anus) und das Fehlen der Spermatheken, von *R. citri* RASHID et KHAN, 1974 durch den geringeren 0-Wert und den kürzeren Schwanz, von *R. indorobustus* JAIRAJPURI et BAQRI, 1973 durch die geringere Größe, höhere Vulvalage, geringere Anzahl Lippenringe und geringere Schwanzringelzahl, von *R. goodeyi* LOOF et OOSTENBRINK, 1958 durch die geringere Größe, mehr Lippenringe, Fehlen der Spermatheken.

Typen-Wirt: Erde um Altbestand von Pinus silvestris L.
Typen-Ort: Wald südwestlich von Potsdam, DDR.
Präparat: Nr. 126/76 im Zentralen Quarantänelaboratorium des Zentralen Staatlichen Amtes für Pflanzenschutz und Pflanzenquarantäne.

## Zusammenfassung

Im. Boden eines Kiefernwaldes südwestlich Potsdams wurde eine neue Nematodenart gefunden, die als *Rotylenchus deckeri* sp. n. beschrieben wird. Sie unterscheidet sich von der ähnlichen Art *R. agnetis* durch den weiter vorn gelegenen Exkretionsporus, die etwas geringere Stachellänge, die kaum abgesetzte Lippenregion, die gröbere Ringelung auf dem Schwanz und den niedrigen Wert für 0 (Abstand der Einmündung der dorsalen Oesophagusdrüse vom Stachel als Prozent der Stachellänge).

## Summary

ROTYLENCHUS DECKERI SP. N. FROM PINE FOREST NEAR POTSDAM

A new species of nematodes, *Rotylenchus deckeri* sp. n., is described. The species was found in the soil of a pine forest southwestern from Potsdam. It differs from close species *R. agnetis* in having a higher place of the excretory pore, smaller size of spear, the head set off only very little, the coarse annules on the tail and the smaller 0 (distance of the orifice of dorsal oesophageal gland from spear base expressed as % of spear length).

## Literatur

EROSHENKO, A. S.: Novij vid spiral'noj nematody iz gornoj tundry Kamčatki. - Parazitologiya **10** (1976), 463-465.

HUSAIN, S. J.; KHAN, A. M.: A new subfamily, a new subgenus and eight species of nematodes from India belonging to superfamily Tylenchoidea. - Proc. Helm. Soc. Wash. **34** (1967), 175-186.

JAIRAJPURI, M. S.; BAQRI, Q. H.: Nematodes of high altitudes in India. I. Four new species of Tylenchidae. - Nematologica **19** (1973), 19-30.

MAMIYA, Y.: *Rotylenchus pini* n. sp. (Nematoda: Hoplolaimidae) from forest nurseries in Japan. - Proc. Helm. Soc. Wash. **35** (1968), 38-40.

RASHID, A.; KHAN, A. M.: Two new species in the subfamily Hoplolaiminae Filipjev, 1934 from North India. - Indian Nematology **3** (1974), 50-53.

SHER, S. A.: Revision of the Hoplolaiminae (Nematoda) V. *Rotylenchus* Filipjev, 1936. - Nematologica **11** (1965), 173-198.

SZCZYGIEL, A.: *Rotylenchus agnetis* sp. n. (Nematoda, Hoplolaiminae) from Poland. - Bull. Acad. Polon. Sci. CIII. **16** (1968), 573-575.

Anschrift der Autorin:

Dr. H. Braasch, Zentrales Staatliches Amt für Pflanzenschutz und Pflanzenquarantäne beim Ministerium für Land-, Forst- und Nahrungsgüterwirtschaft, Zentrales Quarantänelaboratorium, DDR - 15 Potsdam, Hermannswerder 20 A.

**ZOOLOGISCHE ABHANDLUNGEN**

STAATLICHES MUSEUM FÜR TIERKUNDE IN DRESDEN

Band 36 Ausgegeben: 30. April 1980 Nr. 9

# Intraspezifische Evolution bei Graumeisen

## (Aves, Paridae: Parus, Subgenus Poecile)

Mit 5 Karten, 13 Abbildungen und 9 Farbtafeln

SIEGFRIED ECK
Dresden

Inhalt



## I. HISTORISCHES

Mit der Erforschung der gewöhnlich "Sumpfmeisen" genannten europäischen Vertreter von *Parus atricapillus* und *P. palustris* ab Mitte der zwanziger Jahre des 19. Jahrhunderts wird insbesondere für die Entwicklung des Artbegriffs ein maßgebendes Kapitel europäischer Ornithologie eingeleitet. Die Graumeisen sind seit 150 Jahren ein Indikator für das Niveau und die Entwicklungsfähigkeit der Spezies-Kritik in der Ornithologie.

Die Entdeckung, daß es sich bei diesen Meisen in Mitteleuropa um zwei Spezies handelt, geht auf CONRAD (1827) und C. L. BREHM (1828, Sp. 1283) zurück (s. auch v. SALIS 1861), welche unabhängig voneinander in der Schweiz und in Thüringen übereinstimmende Feststellungen trafen 1). Es blieb aber BREHM vorbehalten, das Gefundene konsequent weiterzuverfolgen und für die europäischen Formen, soweit sie damals bekannt waren, abschließend zu klären. Nach weniger aufschlußreichen Hinweisen 1828, 1831 und 1855, die indes keinen Zweifel an BREHMs Kenntnissen gestatten (er wußte bereits, daß sich die Weidenmeise ihre Nisthöhle selbst zimmert), legte er 1856 (pp. 368-371) eine endgültige Übersicht vor. O. KLEINSCHMIDT (1897b, pp. 46-52) hat den damaligen Kenntnisstand über die palaearktischen Nonnen- und Weidenmeisen zusammengefaßt, nachdem er selbständig und unabhängig von BREHM die Weidenmeise am Rhein wiederentdeckt hatte. Damals verfuhr er mit dem Artbegriff noch sehr unsicher, wie seine Ausführungen (1897a, pp. 128-129) beweisen, was aber im Jahre der berühmten Dresdener Ornithologen-Tagung, 1897, nicht verwundert, auf der die Diskussion des Artproblems im Mittelpunkt stand. Mit KLEINSCHMIDTs Arbeiten tritt jedoch die Erforschung der Graumeisen in ein neues Stadium.

Um die Jahrhundertwende sind es nächst O. KLEINSCHMIDT besonders v. TSCHUSI (1898), HELLMAYR (1900, 1903), BIANCHI (1902) und HARTERT (1905), welche die Kenntnis der Gruppe, die neben jenen "Sumpfmeisen" noch die Lappland- und Trauermeisen, den seltenen chinesischen *Parus davidi* und die Weißbrauenmeisen (nach BIANCHI Subgenus *Poeciloides*) umfaßt, in bezug auf die Palaearktis sehr förderten. Die nordamerikanischen Graumeisen wurden zu jener Zeit in ihrer Gesamtheit von RIDGWAY (1904) abgehandelt, doch erschienen außerdem sorgfältige Einzelbearbeitungen der Lapplandmeisen (1904) und der nordamerikanischen Weißbrauenmeisen (1918) von GRINNELL. Revidierende Abhandlungen sind aus jüngerer Zeit: DUVALL 1945 (*P. atricapillus* s. str.), GODFREY 1951 (*P. hudsonicus*), LUNK 1952 (*P. carolinensis*), BEHLE 1956 (*P. gambeli*), VAURIE 1957 (*P. palustris, P. montanus, P. cinctus*); MAYR & SHORT 1970 fassen zusammen und diskutieren die Beziehungen zwischen nearktischen und palaearktischen Graumeisen. Versuche, die Meisen nach ökologischen Abhängigkeiten untereinander zu vergleichen und morphologisch-ökologische Korrelationen aufzuspüren, stehen bei SNOW (1954a, b) im Vordergrund und finden ihre abgerundete Darstellung durch LACK (1971).

Die Situation der Graumeisen-Taxonomie in Nordamerika ist anders beschaffen als in Eurasien. Die sich am stärksten ähnelnden, wenngleich für spezifisch verschieden erachteten Meisen schließen einander geographisch aus, und so wurde zwar gelegentlich *P. carolinensis* in die Spezies *P. atricapillus* eingeschlossen, doch hinsichtlich ihrer Unterscheidung voneinander boten sie allesamt - *P. atricapillus, P. carolinensis, P. sclateri, P. gambeli, P. hudsonicus*

1) Es gibt wenig Anzeichen dafür, daß es in Mitteleuropa die Vogelliebhaber gewesen wären, deren Unterscheidungsgabe sie im Falle der "Sumpfmeisen" der Wissenschaft hätte vorauseilen lassen. HARTERT (1905b, p. 378) teilt so etwas vom Pariser Vogelmarkt mit. Konkreteres ist aus dem Fernen Osten, vom Baikalsee, bekannt. Wir entnehmen den Mitteilungen DYBOWSKIs (s. TACZANOWSKI 1872, p. 444), daß sich die Nonnenmeise des Baikalgebietes "durch ihre den Singvögelzucht-Liebhabern und Vogelfängern von Irkutsk seit langer Zeit wohlbekannte(n) Eigenschaft auszeichnet", nämlich: "Diese Meise singt gar nicht und läßt sich im Käfig nicht leicht halten, während die vorige [die Weidenmeise] im Gegenteil vortrefflich singt und sich an das Käfigleben leicht gewöhnt. Jede von ihnen hat unter den dortigen Einwohnern ihren eigenen Namen, . . ." LUDESCHER (1973, p. 8) sagt von den beiden deutschen Vertretern ähnliches.

(in Teilen Alaskas auch *P. cinctus*) und *P. rufescens* - kein Problem. Sowie aber die Wünsche über die Verläßlichkeit der Differentialdiagnosen hinausgingen, man zu den verwandtschaftlichen Zusammenhängen vordringen wollte, ergaben sich keine geringen Hindernisse. HARTERT (1905) hatte zwar bereits die palaearktischen Weidenmeisen unter *P. atricapillus* geführt, bezeichnete jedoch den mexikanischen Vertreter wegen seiner blauglänzenden Kopfplatte als *P. palustris sclateri* (l. c., p. 376, Fußnote) und stellte *P. atricapillus songarus* als selbständige Art *P. songarus* neben *P. lugubris*. Wieder war es KLEINSCHMIDT (1912-21), welcher klärend eingreifen und die Artgrenzen für Nonnen-, Weiden- und die palaearktischen Lapplandmeisen bezeichnen konnte. Mit Nachdruck setzte er in seiner 1912 begonnenen Monographie "Parus Salicarius" auseinander, warum sie sämtlich, HELLMAYRs *P. montanus*, HARTERTs *P. songarus* und *P. palustris sclateri* nebst *P. carolinensis* und *P. atricapillus* Glieder eines "Formenkreises" (wie er die Art aus Protest gegen den zu engen Artbegriff seiner Zeitgenossen nannte) sein müssen. Und er fügt 1921 nach dem Studium der von WEIGOLD in China gesammelten Graumeisen noch den südchinesischen *weigoldicus* und den nordchinesischen *stoetzneri* hinzu. In diese Zeit fällt auch die umfassende Bearbeitung der europäischen "Mattkopfmeisen" (Weidenmeisen) und sich anschließender Subspezies durch STRESEMANN & SACHTLEBEN (1920). Sie weisen (l. c., pp. 250-251) mit konkreten Zahlen auf Unterschiede in der relativen Schwanzlänge hin, was auch im folgenden noch einer besonders eingehenden Untersuchung unterzogen werden soll.

Welche Schwierigkeiten die Klärung allein der den Tienschan und China bewohnenden Formen bereitete, können wir nachfühlen, wenn wir KLEINSCHMIDTs fesselnde Schilderung des Auspackens der WEIGOLDschen Bälge im Beisein von STÖTZNER in Dresden verfolgen (KLEINSCHMIDT 1921, pp. 19-21). Da schien es zunächst, als schlage jener weidenmeisenartig rufende "Mattkopf" aus Tschili, N-China (*P. atricapillus stoetzneri*) die Brücke von den Weiden- zu den Lapplandmeisen und mache die gewonnene Klarheit von den sauber getrennten Spezies wieder zunichte. WEIGOLDs Jagd auf diese kleine Weidenmeisenform hatte ja nicht nur sieben Bälge, sondern gleichzeitig einiges über die Stimme zutage gefördert. Danach (WEIGOLD 1935, pp. 36-37) hat sie das nasale "däh-däh" aller Weidenmeisen, singt aber "di-düh–di-düh–di-düh–di-düh", ähnlich wie *P. a. restrictus* aus Japan (THÖNEN in litt.). Wer sich jemals dieser komplizierten Vogelgruppe angenommen hat, wird das Aufregende jener damaligen Entdeckungen und Zweifel, aber auch der schließlich gewonnenen Erkenntnisse verstehen (vgl. auch KLEINSCHMIDT & WEIGOLD 1922). - Die im Fernen Osten geographisch eng benachbarten Subspezies *baicalensis/shulpini, stoetzneri* und *restrictus* nehmen für die Herausarbeitung der Evolutionsrichtungen innerhalb der Weidenmeisen eine Schlüsselstellung ein (s. auch ECK 1976). Verständlich ist natürlich das wellenartige Auf und Ab der Meinungen über spezifisch Getrenntes und spezifisch Zusammengehöriges. So kann WOLTERS (1950, p. 1143) "nicht einsehen, warum *stötzneri* mit *cinctus* nichts zu tun haben soll" und wenngleich sich VAURIE (1957, p. 8; 1959, p. 477) für die Konspezifität von *P. montanus* und *P. songarus* (in dessen Gruppe noch *weigoldicus, affinis* und *stoetzneri* gehören) aussprach, wie zuvor schon WOJINSTWENSKIJ (1954), so betonen doch KUZJMINA (1972) und WOLTERS (1975, p. 45) abermals die verwandtschaftliche Nähe des *songarus* zu den Lapplandmeisen. PRZEWALSKI stellte ja schon vor 100 Jahren gelegentlich der Beschreibung seiner *Poecile affinis* deren Affinität zu *P. cinctus* durch die Benennung heraus. Bei PORTENKO (1954), IWANOW (1976), JEFREMOW (1976), LOSKOT (1977) und STEPANJAN (1978) findet man schließlich eine Spezies *Parus songarus* als vollendete Tatsache.

Parallel zu den taxonomischen Klärungen der Weidenmeisen Europas, die nach 1920 im wesentlichen durch die Arbeiten von HARTERT & STEINBACHER (1934), JOUARD (1925, 1936) und O. KLEINSCHMIDT (1937, 1939) geleistet wurden, erfolgten allerorts die faunistischen Entdeckungen, und zwar in solcher Zahl, daß es geboten erscheint, die Faunistik für Europa gesondert abzuhandeln. Es nimmt nicht wunder, daß Hand in Hand mit den Nachweisen dieses Vogels auch eingehende Beobachtungen und Untersuchungen zur Bionomie, d. h. Brutbiologie, Ökologie, Stimme usw. angestellt wurden, deren herausragendste mit den Namen ODUM (1941 ff.), HAMERSTROM (1942), BREWER (1961, 1963), THÖNEN (1962, 1970), WARD (1966), THIELCKE (1968), HIRSCHFELD (1970), LUDESCHER (1973) und ROMANOWSKI (1976) verbunden sind. Eine ökologische Bearbeitung des *Parus atricapillus songarus* aus dem Gebiet von Alma-Ata findet sich bei KOWSCHAR (1976). Außerdem wurden, wenn auch in bescheidenem Maße, anatomische Studien betrieben, betreffend das Kniegelenk von Nonnen- und Weidenmeise (KLEINSCHMIDT 1928) oder die mikroskopische Struktur der Oberkopffedern (LOWE 1932, TUCKER 1935).

Nach den zusammenfassenden und eine neue Grundlage für die Beurteilung der Verbreitungsgeschichte schaffenden stimmgeographischen Untersuchungen THÖNENs (1962) hätte dann allerdings die Gruppe der europäischen Alpenmeisen (*P. atricapillus, montanus*-Subspeziesgruppe) mehr im Blickpunkt stehen müssen, d. h. hätte Anlaß sein sollen, auch die Populationen der nördlicheren Gebirge (ECK & GEIDEL 1977) und Mittelgebirge genauer zu verhören. Das enge Beieinanderwohnen recht divergenter Formen in Ostasien einerseits und bestimmte gemeinsame Grundzüge in der geographischen und morphologischen Randlage der europäischen, asiatischen und mexikanischen Alpenmeisen andererseits (ECK 1976) sind bei der Interpretation des intraspezifischen Evolutionsgeschehens ausschlaggebend! Genaue Ermittlungen zum Reviergesang der beiden letzteren Alpenmeisen-Gruppen nach dem Vorbild THÖNENs stehen noch aus. Es scheint sogar, daß man über die mexikanische *sclateri*-Gruppe selbst heute noch nicht viel mehr weiß als CHAPMAN 1898 wußte (BENT 1946).

Die Art, über die bis heute bionomisch am wenigsten bekannt ist, ist *P. lugubris*, die Trauermeise. Die Bemerkungen v. d. MÜHLEs (1844, pp. 49-50) bringen zur Lebensweise zwar immerhin schon etwas, verraten auch in bezug auf die Abgrenzung von anderen Arten einige Sicherheit, der wir ebenso bei SCHLEGEL (1844, p. XLV, 73), durchaus aber nicht bei allen Autoren begegnen. BAILLY etwa sah in der Alpenmeise von Savoyen eine Trauermeise. Späterhin bot jedoch die Abgrenzung der Trauermeise gegen andere Arten kein Problem, und die von HELLMAYR (1911, pp. 36-37) bzw. bis 1921 von HARTERT anerkannten Subspezies *lugens, lugubris, splendens, anatoliae, dubius* und *hyrcanus* finden wir unter Hinzufügung der 1950 beschriebenen ssp. *kirmanensis* KOELZ (ähnlich *dubius*) sämtlich bei VAURIE (1950, 1959) wieder. Erst in jüngster Zeit gerät die Trauermeisen-Systematik in Bewegung, indem STEPANJAN (1974) die Population aus Talysch wegen hell lehmgelber Brust und Flanken subspezifisch von *hyrcanus* abtrennt und LOSKOT (1977) nicht allein diese neue Subspezies in die Synonymie von *P. l. hyrcanus* stellt, sondern diesen gleichzeitig zur selbständigen Art erklärt. *P. hyrcanus*, so meint LOSKOT, stehe den Weidenmeisen näher als den Trauermeisen. Auf die Berechtigung der Verleihung dieses neuen Status' gehe ich weiter unten noch ein. Allein von der Bionomie her ist über die Trauermeisen noch sehr wenig bekannt, und man muß sich auf wenige Autoren wie FEHRINGER (1922), STEINFATT (1954), LÖHRL (1966) und CATUNEANU (1975) beschränken. Dies wird verständlich, wenn die Trauermeise nach LÖHRL (l. c., p. 167) "als die seltenste europäische Meise gelten" muß, "sofern sie nicht die seltenste Meise überhaupt ist." Es sieht indes so aus, daß diesen Rang als Rarität die chinesische Davidsmeise, *P. davidi*, der Trauermeise streitig machen könnte. Bereits in der Erstbeschreibung dieses berückend schönen Vogels wurde auf seine Seltenheit hingewiesen, wie auch später durch WEIGOLD oder SCHÄFER (1938). VAURIE (1972) vergaß diese im Register seines Buches geführte Art in den speziellen Teil aufzunehmen. Das Vorkommen auch in 0-Xizang (= E.Sikang) ist, geographisch gesehen, tibetanisch. Dort wie in Sichuan und anderwärts lebt *P. davidi* in Misch- und Laubwäldern mit Bambus-Unterholz ungefähr zwischen 2400 und 3300 m Höhe (VAURIE 1959, p. 486). Die verwandtschaftlichen Beziehungen der Davidsmeise zu anderen Graumeisen scheinen unklar zu sein. Es wurde meist auf die isolierte Stellung aufmerksam gemacht, ja selbst die subgenerische Vereinigung mit *P. superciliosus* erwogen, was nicht überzeugt. Dieser *P. superciliosus*, ebenfalls in China heimisch, aber die höchsten Gebirgslagen bewohnend, hat seine nächsten Beziehungen ganz gewiß zum west-nordamerikanischen *P. gambeli*; dies nicht allein deswegen, weil beiden die Verwandtschaft geradezu ins Gesicht geschrieben ist und dies auch bei BIANCHI (1902) durch eine Abtrennung von *Poecile* als *Poeciloides* seinen Ausdruck fand - es sprechen ja in der Tat auch zoogeographische und morphologische Gründe dafür (s. auch O. KLEINSCHMIDT 1911). Leider wollen manche Autoren die nearktisch-palaearktische Vikarianz mancher Pariden (*P. wollweberi!*) nicht erkennen und sich lieber dafür entscheiden, daß sich die nearktischen Spezies untereinander sämtlich näher stehen als den entsprechenden asiatischen Formen (vereinfacht gesagt). Von beiden Weißbrauenmeisen, *P. superciliosus* und *P. gambeli*, findet sich mehr und Konkreteres im Schrifttum als von *P. davidi* (WEIGOLD 1922, BEICK 1937, BARLOW 1901, BENT 1946). Es war wohl nur ein Versehen, daß LACK (1971, p. 277) *P. gambeli* mit den Weidenmeisen in einer Superspezies vereinigte.

Die nördlichsten aller Graumeisen sind die Lapplandmeisen *P. hudsonicus, cinctus* und *rufescens*, deren reiches seidiges Gefieder mit seiner gleichsam verschleiernden Färbung (nicht bei den südlichen *rufescens*-Subspezies) sie sofort als nördliche Vögel ausweist. Und wie den südlichen Trauermeisen ein kräftiger, klotziger Schnabel eigen ist, so zeichnen sich die Lapplandmeisen durch einen kleinen, zarten Schnabel aus. Wenn man es so sehen will, paßt auch ihr phlegmatisches Wesen (JOHANSEN 1944, p. 181) zu ihrer Heimat. Der im Vergleich mit der hurtigen Weidenmeise ruhige, auch nicht ruffreudige Vogel soll oft nur umherkletternd gesehen werden. Bereits unter den "alten" Ornithologen hat die Lapplandmeise zu keinerlei systematischer Konfusion Anlaß gegeben (s. z. B. GADOW 1883), doch ist, nebenher bemerkt, schwer zu verstehen, warum die Lapplandmeise so gern als Gegenstück der Trauermeise hingestellt wurde. Solche Bemerkungen finden sich auch beim jungen KLEINSCHMIDT (1898, p. 156), doch bleibt unklar, was sie besagen sollten. Die ausführliche Arbeit GRINNELLs (1904) unterstreicht die ohnehin sofort zu sehende Geschlossenheit der oben genannten Lapplandmeisen-Gruppen (*hudsonicus, cinctus, rufescens*). Spätere Studien (PORTENKO 1939, I, pp. 98-100; GODFREY 1951, VAURIE 1957, pp. 14-15) steuern nur noch Details bei. Erst in jüngerer Zeit lassen sich einige Ornithologen durch fahlere Färbungen von Weidenmeisen (*P. a. songarus, P. a. affinis, P. a. stoetzneri*) irritieren und möchten diesen Formen eine intermediäre systematische Position zuweisen. An sich ist ja der Satz O. KLEINSCHMIDTs (1938, p. C): "An der der Lappmeise ähnlichen Weidenmeisenrasse (*stötzneri*) entdeckte ich den Hauptunterschied zwischen Weidenmeise und Lappmeise (Genickfärbung)." deutlich genug, doch braucht man sich nicht wundern, wenn das darin enthaltene "ähnlich" mißverständlich wirkt. Bezeichnungen wie "ähnlich", "anders", ja selbst "verwandt" verwirren in der Taxonomie mehr als sie klären.

## MATERIAL

Insgesamt habe ich 1410 Bälge untersuchen und vermessen können. Dieses Material entstammt 27 Sammlungen, von denen die des Staatlichen Museum für Tierkunde, Dresden (MTD) die Basis bot. Den Leitern, vermittelnden Kolleginnen und Kollegen und teils Besitzern dieser Sammlungen sage ich für ihr Entgegenkommen bei der Bereitstellung des Balgmaterials und für Auskünfte meinen Dank:

| | |
|---|---|
| MTD | - s. o. |
| UB | - Dr. U. BÄHRMANN †; Coll. Bährmann, jetzt im MTD. |
| VH | - W. BERGER; Vogelwarte Hiddensee, Kloster/Hiddensee. |
| BM | - Dr. I. C. J. GALBRAITH; British Museum (Natural History), Tring. |
| BG | - B. GEIDEL, Coll. Geidel, Dresden. |
| FW | - Dr. P. GENSICHEN; Kirchliches Forschungsheim, Wittenberg. |
| MH | - K. HANDTKE; Museum für Vogelkunde, Heineanum, Halberstadt, und Vermittlung von Material des Müritz-Museums, Waren, und des Krajske muzeum, prirodni oddelni, Hradec Králové, ČSSR. |
| NMP | - Dr. J. HANZÁK; Narodní muzeum, Praha. |
| HK | - Dr. H. KELM; Coll. Kelm, Stade. |
| CZR | - S. KOHL; Coleția Zoologică a Școlii Medii nr. 2, Reghin. |
| AMNH | - M. LE CROY; American Museum of Natural History, New York. |
| ZIL | - Dr. V. M. LOSKOT und Dr. I. A. NEUFELDT; Zoologisches Institut der Akademie der Wissenschaften, Leningrad. |
| ZMB | - Dr. G. MAUERSBERGER und Dr. B. STEPHAN; Zoologisches Museum der Humboldt-Universität, Berlin. |
| RNH | - Dr. G. F. MEES; Rijksmuseum van Natuurlijke Historie, Leiden. |
| FS | - Dr. D. S. PETERS; Natur-Museum und Forschungsinstitut "Senckenberg". Frankfurt/Main. |
| ZH | - Dr. R. PIECHOCKI; Martin-Luther-Universität Halle-Wittenberg, Sektion Biowissenschaften, Wissenschaftsbereich Zoologie, Halle/Saale. |
| BS | - H. PRILL; Biologische Station, Serrahn. |
| NMW | - Dr. H. SCHIFTER; Naturhistorisches Museum, Wien. |
| NRS | - Dr. B.-O. STOLT; Naturhistoriska Riksmuseet, Stockholm. |
| MZA | - Dr. R. STORER; University of Michigan, Museum of Zoology, Ann Arbor. |
| NMK | - Dr. N. N. STSCHERBAK; Zentralnij Naukowo-prirodnicij Muzej, Kiew. |
| FM | - M. A. TRAYLOR und Dr. J. W. FITZPATRICK; Field Museum of Natural History Chicago. |
| SIW | - Dr. G.E. WATSON; Smithsonian Institution, U. S. National Museum, Washington. |
| ZFMK | - Dr. H. E. WOLTERS; Zoologisches Forschungsinstitut und Museum Alexander Koenig, Bonn. |
| OK | - Coll. Kleinschmidt I, im Museum A. Koenig, Bonn. |


## II. DAS SUBGENUS **Poecile** KAUP, 1829 UND SEINE KOMPLEXE

Die Gruppe der Graumeisen hat HELLMAYR (1903, p. 47) sehr gut charakterisiert. Durch Einzelheiten ergänzt, läßt sich folgendes Bild entwerfen. Es sind Meisen der Holarktis mit reichem und sehr weichem Gefieder, dessen "erdige" Färbung in Grau-, Braun- und verschiedensten gebrochenen Rottönen spielt und mit dem Schwarz(bis Braun-)-Weiß von Kopf und Hals kontrastiert. Dabei fließen Kehl- und Kopfplattenfärbung nie ineinander! Ein weißer Nackenfleck fehlt ebenso wie quer zu den Schwungfedern verlaufende weiße Binden und ein schwarzer Längsstreifen auf dem Bauch. Nur nebenbei sei bemerkt, daß es grundsätzlich nicht zu einer Schopfbildung kommt, wenngleich die erhebliche Verlängerung der Oberkopffedern z. B. bei *Parus palustris dejeani* aus S-China (s. "Falco" 34, 1938, Taf. II) nicht übersehen werden darf.

Sehr verbreitet ist das Selbstmeißeln der Nisthöhle, doch ist es nicht allen Arten eigen bzw. tritt bei einigen nur gelegentlich auf und findet sich bekanntlich auch bei Arten, die nicht zu *Poecile* gehören. Selbst die Trauermeise könnte ihre Bruthöhle wohl selbst herstellen, wie aus LÖHRLs (1966, p. 180) Beobachtungen geschlossen werden kann und von dem kleineren *Parus lugubris hyrcanus* auch bekannt ist (LOSKOT 1977). Von der bioakustischen Betrachtung her (THIELCKE 1968) läßt sich *Poecile* nicht abgrenzen. LÖHRL (l. c., p. 182 ff.) führt eine Reihe bionomischer Eigenarten der Graumeisen an, die sich mehr oder weniger auch bei anderen Pariden finden, aber momentan lassen sich die Graumeisen am besten morphologisch charakterisieren.

Ein ungarischer Diplomat soll scherzhaft, aber jedenfalls sehr treffend gesagt haben, daß man eine verkehrt zugeknöpfte Weste nicht korrigieren, sondern wieder vollständig öffnen und erneut zuknöpfen solle. Es kommt nicht von ungefähr, wenn man sich bei der Bearbeitung der Graumeisen dieses Ausspruchs erinnert oder es erscheint zumindest vorteilhaft, das ermüdende Diskutieren der jetzt angenommenen Graumeisen-Arten zu umgehen und deren Gesamtheit in taxonomisch ranglose Komplexe zu zerlegen (cf. ECK 1973, p. 22; 1975, p. 293). Solche Komplexe bestehen aus morphologisch mehr oder weniger differierenden, geographisch vikariierenden Populationen, deren Konspezifität als gesichert gelten muß. Sie greifen somit nicht über Speziesgrenzen hinaus, sind aber in ihrer Eigenschaft als taxonomisches Rohmaterial kein Äquivalent für die Spezies. Diese morphologisch-geographische Definition erscheint zunächst als ausreichend. Weitere Charakteristika sind problematisch, insbesondere solche ökologischer Natur. Der Komplex hat viel Ähnlichkeit mit jenen Gruppen von Populationen, die heute Gegenstand einer risikofreien Art-Diagnostik sind.

Der Vorteil einer Zerlegung in Komplexe ist darin zu sehen, daß sich hernach die Beziehungen zwischen diesen zwanglos und ohne besondere Rücksicht auf konventionelle Spezies-Abgrenzungen diskutieren lassen. Nach SNOW (1967) haben wir es mit folgenden, vom Autor nicht besonders hervorgehobenen *Poecile*-Arten innerhalb der Gattung *Parus* zu tun. Ihre Reihenfolge nach SNOW: *Parus palustris, P. lugubris, P. montanus, P. atricapillus, P. carolinensis, P. sclateri, P. gambeli, P. superciliosus, P. davidi, P. cinctus, P. hudsonicus, P. rufescens*. VOOUS (1977) wählt eine andere Reihenfolge, in der er *Parus gambeli* und *P. superciliosus* weit voneinander trennt und *P. davidi* überhaupt von allen Graumeisen isoliert.

In der folgenden Behandlung der Graumeisen spielen Maß-Verhältnisse im Großgefieder eine wesentliche Rolle. Um Mißverständnissen vorzubeugen: Die Ermittlung dieser Größenrelationen war keine Voraussetzung dieser Arbeit, war nicht das Anfangs-, sondern das (bisherige) Endstadium einer langwierigen Analyse der Verwandtschaftsbeziehungen zwischen all den Graumeisen-Formen. Wenn also Färbungsverhältnisse und lineare Maße weniger zur Darstellung gebracht werden, dann deshalb, weil ich den diesbezüglichen Kenntnisstand - bis in Details - als bekannt voraussetzen muß. Die Größenverhältnisse im Großgefieder dagegen sind bis jetzt nur ansatzweise bekannt, haben aber, im richtigen morphologisch-geographischen Zusammenhang gesehen, zu wesentlichen Einsichten geführt. Sie werden deshalb ausführlicher behandelt.

Von der Sache her gibt es keinen Grund, die bionomischen Fakten zu vernachlässigen. Wenn ihnen hier aber dennoch eine nachgeordnete Bedeutung beigemessen wird, dann liegt das daran, wenigstens zumeist, daß sie zu lückenhaft bekannt sind. Neuere Feststellungen zur Stimme, Brutbiologie, Beschaffenheit des Lebensraumes und zum Verhalten werden allzu oft in erster Linie nicht in die bekannten Verhältnisse einzuordnen versucht, dergestalt sie eine Erweiterung unserer Erkenntnisse bedeuteten, sondern vielmehr überschätzt und dienen folglich dazu, diese oder jene Form taxonomisch zu isolieren. Auch bei den Graumeisen ist das verschiedentlich der Fall gewesen.

## 1. **palustris**-Komplex

Incl. *italicus, dresseri, longirostris, communis, palustris* (Syn. *korejewi, stagnatilis*?), *kabardensis* ("*brandti*" - der Typus, ein abnormer Vogel, existiert nicht mehr). Den Typus von *korejewi* ZARUDNYJ et HÄRMS, 1902 habe ich nicht gesehen. Nach SUSCHKIN müßten die beiden bekanntgewordenen Exemplare zur ssp. *palustris* gehören. Vier Bälge aus Baschkirien (ZIL), die PORTENKO (1954, p. 115) als *korejewi* bezeichnete, unterscheiden sich von der ssp. *palustris* nicht. - In diesem Komplex sind die Nonnenmeisen [2] Europas, des Kauskasus und Kleinasiens eingeschlossen, deren in Färbung, Größe und relativer Schwanzlänge geringfügig differierenden Subspezies sehr verschieden beurteilt werden (cf. VAURIE 1957, 1959, SNOW 1957, pp. 37-38, 1967; HORVATH & KEVE 1975). Die Zusammenziehungen der Subspezies durch KNIPRATH (1967, p. 42) sind undiskutabel. Der intensiver pigmentierte *longirostris* aus W-Europa hat einen Schwanz : Flügel-Index (= S. F. I.) bis maximal 85%, während jener des deutlich lichteren *palustris* ebenso wie der des farblich vermittelnden *communis* maximal 87 oder 87,5% erreicht. Eine Korrelationstabelle veranschaulicht dies sehr gut (s. Abb. 1). Kleinasiatische Nonnenmeisen (n = 7 aus Bolu von mir untersucht) sind dunkler als kaukasische (*kabardensis*) und vielleicht mit *palustris* identisch. Die relative Schwanzlänge beträgt:

England 80-85 % (n = 7) *dresseri*
Rheinland, Belgien 81-85 % (n = 30) *longirostris*
DDR, ČSSR, Österreich 82-87 % (n = 90) *communis*
Baltikum, Witebsk, Pensa, Başchkirien, O-Karpaten, Rumänien, Mazedonien, Norwegen (1) 82-87,5 % (n = 33) *palustris*
NW-Kleinasien 81-85 % (n = 7) ssp.
Kaukasus 83-86 % (n = 7) *kabardensis*

[2] Der Trivialname "Nonnenmeise" ist nicht neu. Dennoch würde ich lieber auf die verbreitetere "Sumpfmeise" zurückgreifen und mich auch daran nicht stoßen, daß *Parus palustris* kein Sumpfvogel ist, wäre die Bezeichnung nicht seit altersher durch Verschwommenheit belastet. Als "Sumpfmeisen", wurden gleichzeitig mehrere Graumeisen bezeichnet (noch abgesehen davon, daß LINNÉ mit *Parus palustris* wirklich die Weidenmeise meinte), und ich glaube, man tut gut daran, der "Nonnenmeise" den Vorzug zu geben. - Ein ebenfalls sehr alter und vornehmlich in der Schweiz gebrauchter Name für die Weidenmeise war und ist die "Mönchsmeise". "Nonnenmeise" und "Mönchsmeise" stünde zwar den beiden Schwarzkappen nicht übel zu Gesicht, doch ist hier nun wieder ratsam, es bei der bekannteren "Weidenmeise" zu belassen.

Nordspanische (CASTROVIEJO et al. 1972, p. 186), deutsche (NIETHAMMER 1937, Coll. BÄHRMANN) und russische Nonnenmeisen (WOJINSTWENSKIJ 1954, p. 759) übersteigen im Gewicht offenbar nicht 12 g - allerdings vermerkt JEFREMOW (1976, p. 72) eine starke Gewichtsvariation von 10-14,6 g (M = 11,8). - Eine klangspektrographische Analyse des Nonnenmeisengesangs (Bodensee, Freiburg) legte ROMANOWSKI (1976) vor, Probleme stimmlicher Lernfähigkeit behandelte BECKER (1978). Neuere Betrachtungen zur Bionomie (Mitteleuropa) stammen von LUDESCHER (1973).

## 2. **brevirostris**-Komplex

Incl. *altaicus, brevirostris, crassirostris, ernsti, hensoni, jeholicus, hellmayri.* - Diese Nonnenmeisen Ostasiens sind von denen Europas durch einen breiten geographischen und nicht minder tiefen morphologisch-strukturellen Hiatus getrennt. Das Schwarz ihrer Kopfplatte zeigt ebenfalls Blauglanz, der Kehlfleck ist größer, die Differenzen zwischen den einzelnen Subspezies sind beträchtlicher als im *palustris*-Komplex. Der Zusammenhang der Formen um *brevirostris* erweist sich jedoch nicht allein durch deren geographische Vikarianz, sondern gleichfalls durch das kontinuierliche Gefälle in der relativen Schwanzlänge - trotz einer problematischen Verzahnung zwischen *hensoni* und *jeholicus*. Dieses Gefälle ist im Handflügel-Index (H. I.) kaum ausgeprägt. Liegt dieser im *palustris*-Komplex zwischen 15 und 21 %, beträgt er im *brevirostris*-Komplex 14-21 %, wobei der H. I. von *hellmayri* (n = 12) mit 16,4-20,6% am höchsten und dessen S. F. I. mit 84,2-87,7 % am niedrigsten ist. WEIGOLD hat den kleinen *hellmayri* eine "Form der nordchinesischen Ebene" genannt, die "bei Peking ihre Nordgrenze" erreicht. Koreanische Nonnenmeisen gehören zu *hellmayri* (nur im äußersten Nordosten lebt *crassirostris*, der sich vielleicht mit *hellmayri* vermischt), bewohnen aber durchaus höhere Gebirge (AUSTIN 1972, pp. 192-193). Nördlich von *hellmayri* wohnt der aus der Gegend von Chengde (Jehol) beschriebene, etwas größere, vor allem langschwänzigere, doch gleichgefärbte *jeholicus*. VAURIE (1957) synonymisierte ihn mit *brevirostris*, CHENG (1976) mit *hellmayri*. Weder die Art der Streuung der Flügel- und Schwanzmaße noch gar die Färbung lassen auf Mischlinge schließen. Merkwürdig ist nur der Umstand, daß sich in der Flügel- und Schwanzlänge kombinierenden Korrelationstabelle der Nordjapaner *hensoni* noch zwischen *hellmayri* und *jeholicus* schiebt (vgl. auch Abschnitt V/A).

Ich hatte schon bei anderer Gelegenheit gefunden, daß die sogenannte Armflügellänge 3) der Länge des Schwanzes nahekommt, sofern dieser nicht stark gestuft ist. Kombiniert man beide, so liegen *hellmayri, jeholicus* und *crassirostris* (mit *brevirostris*) auf einer steil ansteigenden Linie hintereinander, wobei es zu einer starken Überdeckung zwischen *jeholicus* und *hensoni* kommt. Bildet man einen Schwanz:Armflügel-Index (S. A. I.), ergibt sich folgendes:

| | |
|---|---|
| *hellmayri* (n = 12) | 102,0-110,0 % |
| *hensoni* (n = 13) | 103,6-112,4 % (Ex. aus N-Japan) |
| *jeholicus* (n = 11) | 107,3-115,1 % |
| *crassirostris* (n = 11) | 114,3-124,5 % |

Die Zunahme der Schwanzlänge erfolgt interindividuell wie von Population zu Population rascher als die des Armflügels. Ich fand ganz folgerichtig bei *hellmayri* eine Schwanzstufung von 3-5, bei *crassirostris* von 3-7 mm.

3) Armflügellänge = Flügellänge minus Länge der Flügelspitze.

Die Sachalin-Nonnenmeise *ernsti* unterscheidet sich nach PORTENKO (1954, p. 115) von dem festländischen *crassirostris* durch einen kürzeren Schwanz, wie das bereits 1927 YAMASHINA festgestellt hatte. Die von YAMASHINA ermittelten Maße fallen mit denen der japanischen Form *hensoni* zusammen. Meine Messungen im Zoologischen Institut Leningrad bestätigen dies völlig. *P. palustris ernsti* steht *hensoni* außerordentlich nahe, ist, verglichen mit *hensoni* von den Kurilen, auf dem Rücken etwas grauer. Ein Balg von Urup (Kurilen) war allerdings extrem grau. Der S. F. I. beträgt bei Vögeln aus N-Japan (n = 13) 87,5-90,5 %, von den Kurilen (n = 11) 86,8-94,4 %, von Sachalin (n = 10) 87,7-92,9 %.

Vom Quellgebiet des Ob und vom Altai bis zur Mündung des Amur leben drei sehr große, hochschnäblige, kleinfüßige und auffallend langschwänzige Formen: *altaicus* (dunkel), *brevirostris* (licht gefärbt) und *crassirostris* (wieder deutlich dunkler). Diese Unterschiede hatte auch VAURIE (1957, p. 5; 1959) bemerkt.

Die relative Schwanzlänge (S. F. I.) beträgt bei

*crassirostris* 92,8-101,5 % M = 96,2 % (n = 12), und bei

*brevirostris* 94,6-102,3 % M = 97,0 % (n = 16).

Extrem langschwänzige Vogelformen zeigen bekanntlich im S. F. I. eine stärkere Variation. - WEIGOLD (s. KLEINSCHMIDT & WEIGOLD 1922, p. 14) hatte Gewichte mitgeteilt, denenzufolge *hellmayri* entsprechend seiner äußeren Erscheinung mit 9,5-10,5 g (M von 7 Exemplaren = 10,18 g) die leichteste Form ist. Es schließt sich *jeholicus* mit 10,5-12 g (M von 13 Exemplaren = 11,37 g) an, während *brevirostris* aus der Mandschurei und Mongolei nach Wägungen PIECHOCKIs mit 12-14 g (n = 8) erwartungsgemäß schwerer ist. Diese Gewichtsangaben sind allerdings mit Ausnahme derjenigen PIECHOCKIs zu wenig analysiert. Die gewogenen *hellmayri* wurden im Januar und März, die *jeholicus* im April und Mai, die *brevirostris* von Mai bis Juli und im September gesammelt.

### 3. **hypermelas**-Komplex

Südwestlich von *hellmayri* (*brevirostris*-Komplex) wohnen stärker abweichende glanzköpfige Formen, die hier als *hypermelas*-Komplex zusammengefaßt werden. Incl. *hypermelas, dejeani, ?poecilopsis*, Form vom Mt. Victoria (Burma). - Folgende Literatur ist besonders wichtig: KLEINSCHMIDT & WEIGOLD (1922, p. 14), BANGS (1932, pp. 366-367), HARTERT & STEINBACHER (1933, pp. 190-191), STRESEMANN (1940, p. 179), KLEINSCHMIDT (1940 in "Falco" 36, pp. 29-30), VAURIE (1957, pp. 6-7), SNOW (1957, p. 38) und CHENG (1976). Die *hypermelas*-Formen bewohnen die Gebirge Mittelchinas (einschließlich O-Xizang) südwärts etwa bis zum 26. Breitengrad und den Mt. Victoria in den Chin Hills (Burma). Bereits in der Originalbeschreibung von *Poecile hypermelaena* BEREZOWSKI & BIANCHI, die mir in der Übersetzung von DEDITIUS (1897, pp. 72-73) vorliegt, wird der äußerliche Abstand dieser Meisen von *Parus palustris* s. str. sehr gut dargestellt, was auf der der Originalbeschreibung beigegebenen Farbtafel allerdings nicht der Fall ist. Die düsterbraune Rückenfärbung strahlt auf die Flanken aus (Ultradorsalfärbung), die olivgrau erscheinen. Die schwarze Kopfplatte hat Blauglanz und soll zum Rücken hin ausgedehnter sein als bei *hellmayri* (2. Komplex), was ich nicht sicher beurteilen möchte. Der Kehlfleck ist sehr groß, die Oberkopffedern sind verlängert (weshalb wohl SHARPE die Yunnan-Form *Lophophanes poecilopsis* nannte), der Schwanz ist relativ sehr kurz.

Ich konnte im Zoologischen Institut Leningrad den Paratypoid von *hypermelas* untersuchen. Gewichte zweier *dejeani*-♂ sind nach WEIGOLD 11 bzw. 11,5 g.

Die Unterscheidbarkeit oben genannter Formen ist verschiedentlich in Zweifel gezogen worden. Sicherlich stehen sich *dejeani* und *hypermelas* außerordentlich nahe, aber da CHENG (1976) beide trennt, darf dies wohl hier ebenfalls vertreten werden. Die Yunnan-Form sollte nach BANGS *poecilopsis* heißen, da sie sich durch graue Färbung auszeichnet. Die Vögel vom Mt. Victoria, die ich mit *dejeani* vergleichen konnte, sind diesem gegenüber auf dem Rücken weniger braun, die Kopfplatte ist tiefer schwarz, auch sind (was STRESEMANN bereits hervorhob) die Scheitelfedern weniger lang. Hinzu kommt, daß die Flügellänge 67 mm nicht überschreitet, also diese Population auch kleinere Maße hat. Sie ist noch unbenannt. Keinesfalls trifft es zu, daß man innerhalb dieses Komplexes keine Subspezies unterscheiden könne, also alle Populationen unter dem Namen *hypermelas* vereinigen müsse, wie es SNOW (1967, p. 75) tat.

## 4. **lugubris**-Komplex

Incl. *lugens, lugubris, splendens, anatoliae, dubius, kirmanensis, hyrcanus* (Syn. *talischensis*).- Da die Trauermeise in Körperhaltung und Temperament der Nonnenmeise am stärksten gleicht (LÖHRL in litt.) lasse ich sie hier folgen. Wer die genannten Formen kennt und beachtet, was LOSKOT (1977, 1978) gegen die Konspezifität von *lugubris* und *hyrcanus* ins Feld führte, wird vielleicht überrascht sein, sie hier allesamt in einem Komplex vereinigt zu sehen. Das von mir untersuchte Material ist umfangreich genug, doch kommt es bekanntlich nicht allein auf die Materialmenge, sondern auch auf die Betrachtungsweise an (s. u.). Ich genoß überdies den Vorteil, in Leningrad von Dr. LOSKOT, welcher *anatoliae* und *hyrcanus* in ihrem natürlichen Lebensraum kennenlernte, in Wort und Bild sowie anhand von Tonbändern und seinem Balgmaterial die Verhältnisse demonstriert zu bekommen. Bei allem Respekt vor der Überzeugung LOSKOTs, daß *hyrcanus* eine distinkte Art sei, die den Weidenmeisen näherstünde als den Trauermeisen, vermag ich diese doch nicht zu teilen.

Daß auf dem Balkan drei Subspezies unterscheidbar sind, der kleine *lugens*, der riesige *splendens* und dazwischen *lugubris*, kann nicht bezweifelt werden, doch scheint deren Verbreitung nach CATUNEANU (1975) nur sehr mangelhaft bekannt zu sein. Einerseits ist verwunderlich, daß *splendens* und *lugens* angeblich so ineinandergeschachtelt vorkommen sollen, daß überhaupt *lugens* so weit nördlich lebt, anderseits, daß *splendens* nur aus dem äußersten S-Rumänien (CATUNEANU l. c., Fig. 3) bekannt sein soll.

Wichtiger sind zunächst die Gestaltverhältnisse, daß nämlich die Größenverschiebung zwischen *splendens* und *lugens* keine Proportionsänderung bewirkte, daß aber *dubius* aus SW-Iran bei insgesamt wohl geringerer Größe als *lugubris* relativ kurzschwänzig ist. Unterschiede im Handflügelindex lassen sich nicht belegen:

| | | | |
|---|---|---|---|
| *lugubris* | (n = 22) | 13,3-18,2 (20,5) % | M = 15,9 % |
| *splendens* | (n = 7) | 16,0-18,2 % | |
| *lugens* | (n = 3) | 14,7-17,3 % | |
| *anatoliae* | (n = 18) | 15,1-20,0 % | M = 17,2 % |
| *dubius* | (n = 22) | 12,7-17,9 % | M = 15,8 % |
| *hyrcanus* | (n = 19) | 13,8-18,8 % | M = 16,6 % [4)] |

Nach der grafischen Darstellung LOSKOTs (1977, p. 30) hat *hyrcanus* die gleiche relative Schwanzlänge wie *dubius*, ist nur deutlich kleiner. Das kann ich nach meinen Messungen voll bestätigen (Abb. 3):

| | |
|---|---|
| *lugubris* | 84,0-89,2 % |
| *anatoliae* | 82,6-88,4 % |
| *dubius* | 78,2-83,6 (84) % |
| *hyrcanus* | (76,4?) 78,3-82,6 % 4) |

Die von WOOSNAM im Elburs im Mai sowie von LOSKOT in Talysch im April und Juni gesammelten *hyrcanus* zeigen deutlich Abrasion des Bauchgefieders, dessen ursprünglich rostige Färbung bis auf einen kaum merklichen gelblichen Hauch verschwunden ist. Die frische Färbung ist indessen gut bei den Bälgen aus Dimalu zu sehen (vgl. Farbtaf. II) und ähnelt sehr der ausgedehnten Flankenfärbung von *anatoliae*. HARTERT lagen bei des letzteren Beschreibung offenbar weitgehend entfärbte Frühjahrsvögel vor, worauf auch die Festlegung des Holotypus weist, der ein von H. J. ELWES am 6.IV.1874 in 1525 m Höhe in "Ahoory", Kleinasien gesammelter Vogel ist (HARTERT 1920, p. 442). Seit KLEINSCHMIDT (1897, p. 54) wissen wir ja: "Sämtliche Sumpfmeisen haben im Frühjahr eine andere Färbung als im Herbst." Und weiter heißt es: "Wie der braune Ton auf dem Rücken schwindet, so schwindet auch der bei vielen Arten im Herbst sehr ausgeprägte rostfarbene Anflug an den Flanken." Frühjahrsvögel von *hyrcanus, dubius* und *kirmanensis* sind aber meist so weißbäuchig, daß man sich fragt, ob diese Vögel besonders intensiver Insolation ausgesetzt sind.

STEPANJAN (1974, 1978) hatte angenommen, daß die Bauchfärbung des *hyrcanus* im westlichen Teil seines Verbreitungsgebietes nicht so intensiv wie im östlichen Teil sei und deshalb die westlichen Vögel als *talischensis* abgetrennt. Nach LOSKOT besteht diese Abtrennung nicht zu Recht. - Zwei Trauermeisen aus S-Iran (*kirmanensis*), leg. KOELZ Februar 1940, auf dem Rücken etwas dunkler als *dubius*, zeigen an den Brustseiten und Flanken noch Reste einer schwachen Rostfärbung, die im Farbton vollkommen der der *hyrcanus*-Bälge aus Dimalu entspricht. Diese Spuren sind allerdings so gering, daß sie nicht auf Anhieb ins Auge fallen. Weder in KOELZ' Originalbeschreibung von *kirmanensis* noch bei VAURIE ist davon die Rede. LOSKOT sah diese Vögel nicht. Da *kirmanensis* wohl durchschnittlich nur leicht größer als *dubius* ist, bilden die drei iranischen Formen *hyrcanus, dubius* und *kirmanensis* bezüglich ihrer Großgefiederverhältnisse eine übereinstimmend proportionierte Subspeziesgruppe, deren Vertreter in Färbung und Gesamtgröße differieren. Auffallenderweise weicht durch seine gestrecktere Schnabelform eher *dubius* vom westlichen *lugubris* ab als *hyrcanus*, welch letzterer einen ganz typischen klotzigen Trauermeisenschnabel hat. Wie bei *lugubris* ist auch bei *hyrcanus* den Weibchen eine etwas hellere Kopfplatte eigen, wie es mir Dr. LOSKOT an seinen Bälgen demonstrierte. So zeigt sich weder in der Gesamtgröße, Körperhaltung (vgl. LOSKOTs Fotografien!), in der Färbung oder im Färbungsmuster ein Unterschied zwischen *hyrcanus* und den anderen Formen, der spezifischen Abstand signalisieren würde. In denke ferner, daß der von LOSKOT zur Verdeutlichung des Abstandes herangezogene Summen-Koeffizient aus verschiedenen Maßen (nach PENROSE) die verwandtschaftlichen Beziehungen nicht erhellt. LOSKOT (1977, 1978) hat ferner die Abwei-

4) Entgegen den Angaben VAURIEs (1950) fand ich die Flügel der 3 Vögel aus Dimalu bei Berücksichtigung der jeweils wachsenden bzw. noch verbliebenen Schwingen durchaus meßbar. Einem Vogel fehlt leider die Schwanzspitze. - Zwei Bälge aus Talysch mit noch unausgewachsenem Großgefieder sind hier nicht berücksichtigt worden.

chungen im Nestbau, in Habitat und Stimme, die er als erster ermittelte, als sehr bedeutend erachtet. Der ***hyrcanus*** meißelt seine Nisthöhle selbst, verwendet im Gegensatz zu armenischen ***anatoliae*** (die in Juniperus nisten und folglich ihre Höhle nicht meißeln) zum Nestbau kein Moos und ähnelt in seinem Gesang (der noch nicht auf Tonband aufgenommen wurde) ***Parus atricapillus borealis*** oder ***P. a. songarus*** (bei LOSKOT ***P. songarus***) mehr als ***P. lugubris lugubris*** oder ***P. l. anatoliae.***

Inwieweit die einzelnen Trauermeisenformen ihre Nisthöhle selbst herstellen oder vorgefundene erweitern, ist noch zu wenig bekannt. Nach den Käfigbeobachtungen LÖHRLs (1966, p. 180) hacken die Vögel am Eingang der Nisthöhle herum, aber es ließe sich denken (l. c., p. 183), daß "die größten *Poecile*-Arten tatsächlich auf die Selbstherstellung der Bruthöhlen verzichten müssen, und zwar aus technischen Gründen. . . Morsche Hölzer mit einem Durchmesser, wie sie als Bruthöhlen für die größeren Arten benötigt würden, sind wesentlich seltener als dünne Stämme und Äste dieser Beschaffenheit." Aus dieser Sicht wäre es verständlich, daß der kleine ***hyrcanus*** seine Bruthöhlen selbst herstellt. Freilich ist damit der Habitatunterschied zwischen ***anatoliae*** und ***hyrcanus*** (s. LEONOWITSCH, SCHURAWLJEW & ADAMJAN 1970 sowie LOSKOT 1977, 1978) nicht erklärt - eine Problematik, die hier zwar nicht verkannt, für die Frage nach der Konspezifität oder Spezies-Dignität aber nicht als so gewichtig gewertet wird. Nebenher sollte bedacht werden, daß dem Selbstmeißeln - unabhängig davon, ob dies eine genetisch gesteuerte Habitatwahl von vornherein ausschließt oder nicht - prinzipiell kein sehr hoher taxonomischer Wert beigemessen werden kann, weil es bei einigen Graumeisen-Arten nur gelegentlich und auch bei solchen Meisen-Arten zu beobachten ist, die nicht zu den Graumeisen gehören.

Das Nicht-Verwenden von Moos zum Nestbau hob auch STEINFATT (1954, p. 294) für ***P. lugubris lugens*** in Attika hervor, aber in Rumänien wird Moos eingetragen (CATUNEANU 1975, p. 285, nach freundlicher Übersetzung durch ST. KOHL, Reghin). Dies könnte auch eine Anregung sein, sich eingehender mit den möglichen geographischen Unterschieden im Nestbau der Vögel zu befassen. LOSKOT stellte ja bereits bei ***hyrcanus*** Unterschiede in der Nestwanddicke in verschiedenen Höhenlagen des Brutvorkommens fest.

Bei der Unterschiedlichkeit des Weidenmeisen-Gesanges in den verschiedenen Teilen des Verbreitungsgebietes und bei der noch geringen Kenntnis des Trauermeisengesangs befriedigen die (noch) knappen Hinweise LOSKOTs nicht. Die auf Tonband aufgenommenen Rufe (m. E. Erregungsrufe) schienen mir denen von ***lugubris*** recht ähnlich. Aber wie mögen ***P. l. dubius*** und ***P. l. kirmanensis*** singen? Man denkt unwillkürlich an die angeblich spezifischen, weil sehr deutlichen Unterschiede zwischen mitteleuropäischen und nordamerikanischen Weidenmeisen (***salicarius*** und ***atricapillus***), an die alpine Gesangsform, an offensichtliche Ähnlichkeiten zwischen ***P. a. stoetzneri*** und ***restrictus*** (und demzufolge wohl Unähnlichkeit zwischen ***stoetzneri*** und ***songarus***), an Unterschiede innerhalb der nordamerikanischen ***atricapillus***-Subspezies und zwischen ***atricapillus*** und ***carolinensis*** (die natürlich noch immer als spezifisch distinkt bezeichnet werden) - denn da liegen nach meinem Dafürhalten die Gründe, weshalb mit der Vergabe von Spezies-Rängen bei abweichenden Gesangsformen Zurückhaltung geboten ist (vgl. unter V. C.).

Die als 4. Komplex vereinigten Trauermeisen vikariieren geographisch und morphologisch (vgl. Diagramm Abb. 3). Daraus lassen sich konkrete Anhaltspunkte für die Verwandtschaftsbeziehungen gewinnen - insbesondere dann, wenn man das morphologisch-geographische

Beziehungsgefüge mit dem anderer Graumeisen vergleicht (s. auch unter IV.) und die Betrachtung der Trauermeisen auf *Parus davidi* ausdehnt! Es wird manchmal gesagt, daß das von O. KLEINSCHMIDT und HARTERT erkannte und verfochtene Prinzip der geographischen Vikarianz in seiner Bedeutung für die Konspezifität von manchem Ornithologen überschätzt worden sei. Die Gegenwart lehrt, daß jenes Prinzip inzwischen in seiner Bedeutung weit unterschätzt wird.

### 5. **davidi**-Komplex

Incl. *davidi*. - Von BIANCHI, HELLMAYR und HARTERT bis VAURIE und SNOW verbleibt *Parus davidi* unter den Graumeisen, wenn auch mit wechselnder Position. Erst VOOUS (1977) stellt ihn abseits. Auf KLEINSCHMIDT (1921, p. 18) wirkte die Davidsmeise "fast wie eine paläogäische Urrasse" der Weidenmeise, die er als besonderen Formenkreis *Parus Davidi* absonderte, da sie neben Weidenmeisen vorkommt. KLEINSCHMIDT (l. c., p. 27) bemerkt ferner: "Für eine sehr altertümliche, dem *P. Salicarius* nur ähnliche, nicht verwandte Sumpfmeise halte ich *Parus Davidi*, der durch rotbraune Brust und rotbraunen Nackenring, dicken Schnabel und etwas glänzende Kopfplatte sich als Orts- und Zeitnachbar von *Parus varius* ausweist. Der Kehlfleck hat große Ausdehnung, der Schwanz stumpfe Form erreicht." Es folgt noch der nicht recht passende Hinweis, *P. davidi* habe mit *P. superciliosus* die Brustfärbung gemeinsam. Sie ist bei beiden intensiv, hat aber ganz verschiedenen Charakter. Was KLEINSCHMIDT aufzählt, rechtfertigt indes die Einreihung des *davidi*-Komplexes hinter den *lugubris*-Komplex. Die "rotbraune Brust" (HARTERT bezeichnet sie treffender als zimtrötlich) ist eine bei *hyrcanus* (4. Komplex) bereits angebahnte Färbung, die indes in Zentral-China so intensiv ist, daß sie zur Supraventralfärbung wird, d. h. auf den Nacken ausstrahlt. Der von KLEINSCHMIDT erwähnte "rotbraune Nackenring" ist also kein Zeichnungselement! Ausdruck sehr starker Pigmentierung ist auch der leichte Blauglanz auf der Kopfplatte (analog dem ultradorsal verdunkelten mexikanischen *P. sclateri* aus der Weidenmeisen-Verwandtschaft). Der Unterschnabel ist meist leicht aufgeworfen, aber der im ganzen kräftige Schnabel des kleinen Vogels erinnert sehr an den der starkschnäbligen Trauermeisen. Die noch genannten Kennzeichen liegen ganz in dieser Richtung. Die Davidsmeise ist, wie gesagt, sehr klein und nimmt in ihrer relativen Schwanzlänge genau die den Trauermeisen *dubius* und *hyrcanus* "nach unten" folgende Stufe ein (s. Abb. 3). Infolgedessen ist auch die Schwanzstufung gering, sie beträgt maximal 3 mm bei S 6 bei zudem leicht gegabeltem Schwanz (= Verkürzung der Mittelfedern).

| | | |
|---|---|---|
| H. I. | (n = 16) | 14,1-18,9 % |
| S. F. I. | (n = 17) | 69,2-77,9 % |

### 6. **montanus**-Komplex

Incl. a) Alpenmeisen: *jouardi, ?elenae, arrigonii, montanus, supermontanus, styriacus, schiebeli, transsylvanicus*; b) Problematische Alpenmeisen: *?submontanus* aus dem nördlichen Alpenvorland, *alpestris* aus dem Jura, Abruzzen-Population, *rhodopeus* aus Bulgarien, N- und O-Karpaten-Populationen (wohl langschwänzigste Alpenmeisen), Population von den

Höhen des Böhmerwaldes? - Vermutung nach mündl. Mitt. Dr. HANZAKs; c) Übrige Formen: ***kleinschmidti, rhenanus, ?subrhenanus, colletti, salicarius*** (Syn. ***natorpi***), ***tischleri, borealis*** (Syn. ***assimilis, rossicus = uralensis***), ***loennbergi, baicalensis, shulpini***. - Vielleicht sind die stimmgeographischen Studien THÖNENs (1962, 1970) an Weidenmeisen der Alpen, des mitteleuropäischen Flachlandes, Nordeuropas und Nordamerikas (auch wenn noch wesentliche Lücken in Zentral- und Nordostasien bestehen) der bisher bemerkenswerteste Beitrag der Bioakustik zur intraspezifischen Taxonomie der Vögel. Und zwar nicht nur deshalb, weil sie der fortschreitenden Artzersplitterung ein ernstes Hindernis setzen, sondern mehr noch aus dem Grund, weil nicht das Suchen "äußerer" Unterschiede, sondern innerer Zusammenhänge dabei im Vordergrund steht. Die Alpenmeisen Europas nehmen aber nicht nur geographisch und stimmlich, sondern auch morphologisch eine Randlage ein. Sie sind durch eine erhebliche Gesamtgröße und relativ kurzen Schwanz gekennzeichnet: Die größte Alpenmeise die ich in Händen hatte, war ein Männchen vom 6.IX.1933 aus Warmberg bei Ainödt (Unterkrain) mit 72 mm Flügellänge (H. I. 18,1 %) und 63 mm Schwanzlänge mit 7 mm Schwanzstufung (relative Schwanzlänge 87,5 %). Vom anderen Ende des Areals des *montanus*-Komplexes stammt der wohl ebenfalls größte ***baicalensis***, ein Männchen aus der Mongolei (Tosoncengel), 19.VIII.1964, 14 g; leg. PIECHOCKI), mit auch 72 mm Flügellänge (H.I. 18,8%) und 68 mm Schwanzlänge - die Schwanzstufung war wegen noch im Wachsen begriffener S 6 nicht zu ermitteln, auch distale HSn waren noch nicht fertig - (relative Schwanzlänge 94,4%). Die niedrigste relative Schwanzlänge fand ich bei der Alpenmeise ***schiebeli*** mit 82.0% (JOUARD 1925, p. 12 fand sogar 80%) [5], die höchste findet sich bei ***baicalensis*** mit 98,5%! Dazwischen liegen die Flachlandformen ***rhenanus*** und ***salicarius*** (relative Schwanzlänge bis 91,7%; die Verhältnisse bei den Alpenmeisen reichen bis 89,6%, n = 6 aus der Hohen Tatra: 85,5-90,8%) sowie ***borealis*** (relative Schwanzlänge bis 95,2%, 98 Exemplare wurden untersucht) - vgl. auch STRESEMANN & SACHTLEBEN 1920, p. 251 u. Abb. 4.

So wichtig die Alpenmeisen-Studien der Gegenwart sind, so entscheidend war die Entdekkung der Weidenmeise durch KLEINSCHMIDT 1894 im benachbarten Rheinland. Sie brachte ja nicht nur endlich die Entdeckung C. L. BREHMs zur vollen Anerkennung, sondern führte nun zu einem planmäßigen Suchen in allen Teilen West- und Mitteleuropas (und Chinas). Das war natürlich etwas anderes als der Nachweis eines unverwechselbaren Vogels. Das hatte zur Voraussetzung, daß man sich mit der Gestalt, den morphologischen Merkmalen und der Bionomie vertraut machte, um nicht (wie es nach wie vor geschieht) der Verwechslung mit der Nonnenmeise *P. palustris* zu erliegen. Dabei ist man auch heute noch erstens auf die wiederholte Begegnung mit dem lebenden Vogel angewiesen, denn was die Bestimmungsbücher anbieten, ist in der Regel nur an der Stelle brauchbar, wo es heißt, die Weidenmeise rufe "däh-däh". Und zweitens muß man den Vogel in der Hand und auf dem Seziertisch haben können, um ihn ganz genau kennenzulernen. Hier kann man sich über die Oberkopffärbung ein Urteil bilden, deren bräunliche Tönung im Gegenlicht gut sichtbar ist (am lebenden Vogel im Freien aber nur ausnahmsweise bei günstigen Lichtverhältnissen auffällt) und überhaupt für Alpenmeisen und mitteleuropäische Weidenmeisen sehr charakteristisch ist. Bei dem nord- und osteuropäischen ***borealis*** kommt noch ein Seidenglanz hinzu (KLEIN-

[5] Während ich bei den europäischen Alpenmeisen (n=54) einen Handflügelindex von 15,7-20,5% ermittelte, der sich bei ***salicarius*** (14,3-20,5%, n=87) ebenso verhält, lautete das Ergebnis bei 16 *rhenanus/subrhenanus* 14,2-18,0%. Eine den H.I. und S.F.I. kombinierende Korrelationstabelle zeigt den Unterschied noch drastischer als diese Zahlen. - Der H.I. der europäischen *Parus palustris* beträgt 15-21%.

SCHMIDT, GYLDENSTOLPE), der *baicalensis* mit seiner tiefschwarzen Kopfplatte normalerweise fehlt (indes nimmt man bei diesem gelegentlich einen hauchzarten bläulichen Anflug wahr). Auch das feinere, zerschlissenere Gefieder der Weidenmeise (gegenüber der Nonnenmeise) entdeckt man erst bei genauerem Hinsehen, während draußen die gedrungenere Gestalt mit dem (durch verlängerte Nackenfedern hervorgerufenen) gewölbteren Nakken und das Weiß der Kopf- und Halsseiten ins Auge fallen. Selbst im frischen Gefieder, wenn dieses Weiß isabellfarben getönt ist, kennzeichnet es sogar eine fliegende Weidenmeise sehr gut (bei der Nonnenmeise greift die Rückenfärbung auf die Spitzen der Halsseitenfedern über und trübt diese grau). Da - in Mitteleuropa - die Armschwingensäume der Nonnenmeise so gefärbt sind wie der Rücken, fällt der gelbliche bis weiße Wisch auf dem zusammengelegten Armflügel der Weidenmeise sehr auf. Im übrigen sind aber die Kennzeichen der mitteleuropäischen Weidenmeisen von KLEINSCHMIDT (1897a, b, 1912 ff.) so detailliert beschrieben worden, daß es hier nicht meine Aufgabe sein kann, diese zu wiederholen.
Die Faunistik der europäischen Weidenmeisen von ihren Anfängen bis zur Gegenwart zu verfolgen, ist von großem Reiz. Woran mag es beispielsweise gelegen haben, daß im Alpengebiet Nonnen- und Alpenmeise so zeitig und auch fernerhin unterschieden wurden, während dies im übrigen West- und Mitteleuropa noch lange Zeit Schwierigkeiten bereitete? Es waren KLEINSCHMIDT (1898, p. 33) und HARTERT (1898, 1905a, b, 1907), welche die Weidenmeise für England nachwiesen, doch sah sich P. L. SCLATER noch 1907 bewogen, dies zu bezweifeln. ROTHSCHILD (1907) reagierte darauf mit nachdrücklicher Kritik an solchen Zweifeln. Noch kurz zuvor hatte man auch in Deutschland zwei Sumpfmeisen-Arten nicht allgemein akzeptieren wollen (s. W. SCHUSTER 1904, p. 441), hatte doch selbst HELLMAYR (1900, p. 202) gesagt: "... da es aber meines Erachtens völlig gleichgiltig ist, ob wir sie als Species oder Subspecies betrachten und es im wesentlichen bloss darauf ankommt, mehr oder weniger constant auftretende Charaktere zu fixieren, wird es sich hier mit Rücksicht auf die Übersichtlichkeit der zahlreichen Formen empfehlen, den Linnéschen *P. palustris* in drei Arten aufzulösen (abgesehen von *P. kamtschatkensis*)." - Es dürfte lohnend sein, den Werdegang der faunistischen Erfassung der Weidenmeisen Europas in einer gesonderten Studie abzuhandeln.

## 7. **kamtschatkensis**-Komplex

Incl. *restrictus* (Syn. *abei*?), *sachalinensis, kamtschatkensis, anadyrensis*. - Was berechtigt zum Zusammenschluß dieser japanisch-nordostasiatischen Weidenmeisen, deren eine, *restrictus* aus Japan, im Gesang stark *stoetzneri* (8. Komplex) aus N-China ähnelt, während eine andere, *anadyrensis* aus dem äußersten NO-Asien, von SNOW (1967, p. 79) in die Synonymie von *baicalensis* (6. Komplex) verwiesen wurde? Schon H. JOHANSEN (1944, p. 185) war allerdings aufgefallen, daß es eine kurzschwänzigere "fernöstliche Untergruppe" gibt, zu der er die oben genannten Formen unter Ausschluß von *anadyrensis* rechnete.
Die hier vereinigten vier Formen lösen einander von Süd nach Nord ab, was mit stufenweiser Zunahme der relativen Schwanzlänge einhergeht. Dabei zeigt sich nach dem von mir untersuchten Material, daß *kamtschatkensis* gegenüber *sachalinensis* durch etwas längeren Schwanz (und natürlich viel hellere Färbung) abweicht, was bereits aus den Angaben PORTENKOs (1939, I, p. 97; 1955, p. 497) zu ersehen war. Jedenfalls ordnet sich *sachalinensis* geographisch und morphologisch zwischen *restrictus*, der kurzschwänzigsten Weidenmeise

überhaupt, und ***anadyrensis*** ein.

Tabellarische Übersicht über den Handflügelindex (H. I.) und den Schwanz:Flügel-Index der *kamtschatkensis*-Formen:

| | H. I. (%) | S. F. I. (%) |
|---|---|---|
| *restrictus* | 15,5-19,1 M = 17,7 n = 23 | 79,4-87,5 M = 83,2 n = 23 |
| *sachalinensis* | 15,6-20,6 M = 18,5 n = 16 | 87,3-91,9 M = 89,2 n = 17 |
| *kamtschatkensis* | 15,5-20,5 (22,9) M = 18,2 n = 28 | 88,0-94,8 M = 91,4 n = 30 |
| *anadyrensis* | 16,3-21,4 M = 18,5 n = 48 | 89,9-95,7 M = 92,8 n = 47 |

Alle vier Formen haben gegenüber ***baicalensis*** (6. Komplex) eine weniger tiefschwarze Kopfplatte.

Die Sachalin-Weidenmeise ist keinesfalls identisch mit ***restrictus***, wie das in der Check-List of Japanese Birds (1975, p. 282 des englischen Textes) vermutet wird. Und ***anadyrensis*** liegt mit seinen Großgefieder-Proportionen im Bereich von ***borealis***, denn er erreicht nicht die hohen Werte des ***baicalensis***, von dem er außerdem auf Anhieb in der Färbung zu unterscheiden ist (Abb. 5,12). Wie die geographische Anordnung und die Flügel-Schwanz-Korrelationstabellen sinnfällig belegen, steht ***anadyrensis*** dem ***baicalensis*** also nicht einmal besonders nahe. (Farbtafel IIIb).

Mit der Ermittlung der Gesangsformen in diesem Komplex ergäbe sich für die sowjetischen Ornithologen ein lohnendes Arbeitsfeld, insbesondere im Hinblick auf die benachbarte Alaska-Weidenmeise ***turneri*** (9. Komplex), deren Gesang dem der europäischen Alpenmeise ähnelt (nach THÖNEN). - Ist das Verbreitungsgebiet des ***anadyrensis*** wirklich so isoliert, wie es BELOPOLSKI (1932, p. 122) dargestellt hat?

## 8. **songarus**-Komplex

Incl. ***songarus, weigoldicus, affinis, stoetzneri***. - Den Tienschan bewohnt ***songarus***, eine ober- und unterseits (dabei die Bauchmitte nicht inbegriffen) isabell [6] bis rötlichisabell gefärbte, sehr große Form (Flügellänge bis 73 mm), die von der graurückigen, die nordöstlicher gelegenen Gebirge bewohnenden Weidenmeise ***baicalensis*** (6. Komplex) - mit der sie nicht durch ***"suschkini"*** verbunden ist - auffallend absticht. Die Rückenfärbung des ***songarus*** bewirkt, daß sich die isabell getönten Halsseiten des frischen Gefieders nicht als besonders helle Zonen herausheben, woran sich ja sonst die Weidenmeisen so gut erkennen lassen! Diese "Verschleierung" verschwindet im abgetragenen Gefieder, in dem sich dann die Halsseiten, wenigstens in den meisten Fällen, als typisch weidenmeisenartig weiß präsentieren. Zwei Bälge des Leidener Museums (Nr. 175 aus dem November, Nr. 4306 aus dem Juni) belegen dies sehr augenfällig (Abb. 13). Außerdem irritiert der Flügelwisch des ***songarus***, der sich als solcher zwar auch im frischen Gefieder klar erkennen läßt, doch in seiner Färbung durchaus dem

[6] Es scheint mir wichtig, darauf hinzuweisen, daß eine Form der mexikanischen ***sclateri***-Gruppe (11. Komplex), ***rayi*** MILLER et STORER, eine Brustfärbung hat, die auffallend an jene des ***songarus*** erinnert, nur grau verwaschen ist. KLEINSCHMIDT (1921, p. 25) sagte: "Auch Alpenvögel haben ganz frisch nicht den grauen, sondern einen ***songarus***-ähnlichen bräunlichen Ton." Er meinte damit *schiebeli*.

Rücken gleicht, eine Übereinstimmung, die von europäischen Nonnenmeisen (1. Komplex) bekannt ist. Abermals ist es die lichte Rückenfärbung, die den Betrachter unsicher machen könnte.

Die dunkelbraune Kopfplatte gleicht sehr derjenigen der südchinesischen Form *weigoldicus*, deren Rücken jedoch dunkelbraun und deren Flanken trüb rostfarben sind. Auch der Flügelwisch ist rostfarben. Die dunkelbraune Kehlfärbung haben *songarus* und *weigoldicus* gemeinsam. Ich untersuchte 60 *songarus* und 28 *weigoldicus* einschließlich des Holotypus 7) des letzteren, die sich ihren Maßen nach in der durchschnittlichen Größe (*weigoldicus* ist kleiner), nicht aber in den Flügel-Schwanz-Proportionen unterscheiden.

| | | |
|---|---|---|
| Relative Schwanzlänge: | 58 *songarus* | 82,9-89,8 % |
| | 26 *weigoldicus* | 83,1-89,2 % |
| Handflügelindex: | 15 *songarus* | 14,0-18,1 % |
| | 27 *weigoldicus* (11,9) | 13,2-17,4 % |

Zur Stimme kann ich mich hier nicht verbindlich äußern, sondern verweise betreffs *songarus* auf KOWSCHAR (1976) und betreffs *weigoldicus* auf WEIGOLDs briefliche Mitteilungen an KLEINSCHMIDT (1920, p. 12, unter *"songarus affinis"*).

Nördlich und nordöstlich von *weigoldicus* und weit getrennt im Osten von *songarus* sind zwei fahlköpfige Graumeisen beheimatet, *affinis* und *stoetzneri*, die nicht nur durch die Färbung der Kopfplatte und den gegenüber *weigoldicus* helleren, graubraunen Rücken differenziert sind (auch die Flankenfärbung ist bei *affinis* eine Nuance, bei *stoetzneri* deutlich heller) - sie haben hauptsächlich abweichende Größenrelationen.

STRESEMANN & MEISE (s. STRESEMANN, MEISE & SCHÖNWETTER 1937) haben nach den Angaben PRZEWALSKI's und BEICKs dargelegt, daß *affinis*, von dem BEICK im Süd-Tetung-Gebirge und im Richthofen-Gebirge in NO-Qinghai und N-Gansu 43 Bälge sammelte (29 untersucht), durchaus als Bewohner des Alpengürtels gelten muß, der bei 3000-3300 m beginnt. BEICK fand *affinis* selbst "in den Wacholderwaldungen bis etwa 3900 m empor" noch als Brutvogel. Trotzdem sich *weigoldicus* und *affinis* nach der Verbreitungskarte von CHENG (1976) räumlich sehr nahekommen und etwa die gleiche Höhenstufe bewohnen (*weigoldicus* etwas höher?), ist von einer Vermischung dieser sehr unterschiedlichen Alpenmeisen nichts bekannt. Nach den klimatischen Verhältnissen in der Heimat des *affinis* (s. STRESEMANN et al., pp. 407-409) erwartet man eine dermaßen fahle Form (fahl jedenfalls im Vergleich mit *weigoldicus*) nicht. Was BEICK (s. o., p. 517) über die Stimme dieser sich ihre Nisthöhlen selbst zimmernden Graumeise mitteilt, weicht zwar sehr von WEIGOLDs Angaben für *weigoldicus* ab, scheint mir jedoch starke Ähnlichkeit mit dem viermaligen "didü" von *stoetzneri* zu haben, wie es KLEINSCHMIDT (1921, p. 19) aus einem Brief WEIGOLDs zitierte (s. auch WEIGOLD 1935, pp. 36-37). Von *stoetzneri*, der wie eine kleine Ausgabe von *affinis* wirkt, hatte WEIGOLD auch das typische "däh-däh" der Weidenmeisen vernommen.

Mit 68 mm Flügellängen-Maximum bleibt *affinis* unter dem Maximum von *weigoldicus* (70 mm), doch reicht die Schwanzlänge bei ersterem bis 62,5 mm, bei letzterem nur bis 61 mm. Die Schwanzstufung beträgt bei *affinis* 4-8,5 mm, bei *weigoldicus* 2-6 mm. Während

7) Ich habe (ECK 1976, p. 39) die relative Schwanzlänge für *weigoldicus* mit 83,1-88,6% angegeben - vgl. auch p. 40, Abb. 3. Der höchste Wert bezog sich auf den Holotypus und ist nach nochmaliger Untersuchung zu korrigieren. Die rechte Schwanzhälfte ist nicht in Ordnung, ihre Länge von 62 mm somit nicht sicher, links beträgt sie 60,5 mm, die relative Schwanzlänge folglich 86,4% (Flügel 70 mm).

der Handflügelindex keine nennenswerte Verschiebung erfahren hat, liegt der Schwanz-Flügel-Index von 28 ***affinis*** mit 87,7-94,6 % deutlich über dem von ***weigoldicus*** (83,1-89,2 %). Wenn in der ***songarus***-Gruppe ***songarus*** und ***weigoldicus*** die Rolle der Alpenmeisen übernommen haben, wie ja auch in Europa die Alpenmeisen zu den kurzschwänzigsten Weidenmeisenformen gehören, so fällt doch bei einer Gegenüberstellung der Formenkomplexe 6 und 8 auf, daß die Extreme in der relativen Schwanzlänge ziemlich genau hier wie da dieselben sind. Ich ging in meinen ersten Mitteilungen (ECK 1976, p. 39 ff.) darauf schon ein. Die geringste relative Schwanzlänge ermittelte ich an den europäischen ostalpinen Formen mit 82 % (nicht 83,1%, wie l. c. p. 39 versehentlich steht, vgl. aber p. 40 oben), die höchste mit 89,6 % und in der Hohen Tatra findet sich eventuell eine Übergangsstufe zu den Flachland-Weidenmeisen. Im ***songarus***-Komplex sind bei ***songarus/weigoldicus*** die Extreme 83,1 und 89,8 %. Und wie im ***montanus***-Komplex ***borealis*** die nächste Stufe in der Zunahme der relativen Schwanzlänge einnimmt (85,5-95,2 %, n = 98), so ist es im ***songarus***-Komplex ***affinis***, wie schon vermerkt, mit 87,7-94,6 %! Auf diese symmetrische Verschiebung aufmerksam zu machen, war ja schon 1976 mein Anliegen (p. 40). Ich konnte zeigen, wie die Proportionswandlung folgerichtig in ***stoetzneri*** gipfelt. Die relative Schwanzlänge von 7 ***stoetzneri***: 91,9-96,8 %, von 61 ***baicalensis*** (***montanus***-Komplex) 90,8-98,5 %! Im ***montanus***-Komplex sind die langschwänzigsten Vögel am schwarzköpfigsten, im ***songarus***-Komplex sind sie am braunköpfigsten.

Ich habe bei den ***songarus***-Formen etwas weiter ausgeholt, um zu zeigen, daß von den Proportionen her in der ***songarus***-Gruppe die einzelnen Formen gewissermaßen aufeinander aufbauen trotz eines Risses in ihrer Färbung, wonach die proportionsgleichen westlichen (***songarus***) und südlichen Alpenmeisen (***weigoldicus***) einige, die beiden Formen ***affinis*** und ***stoetzneri***, die nun nicht proportionsgleich sind, mehrere Gemeinsamkeiten in der Färbung haben. Der kleine ***stoetzneri*** aus NO-Tschili (nach CHENG 1976 muß er unterdessen auch noch anderwärts nachgewiesen worden sein) mit relativ großem Schnabel zeigt gemäß seiner Schwanzlängenzunahme eine Schwanzstufung von 6-9 mm. KLEINSCHMIDT (KLEINSCHMIDT & WEIGOLD 1922, p. 15) schreibt außerdem: "Die Hinterzehenkralle mißt bei dem zierlichen ***stoetzneri*** 6,5-7, bei ***affinis*** 8, bei ***songarus*** 8,5-9, bei ***weigoldicus*** 7 mm. Dem entspricht der Gesamteindruck des Wuchses dieser Formen, der, wie gesagt, bei ***affinis*** viel plumper ist als bei den Jeholvögeln (***stoetzneri***)." Die volle Flügel- und Schwanzlängen-Variation des ***stoetzneri*** kann nur an umfangreicherem Material festgestellt werden. Wenn nicht noch irgendwo (aber man vermag eigentlich dieses "irgendwo" geographisch nirgendwo unterzubringen) eine größere Ausgabe von ***stoetzneri*** entdeckt wird, die in ihren absoluten Maßen so weitgehend genau mit ***baicalensis*** (6. Komplex) Seite an Seite läge wie es zwischen ***affinis*** und ***borealis*** (6. Komplex) der Fall ist oder zwischen ***weigoldicus/songarus*** und den europäischen Alpenmeisen - läßt sich eben nur konstatieren, daß die Gesamtgröße von anderen Faktoren geregelt wird als die relative Schwanzlänge.

## 9. **atricapillus**-Komplex

Incl. ***occidentalis, practicus, bartletti, atricapillus, nevadensis, septentrionalis, turneri***. - Dies sind die Formen der nordamerikanischen Black-capped Chickadee oder des ***Parus atricapillus*** s. str. Nach Färbung und Färbungsmuster sind es Weidenmeisen par excellence. Die dunklen Gefiederteile sind von tieferer Färbung, was auf der Kopfplatte sogar zu einem

bläulichen Schimmer führen kann (z. B. bei einem Vogel aus New York, Nr. 4704 der Coll. KLEINSCHMIDT im Museum Koenig, Bonn). Die prinzipiell herangezogenen Gesangsunterschiede zwischen den *montanus*- und *atricapillus*-Formen als Ausdruck deren spezifischer Verschiedenheit (besonders seit MAYR 1956, p. 116) müssen heute anders interpretiert werden. Die von THÖNEN (1962, 1970) gezeigten Gesangs-Spektrogramme sowie seine Ausführungen dazu belegen, daß die sogenannte alpine Gesangsform europäischer Weidenmeisen dem *atricapillus*-Gesang in Nordamerika im allgemeinen und dem von *turneri* in Alaska im besonderen ähnelt. Außerdem läßt sich eine Ähnlichkeit zwischen *restrictus* aus Japan (7. Komplex) und *carolinensis* aus SO-Nordamerika (10. Komplex) wohl nicht leugnen.
Daß der Gesang zwischen dem östlichen *atricapillus* und dem hellen, langschwänzigen *septentrionalis* Verschiedenheiten aufweist, wurde schon von MINOT (1880, p. 225) mitgeteilt, aber es entzieht sich meiner Kenntnis, ob weitere Gesangsdifferenzen unter den *atricapillus*-Formen bestehen. Zwischen dem kleinen und dunklen *occidentalis* im Nordwesten der USA, dem etwas größeren *practicus*, der sich in den Appalachen durch das (offenbar disjunkte) Verbreitungsgebiet von *P. carolinensis extimus* hindurchschiebt, und *atricapillus*, dem größten dieser Reihe, einerseits sowie den großen hellen Formen *turneri* und *septentrionalis* von Alaska bis N-New Mexiko und S-Kansas andererseits zeigt sich nun eine Gradation in der relativen Schwanzlänge. Diese ist auf der grafischen Darstellung von LUNK (1952, p. 13) eindrucksvoll wiedergegeben. Ich habe allein von der Form *atricapillus* 40 Exemplare vermessen können, die (mit *occidentalis* und *practicus* nach Messungen DUVALLs) genau die Zwischenstufe zwischen *P. carolinensis* und *P. atricapillus septentrionalis/turneri* bilden (S. F. I., n = 40 : 90,4-97,0 %). Unterschiede im H. I. sind ohne Belang.
Bekanntlich wird die gegenüber *Parus atricapillus* s. str. relative Kurzschwänzigkeit des *P. carolinensis* als eines der Artmerkmale angesehen. KLEINSCHMIDT (1921, pp. 15-16) meinte nun, daß die Maße von *P. a. occidentalis* diesem *P. carolinensis*-Merkmal abträglich seien. Sie stellen es aber nicht in Frage, weil nach den Mitteilungen von DUVALL (1945) und LUNK (1952) *occidentalis*, das absolut kurzschwänzige Extrem des *atricapillus*-Komplexes, weder in das relativ langschwänzige *carolinensis*-Extrem, nämlich *atricapilloides*, übergeht noch mit diesem durch eine kontinuierliche Stufenfolge verkettet ist - sondern gewissermaßen die *atricapillus*-Reihe "nach unten" ebenso blind enden läßt wie *atricapilloides* die *carolinensis*-Reihe "nach oben". Ich habe nur drei *occidentalis* vermessen können, von denen wiederum nur zwei brauchbare Maße lieferten, die aber genau den von DUVALL angegebenen Relationen entsprechen, während sechs untersuchte *atricapilloides* zu den Werten passen, die LUNK angab. RIDGWAYs Maße für *occidentalis* weichen ab, doch kann ich jetzt dem Grund nicht nachgehen.

### 10. **carolinensis**-Komplex

Incl. *carolinensis* (Syn. *impiger*), *agilis, extimus, atricapilloides*. - Nachdem DINGLE (in BENT 1946, pp. 344-355) alles Bekannte zur Bionomie der Carolina Chickadee zusammengestellt hatte, unternahm es LUNK (1952), mittels aufschlußreicher Analysen die taxonomischen Verhältnisse der genannten Formen zueinander zu klären. Grob wiedergegeben, zeigen die vier, auf den Südosten und Süden der USA beschränkten *carolinensis*-Formen folgende Merkmale. Im Westen wohnen zwei oberseits graue, im Osten zwei oberseits bräunliche Formen, deren jeweils nördlichere (im Westen *atricapilloides*, im Osten *extimus*) etwas größer als die jeweils südlichere ist (im Westen *agilis*, im Osten *carolinensis*). Die kleinste Form ist *carolinensis*, gefolgt von *agilis, extimus* und *atricapilloides*. Vom Gesamteindruck her sind die beiden westlichen graurückigen Formen blasser als die östlichen. Zieht man weiter die Darstellung LUNKs zu Rate, ergibt es sich, daß die relative Schwanzlänge der jeweils nördlicheren und größeren Form erheblicher ist als die der jeweils südlicheren, jedenfalls nach LUNKs Mittelwerten. Eine Korrelationstabelle mit sämtlichen Einzelwerten, wie sie LUNK (l. c., p. 20) für *atricapilloides* und *agilis* gab, wäre aufschlußreicher. Sicher ist soviel, daß *atricapilloides* den (relativ) längsten Schwanz hat.

Die Carolina Chickadee unterscheidet sich von der Black-capped Chickadee durch düstere Färbung, undeutlichen Flügelwisch, ziemlich scharf begrenzten Kehlfleck und eine bläulich schimmernde schwarze Kopfplatte, die zum Rücken zu weniger verlängert ist. Der Gesang zeigt ebenfalls Unterschiede (s. THÖNEN 1962, p. 117, 1970; WARD 1966), aber vielleicht Anklänge an die japanische Weidenmeise *restrictus* (7. Komplex).

## 11. **sclateri**-Komplex

Incl. *eidos, sclateri, rayi*. - Diese drei mexikanischen Alpenmeisen verteilen sich über die Gebirge von S-Arizona und SW-Texas bis Oaxaca. Die nördlichste Form, *eidos*, ist an den Flanken weniger intensiv olivgrau als *sclateri* und die Bauchmitte ist ausgedehnter weiß. Der mittelmexikanische *sclateri* ist ein tief olivgrauer Vogel und der südmexikanische *rayi* hat eine leicht mit Grau vermischte gelbliche Brustfärbung, die MILLER & STORER (1950, p. 301) "Ivory Yellow" nennen. Das Bemerkenswerteste an dieser Färbung von *rayi* ist der Umstand, daß sie sich bei der europäischen Alpenmeise [8] *schiebeli* (6. Komplex) und bei der Tienschan-Alpenmeise *songarus* - bei dieser am nachdrücklichsten - wiederholt. Durch die düstere Allgemeinfärbung erinnern die *sclateri*-Meisen sehr an die *carolinensis*-Formen, deren vergrößertes Abbild sie sozusagen darstellen. In der relativen Schwanzlänge (n = 16 aller Subspezies 84,6-89,2 %) besteht eine starke Annäherung an *P. carolinensis atricapilloides* (n = 6 86,7-89,8 %).

KLEINSCHMIDT (1897a, p. 135) sagte eindeutig: "Die amerikanischen Sumpfmeisen gehören alle zur *Salicarius*-Gruppe", womit festgestellt war, daß *P. sclateri* nicht zu den Nonnenmeisen zählte. Mit dieser Gruppe war nicht die Art Weidenmeise gemeint, sondern die Gruppe aller, der Weidenmeise nahestehenden Arten, auch *P. cinctus*. Im Gegensatz dazu umfaßte bei KLEINSCHMIDT damals die *Meridionalis*-Gruppe *P. palustris* und *P. lugubris*. KLEINSCHMIDT (1920, p. 14) sagte über *P. sclateri* später: "Dieser Vogel geht in seiner Entwicklungsrichtung noch über die Carolina-Meisen hinaus. Seine Scheitelfedern zeigen lebhaften Glanz, was HARTERT bewog, ihn für einen Vertreter der rein altweltlichen Glanzkopf-Graumeisen zu halten. Der Flügelspiegel ist noch mehr verdüstert als bei *carolinensis*, die graue Farbe des Rückens greift auf die Brustseiten über, sogar ein wenig auf die Federspitzen der Halsseiten. Der Kehlfleck reicht bis auf die Brust. Der Schnabel ist etwas anders gestaltet, ja der Schwanz zeigt nur geringe Stufung." KLEINSCHMIDT sah in den Unterschieden zwischen *atricapillus, carolinensis* und *sclateri* nur geographisch bedingte Stufungen von Norden

[8] Ich nehme die Bezeichnung "Alpenmeise" für die Formen der europäischen Alpen, des Tienschan, der mittel- und südchinesischen sowie mexikanischen Gebirge den folgenden Abschnitten vorweg, um bestimmte Zusammenhänge andeuten zu können (vgl. ECK 1976, p. 35, Fußnote).

nach Süden. Damit dürfte aber das Verhältnis all dieser Meisen zueinander zu stark vereinfacht sein. Klang-Spektrogramme von der mexikanischen Alpenmeise habe ich nicht gesehen. Da es auch wenig sinnvoll ist, die mit menschlichen Lauten umschriebenen Meisengesänge, noch dazu aus einer anderen Sprache, hier in ihrem Verhältnis zueinander einzuschätzen, kann ich mich darüber nicht weiter auslassen. - *Parus sclateri* meißelt seine Nisthöhlen selbst.

## 12. **cinctus**-Komplex

Incl. *lapponicus, cinctus, lenensis, kolymensis, sayanus, lathami* (Syn. *alascensis*). - Das lange und seidenweiche Gefieder der Lapplandmeise mit seinen an Zartheit nicht zu übertreffenden Farbtönen läßt sofort den nordischen Vogel erkennen, dessen palaearktisches und nordwestnearktisches Hauptverbreitungsgebiet zwischen dem 60. und 70. Breitengrad liegt. Die Lapplandmeise und ihre Verwandten (13., 14. Komplex) neigen als die einzigen unter den Graumeisen zu einer rötlichen Rückenfärbung, die bei *lapponicus*, bei dem sie lebhaft mit der Kopfplattenfärbung kontrastiert, am ausgeprägtesten (aber ähnlich an der Küste des Ochotskischen Meeres gefunden wurde?), bei *lenensis* in N-Asien am schwächsten ist. Bei den östlichen Vögeln ist auch der Übergang von der Oberkopf/Nacken- zur Rückenfärbung unscharf. Die Färbung der Kopfplatte verbreitert sich bei den Lapplandmeisen im Nacken, bei den Weidenmeisen verjüngt sie sich zum "Zopf" (vgl. Abb. bei KLEINSCHMIDT 1921, p.20).

Es fällt auf, daß bei Ausbildung mehrerer geographischer Formen deren Differenzierung in der Färbung sehr subtil geblieben ist. Die metrischen Unterschiede zeigen neben einfachen Größenverschiebungen auch Proportionsänderungen. Während die europäischen Populationen 71 mm in der Flügellänge nicht überschreiten dürften, fand ich bei *sayanus* ebenso wie JOHANSEN (1944: "75,5") maximal 76 mm. JEFREMOW (1976, p. 73) gibt für 13 ♂ und ♀ nur 66-73 (70,4) mm an. - Während der riesige *sayanus* im S. F. I. (94,5-97,3 M = 95,9, n = 10) von *lapponicus* (92,2-97,0 M = 94,8, n = 14) nicht nennenswert differieren dürfte, haben die nordostasiatischen Formen *lenensis* und *kolymensis* (letzterer hat röteren Rücken und braunere Kopfplatte als ersterer) einen auffallend relativ langen Schwanz: *lenensis* 95,8-101,4 M = 98,4, n = 12/ *kolymensis* 96,4-102,3 M = 99,1, n = 16. [9]) - Abb. 9.

Die Lapplandmeisen sind ganz allgemein gegenüber anderen Graumeisen auch durch ihre Kleinschnäbligkeit gekennzeichnet.

Die obige Aufzählung der Formen dieses Komplexes, deren Unterscheidung wegen der teils verschwimmenden Farbtöne besonderer Sorgfalt bedarf, stützt sich auf PORTENKO (1939, I, pp. 99-100; 1954, p. 119), JOHANSEN (1944, pp. 180-181) und eigene Untersuchungen. Außerdem sei auf die Beschreibung von SUSCHKIN (1913, pp. 373-375) und die Bemerkungen von VAURIE (1957, pp. 14-15) verwiesen.

## 13. **hudsonicus**-Komplex

Incl. *columbianus, cascadensis, hudsonicus* (Syn. *labradorius, rabbittsi*), *littoralis*. - Die Boreal Chickadee des nördlichen Nordamerika, deren Brutgebiete sich im Westteil des Areals

9) Ein Hinweis auf stärkere Langschwänzigkeit in NO-Asien findet sich bereits bei SUSCHKIN (1913) und SNOW (1954). Es ist von großem Interesse, wie es sich mit diesen Proportionen bei *lathami* im nordwestlichen Nordamerika verhält.

mit dem von *lathami* (12. Komplex) offenbar verzahnen (wobei die *hudsonicus*-Vertreter entschiedener Koniferenwäldern den Vorzug geben), zeigt die typischen Charaktere in Gefiederstruktur und Färbung unter allen Lapplandmeisen am ausgeprägtesten. Wie von einem Gespinst eingehüllt sehen diese Vögel aus (s. Fotografie bei BENT 1946). Die Halsseiten sind nicht weiß wie bei *cinctus*, sondern vom Rücken her grau getönt (am blassesten bei *"farleyi"*, s. GODFREY 1951, p. 26). Nach meinen Messungen, die gut zu den in GODFREYs Revision veröffentlichten passen, stimmen die Flügel/Schwanz-Relationen der *hudsonicus*-Formen (n = 17 : 93,8-97,1 M = 95,9 %) recht genau mit denen der westlichen (!) *cinctus*-Formen überein, doch bestehen Differenzen im Handflügelindex. Dieser ist bei den von mir vermessenen *hudsonicus*-Bälgen mit 14,8-17,9 % (M = 17,0) niedriger als der von *lapponicus* mit 17,6-20,3 % (M = 19,9). Die Gesamtheit der *hudsonicus*-Formen erreicht nicht die Größe der *cinctus*-Form *sayanus* und ist als *littoralis* beträchtlich kleiner als irgendeine *cinctus*-Form.

## 14. **rufescens**-Komplex

Incl. rufescens, caliginosus (praeokkupiert durch *Parus wollweberi caliginosus* VAN ROSSEM, 1947) *neglectus, barlowi*. - Das dorsale Rot der Lapplandmeisen-Gruppe (12.-14. Komplex) kommt bei der Chestnut-backed Chickadee des westlichen Nordamerika (von S-Alaska bis Zentral-Kalifornien) voll zur Geltung. Die nördlichste Form, *rufescens*, und wohl auch *"caliginosus"*, haben tief rotbraune Flanken, die bei dem folgenden und sich mit *rufescens* vermischenden *neglectus* rostfarben und bei dem südlichen *barlowi* rein grau sind. Vergleicht man die Flügel- und Schwanzmaße bei RIDGWAY (1904) mit denen bei GRINNELL (1904, p. 378) - unter Berücksichtigung dessen, daß GRINNELL durch andere Meßweise höhere Schwanzlängen erzielte - , so stellt man erstens fest, daß *rufescens, neglectus* und *barlowi* nicht größendifferenziert sind, und zweitens, daß sie in ihrer relativen Schwanzlänge übereinstimmen (eventuell tendiert *barlowi* zu höherem S. F. I.). Diese ist allerdings bei ihnen erheblich geringer als bei den Komplexen 12 und 13 (ECK 1976, p. 45). Ich ermittelte an allerdings nur 19 Bälgen der verschiedenen Formen 78,9-87,5 %, während der Handflügelindex mit 15,0-20,3 % gut zu den *cinctus*-Formen, aber ebenso zu den *hudsonicus*-Formen paßt. Trotz des sehr wenigen Materials sind wegen des deutlichen Abstandes die Flügel-Schwanz-Relationen hinreichend aussagekräftig.

## 15. **gambeli**-Komplex

Incl. *gambeli, grinnelli, inyoensis, wasatchensis, abbreviatus, baileyae, atratus*. - Es gibt eine alte (GRINNELL 1918) und eine neue Revision (BEHLE 1956) dieser west-nordamerikanischen Mountain Chickadee. Beide Bearbeitungen informieren sehr detailliert. Es ist zu beachten, daß die von GRINNELL mitgeteilten Schwanzmaße stark von denen, die BEHLE bringt, abweichen, weil GRINNELL anders gemessen hat (s. o.). Er beschrieb dies auch (l. c., p. 508): "The tail length, however, is measured from the base of the uropygium to the tip of the longest pair of rectrices." Berücksichtigt man das, entsprechen die Feststellungen beider Autoren einander recht gut. Außerdem behandelten PHILLIPS et al. (1964, pp. 109-110) einige *gambeli*-Formen.

Die drei relativ kurzschwänzigen Formen ***abbreviatus, baileyae*** und ***atratus*** (Verbreitungskarte bei BEHLE l. c. p. 57, für Arizona bei PHILLIPS et al. l. c., p. 109) haben einen an der Basis sehr massiven Schnabel und vertreten einander im Westen des Areals von Norden nach Süden. Sie wohnen dem Pazifik am nächsten, sind auch sämtlich grau gefärbt, doch mit unterschiedlicher Intensität. Der nördliche ***abbreviatus*** ist lichtgrau (s. Taf. IX), der südliche ***atratus*** bildet das dunkle Extrem, verbunden mit einer deutlichen Reduktion des Überaugenstreifs. Manche Individuen, besonders im abgenutzten Brutkleid, müssen wegen des kaum hervortretenden weißen Überaugenstreifs, ihrer bleigrauen Flanken und ihrer Flügel-Schwanz-Relationen sehr an *Parus sclateri* (11. Komplex) erinnern. GRINNELL & SWARTH (1926, p. 164) hoben hingegen die Ähnlichkeit mit *P. atricapillus* hervor.

Die östlichen Formen sind durch dorsal bräunliche Färbung (am wenigsten ausgeprägt bei *grinnelli*) gekennzeichnet, haben Flanken, die BEHLE (l. c., p. 53) "pinkish buff or cinnamomeous" nennt und einen relativ langen Schwanz (BEHLE l. c., pp. 54-55). Es ist bemerkenswert, daß auch bei diesen Meisen die relative Schwanzlänge nicht von der Gesamtgröße abhängt, denn von den übereinstimmend proportionierten Ostformen ***gambeli*** und ***grinnelli*** ist der letztere deutlich kleiner.

Nach dem zu urteilen, was BENT (1946) über den Nestbau der Mountain Chickadee zusammengetragen hat, bevorzugt diese gern fertige Höhlen, im Wohngebiet von *P. atricapillus occidentalis* vor allem dessen Bruthöhlen. Für ein Selbstmeißeln von Anfang an scheint ein Beleg zu fehlen. Diese Meise bewohnt die Nadelwälder der Gebirge wie der südlichere *P. sclateri* (11. Komplex), für dessen geographischen Vertreter man sie aber nicht halten kann.

## 16. **supersiliosus**-Komplex

Incl. *superciliosus*. - Diese kleine Meise mit dem weißen Überaugenstreif, dem großen schwarzen Kehlfleck und der schwer zu beschreibenden Unterseitenfärbung - sie kommt RIDGWAYs "Light Ochraceous-Salmon" sehr nahe - bewohnt die alpine Buschzone der Gebirge großer Teile Chinas (Karte bei CHENG 1976). In der Höhenstufe von 4000 bis 5000 m sind natürlich Bruthöhlen im Holz ein Problem und so verwundert es nicht, wenn GRUM-GRZIMAILO das Nest in einem Mausloch entdeckte. Daß *P. superciliosus* freistehende Nester ins Gebüsch baut, wie WEIGOLD und BEICK annahmen, ist nicht bewiesen und zudem unwahrscheinlich. Daß die gefundenen Nester denen von *Leptopoecile sophiae*, die beinahe ständig in Gesellschaft von *P. superciliosus* angetroffen wird (schon in der Originalbeschreibung dieser Meise wurde darauf hingewiesen), so erstaunlich ähneln, legt den Schluß nahe, daß es sich stets nur um die von *L. sophiae* gebauten Nester handelte. Es kann indes nicht ausgeschlossen werden, daß die Meise leerstehende Nester des Buschhähnchens bezieht. Die Eier, die WEIGOLD als zu *P. superciliosus* gehörig beschrieb (aber nicht sammelte), können gleichfalls dem anderen Vogel zugeschrieben werden - den der Sammler übrigens auch vom selben Fundort Hsüeschan, 3700 m, erbeutete. Zwei der von WEIGOLD gesammelten Weißbrauenmeisen wogen je 11,5 g.

Ich untersuchte 20 Bälge, deren nur einer, weil mausernd, nicht meßbar war. Das Nachlassen der Färbung im abgetragenen Gefieder ist auffallend. Es ergaben sich die folgenden Maße:

| | Flügel | Fl. sp. | Schwanz | Stufung | H. I. in % | S. F. I. in % |
|---|---|---|---|---|---|---|
| 7 ♂ | 62-67 | 7,5-11 | 61,5-69,5 | 8-12 | 11,9-16,8 | 97,6-104,8 |
| 12 ♀ | 61-64 | 8 -10 | 61,5-66,5 | 7-12 | | |

VAURIE (1972, p. 310) fand als Flügellänge von 32 ♂ 61-69 (65,6) mm und von 21 ♀ 60-66 (64) mm.

## III. HYBRIDISIERUNG

Das besondere Interesse des Taxonomen beanspruchen die Zonen sekundärer Arealberührung allopatrischer Formen deshalb, weil sich dort am ehesten zeigt, auf welche Weise die betreffenden Formen miteinander ökologisch und ethologisch in Kontakt treten, also wirklich eine Kontaktzone bilden oder keinen Kontakt haben [10]. Im letzteren Falle können die Areale exklusiv bleiben (ohne daß Konkurrenz die Ursache wäre, was ja Kontakt bedeutete) oder sie können transgressiv sein. Um extreme Ansichten einzuschränken (daß etwa morphologisch differierenden allopatrischen Populationen, die miteinander nicht hybridisieren, stets Artrang gebühre), wurde der Versuch unternommen, die verschiedenen Formen der Arealberührung und des Kontaktes von Populationen für taxonomische Statusbestimmungen zu klassifizieren (SHORT 1969, MAYR 1975, pp. 178-181). Allerdings hat die umfassende Behandlung dieser Thematik durch MEISE (1975) auch gezeigt, wie schwierig es ist, akzeptable Maßstäbe dafür zu gewinnen.

Wenn das Ausbleiben von Vermischung, geringes Ausmaß der Durchmischung in einer Hybrid"population" oder räumlich sehr begrenzte Hybridisierungszonen bei taxonomischen Entscheidungen zugunsten des Artstatus so absolut dominieren wie zur Zeit, dann hängt das mit der Auffassung zusammen, daß jede geographisch isolierte Population mit der Erlangung genetischer Diskontinuität (und zu allem Überfluß auch noch mit dem Erwerb morphologischer Unterschiede) den entscheidenden Schritt in Richtung Speziation - und möglicher Sympatrie mit der Ausgangspopulation - getan hat. Geographische Anordnung und morphologisch voneinander abhängige Ausformung der Glieder einer offenkundigen evolutiven Radiation werden demgegenüber als zweitrangig behandelt. Das wird dann auch durch die Anwendung der "Superspezies" nicht mehr ausgeglichen. Innerartlich würde der Speziationsprozeß durch einen Umstand vorbereitet werden, den MAYR (1975, p. 47) festhielt: "Da kein Lebensraum in seinen Umweltbedingungen dem anderen genau entspricht, stellt jede Unterart, zumindest theoretisch, auch eine ökologische Rasse dar." Solch ein Postulat vermag rasch eine beherrschende Rolle zu spielen, die nicht angemessen ist. Nichtsdestoweniger muß verschiedene ökologische Einbindung konspezifischer Formen nicht im Widerspruch zum Nischen-Konzept ("Ökologische Nische") stehen, solange Unklarheit darüber herrscht, ob (konspezifische) geographische Vikarianten überhaupt immer dieselbe ökologische Nische bilden können bzw. ob die Nischenbildung in ihrer (vorausgesetzten) Artge-

10) In Fällen, da allopatrische Formen ohne zu transgredieren miteinander geographisch Kontakt haben, aber sich nicht vermischen, wird von Parapatrie gesprochen. Die Ursachen können verschiedene sein (vgl. MAYR 1975, p. 179), die beteiligten Formen sollen jedoch wie bei Transgression stets als verschiedene Arten angesehen werden. Das rechtfertigt zwar den Schluß, daß transgredierende, sich nicht vermischende Formen zueinander kein wesentlich anderes Verhältnis haben müssen als parapatrische, nötigt aber noch nicht zu jener taxonomischen Konsequenz. Die Bezeichnungsweisen "transgressiv" und "parapatrisch" haben rein deskriptiven Charakter.

bundenheit bestehen bleibt, wenn sich - nicht unbedingt die ökologische Potenz des Tieres, aber - die ökologischen Valenzen der Umweltfaktoren unter den wechselnden geographischen Bedingungen wandeln. Damit ist die Frage angeschnitten, inwieweit die ökologische Nische für die gesamte Art verbindlich ist. Was den Inhalt des Begriffes der ökologischen Nische betrifft, so sehe ich darin trotz der vielerlei Interpretationen (MAUERSBERGER 1978) kein Problem, weil ja die Nische jeden Sinnes entbehrte, wenn sie nicht so verstanden wird, wie das von GÜNTHER (1950, p. 81 ff.), PEUS (1954, p. 307) und MÜLLER et al. (1977, p. 197) herausgearbeitet und formuliert wurde.

Bei Prüfung des einschlägigen Schrifttums stellt sich aber nun heraus, daß die praktische Anwendung des Nischen-Konzepts grundsätzlich auf sympatrische Taxa unter Zuhilfenahme des nicht-dimensionierten Artbegriffs (MAYR 1967, p. 271) erfolgt. Der Ökologe, der seine Sondierungen an Ort und Stelle durchführt, kommt mit diesem Artbegriff zwar aus, bleibt aber dann vom Ausmaß intraspezifischer Evolution unbeeindruckt. MAUERSBERGER (1978, p. 73) rührt die Frage unter Hinweis auf andere Autoren nur an, "inwieweit Einheiten unterhalb der Art, also Unterarten (zumal geographische Isolate), Populationen und Individuen, durch spezifische Ausschnitte aus dem ökontischen Spektrum der Art charakterisiert sind." Wenn man hier von "Ausschnitten" spricht, umgeht man das Problem, das sich mit der Anwendung der Nische tatsächlich stellt. Die Tragweite der Problematik wird also nirgends so recht betont, daß Nischengleichheit für Konspezifität nicht zur Bedingung gemacht werden kann, also der Nachweis der Konspezifität nicht anhand der Nischengleichheit geführt werden muß. Das Nischen-Konzept nimmt auf die möglichen ökologischen Einbindungen geographischer Vikarianten keinen Bezug.

Nichtsdestoweniger ist natürlich Artbildung ohne reproduktive Isolation, auch wohl ökologisch bedingter, nicht vorstellbar. Das kann aber nicht umgekehrt heißen, daß reproduktive Isolation, ist diese nun ökologisch bedingt oder nicht, automatisch Artbildung zur Folge hat. Die Kontaktgebiete geographisch vikariierender Graumeisenformen sind zwar noch nicht ausreichend untersucht, doch läßt sich immerhin soviel erkennen, daß es ausgedehnte Mischgebiete nicht gibt, hauptsächlich aber keine Hybridzonen zwischen Vertretern der im II. Abschnitt besprochenen Komplexe - mit einer Ausnahme zwischen den *atricapillus*- und *carolinensis*-Formen.

Da mehrere der stark differenzierten Graumeisen-Formengruppen geographisch aneinandergrenzen, müßten ja doch einmal von hier oder da zweifelsfreie Hybriden bekanntgeworden sein. Außer dem genannten Fall in Nordamerika sind drei weitere Fälle von Hybridisation im Schrifttum genannt worden (VAURIE 1959, SNOW 1967), die jeweils Formen innerhalb eines der im vorigen Abschnitt zusammengestellten Komplexe betreffen. Diese sind aber anders deutbar oder unbewiesen.

Erstens handelt es sich um die Vermischung von *Parus palustris crassirostris* (von den genannten Autoren mit *brevirostris* vereinigt) mit *P. p. hellmayri* in N-China. SNOW (l. c., p. 75) bemerkt bei *hellmayri*: "Intergradation with *brevirostris* in extreme northern China." Nach meinen Feststellungen an 11 Bälgen von *jeholicus* (die WEIGOLD zusammen mit den Weidenmeisen *stoetzneri* sammelte) kann ich der Deutung von *jeholicus* als Mischlinge nicht zustimmen. Ich gehe unter V. A. näher darauf ein.

Der zweite Fall betrifft die Vermischung der palaearktischen Weidenmeise *borealis* (incl. *rossicus*) einerseits "with *baicalensis* in the area of the Urals" und anderseits "probably with *montanus* in the Carpathians" (SNOW l. c., p. 77). Dazu sei angemerkt, daß *baicalensis*, den übrigens STEPANJAN (1978) nicht von *borealis* trennt, westwärts keinesfalls bis zum Ural vorkommt, sondern als Gebirgsform westlich bis zum Altai und Tarbagatai (*"suschkini"*) verbreitet ist. Er kann sich infolgedessen nicht mit *borealis* am Ural vermischen. Auch die Situation im Karpatenbogen, der bis hinauf zur Hohen Tatra von Alpenmeisen bewohnt wird (ECK & GEIDEL 1977), ist nicht geklärt. SNOW äußerte ja auch nur eine Vermutung. In der Gegend südlich von Kraków trifft man echte *borealis*.

Was die ebenfalls angegebene Vermischung des *borealis* mit *salicarius* betrifft, so konnten auch da nur Vermutungen geäußert werden. Nach meinen Ermittlungen haben *borealis* und *tischleri* übereinstimmende Proportionen, doch verschiedene Färbung! Ein Mischgebiet könnte in der Tat zwischen *salicarius* und den Alpenmeisen bestehen, aber wenn SNOW (l. c., p. 78) von *salicarius* sagt: "Intergrading with *rhenanus* in the west", so geht das wohl auf STRESEMANN & SACHTLEBEN (1920, p. 237) sowie NIETHAMMER (1937, p. 232 "in den Grenzgebieten gegen *salicarius* hin finden sich Übergänge") zurück, worauf O. KLEINSCHMIDT (1938, Falco 34, p. 16) als unbestritten bester Kenner der Verhältnisse antwortete: "Populationen oder Übergänge zwischen *Parus S. salicarius* und *P. S. rhenanus* sind mir nicht bekannt." Erst in jüngster Zeit wurden im Harz durch das Museum Heineanum Weidenmeisen gesammelt, die unterseits *rhenanus* ähneln, oberseits fast wie *salicarius* gefärbt sind. - In Nordamerika scheint es verschiedene Mischgebiete zwischen den westlicheren langschwänzigeren und den östlicheren kurzschwänzigeren Subspezies von *Parus atricapillus* zu geben (SNOW l. c., pp. 81-82).

Der dritte Fall betrifft die Trauermeisen, indem VAURIE (1959, p. 483) und, diesem folgend, SNOW (1967, p. 76) annahmen, daß sich *Parus lugubris anatoliae* und *P. l. dubius* in O-Kurdistan und im NW-Zagros sowie *anatoliae* und *hyrcanus* in Aserbaidshan vermischen. Dafür fehlen aber jegliche Bestätigungen.

Die Hybridisierung zwischen *Parus atricapillus* und *P. carolinensis* findet in einem ausgedehnten Gebiet statt, in W-Illinois östlich des Mississippi und wohl über O-Missouri bis W-Kansas, ferner in New Jersey. TANNER (1952) vermutet Hybridisierung außerdem in W-North Carolina im Gebiet der Appalachen. Ein Balg des Dresdener Museums (C 8632), ♂, am 2. März 1885 bei Rockwood, Roane/Kingston (Tennessee) gesammelt - Flügel 60, Schwanz 54 mm, S. F. I. 90 % - ist mit großer Wahrscheinlichkeit *P. carolinensis extimus* x *P. atricapillus practicus*. TANNER (1952), BREWER (1963) und RISING (1968) haben sich eingehender mit diesen Verhältnissen beschäftigt; vgl. auch MAYR & SHORT 1970, p. 64. Wie eine Zeitlang die Differenzen zwischen palaearktischen und nearktischen Weidenmeisen überbewertet, weil z. T. nicht in den richtigen Relationen gesehen wurden, geschieht dies hinsichtlich *P. atricapillus* und *P. carolinensis* auch jetzt noch. Ich komme bei der speziellen Behandlung der Art *P. atricapillus* darauf zurück.

In anderen Fällen wird natürliche Hybridisierung bei den Graumeisen nicht einmal angenommen, obwohl sich die Areale der betreffenden Formen sehr nahekommen und die morphologischen Unterschiede das Erkennen der Hybriden auch erlauben würden. Gemeint sind die Weidenmeisen *songarus/baicalensis, stoetzneri/baicalensis, stoetzneri/affinis, affinis/weigoldicus* oder die Nonnenmeisen *hellmayri/hypermelas*. Auch die nordamerikanischen Lapplandmeisen *lathami/hudsonicus* scheinen sich ebensowenig zu vermischen wie weiter im Süden *hudsonicus* ssp./*rufescens* ssp.

Eindeutige Arthybriden, die nicht aus Kontaktgebieten sich geographisch ausschließender

Formen stammen, sind wohl nur in einem einzigen Fall bekannt - zwischen Nonnen- und Weidenmeise aus O-Flandern (DHONDT & HUBLÉ 1969).

Zusammenfassend läßt sich zur Zeit sagen, daß zwischen Subspezies desselben Komplexes (s. Abschnitt II) natürlich hier und da Hybridisierungszonen vorhanden sind. Der genaue Nachweis läßt sich aber schwer erbringen. In einigen Fällen handelt es sich zunächst nur um Vermutungen, indem solche Mischzonen einfach vorausgesetzt werden. So ist bei den mitteleuropäischen Weidenmeisen weder die Vermischung zwischen *P. atricapillus salicarius* und *P. a. rhenanus* noch zwischen *salicarius* und *borealis* geklärt. Der von *salicarius* schwer unterscheidbare (unterseits vielleicht eine Nuance hellere) *P. a. natorpi* hat nach den Bälgen der Coll. Kleinschmidt (ZFMK) den gleichen S. F. I. wie *salicarius*. Eine Mischzone ist im Osten nicht nachweisbar. Bei den asiatischen Weidenmeisen der *songarus*-Gruppe wie bei den asiatischen *P. palustris*-Subspezies (2. Komplex), die sich jeweils geographisch eng aneinanderreihen, sind Hybridisierungszonen nicht bekanntgeworden. *P. palustris jeholicus* kann ich nach wie vor (s. ECK 1976) nicht als Mischlinge zwischen *P. p. hellmayri* und *P. p. crassirostris* ansprechen. Ich gehe unter V. A. darauf ein. Wenn es in den Jehol-Bergwäldern eine Hybridisierungszone zwischen *jeholicus* und *hellmayri* gab - der von KLEINSCHMIDT & WEIGOLD (1922, p. 14) erwähnte Vogel von "Jingschujingtsze" deutet das an -, dürfte diese inzwischen aus äußeren Gründen (großräumige Abholzungen) nicht mehr vorhanden sein.

Zwischen allopatrischen Graumeisen-Formen, die verschiedenen Komplexen zuzurechnen sind, wurden Arealberührungen nur in zwei Fällen aus Nordamerika bekannt. In dem einen Fall, die *atricapillus*- und *carolinensis*-Formen (Komplexe 9 und 10) betreffend, kommt es zur Vermischung und durchaus nicht sporadischer. Im zweiten Fall wird zwischen *Parus hudsonicus hudsonicus* und *P. cinctus lathami* im Kowak-Tal in Alaska seit MILLER (1943, p. 262) eine geringfügige Transgression ohne Vermischung angenommen. LACK (1971, p. 55) fügt hinzu, daß dort (und anderswo) beide Formen wenigstens zum Teil verschiedene Habitate bevorzugen. Der Fall bedarf weiterer Untersuchung und Bestätigung. In anderen Fällen sehr starker Annäherung der Areale ist es offenbar nirgends zu Kontakten gekommen.

Es liegt nahe, in ökologischen Unterschieden (des Nistens wie der Ernährung) den Grund dafür sehen zu wollen, daß die strenge geographische Vikarianz nicht aufgegeben wird. Wie ließe sich das aber nachweisen? Das Gegenüberstellen von Gebirgs- und Flachlandformen ist zu grob und nicht stichhaltig. Faßt man einmal die formenreiche und weitverbreitete Weidenmeise (*P. atricapillus*) in ihrem europäischen Vorkommen ins Auge, dann setzt auch die Waldform keine Maßstäbe, geschweige die Holzart. Wie vor ihm schon andere feststellten, bemerkte THÖNEN (1962, p. 144) sehr treffend: "Sie würde wohl in allen Waldformen brüten, kann es aber in Wirklichkeit nur dort, wo ihr morsches Holz zur Verfügung steht, in welchem sie ihre Bruthöhle anlegen kann." Gerade diese geringe Bindung an bestimmte Waldformen wirft ja die Frage auf, warum die verschieden singenden Weiden- und Alpenmeisen nicht transgredieren. Sie bilden überaus schmale Mischzonen, in denen beide Gesangsformen nebeneinander, aber auch zweifelsfrei Mischsänger (zweifelsfreie Hybriden?) vorkommen. In den Gebieten dies- und jenseits solcher Mischzonen wirkt der jeweils fremde Gesang nicht provozierend (s. THÖNEN)! Warum mag die weitverbreitete ostpalaearktische Gebirgsweidenmeise *P. a. baicalensis* im Tarbagatai vor der Weidenmeise des Tienschan (*songarus*) haltgemacht haben? Aus den unmittelbaren Gegebenheiten der Umwelt heraus lassen sich diese Fragen bei den Graumeisen wohl ebensowenig klären wie aus den stimmlichen Differenzen.

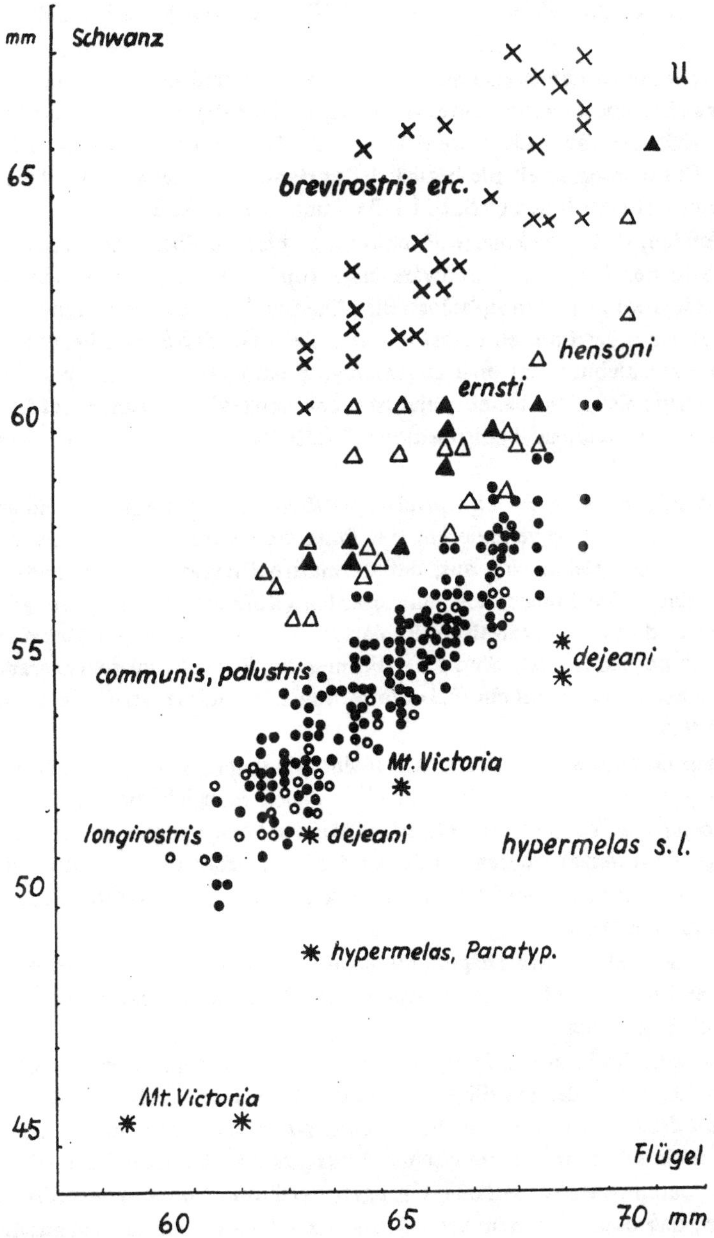


Abb. 1. Flügel/Schwanz-Verhältnisse bei *Parus palustris*. U = Ein Vogel von der Kurilen-Insel Urup (ZIL). Zum *hellmayri*-Sektor vgl. Abb. 2.

Originale Abb. 1-10 E. Meißner

## IV. DIE GRÖSSENRELATIONEN IM GROSSGEFIEDER

Diese Größenrelationen haben sich als Bestimmungshilfe und Bereicherung von Differentialdiagnosen bewährt. Sie erlauben indes bei folgerichtiger Betrachtungsweise darüber hinaus, Proportionsverhältnisse als Indikatoren für verwandtschaftliche Zusammenhänge zu erkennen. Bei den Graumeisen spielt diesbezüglich der Handflügel-Index (= H. I.) eine untergeordnete, der Schwanz:Flügel-Index (= S. F. I.) die dominierende Rolle.

Ich habe gefunden, daß sich (konspezifische) geographische Vikarianten nicht nur im Raum, sondern auch in der Flügel- und Schwanzlänge kombinierenden Korrelationstabelle gegenseitig ausschließen können ("morphologische Vikarianz"). Dieser kontinuierliche Ausschluß zwingt dann zu einer bestimmten Lesart mit dem Resultat, daß es sich bei einer solchen morphologischen Verschiebung um eine augenfällige Relativität der formativen Wandlung handelt. Diese verläuft also nicht beliebig und ist nicht grenzenlos. Vielmehr schält sich ein jedes solches System von "Bauplan-Transpositionen" (MEUNIER 1959, p. 349) als ein geschlossenes heraus.

Es ist verblüffend, was eine simple Korrelationstabelle in Form eines Streudiagrammes ausweist: Die stufenartige Lageveränderung der Punkteschwärme erfolgt nicht nur kontinuierlich, sondern schließt gleichzeitig aus, daß formative Divergenzen innerhalb einer solchen evolutiven Radiation deckungsgleich sein könnten (Kompensation)! Dabei gibt es Fälle, in denen innerhalb derselben evolutiven Radiation der Formenwandel mehrfach nach dem gleichen Modus abgelaufen ist. Sind zwei Formen im Flügel-Schwanz-Diagramm deckungsgleich, haben aber unterschiedliche Flügelform und/oder Schwanzstufung, können sie nicht konspezifisch sein.

Speziell zu den Graumeisen. Bei allen Arten sind Männchen und Weibchen in der relativen Schwanzlänge nicht verschieden. Die Weibchen haben lediglich die niedrigeren Maße. Dadurch können für den Vergleich der Größenrelationen verschiedener geographischer Formen auch die Bälge ausgewertet werden, zu denen das Geschlecht nicht ermittelt wurde. Außerdem habe ich keine Proportionsdifferenzen zwischen dem ersten Großgefieder und den folgenden Garnituren gefunden.

Bei der Zusammenstellung der Diagramme (Abb. 1-10) greife ich nun bereits über die Abgrenzungen der im II. Abschnitt festgelegten Komplexe hinaus und werde dieses Vorgehen im V. Abschnitt begründen.

Die Veränderungen der relativen Schwanzlänge, wie sie in jedem Diagramm sichtbar werden, sind nicht abhängig von der jeweiligen Größe des Vogels oder den Klimafaktoren. Sie sind auch nicht mit Habitatstrukturen in Verbindung zu bringen. Zwar würde der Ökomorphologe etwa an rheinischen und mongolischen *Parus palustris* keinerlei Beeinträchtigungen der Vögel durch deren unterschiedliche Großgefieder-Proportionen feststellen können und daraus folgern, daß es sich deshalb um Adaptationen handeln müsse. Wie müßte man sich zu dieser Meinung stellen? Selektion ist keine besondere Kraft und sie ist als verändernder Faktor auch nicht auszuschalten - sie herrscht grundsätzlich überall da, wo es Eignungsunterschiede gibt. Wo es diese nicht gibt, herrscht keine Selektion. Gehen nun jene Größenrelationen im Großgefieder nicht auf Eignungsunterschiede zurück? Die Inanspruchnahme des Großgefieders ist so vielseitig, daß die Sicherung der Funktionstüchtigkeit bei der Lokomotion vorrangig ist. Flügel und Schwanz bilden die Tragfläche des fliegenden Vogels, wobei erstere direkt die Lokomotion ermöglichen, letzterer der Steuerung dient und beide das

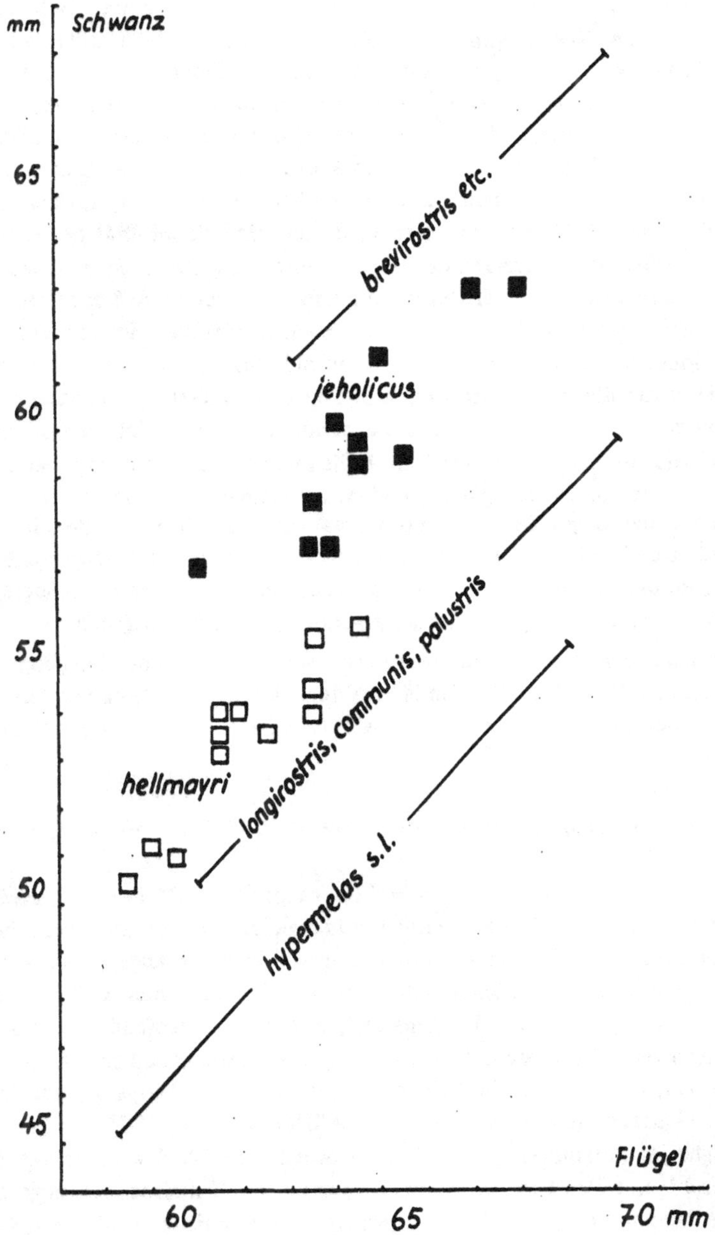


Abb. 2. Flügel/Schwanz-Verhältnisse bei *Parus palustris*. Das Verhältnis des *hellmayri*-Sektors zu den übrigen konspezifischen Sektoren vgl. insbesondere mit *hensoni* und *ernsti* in Abb. 1.

Manövrieren besorgen. Es kommen noch weitere Funktionen hinzu (Balancieren bei der Fortbewegung zu Fuß, Verteidigungswaffe, Präsentation beim Balzritual u. a.), die hier aber außer acht gelassen werden können. Flügel und Schwanz haben in ihren wesentlichen Funktionen jahreszeitlich bedeutende Gewichtsschwankungen, bei größeren Vögeln noch tageszeitlich durch die Ernährung bedingte und Weibchen in der Legezeit zusätzliche Gewichtsunterschiede zu verkraften. Dazu kommt die Verringerung der Tragfläche durch Abrasion und zeitweise durch Mauserlücken, die sich durchaus nicht als Beeinträchtigung der Leistungsfähigkeit erweisen. Damit nicht genug. Es gibt eine Variabilität der einzelnen Federlängen, die zu individuell differierenden Flügelformen und relativen Schwanzlängen führt. Man kann die Betrachtung noch erweitern und darauf verweisen, daß es interindividuell eine negative Allometrie der Flügellänge und -fläche zu Körpergröße und -gewicht gibt, die während des individuellen Wachstums durch "Allometriekreuzung" hervorgerufen wird. Dadurch müßten intrapopular die jeweils größten Individuen gegenüber den kleineren benachteiligt sein, was nicht nur schwer zu beweisen wäre, sondern offensichtlich auch nicht der Fall ist. Die geringere Anzahl der jeweils größten Individuen hängt nicht mit deren Elimination zusammen, denn sie findet sich gleichermaßen am Gegenpol bei den kleinsten Individuen. Es ist vorstellbar, daß zugunsten der Funktionsfähigkeit des Großgefieders in verschiedener Beziehung bedeutende Eignungsunterschiede durch Selektion funktionsgerecht sortiert wurden, d. h. größtmögliche Belastbarkeit durch Selektion erreicht wurde. Anders ist ja die erstaunliche Absicherung - analog der Mortalitätsquote (?) - nicht erklärlich.

Dieses Resultat der Selektion hat zu einer Plastizität geführt, die bei den geographischen Vikarianten insgesamt den "Raum" offenließ, in dem sich die genetisch verankerte (programmierte), funktionell indifferente und somit selektionsfreie Transposition vollziehen konnte.

## V. DAS SUBGENUS **Poecile** KAUP, 1829 UND SEINE ARTEN

Unterläge die Abgrenzung der Art reiner Willkür, es lohnte der Mühe nicht, dieses Kapitel zu schreiben. Da es nun sehr viele vollkommen voneinander isolierte kongenerische Arten gibt, denen der Taxonom betreffs ihres Artstatus' keinerlei Problem abgewinnen kann, ist es unmöglich, daß die Existenz natürlicher Arten grundsätzlich auf einer willkürlichen Annahme beruhen könnte. Hingegen zeugt der Umstand, daß beinahe laufend neue Formulierungen der Artdefinition versucht werden, die die bisherigen an Genauigkeit und Allgemeingültigkeit übertreffen sollen, von der Unsicherheit im Umgang mit dem Artbegriff und infolgedessen, wenn auch in Grenzen, von Willkür. Wenn SIEWING (1978, p. 172) schreibt: "Arten sind für den Biologen jene objektivierbaren Grundbausteine, die für den Chemiker die Elemente sind. Arten sind - und damit stehen sie im Gegensatz zu allen anderen Gruppengrößen - definierbar", als "Biospezies" und "Morphospezies" - dann spricht aus der Schlichtheit dieser Sätze geradezu das befreiende Gefühl, den Durchbruch geschafft zu haben. Die bei SIEWING nachfolgenden fortpflanzungsbiologischen ("Biospezies") und strukturellen Kriterien ("Morphospezies") bringen denn auch den Artbegriff auf einen so risikofreien Nenner, daß jenes befreiende Gefühl nicht beeinträchtigt wird - solange man eben nicht entscheiden muß, wie es um die derzeit behauptete Spezies-Dignität der auf Farbtafel VII abgebildeten drei Alpenmeisen bestellt ist oder ob die auf der Farbtafel II zum Ausdruck gebrachte Konspezifität von *Parus lugubris* und *P. davidi* auf einer richtigen Konsequenz beruht.

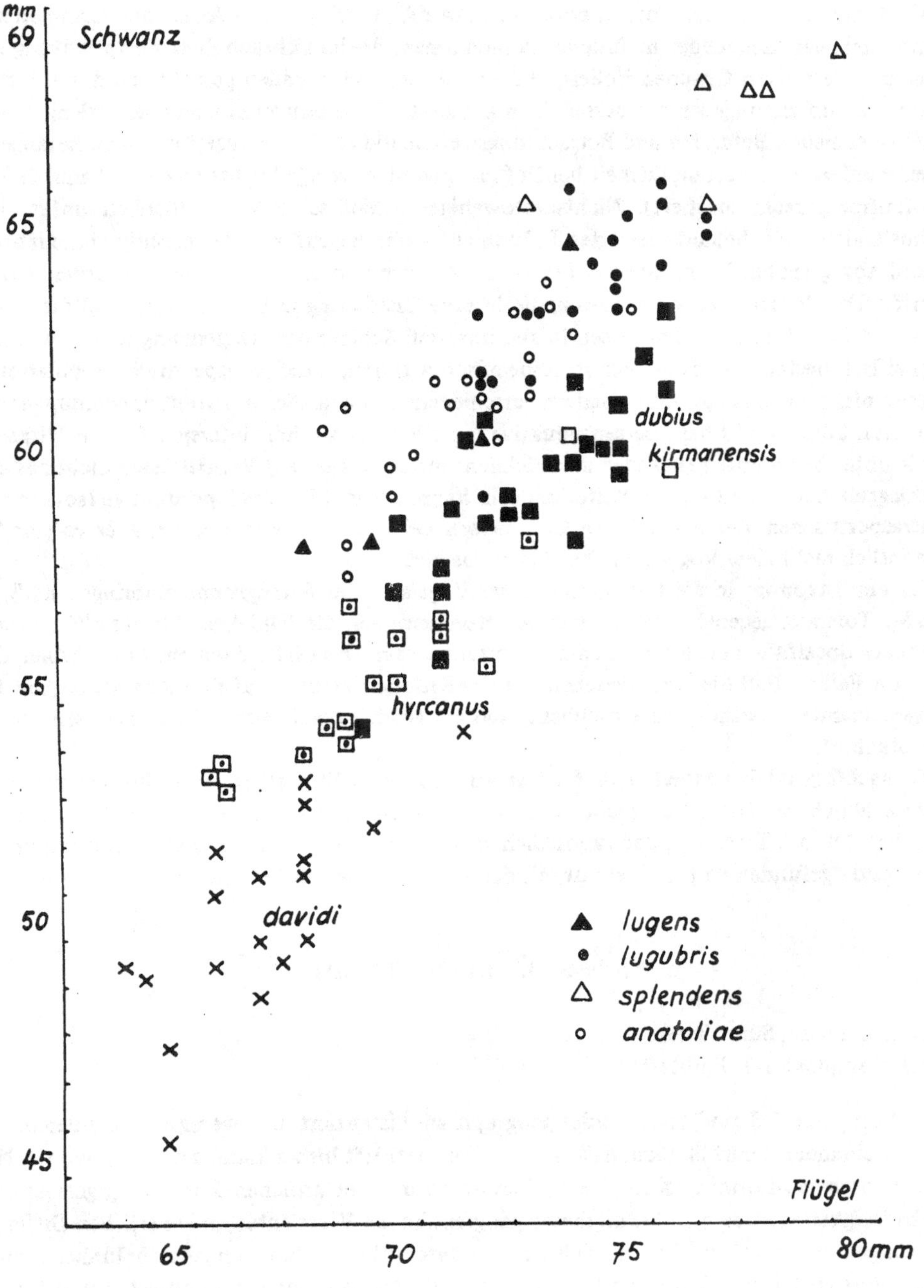


Abb. 3. Flügel/Schwanz-Verhältnisse bei *Parus lugubris*.

Die Artdefinition in der Formulierung von MAYR (1975, p. 31) - Arten sind Gruppen sich untereinander kreuzender natürlicher Populationen, die hinsichtlich ihrer Fortpflanzung von anderen derartigen Gruppen isoliert sind - wird sehr vielen Fällen gerecht und durch fortgesetzte Modifizierungen nicht besser. Von keiner Artdefinition kann man aber verlangen, daß sie unter neuen Befunden und Betrachtungsweisen, die zu ihrer Konzeption nicht herangezogen wurden, ihre Verbindlichkeit behält (wie man nicht von jeder Art erwarten kann, daß sie definitionsgerecht existiert). Nichtsdestoweniger behält seine Verbindlichkeit unter allen Umständen - ein bemerkenswertes Phänomen! - der Begriff von der allseitig abgrenzbaren (und abgegrenzten!) Art. MAYR (1967, p. 28) nennt drei Aspekte des modernen Artbegriffs: Die Schärfe der Abgrenzung, die interne Gliederung in Populationen und die reproduktive Isolation. Die Graumeisen lehren uns, daß Schärfe der Abgrenzung nicht nur interspezifisch besteht, sondern auch intraspezifisch vorkommt, daß konspezifische Populationen meist nicht gleichrangig sind, sondern verschiedenen innerartlichen Evolutionsrichtungen angehören können und daß die reproduktive Isolation bei all ihrer interspezifischen Wirksamkeit unter bestimmten (ich sage ausdrücklich: intraspezifischen) Verhältnissen nicht das ausschlaggebende taxonomische Kriterium sein kann. Zwar spielt die reproduktive Isolation im intraspezifischen Bereich bei den Graumeisen keine nennenswerte Rolle, aber es gibt bekanntlich recht viele Vogelarten, bei denen das nicht so ist.
Was ein Taxonom in die Bearbeitung einer Vogelart oder Artengruppe einbringen muß, ist außer Toleranz gegenüber taxonomischen Konventionen die Fähigkeit, für das nicht vorhersehbare Spezifikum evolutiver Radiation offen zu sein. Das dürfte dann zur Folge haben, daß er von Fall zu Fall die verschiedenen Spezies-Kriterien kritisch auf ihre Anwendbarkeit hin gegeneinander abwägt - was einschließt, daß ein gewisses Maß subjektiven Ermessens unvermeidlich ist.
Die nachfolgend behandelten fünf Arten sind in vier Fällen erheblich weiter gefaßt, als es heute üblich ist. Daraus ist nicht zu folgern, daß ihr Umfang unter Umständen noch anwächst. Ich bin überzeugt, daß tatsächlich jeweils die äußere Grenze der einzelnen evolutiven Radiation gefunden wurde. Diese ist mit der Artgrenze gleichzusetzen.

## A. **Parus palustris** [O. KLEINSCHMIDT, 1921] [11)]

- Nonnenmeise, Sumpfmeise -
Incl. Komplexe 1-3. Farbtafel I.

Die Komplexe 1-3 sind voneinander geographisch distanziert und, wenigstens auf den ersten Blick, einander derart ähnlich, daß an ihrer Konspezifität bisher kaum gezweifelt wurde. Nur die *hypermelas*-Formen (Komplex 3) bereiteten in ihrer artlichen Zuordnung gelegentlich Schwierigkeiten. Was man bei all diesen geographischen Vikarianten an äußerlichen Differenzierungen bemerkt, beschränkt sich auf die Intensität der braunen oder bräunlichgrauen, aber stets auffallend eintönigen Oberseite, auf die Ausdehnung des Kehlfleckes und die Gesamtgröße. Namentlich O. KLEINSCHMIDT hat auf die sehr differierende Schwanzlänge

11) Der dem Artnamen in eckigen Klammern beigefügte Autorname samt Jahreszahl bezieht sich auf die Veröffentlichung, in der die Art in den hier vertretenen Grenzen erstmals behandelt wurde; cf. Beitr. Vogelkd. 23 (4), p. 223, Fußnote 10.

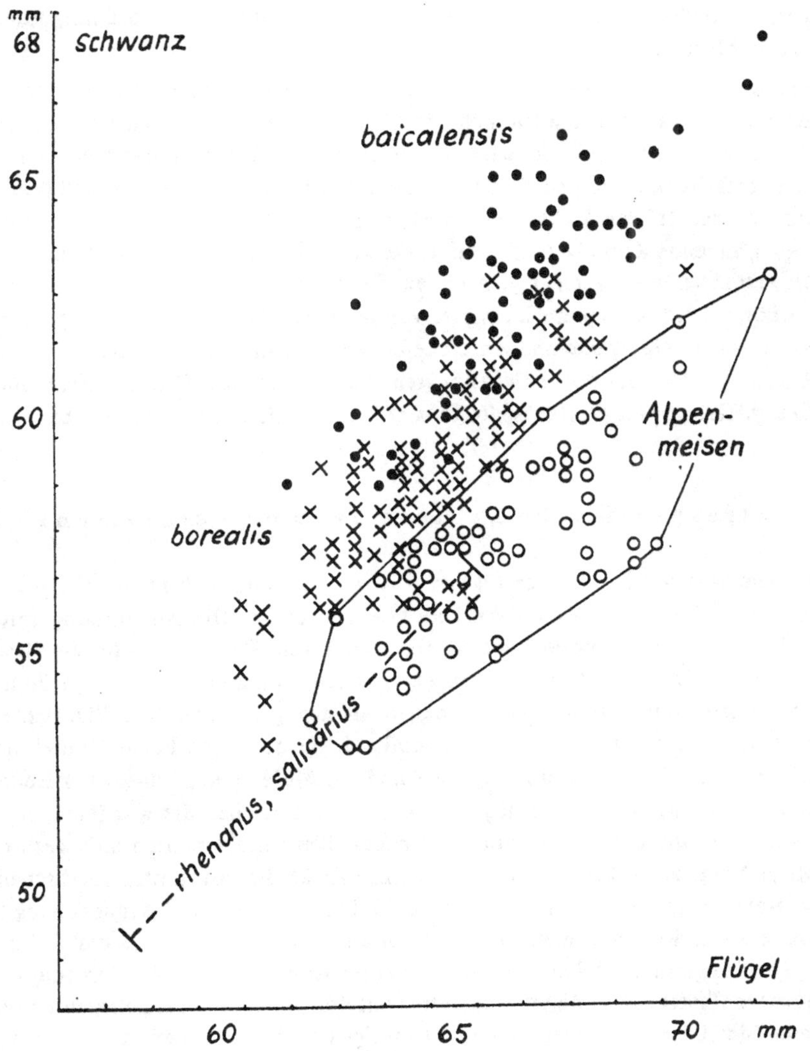


Abb. 4. Flügel/Schwanz-Verhältnisse bei *Parus atricapillus, montanus*-Sektor. Zu beachten ist die Lage des umzogenen Feldes (Alpenmeisen), die zu vergleichen ist mit der Lage der umzogenen Felder in Abb. 6,7 und 8.

einiger Formen (auch innerhalb Europas!) hingewiesen, was aber wegen Nichtbeachtung seiner Meßmethode bei anderen Autoren Verwirrung anrichtete. Nichtsdestoweniger sind es gerade die Proportionen [12] des Großgefieders, die den entscheidenden Ausschlag dafür geben, daß die Formenkomplexe 1-3 als eine geschlossene evolutive Radiation erkannt wer-

12) Leider können hier osteologische Vergleiche nicht diskutiert werden. Bei künftigem Sammeln sollte Skelettmaterial Vorrang haben. Es ist auffallend, daß der große *P. palustris brevirostris* gegenüber europäischen Nonnenmeisen nicht nur einen gedrungeneren Schnabel sondern auch sehr kleine Füße hat.

den können, wenngleich die Nonnenmeisen in der geographischen Anordnung ihrer Wandlungsstufen Probleme aufwerfen.

Charakteristisch für die Nonnenmeisen ist ein blasses Großgefieder, gleichgültig, ob dieses mehr grau oder braun ist, von dem sich die Säume der Armschwingen nur bei den hellen Formen (oder im abgenutzten Gefieder) etwas absetzen, aber auch dann in ihrer Färbung mit der Rückenfärbung korrespondieren. Nonnenmeisen haben helle Hand- und dunkle Armschwingensäumung. Bei den Weidenmeisen ist es umgekehrt. Alle adulten Nonnenmeisen haben eine blauglänzende Kopfplatte. Die mikroskopische Untersuchung der Scheitelfedern hat denn auch gegenüber den weniger glänzenden Nackenfedern (die im Extrem sogar einmal braun sein können wie bei einem Exemplar von *jeholicus*, OK 4485) oder gegenüber Oberkopffedern europäischer Weidenmeisen dickere Radii erkennen lassen (LOWE 1932, p. 41; TUCKER 1935). - Der bei den Nonnenmeisen sparsame rostige Flankenanflug ändert sich mit der Gesamtfärbung im Winter, spätestens ab April deutlich durch äußere Einwirkungen.

## Intraspezifische Ausformung und Verbreitung

Intraspezifische Ausformung ist der bildhafte Ausdruck dafür, daß innerartliche Evolution den Form-Wandel bis an dessen realisierbare Grenzen treibt. Die Ausformung sprengt die Artgrenze (noch) nicht, sie bezeichnet sie erst. Der Form-Wandel - soweit wir diesen nach der Beschaffenheit unseres Materials erfassen können - manifestiert sich, gebündelt nach hierarchisch geordneten Differenzierungsebenen, in den geographischen Vikarianten. Ausuferungen individueller Variation sind kein Indikator für normalen Form-Wandel. So liefert also meist die geographische Anordnung der Wandlungsstufen den Schlüssel zur Rekonstruktion innerartlicher Umbildungsrichtungen. Doch gilt es zunächst, die wandelbaren Strukturen in Gestalt, Färbungsmuster, Stimme, Balzritual, Territorialverhalten und was sich noch zu sinnvollem Vergleich anbietet, festzustellen. Die Relativität allen intraspezifischen Strukturwandels unter Beachtung der geographischen Vikarianz legt den Zusammenhang frei, der eine evolutive Radiation kennzeichnet. Zwar soll nicht geleugnet werden, daß Subspezies in der Regel ein Konglomerat feiner und feinster Populationsverschiedenheiten sind - sie aber in konsequenter Übertreibung dieser Erkenntnis mit den willkürlich festgelegten Längen- und Breitengraden des Globus gleichzusetzen und infolgedessen zu leugnen, daß Spezies tatsächlich aus Subspezies zusammengesetzt sind, darf wohl schon als ein Verhängnis bezeichnet werden. Der in seiner Mehrschichtigkeit erkannte Subspezies-Charakter ist nicht nur all den popularen Nuancen übergeordnet und von benachbarten Subspezies abgesetzt, er bildet sogar mit diesen Nachbarn, den Vikarianten, regelrechte Stufenfolgen. Die europäischen *Parus palustris longirostris, P. p. communis* und *P. p. palustris* beispielsweise sind als Subtilformen unterscheidbar, ebenso wie die asiatischen *P. palustris altaicus, P. p. brevirostris* und *P. p. crassirostris*. Diese sechs Trinomina sind technische Hilfsmittel und sollten kein Anlaß sein, zu verkennen, daß die *palustris* s. str.-Formen Europas in ihrer Gesamtheit von der Gesamtheit der genannten asiatischen *brevirostris*-Formen klar und nach einem bestimmten, für die Graumeisen genetisch programmierten Umbildungsmodus getrennt sind! Die intraspezifische Formen-Bildung ist kein biostatistisches Problem, sondern hat nur eine biostatistische Seite wie alles Biologische, dessen Existenz und Entwicklung auf numerischer Basis beruht. Einige Subspezies-Merkmale lassen sich statistisch behandeln, nicht aber der ganze Subspezies-

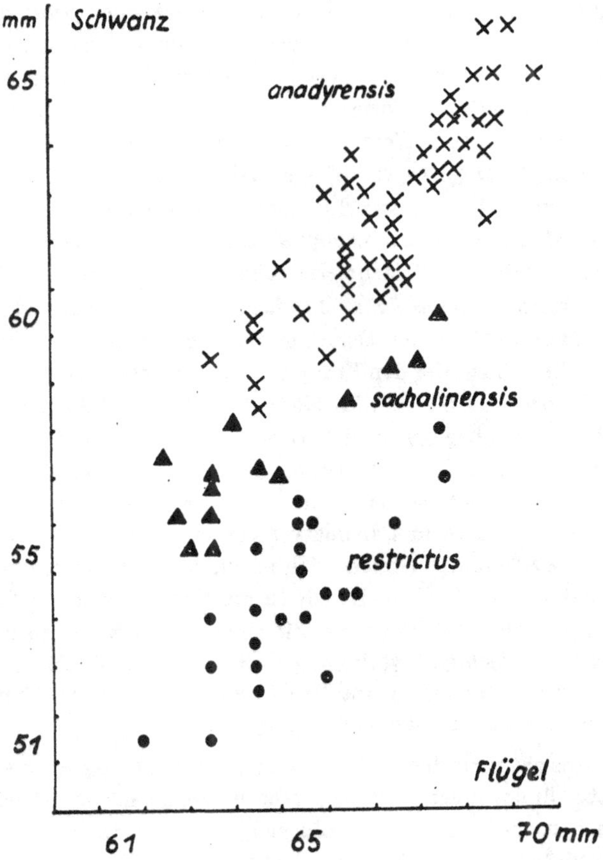


Abb. 5. Flügel/Schwanz-Verhältnisse bei *Parus atricapillus, kamtschatkensis*-Sektor. Die ssp. *kamtschatkensis* ist in die Verkleinerung von *anadyrensis* hineinzudenken, sie kommt teilweise mit *sachalinensis* zur Deckung.

Unterschied, am wenigsten dann, wenn er auf verschiedenen Ebenen intraspezifischer Evolution eingebunden ist.

Die Nonnenmeisen werden allgemein, wie schon angedeutet, auf Grund ihres disjunkten Areals in eine europäische und eine asiatische Gruppe geteilt und gelegentlich wurde, durch gewisse Anklänge in der Färbung provoziert, ein Brückenschlag konstruiert. So betonte HARTERT die Ähnlichkeit zwischen *italicus* und dem nordchinesischen *hellmayri*, während HELLMAYR meinte, die nordjapanische Form (*hensoni*) gleiche der Nordeuropas (*palustris*) auffallend. H. JOHANSEN schließlich sah in seinem *altaicus* den Übergang zwischen beiden Gruppen und VAURIE stellte bei der Kaukasus-Form farbliche Beziehungen zu fernöstlichen Nonnenmeisen fest. Während sich nun die europäischen Subspezies bei oberflächlicher Betrachtung oder unzulänglichem Material so wenig voneinander abheben, daß es einige Autoren für geraten hielten, lieber gar nicht statt falsch zu trennen, sind die Unterschiede in Ostasien zum Teil sehr markant. Nun ist es zwar einerseits sehr gewagt, zu behaupten, *P. p. hen-*

*soni* aus N-Japan und von einigen Kurilen stehe dem europäischen *palustris* s. str. näher als den *brevirostris*-Formen des südlichen Ostsibiriens und Chinas - und in Wirklichkeit stimmt das auch nicht, aber anderseits ist es sicher, daß bezüglich der Größenrelationen des Großgefieders die europäischen *palustris*-Formen in die Lücke zwischen den chinesischen Nonnenmeisen *hypermelas* s. l. und *hellmayri* genau hineinpassen! Geographisch hätten sie heute dazwischen keinen Platz (s. Karte 703 bei CHENG 1976), doch wie sie in die Westpalaearktis gerieten, ist ein verbreitungsgeschichtliches Problem. Jedenfalls geht man in der Annahme nicht fehl, daß die Nonnenmeise ein südpalaearktischer Vogel ist - abgesehen davon, daß dies der Vergleich mit der Weidenmeise schon immer nahegelegt hat und KLEINSCHMIDT deshalb den Formenkreis *Parus Meridionalis* nannte - und daß der Riß im Areal nicht in Sibirien, sondern im Mittleren Osten, in Südasien erfolgte. Die Nonnenmeise ist in Europa ein sehr alter Bewohner, der den Kontinent von Südosten her besiedelte. Dieser Vorstellung begegnen wir schon bei STRESEMANN & SACHTLEBEN (1920, pp. 233-234). Die von KUMERLOEVE zusammengetragenen Beobachtungen machen es sehr wahrscheinlich, daß die Nonnenmeise in Kleinasien Brutvogel ist, im Kaukasus ist sie es nach wie vor, weiter östlich nicht mehr. Grundsätzlich ist die Nonnenmeise ein Vogel der Laubwälder, was durch die Besiedlung von Nadelwäldern in Dänemark nicht entkräftet wird und bestimmt nicht durch das Fehlen der Weidenmeise (welche sich inzwischen anschickt, dort auch Brutvogel zu werden) verursacht wurde. Auch in Italien ist die Nonnenmeise ein Laubwaldvogel. Es ist nicht ersichtlich, weshalb VOOUS (1962) die chinesischen Nonnenmeisen (*hypermelas*) "in den Nadelwäldern der Gebirge" vorkommen läßt. G. HEINRICH äußerte für den Mt. Victoria (Burma) nur diese Vermutung und für China einschließlich O-Tibet kommen Nadelwälder als Aufenthaltsorte nicht in Betracht.

Allgemein wird die Ansicht vertreten, daß die Nonnenmeise ökologisch spezialisierter als die Weidenmeise sei. Ich will das nicht bestreiten, sehe es aber als schwer beweisbar an. Wohl ist die Nonnenmeise fast ausnahmslos auf ein Höhlenangebot angewiesen und scheint Laub- und Mischwäldern vor Nadelwäldern den Vorzug zu geben. Man weiß aber nicht, warum letzteres so ist. In den Pyrenäen, im Kaukasus, in Dänemark, in Japan und N-China werden auch Nadelwälder regelmäßig bewohnt. Die Nahrungswahl und das Gebaren bei der Nahrungssuche, wie es für die Schweiz AMANN (1954) vergleichend darstellte, hängen letztlich von der unterschiedlichen Robustheit dieser Meisenarten ab. Es ist deshalb gar nicht verwunderlich, daß die gegenüber den Flachland-Weidenmeisen größeren und kräftigeren Alpen-Weidenmeisen in dieser Hinsicht sehr den Nonnenmeisen ähneln. Sie stehen den Nonnenmeisen aber dadurch keinesfalls näher. Dies anzunehmen, könnte zu phylogenetisch fehlerhaften Schlüssen führen.

Was aus dem Gesamtareal von *Parus palustris* an brutbiologischen, nahrungsökologischen und bioakustischen vergleichbaren Daten bekannt ist, hält mit unseren morphologischen Kenntnissen keinen Vergleich aus (vgl. LA TOUCHE 1925, SNOW 1954, LACK 1971, BECKER 1978, ROMANOWSKI 1978, 1979).

### Was ist *Parus communis jeholicus* KLEINSCHMIDT et WEIGOLD, 1922 ?

Unter II.2. und III. wurde angekündigt, daß auf diese nordostchinesischen Nonnenmeisen noch besonders eingegangen wird. In der Originalbeschreibung (Falco 18, p. 2) heißt es nur "ähnlich *hellmayri*, aber Schwanz sehr viel (bis 1 cm) länger. Nördlich von Jehol." Der Locus

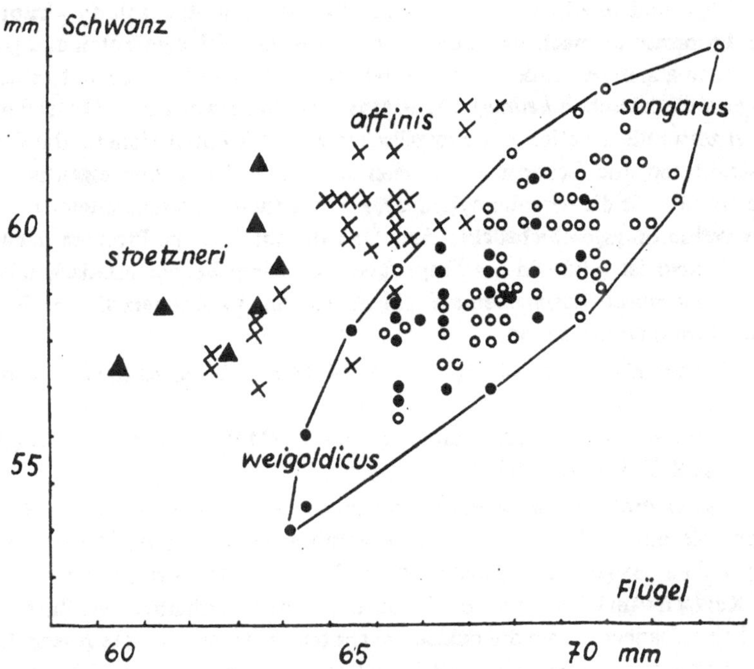


Abb. 6. Flügel-Schwanz-Verhältnisse bei *Parus atricapillus*, *songarus*-Sektor.

typicus ist "30 km N. v. Balihandién (Bergeichenwald)" in der ehemaligen Provinz Tschili (NO-China). Die Autoren gehen 1922 (Abh. Ber. Mus. Dresden XV/3, p. 14) genauer auf diese Form ein, die von HARTERT akzeptiert wurde, die aber in jüngerer Zeit vor keinem Systematiker zu bestehen vermochte. SNOW schien in *jeholicus* den Hinweis auf ein Mischgebiet zwischen *hellmayri* und den extrem langschwänzigen nördlichen Populationen gesehen zu haben.

Ich konnte bis jetzt 11 Exemplare der von WEIGOLD gesammelten Serie untersuchen, leider aber weder den Holotypus noch den Vogel von Jingschujingtsze ausfindig machen, welch letzterer Vermischung zwischen *jeholicus* und *hellmayri* anzudeuten scheint. Nach den Flügel/Schwanz-Maßen ist *jeholicus*, wie ja längst bekannt, nicht mit *crassirostris* gleichzusetzen, in der Färbung ist er nicht von *hellmayri* zu unterscheiden. Daraus läßt sich kein Beweis für Vermischung zwischen *hellmayri* und *crassirostris* ableiten.

Sehen wir *jeholicus* als valid an, so stellt sich bei der Betrachtung der Korrelationstabelle (Abb. 2) und unter Zuhilfenahme der Landkarte die Frage nach den morphologisch-strukturellen und verwandtschaftlichen Beziehungen zwischen den verschiedenen ostasiatischen Nonnenmeisen. Zunächst zeigt es sich, daß die Nonnenmeisen von N-Japan und den Kurilen sowie Sachalins (*hensoni* und *ernsti*) so weitgehend in den Flügel- und Schwanzmaßen (und auch in den übrigen Merkmalen) übereinstimmen, daß wir sie als geschlossene Populationsgruppe ansehen können. Wenngleich sich nun *hensoni* (N-Japan, Kurilen) in den Flügel/Schwanzmaßen etwas mit *jeholicus* überdeckt, sind beide doch keinesfalls deckungsgleich.

Das Merkwürdige und unerklärlich Scheinende ist aber nun, daß sich die Gruppe *hensoni/ernsti* ihren Proportionen nach zwischen die untereinander gleichgefärbten und geographisch unmittelbar aneinandergrenzenden Formen *hellmayri* und *jeholicus* schiebt - ebenso sonderbar ist übrigens die zwischen *hellmayri* (N-China) und *hypermelas* s. l. (Mittelchina usw.) intermediäre strukturelle Position der europäischen *palustris*-Populationen! Die Gründe dafür in Habitatstrukturen und Lebensweise suchen zu wollen, lenkt vom eigentlichen Problem nur ab. Die Gründe für die morphologisch-strukturelle Ineinanderschachtelung (s. Abb. 1, 2) sind fraglos verbreitungsgeschichtlicher Art. Und das tatsächliche Problem ließe sich - vorausgesetzt, *jeholicus* ist valid - in der Frage fassen, ob wir es bei den asiatischen Nonnenmeisen, von den *hypermelas*-Formen einmal abgesehen, mit zwei innerartlichen Evolutionsabschnitten (Sektoren) zu tun haben:

1. Sektor: *hellmayri* (kurzschwänzig, S. F. I. 84-88 %) - *jeholicus* (langschwänzig, S. F. I. 90,5-95 %)

2. Sektor: *hensoni/ernsti* (kurzschwänzig, S. F. I. 87-94 %) - *brevirostris* etc. (langschwänzig, S. F. I. 93-102 %)

Ich halte also jenes Problem für lösbar, wenn man die Wandlungsstufen in den Großgefieder-Proportionen, die mit Färbungsweise und geographischer Anordnung der jeweiligen Areale im Einklang stehen, als genetisch programmierte innerartliche Ausformungen wertet, wobei die relative Kurzschwänzigkeit (bei den Graumeisen) einen urtümlicheren Zustand zu repräsentieren scheint. Danach wären die beiden genannten Sektoren separate Ausstrahlungen mit jeweils eigener interner, wenngleich parallel gerichteter Proportionsverschiebung.
Die europäischen Nonnenmeisen mit kleinstem Kehlfleck (die in Mittel-, N- und O-Europa zu relativer Langschwänzigkeit neigen) und die südchinesisch-burmesischen *hypermelas*-Formen mit ausgedehntestem Kehlfleck (sowie weiteren Besonderheiten) verkörpern meines Erachtens die ältesten Ausstrahlungen in der evolutiven Radiation dieser Art.

## Sektoren und deren geographische Variation (s. Karte 1)

### 1. Sektor: *Parus palustris (hypermelas)*

Mittel- und S-China, Mt. Victoria in den südlichen Chin Hills (Burma). - Dunkel, ultradorsal gefärbt mit olivgrauen Flanken, ausgedehnter Kehlfleck, stark entwickelte Oberkopffedern, extrem kurzschwänzig. - Die chinesischen Populationen *hypermelas, dejeani* und *?poecilopsis* scheinen nur im Farbton zu variieren. Die Mt. Victoria-Population hat durchschnittlich niedrigere Maße und weniger lange Oberkopffedern.

- *P. p. hypermelas*
*Poecile hypermelaena* BEREZOWSKI et BIANCHI, 1891, Aves Exped. Potanini, p. 112. Loc. typ.: Lan-shya-kou, Grenze S-Schensi - Kansu (Gansu).
Material: 1 Balg, Paratypoid (ZIL).

- *P. p. dejeani*
*Parus Dejeani* OUSTALET, 1897, Bull. Mus. Hist. Nat. Paris 3, p. 209. Loc. typ.: Tsékou, N-Yunnan.
Material: 3 Bälge (MTD, ZMB, OK).

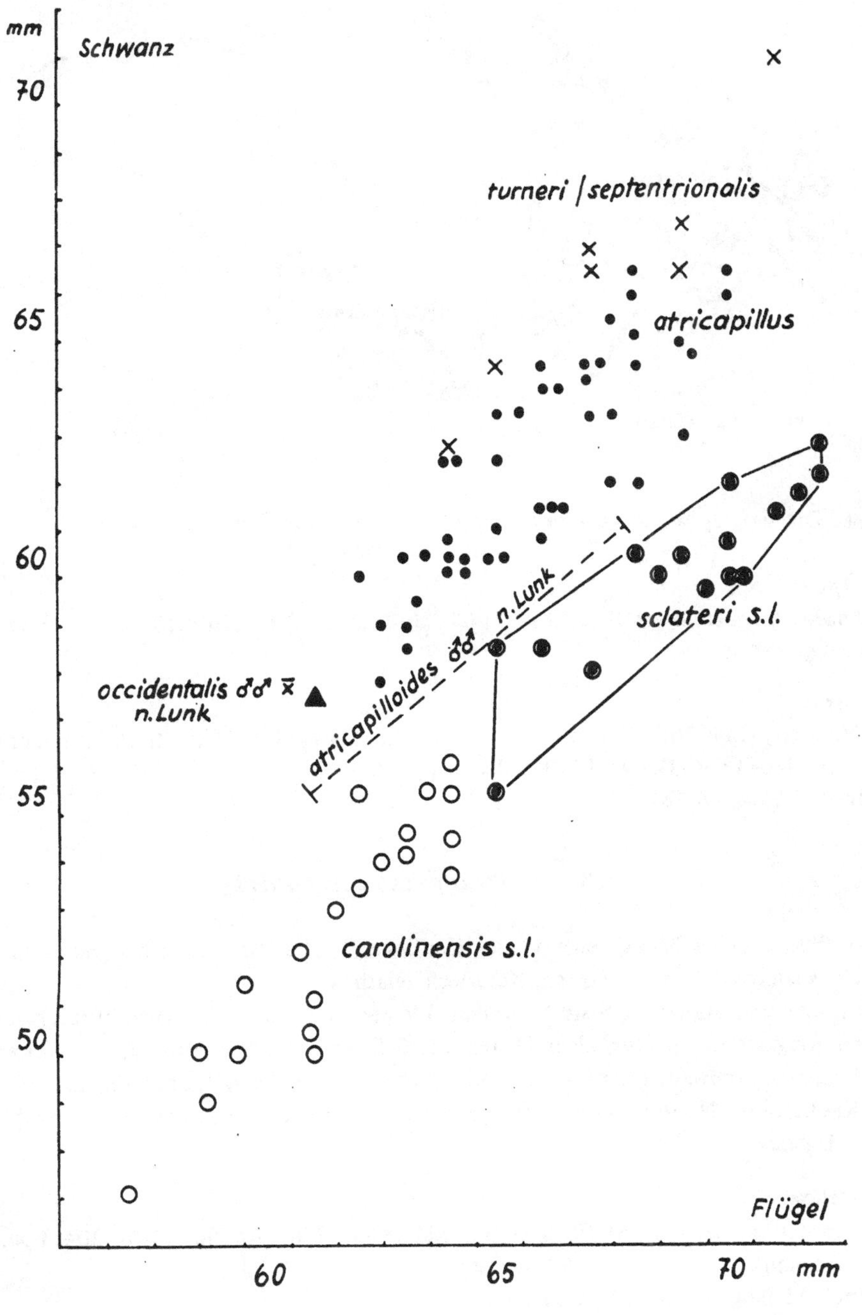


Abb. 7. Flügel/Schwanz-Verhältnisse bei *Parus atricapillus, atricapillus*-Sektor. Das umzogene Feld enthält die mexikanischen Alpenmeisen (*sclateri*); *atricapilloides* leitet von *carolinensis* ssp. zur ssp. *atricapillus* über. Der nur hier auftretende "Gipfel" mit *septentrionalis* und *turneri* kehrt bei den Lapplandmeisen *lenensis* und *kolymensis* (Abb. 9) wieder.

Karte 1. Die geographische Verteilung der vier Sektoren von *Parus palustris*.

- *P. p. ?poecilopsis*
*Lophophanes poecilopsis* SHARPE, 1902, Bull. Brit. Orn. Club 13, p. 11. Loc. typ.: Ch'ü-tung, W-Yunnan.

- *P. p.* ssp.
Mt. Victoria, Chin Hills, Burma. - Cf. STRESEMANN 1940, Mitt. Zool. Mus. Berlin 24, p. 179; O. KLEINSCHMIDT 1940, Falco 36, p. 30.
Material: 3 Bälge (ZMB).

2. Sektor: *Parus palustris (palustris)*

Europa einschließlich Kleinasien und des Kaukasus. - Oberseite braun bis grau, Unterseite weißlich, Flanken leicht rostfarben, Kehlfleck relativ klein, langschwänziger als 1. Sektor. - In W-Europa und Italien intensiv bräunlich, kleiner und durchschnittlich kurzschwänziger *(dresseri, longirostris, italicus)* als in Mittel- und O-Europa. Mitteleuropäische *communis* sind so groß und langschwänzig wie N-, O- und SO-Europäer (*palustris*), aber eine Stufe bräunlicher. Kaukasische Nonnenmeisen (*kabardensis*) sind noch grauer und blasser, wohl auch kleiner als *palustris*.

- *P. p. italicus*
*Parus communis italicus* TSCHUSI et HELLMAYR, 1900, Orn. Jb. 11, p. 204. Loc. typ.: Siena, Toskana.
Material: 15 Bälge (ZMB, OK, UB).

- *P. p. dresseri*
*Parus palustris dresseri* STEJNEGER, 1886, Proc. U.S. Nat. Mus. 9, p. 200. Loc. typ.: Kent.
Material: 7 Bälge (MTD, UB, FW).

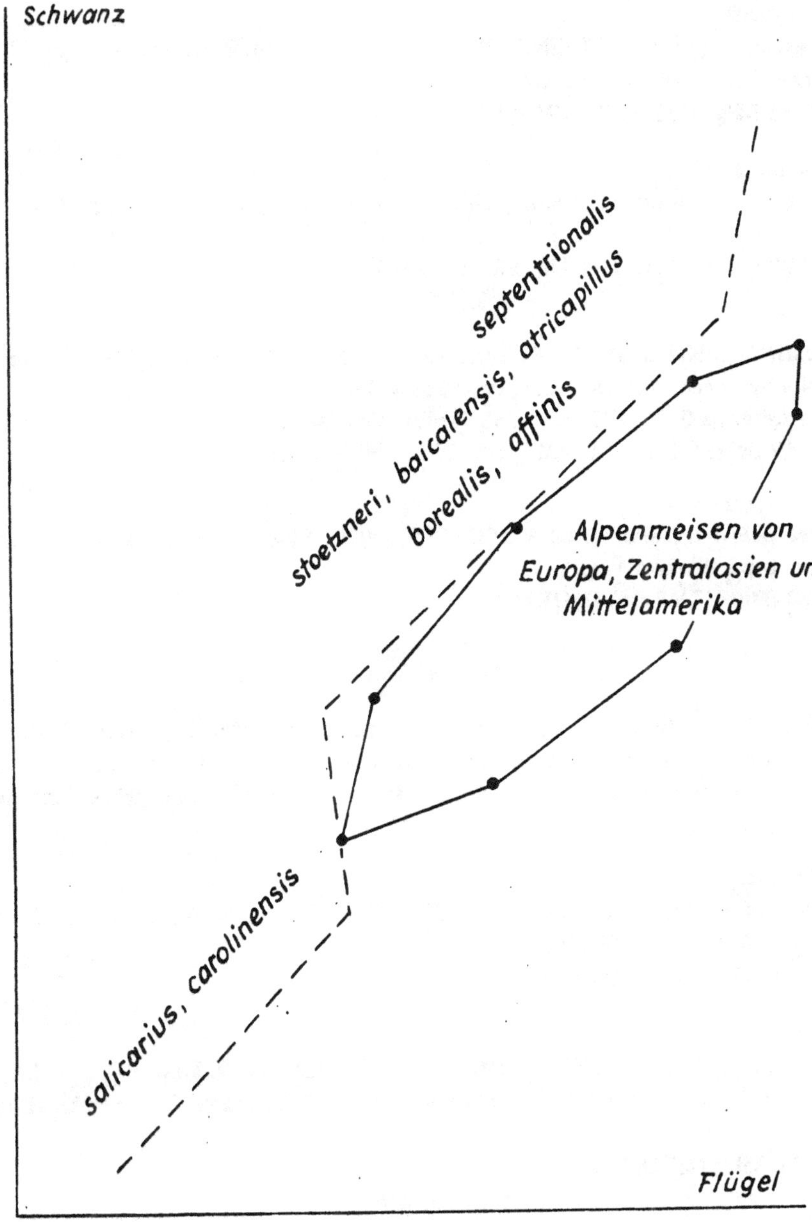


Abb. 8. Flügel/Schwanz-Verhältnisse bei *Parus atricapillus*. Die Deckungsgleichheit der drei Alpenmeisen-Gruppen und deren Lageverhältnis zu den übrigen Weidenmeisen-Gruppierungen.

- *P. p. longirostris*
  *Parus dresseri longirostris* KLEINSCHMIDT, 1897, Orn. Jb. 8, p. 65. Loc. typ.: La Tour d'Auvergne, Puy de Dôme, Frankreich.
  Material: 35 Bälge (MTD, FW, ZMB, HK, UB).

- *P. p. communis*
  *Parus cinereus communis* CONRAD, 1827, Neue Alpina 2, p. 31. Loc. typ.: Graubünden, Schweiz.
  Material: 99 Bälge (MTD, MH, UB, BS, HK, ZMB).

- *P. p. palustris*
  *Parus palustris* LINNAEUS, 1758, Syst. Nat., ed. X, p. 190 (durch spätere Übereinkunft auf die Nonnenmeise bezogen). Loc. typ.: Schweden.
  Syn.? *P. stagnatilis* C. L. BREHM, 1855, Vollst. Vogelfang, p. 242. Loc. typ.: Galizien.
  Material: 69 Bälge (MTD, FW, ZMB, HK, ZIL, NMW, CZR).

- *P. p. kabardensis*
  *Penthestes palustris kabardensis* BUTURLIN, 1929, Syst. Notes birds North. Caucasus, p. 24. Loc. typ.: Wladikawkas.
  Material: 7 Bälge (ZMB, MTD, OK).

3. Sektor: *Parus palustris (hellmayri)*

Nördliches O-China. - Braunrückig, unterseits ausgedehnt rahmfarben, Kehlfleck für ostasiatische Nonnenmeisen klein, langschwänziger als der 2. Sektor, diesem aber nahestehend; kleine Vögel. - Gegenüber *hellmayri* ist der nördlichere *jeholicus* etwas größer und deutlich langschwänziger.

- *P. p. hellmayri*
  *Poecile communis hellmayri* BIANCHI, 1902, Ann. Mus. Zool. Ac. Imp. Sci., St. Pétersbourg 7, p. 236. Loc. typ.: Peking.
  Material: 12 Bälge (MTD, ZMB, OK, MH, ZIL).

- *P. p. jeholicus*
  *Parus communis jeholicus* KLEINSCHMIDT et WEIGOLD, 1922, Falco 18, p. 2. Loc. typ.: 30 km nördlich von Balihandién, nordöstlich von Jehol (Chengde) in der früheren Provinz Tschili.
  Material: 11 Bälge (MTD, ZMB, OK).

4. Sektor: *Parus palustris (brevirostris)*

Altai bis Ussurien, Sachalin, S-Kurilen und Hokkaido (N-Japan). - Große, licht gefärbte Formen mit hohem, gedrungenem Schnabel, großem Kehlfleck und kleinen Füßen; sehr langschwänzig. - Die kontinentalen Formen sind die größten und langschwänzigsten, im Altai (*altaicus*) sowie in Ussurien, Teilen der Mandschurei und N-Korea (*crassirostris*) am dunkelsten, dazwischen deutlich blasser (*brevirostris*). Die insularen Populationen von Sachalin (*ernsti*), Hokkaido und den S-Kurilen (*hensoni*) sind deutlich kurzschwänziger und untereinander nur leicht in der Färbung verschieden.

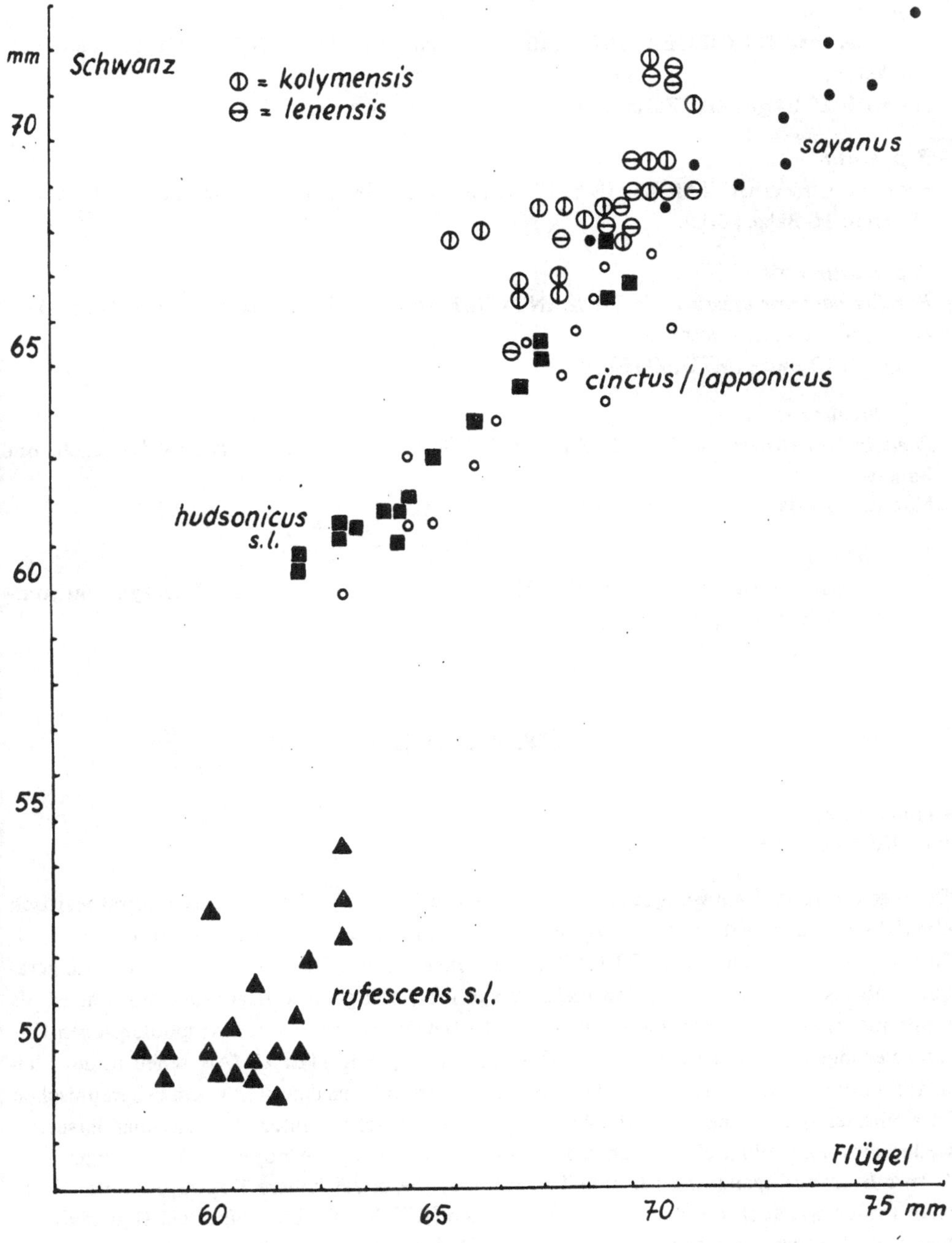


Abb. 9. Flügel-Schwanz-Verhältnisse bei *Parus hudsonicus*.

- *P. p. hensoni*
*Parus hensoni* STEJNEGER, 1892, Proc. U.S. Nat. Mus. 15, p. 342. Loc. typ.: Hakodate, Hokkaido.
Material: 25 Bälge (ZIL, ZMB, SIW).

- *P. p. ernsti*
*Parus palustris ernsti* YAMASHINA, 1933, Tori 8, p. 168. Loc. typ.: Naihoro, S-Sachalin.
Material: 10 Bälge (ZIL).

- *P. p. crassirostris*
*Poecilia palustris crassirostris* TACZANOWSKI, 1885, Bull. Soc. Zool. France 10, p. 470. Loc. typ.: Sidemi, Amur Bai.
Material: 12 Bälge (MTD, ZMB).

- *P. p. brevirostris*
*Poecilia brevirostris* TACZANOWSKI, 1872, J. Orn. 20, p. 444. Loc. typ.: südwestlich vom Baikal-See.
Material: 14 Bälge (MTD, ZH, ZMB).

- *P. p. altaicus*
*Parus palustris altaicus* JOHANSEN, 1952, J. Orn. 92 (1944), p. 182. Loc. typ.: Buchtarma-Fluß, Katon-Karagai, Altai.
Material: 3 Bälge (ZMB).

## B. Parus lugubris

- Trauermeise -
Incl. Komplexe 4-5, Farbtafel II.

Diese seltenste und am wenigsten weit, in der Gegenwart disjunkt verbreitete, intraspezifisch ebenfalls deutlich gegliederte Graumeisen-Art ist erst in den letzten Jahren durch STEPANJAN (1974, 1978) und LOSKOT (1977, 1978) mehr in den Blickpunkt der Systematik geraten. Dabei stellt sich heraus, daß dieser Vogel morphologisch weit genauer bekannt ist als bionomisch, es aber vorerst nicht zu einer einheitlichen Bewertung der morphologischen Differenzierungen gekommen ist. LOSKOT und, ihm folgend, STEPANJAN sehen in der kleinen, intensiv gefärbten hyrcanischen Form (zu der es übrigens eine Reihe von geographischen Parallelismen gibt) eine distinkte Art, wozu, wie ich schon unter II.4. auseinandersetzte, weder die morphologischen noch die bionomischen Umstände nötigen. Morphologisch ist *"Parus hyrcanus"* ganz und gar eine Trauermeise. Die etwas hellere Kopffärbung der Weibchen finden wir auch bei den westlichen Formen (LÖHRL sah bei einigen gekäfigten Exemplaren im frischen Gefieder keinen Unterschied), der Schnabel des *hyrcanus* ist ein typischer Trauermeisenschnabel (vgl. LOSKOT 1978, Abb. V oben), demgegenüber der des südwestiranischen *dubius* deutlich schlanker, gestreckter ist. Der im abgenutzten Gefieder auffallend unscharfe untere Kehlschildrand findet sich bei den anderen Trauermeisen zwar grundsätzlich nicht, scheint aber doch gelegentlich auch bei *dubius* aufzutreten (HELLMAYR 1903, p. 68, und v. JORDANS 1940, p. 92). Unter den nordamerikanischen Weidenmeisen zeich-

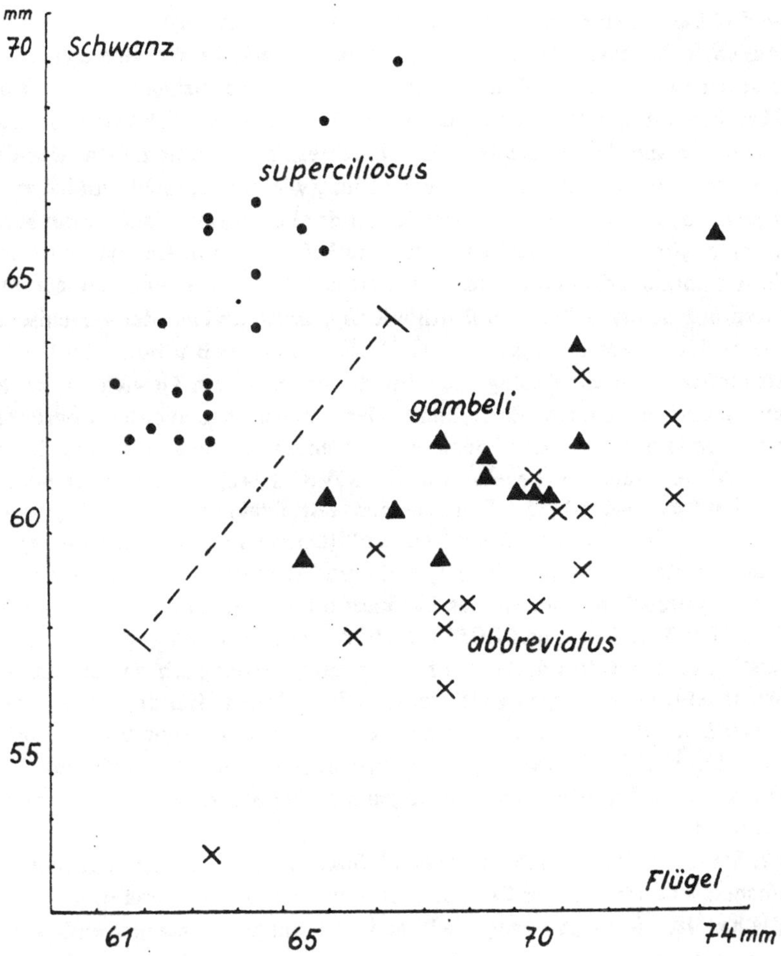


Abb. 10. Flügel/Schwanz-Verhältnisse bei den Weißbrauenmeisen. Im Bereich der gestrichelten Linie befände sich die ssp. *superciliosus* bei "korrigierter Schwanzlänge" (s. Text).

net ein solch aufgelockerter Kehlschildrand die *atricapillus*- vor den *carolinensis*-Formen aus (die freilich auch als verschiedene Arten gelten). Mehr läßt sich zu diesem Merkmal nicht sagen.

Die drei im Iran geographisch vikariierenden Formen *hyrcanus* im Norden, *dubius* im Südwesten bis Süden und *kirmanensis* im Süden sind unterschiedlich gefärbt und verschieden groß sowie mit klotzigem und schlankem Schnabel ausgestattet. Sie haben eines aber gemeinsam, nämlich die relative Schwanzlänge, die geringer als bei den westlichen Formen ist und die Tendenz zu schwächerer Schwanzstufung zeigt. Durch die übereinstimmenden Großgefieder-Proportionen bei differierender Gesamtgröße setzen sie sich von den *lugubris* s. str.-Formen morphologisch und geographisch als Gruppe geschlossen ab. Entsprechend der gruppenprägenden Bedeutung, die jene Proportionen bei den Graumeisen haben, sehe ich mich veran-

laßt, diese drei iranischen Formen als *dubius*-Sektor zusammenzufassen.
Brutbiologisch, nahrungsökologisch und der Stimme nach ist von den *dubius*-Formen nur *hyrcanus* durch LOSKOTs sorgfältige Untersuchungen näher bekannt. Ich habe diese bionomischen Ergebnisse unter II.4. schon diskutiert. Taxonomische Schlüsse lassen sich aus dem abweichenden Gesang des *hyrcanus* meines Erachtens noch nicht ziehen. Der Erregungsruf beider - *hyrcanus* und *lugubris* s. str. - scheint mir, wie gesagt, recht ähnlich zu sein. Es ist damit zu rechnen, daß sich bei genauerer Kenntnis aller Formen (aber wann wird sich diese für *dubius* und *kirmanensis* einstellen?) stärkere Differenzen in Gesang und Habitat"wahl" als für die Art normal erweisen werden. Zwar erscheint das Vorkommen in den hyrcanischen Laubwäldern mit Selbstmeißeln der Bruthöhle (*hyrcanus*) und auf den armenischen, spärlich mit Juniperus bestandenen Hängen, wo das Aushacken einer Bruthöhle der Wacholder nicht erlaubt (*anatoliae*), wie ein ökologischer Bruch von größerem Gewicht, doch leben ja die westlichen Trauermeisen nicht nur in mehr oder weniger ausgedehnten Koniferenbeständen der Gebirge, sondern auch in der Ebene (z. B. *splendens* in Bulgarien) oder in 600 m Höhe im Eichenwald der Halbinsel Pelješac (MAŠTROVIC 1942, pp. 161-162) oder in der mit Quercus pubescens bestandenen Gebirgsregion Mitteldalmatiens. Im Zagross-Gebiet traf PALUDAN den *dubius* in den Eichen"wäldern" (Quercus persicus) der Gebirge zusammen mit Eichelhäher, Kappenammer, Kleiber, Kohl- und Blaumeise u. a. an, einem Lebensraum, der sich nicht wesentlich von dem des *hyrcanus* unterscheiden dürfte (vgl. die Fotografien bei PALUDAN 1938, Abb. 3, und LOSKOT 1978, Abb. III oben).
Charakteristisches zur Körperhaltung und Bewegung vermag ich aus eigener Anschauung nicht beizusteuern, doch belegen viele Angaben die aufrechte Haltung mit erhobenem Kopf, dem *P. palustris* nicht unähnlich, und eine überaus hurtige Bewegungsweise. DATHE (1934, p. 113) und MAŠTROVIC (1942, p. 162) beobachteten an dalmatinischen Trauermeisen (*lugubris*) ein wohl würgerähnliches Schwingen mit dem Schwanz, das sonst von Graumeisen nicht bekannt ist.
Der *dubius*-Sektor wohnt östlich des *lugubris*-Sektors und durchschnittlich einige Breitengrade südlicher. Abermals weiter östlich, doch nun weit getrennt und wieder einige Breitengrade südlicher, ist die nicht weniger seltene und bionomisch gänzlich unbekannte Davidsmeise *Parus davidi* zu Hause, in der ich nichts anderes als eine intensiv pigmentierte (durch das Leben in der niederschlagsreichen Bambusdschungelzone verursacht?) und, genau passend, abermals um eine Stufe kurzschwänzigere kleine Trauermeise, *Parus lugubris davidi* **stat. nov.**, sehen kann (vgl. hierzu Diagramm Abb. 3). Betrachtet man gute Bälge der Davidsmeise, läßt sie schon deren großer Kehlschild und robuster Schnabel einer Trauermeise "wie aus dem Gesicht geschnitten" erscheinen (s. auch unter II.5.).
Die ventral ausgedehnte, nach den Bälgen aus Dimalu (FM) meines Erachtens nicht einmal die Bauchmitte aussparende Rostfärbung des *P. l. hyrcanus* [13] enthält nach Lage der Dinge einen Hinweis auf den noch kleineren, kurzschwänzigeren (Schwanzstufung noch geringer) und östlicheren chinesischen *davidi* mit seiner zimtrot übergossenen Unterseite.
Das Merkmalsgefüge einer Form an sich kann über deren taxonomischen Rang nichts aussagen, da es auch das "Artmerkmal" an sich nicht gibt. Erst die Relationserfassung bei ver-

13) VAURIE 1950, p. 2: ". . . that the specimens of *hyrcanus* from the region of Gurgan in adult and juvenal plumage are tinged with rust on the breast, belly and flanks. . ." - im frischen Gefieder hat *hyrcanus* auch normalerweise keinen solch fahlen Oberkopf wie der auf Farbtafel II als zweite Figur von unten abgebildete Vogel.

schiedenen geographischen Formen führt zur richtigen taxonomischen Bewertung einer Form. Glücklicherweise sind am Vogelbalg noch zu jeder späteren Zeit exakte und sinnvoll zu kombinierende Maße im Gegensatz zum Säugerbalg zu nehmen. Die Flügel/Schwanz-Relationen sind, was schon von früheren Autoren hervorgehoben wurde, keine Verlegenheitskombination, sondern ein Gestaltkriterium von hohem Rang. Betrachten wir die entsprechenden Diagramme der Graumeisen, so erkennen wir ohne Mühe, daß die Davidsmeise nicht nur an keiner anderen Stelle unterzubringen ist, sondern gleichzeitig, lösten wir sie heraus, die "Stufenfolge" der Trauermeisen ihrer Basis entbehrte. Dem einen oder anderen Leser wird dies als recht simple Anschauungsweise anmuten, doch bin ich überzeugt, mit ihr den Tatsachen äußerst nahezukommen. Erst die Einbeziehung der Davidsmeise in *Parus lugubris* führt zur vollen Kenntnis der Trauermeise. Es ist ja wohl nicht möglich, ohne eine sinnvolle morphologische Betrachtung zu einer richtigen Lesart der Wandlungen im Merkmalsgefüge und folglich wirklichkeitsnahen Betrachtung der Ausgestaltung (Ausformung) einer Art zu gelangen. Daß die Art nicht ausschließlich morphologisch zu definieren ist, wird jeder einsehen müssen - daß aber die Morphologie für das Erfassen der Art völlig gleichgültig sei, ist ein Mißverständnis. Das Artproblem ist immer auch ein Gestaltproblem. Und: Die Art zeigt sich erst in der Summe ihrer Differenzierungen, was ich hier als Gegensatz zu der in BEZZELs "Ornithologie" (1977, p. 234) ausgesprochenen Meinung, wonach eine Art nicht aus mehreren Unterarten zusammengesetzt sei, herausstellen möchte.

### Sektoren und deren geographische Variation (s. Karte 2)

#### 1. Sektor: *Parus lugubris (davidi)*

Gebirgsmischwälder mit dichtem Bambusunterwuchs in Zentral-China. - Kopfplatte mit schwachem Blauglanz, Unterseite kräftig zimtrot, auf die Oberseite ausstrahlend, extrem kurzschwänzig (S. F. I. 69?, 72-78 %) und klein. - Ein geographisches Variieren der Merkmale konnte bisher nicht nachgewiesen werden.

- ***P. l. davidi***
  *Poecile Davidi* BEREZOWSKI et BIANCHI, 1891, Aves Exped. Potanini, p. 113. Loc. typ.: S-Gansu, China.
  Material: 18 Bälge (ZIL, MTD, AMNH, ZMB).

#### 2. Sektor: *Parus lugubris (dubius)*

Talysch bis Gurgan (N-Iran), SW- und S-Iran. - Gegenüber dem 1. Sektor größere und relativ langschwänzige Formen (S. F. I. 76?, 78-84 %). Gegenüber dem 3. Sektor abweichender Gesang (aller Formen?). - Im Norden die kleinste, ventral rostfarbigste und starkschnäbligste Form, offenbar stets mit aufgelockertem unteren Kehlschildrand (*hyrcanus*), in SW- bis S-Iran größer, heller, schlankschnäblig, Kehlschildrand nach HELLMAYR und v. JORDANS manchmal unscharf (*dubius*), in S-Iran wieder etwas dunkler und noch etwas größer (*kirmanensis*).

- ***P. l. hyrcanus***
  *Poecile lugubris hyrcanus* ZARUDNYJ et LOUDON, 1905, Orn. Monatsber. 13, p. 76. Loc. typ.: Rustamabad, Ghilan, NW-Iran.

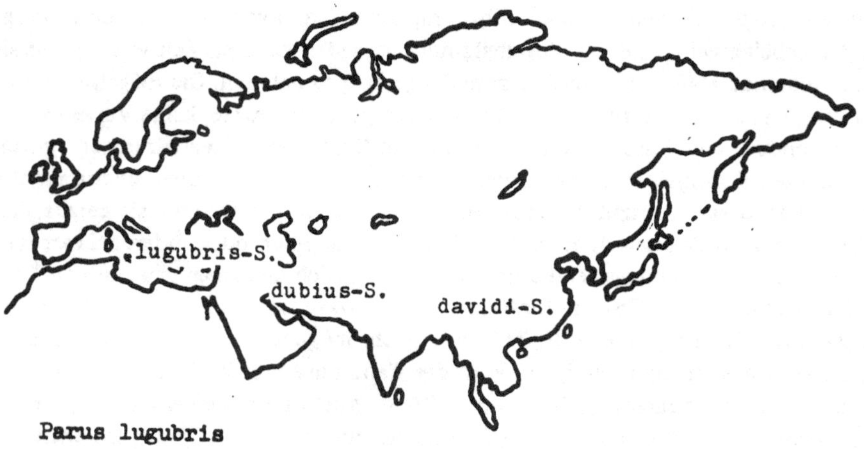


Karte 2. Die geographische Verteilung der drei Sektoren von *Parus lugubris*.

Syn. *Parus lugubris talischensis* STEPANJAN, 1974, Bull. Mosk. Obstsch. Isp. Prirody, Abt. Biol. 79 (6), p. 144. Loc. typ.: Wisesamin, Talysch; cf. LOSKOT 1977, 1978.
Material: 19 Bälge (ZIL, FM, BM).

- *P. l. dubius*

*Parus lugubris dubius* HELLMAYR, 1901, J. Orn. 49, p. 173, Loc. typ.: Shiraz, Fars, SW-Iran.
Material: 25 Bälge (ZIL, BM, NMW, AMNH).

- *P. l. kirmanensis*

*Parus lugubris kirmanensis* KOELZ, 1950, Amer. Mus. Novit. Nr. 1452, p. 8. Loc. typ.: Deh Bakri, westlich Bam, Kirman, S-Iran.
Material: 2 Bälge (MZA).

3. Sektor: *Parus lugubris (lugubris)*

Balkan, Kreta?, Kleinasien, östlich bis S-Armenien und SW-Aserbaidshan (UdSSR) sowie N-Irak. - Gegenüber dem 2. Sektor eine Stufe langschwänziger. - In Griechenland sehr klein und braun (*lugens*), im W-Balkan größer (Fl. bis 78 mm) und grauer (*lugubris*), auf dem O-Balkan noch größer (Fl. bis 80 mm) und unterseits weiß (*splendens*), in der Türkei usw. tiefschwarzer Oberkopf mit dem weißen Bauch kontrastierend, Flanken im frischen Gefieder rostfarben, die Maximalmaße von *lugubris* nicht erreichend (*anatoliae*).

- *P. l. lugens*

*Parus lugens* C. L. BREHM, 1855, Vollst. Vogelfang, p. 243. Loc. typ.: Attica.
Material: 4 Bälge (ZMB, MTD, ZIL: 1 ♂ vom "Olymp" gehört möglicherweise zu *lugens*, Fl. 74, Schw. 64,5 mm).

- *P. l. lugubris*

*Parus lugubris* TEMMINCK, 1820, Man. Orn., ed. 2, p. 293. Loc. typ.: Dalmatien und Ungarn.
Material: 23 Bälge (ZMB, MTD, FW).

Tafel I. Nonnenmeisen *(Parus palustris)*, markanteste Vertreter.

Von oben nach unten: *P. p. dresseri*, Vinehall/Sussex, 18. I. 1930, MTD C29813 – *P. p. brevirostris*, ♂, Selenga/Mongolei, 23. VIII. 1964, leg. PIECHOCKI, ZH (Mong.-Deut. Exped. 1964, Nr. 1344) – *P. p. hellmayri*, ♂, Westgräber bei Peking, 11. III. 1916, leg. WEIGOLD, MTD C23818 – *P. p. dejeani*, ♂, Seurong, 4 Tage südwestlich Tatsienlu, 29. VI. 1915, leg. WEIGOLD, MTD C23817.

Original H. Quintscher

Tafel II. Trauermeisen *(Parus lugubris)*, deren Größe und relative Schwanzlänge von West nach Ost (in der hier gezeigten Reihenfolge von oben nach unten) abnehmen.

Von oben nach unten: *P. l. lugubris*, ♂, Kameno/S-Dalmatien, 26. IX. 1903, MTD C42545 – *P. l. dubius*, ♂, Dasht-i-arjan/SW-Iran, 12. IV. 1902, BM 1934.1.1.6942 – *P. l. hyrcanus* im abgenützten Gefieder, ♀, N-Elburs, 7000 ft., 1. V. 1907, leg. WOOSNAM, BM 1907.12.21.341 – *P. l. hyrcanus* im neuen Gefieder, ♂, Dimalu/Mazandaran, 23. VII. 1940, leg. KOELZ, FM 234642 (Schwanzende am Balg defekt) – *P. l. davidi*, ♂, Waschan, 19. IV. 1915, leg. WEIGOLD, MTD C23827.

Original H. Quintscher

Tafel III. Weidenmeisen *(Parus atricapillus)*, die relativ lang- und kurzschwänzigen Extreme der euro-sibirischen Formen (IIIa), oben *baicalensis* und unten *supermontanus*; die relativ lang- und kurzschwänzigen Extreme der fernöstlichen Formen (IIIb), oben *anadyrensis* und unten *restrictus*.

IIIa, oben: *P. a. baicalensis*, ♂ (Flügel knapp 72 mm!), Tosoncengel am Iderijn-gol (Zavschan-Aimak)/Mongolei, 19. VIII. 1964, leg. PIECHOCKI, ZH (Mong.-Deut. Exped. 1964, Nr. 1299) – unten: *P. a. supermontanus*, ♂ (Flügel 72 mm!), Warmberg bei Ainödt, Rudolfswerth/Krain, leg. SCHIEBEL, MTD C46983.

IIIb, oben: *P. a. anadyrensis*, ♂, Markowo/Anadyr, 14. X. 1931, ZMB 57.6 – unten: *P. a. restrictus*, ♀, Fuji, 18. III., FS (Coll. v. ERLANGER) 5016.

Original H. Quintscher

Tafel IV. Weidenmeisen *(Parus atricapillus)* des westlichen Nordamerika.

Oben: der extrem langschwänzige *P. a. turneri*, ♂, Nushagak River/Alaska, 12. XII. 1884, OK 4701 – unten: *P. a. occidentalis*, ♀, bei Salem/Oregon, 27. III. 1924, MTD C44749.

Original H. Quintscher

Tafel V. Weidenmeisen *(Parus atricapillus)*, markanteste Vertreter Nordamerikas.

Von oben nach unten: *P. a. atricapillus*, ♂, Ipswich/Mass., 13. XI. 1884, MTD C8641 – *P. a. (carolinensis) extimus*, ♀, Maryland, 10. IV. 1902, RNH 3 – *P. a. (sclateri) eidos*, ♂, Paradise/Arizona, 11. V. 1917, RNH 7273.

Original H. Quintscher

Tafel VI. Weidenmeisen *(Parus atricapillus)* Zentralasiens. Die Formen des Tienschan und S-Chinas *(songarus* und *weigoldicus)* sind übereinstimmend proportioniert und bilden das kurzschwänzige, der kleine *stoetzneri* aus N-China das langschwänzige Extrem.

Von oben nach unten: *P. a. stoetzneri*, ♂, 30 km nördlich von Balihandien, nordöstlich von Jehol/NO-Tschili, 30. IV. 1916, leg. WEIGOLD, MTD C23845 (Holotypus) – *P. a. affinis*, ♂, Südtetung'sche Berge/Gansu, 26. II. 1928, leg. BEICK, MTD C33574 – *P. a. songarus*, ♀, Tienschan, 28. XI. 1904, RNH 175 – *P. a. weigoldicus*, ♂, Mauntschi (Barongschiba), anderthalb Tage nördlich von Batang, 16. X. 1915, leg. WEIGOLD, MTD C23803 (Holotypus).

Original H. Quintscher

Tafel VII. Alpenmeisen *(Parus atricapillus)* aus drei Kontinenten mit mehr oder minder ausgedehnter, aber gleicher Gelbfärbung.

Von links nach rechts: *P. a. (montanus) schiebeli*, ♀, Zirknitz/Krain, 29. XII. 1926, leg. SCHIEBEL, MTD C46978 – *P. a. (songarus) songarus*, ♂, Djarkent, 10. II. 1910, AMNH 59450 – *P. a. (sclateri) rayi*, ♂, Volcano de Nieve (Sierra Nevada de Colima), S-Jalisco/Mexiko, 13000 ft., leg. J. H. BATTY, AMNH 105795.

Original H. Quintscher

Tafel VIII. Lappland- oder Fahlkopfmeisen *(Parus hudsonicus)*.

Von oben nach unten: *P. h. lapponicus*, ♀, Quickjock/Lappmark, 4. X. 1876, MTD C8629 – *P. h. hudsonicus*, ♂, Athabasca-River, 56° nördl. Br./Alberta, III. 1930, leg. HINSCHE, MTD C27406 – *P. h. rufescens*, ♂, Vancouver, 1. I. 1881, MTD C8631.

Original H. Quintscher

Tafel IX. Weißbrauenmeisen *(Parus superciliosus).*

Oben: *P. s. superciliosus,* ♀, Südtetung'sche Berge Gansu, 25. IX. 1927, leg. BEICK, MTD C33572 – unten: *P. s. (gambeli) abbreviatus,* ♂, Upper Klamath Lake Oregon, 8. XII. 1875, MTD C8646.

Original H. Quintscher

- *P. l. splendens*
  *Parus lugubris-splendens* GENGLER, 1920, Balkanvögel, p. 100. Loc. typ.: Nevscha.
  Material: 7 Bälge (ZMB, ZIL, MTD).

- *P. l. anatoliae*
  *Parus lugubris anatoliae* HARTERT, 1905, Vög. pal. Fauna I, p. 368. Loc. typ.: Ahoory (5000 ft.), Kleinasien.
  Material: 22 Bälge (ZIL, ZMB, NMK, NMW, MTD).

## C. **Parus atricapillus** [O. KLEINSCHMIDT, 1920]

- Weidenmeise, Mönchsmeise -
Incl. Komplexe 6-11, Farbtafeln III-VII.

Die Ornithologen haben sich allmählich daran gewöhnt, die Formenfülle der Weidenmeise auf fünf, unter Umständen auf sechs Arten verteilt zu sehen. Nun danach zu fragen, was die Konspezifität von *Parus atricapillus, carolinensis, sclateri, songarus* und *montanus* (und unter Umständen *P. salicarius*) rechtfertigt, hieße aber, die Frage falsch zu stellen. Was rechtfertigt vielmehr deren spezifische Trennung? Die Färbungs- oder Größenverhältnisse? Die verschiedenen Gesänge? Oder ist es Ausdruck einer Mode, möglichst viele und leicht zu kennzeichnende Arten zu unterscheiden - eine Mode, die sich auf eine ständig sich vollziehende Artendifferenzierung beruft und die Entwertung des Phänomens der geographischen Vikarianz konspezifischer Formen in Kauf nimmt? - Gewiß ist es schwer, d a s Bestimmungsmerkmal für alle Weidenmeisen angeben zu wollen, weil ja bereits diese Forderung mit der Wirklichkeit kollidiert, denn das sogenannte Artmerkmal ist in der Regel ein sich wandelndes Merkmalsgefüge. Dennoch, wer sich die Zeit nimmt, all diese Vikarianten genau miteinander zu vergleichen, wird auch einen durchgehenden morphologischen Charakter bemerken (anders wäre ja ein Erkennen des spezifischen Zusammenhangs auch nicht denkbar gewesen) und finden, daß die nordamerikanischen Black-capped Chickadees nur kontrastreich hervortreten lassen, was die palaearktischen Vertreter verschwommener präsentieren - verschwommener übrigens auch durch die irritierende Doppelgänger-Art *P. palustris*, die beim Determinieren palaearktischer Weidenmeisen-Formen oft genug "im Wege steht". Weidenmeisen haben im Alter schwarzes oder wenigstens tiefdunkles Großgefieder. Die breit hell (auch weiß) gekanteten und darum auffallenden Armschwingensäume bei sehr gering gesäumten und deshalb wie ein dunkles Feld wirkenden Handschwingen kontrastieren auffallend mit der Rückenfärbung, die nie eintönig braun oder grau ist [14]. Weidenmeisen haben nie klotzige, sondern schlanke und sogar sehr lange (*songarus*) Schnäbel, doch muß man sich unter Berücksichtigung jahreszeitlicher Unterschiede auf diese Schnabelform erst einsehen. Auch die erhebliche Schwanzstufung darf man nur in ihrem Verhältnis zur relativen Schwanzlänge beurteilen. Selbst die betonte Mattköpfigkeit (kein Blauglanz!) besteht nicht unter allen Umständen. Der Oberkopf kann bei den verschiedenen geographischen Formen fahlbraun sein oder einen lebhaften rötlichbraunen Schimmer haben, er kann tiefschwarz mit und ohne

[14] Bei *P. palustris* verhält sich die Färbung der Hand- und Armschwingensäume grundsätzlich umgekehrt, wobei die Färbung der Armschwingenkanten unauffälliger, sehr oft mit der Rückenfärbung gleich ist; s. KLEINSCHMIDT 1921, "Parus Salicarius". Abb. auf p. 20. Das Großgefieder der Nonnenmeisen bleibt auch im Alter stets ziemlich hell.

Seidenglanz erscheinen, er kann bei einzelnen Individuen einen sehr zarten blauen oder violetten Schimmer aufweisen (Nonnenmeisen haben im stark abgetragenen Gefieder bisweilen nur noch kaum sichtbaren violetten Schimmer). Solche Individuen fand ich unter *P. atricapillus atricapillus* und *P. a. baicalensis*. Der Oberkopf kann aber außerdem ganz regulär blauglänzend sein wie bei den *carolinensis*- und *sclateri*-Formen. Das Gesamtgepräge - ausgedehnte helle Kopfseiten, großer Kehlfleck, heller Flügelwisch, eine schwer zu beschreibende "Mischfarbigkeit" des Rückens, lebhaft rostig angeflogene Flanken, sehr lockeres, weitstrahliges Gefieder und der allen Formen eigene "däh"-Kontaktruf (zum Gesang s. u.) verleiht diesen Meisen ein derart einheitliches Gepräge, das der geographische Ausschluß und Ersatz noch nachdrücklich unterstreicht. Die skizzierte Merkmalskombination erstreckt sich nirgends auf sympatrische Graumeisenformen. *Parus atricapillus* sensu HARTERT et KLEINSCHMIDT ist folglich ein konkreter Befund, keine Fiktion einem überschätzten Prinzip zuliebe.

Für die Amerikaner war die Black-capped Chickadee seit jeher ein populärer, unverwechselbarer Vogel, wie die Fotografien in HENSHAWs "Book of Birds" (1914 ff.) auf hübsche Weise belegen. Anders in Europa, wo die Weidenmeise nicht so kontrastreich gefärbt ist und die Ornithologen eines langen Lernprozesses bedurften, bis sie erkannten, daß es bei ihnen zwei "Sumpfmeisen"-Arten gibt. C. L. BREHM hat noch 1823 in seinem "Lehrbuch der Naturgeschichte aller europäischen Vögel" p. 262 die Eigentümlichkeiten von Nonnen- und Weidenmeise den Weibchen und Männchen der "Sumpfmeise" zugeschrieben, aber bald darauf deren Artverschiedenheit für die europäischen Formen klar erkannt. Und in seinem "Vogelfang" (1855, p. 242, Fußnote) findet sich der - für einen solch genauen Betrachter wie BREHM nicht erstaunliche - Hinweis auf die Artgleichheit der nordeuropäischen (*borealis*) mit der nordamerikanischen Weidenmeise (*atricapillus* = "*Parus melanocephalus* C. L. BREHM").

Alle Weidenmeisen stellen ihre Nisthöhle selbst her. Das ist aber weniger als Zeichen ihrer Konspezifität (gegen die es natürlich nicht zeugt) denn als Vorteil zu werten, sich in den verschiedensten Habitaten zu behaupten. LÖHRL (1966, p. 183) hat bereits verdeutlicht, daß das Selbstmeißeln oder Nicht-Selbstmeißeln der Nisthöhle von zweitrangiger taxonomischer Bedeutung ist.

Der Gesang (Reviergesang) der Weidenmeisen ist 1962 von THÖNEN ausführlich behandelt worden, aber es fehlen bis heute noch immer detaillierte Kenntnisse über den Gesang solch wichtiger Formen wie *sclateri* ssp., *kamtschatkensis, sachalinensis* oder *weigoldicus*. Die von Beobachtern notierten Stimmen sind hinsichtlich einer wissenschaftlichen Auswertung kaum zu benutzen. Solche Mitteilungen habe ich unter II.8. bereits erwähnt. Was sich bis jetzt herausschält, ist aber meines Erachtens schon interessant genug, nämlich, daß jeder einzelne Sektor der Weidenmeisen, ich unterscheide deren vier (s. u.), über verschiedene Gesänge verfügt, d. h. die jeweiligen geographischen Formen desselben Sektors singen unterschiedlich.

Wenn *Parus lugubris hyrcanus* mit seinem "tiu" (LOSKOT 1977, p. 31) mehr an *Parus atricapillus songarus* und an *P. a. borealis* erinnert denn an *P. lugubris lugubris* - man wünschte sich natürlich, zu sehen, wie sich das auf dem Spektrogramm ausnimmt -, ist es wohl auch beachtenswert, daß die "normale" Gesangsform von *P. a. salicarius* (= der des *P. a. borealis*!) im Lautbild des Klangspektrogramms mehr an *P. palustris communis* als an die Alpen-Weidenmeisen erinnert (vgl. THÖNEN l. c.). Und diese europäischen Alpen-Weidenmeisen haben starke stimmliche Ähnlichkeit mit ihren nordamerikanischen Vertretern, den *atricapillus*-

und *carolinensis*-Formen. Die *carolinensis*-Formen wiederum zeigen unverkennbare Anklänge an die japanische Weidenmeise *P. a. restrictus*. Beide, *carolinensis* und *restrictus*, haben zumindest im Lautbild der Einzeltöne (nach einem von THÖNEN 1970 in Den Haag gezeigten Klangspektrogramm) große Ähnlichkeit miteinander.

Für die asiatischen *songarus*-Formen ist schließlich festzuhalten, daß ganz offensichtlich *affinis* und *stoetzneri* im Gesang nicht mit *songarus* übereinstimmen und möglicherweise auch untereinander differieren. Der Gesang ist zwar bei *songarus* wie bei *stoetzneri* ein viermaliges Pfeifen - "tiu-tiu-tiu-tiu" nach KOWSCHAR (1976, p. 34) und nach Dr. LOSKOTs Aussprache bei *songarus*, "didü-didü-didü-didü" nach WEIGOLD bei *stoetzneri* - doch sind Unterschiede unverkennbar. Das "trüllüllü", das WEIGOLD einmal von *P. a. weigoldicus* vernahm, war sicherlich das seltene Klapperlied. Es ist schade, daß nichts zum Gesang des (wenigstens früher) häufigen *weigoldicus* mitgeteilt wurde. Die Wiedergabe der Pfeiftöne des *P. a. (songarus) affinis* durch BEICK läßt die Möglichkeit zu, an eine stimmliche Ähnlichkeit mit *P. a. (songarus) stoetzneri* zu denken.

Zusammenfassend: Im euro-sibirischen *montanus*-Sektor (s. II.6.) gibt es die "normale" und die "alpine" Gesangsform, im ostasiatischen *kamtschatkensis*-Sektor (s. II.7.) ist vom japanischen *restrictus* ein Gesang bekannt, der wohl an den "alpinoiden" Gesang der amerikanischen *carolinensis*-Formen erinnert, während der nördliche *anadyrensis* nach PORTENKO (1939, I, p. 95) sehr gedehnt "tju-tju-tju" singt. Somit bestehen auch in diesem Sektor zwei Gesangsformen. Über die Stimme von *kamtschatkensis*, die vermutlich mit der des *anadyrensis* übereinstimmt, und *sachalinensis* ist mir nichts bekannt geworden.

Im *songarus*-Sektor (s. II.8.) Chinas und des Tienschan differieren die Gesänge zweifellos, doch ist ohne Klangspektrogramm dazu nicht viel zu sagen.

Im nordamerikanisch-mexikanischen *atricapillus*-Sektor (s. II.9.-11.) unterscheiden sich die *atricapillus* s. str. -Formen untereinander etwas, sind aber den europäischen Alpenmeisen in der Stimme sehr verwandt. Die südöstlichen *carolinensis*-Formen stehen nach der Darstellung THÖNENs (1962) den *atricapillus*-Formen grundsätzlich sehr nahe. Nur über den mexikanischen Gebirgsvogel *sclateri*, der als *eidos* auf den äußersten Süden der USA übergreift, sind mir keine anderen Angaben zugänglich als die hierfür wenig aussagekräftigen Hinweise bei BENT oder PETERSON.

Die Gesamtheit der Weidenmeisen bildet keine von einem geographischen Ende zum anderen laufende Formenkette, sondern Gruppen mit nicht nur eigener interner Färbungsdifferenzierung, sondern auch Proportionsverschiebung in der relativen Schwanzlänge, d i e s i c h b e i a l l e n d i e s e n G r u p p e n w i e d e r h o l t! Damit kommt diesen Gruppen in Bezug auf die evolutive Radiation solch eminente Bedeutung zu, daß ich von S e k t o r e n (s. u.) der Spezies *Parus atricapillus* sprechen muß. Die unter II. getroffene Einteilung der Graumeisen in die Komplexe 6.-11. ging ja bereits über die Absicht, einfach Übersichtlichkeit herzustellen, hinaus. Will man die innerartliche Ausformung bei *Parus atricapillus* begreifen, so tut man gut daran, in allen diesen Formen nicht lediglich geographische Vertreter zu sehen (die sie letztlich natürlich sind), sondern die geographische Vikarianz beschränkt in den Grenzen des jeweiligen Sektors zu betrachten.

Untersuchen wir nun die parallelen Proportionsverschiebungen in den einzelnen Sektoren, denen für die Beurteilung der intraspezifischen Evolution bei *P. atricapillus* besonderes Augenmerk gebührt.

Der *montanus*-Komplex ist seinem Umfang nach mit dem *montanus*-Sektor gleichzusetzen

(Farbtafel IIIa). Es handelt sich um die einander von W-Europa bis Ussurien ablösenden Subspezies, wobei Größe und Färbung variieren, die relative Schwanzlänge in der bezeichneten geographischen Richtung Stufe um Stufe zunimmt (s. Diagramm Abb. 4). Zur unteren Stufe (W- und Mittel-Europa) gehören *kleinschmidti, rhenanus*, ssp. vom Harz und *salicarius* (incl. *natorpi*) : S. F. I. bis 91,7 %. In N- und O-Europa sowie W-Sibirien, im Süden mindestens bis in die Vorberge des Altai schließt sich die zweite Stufe an mit *borealis, colletti, tischleri* und *loennbergi*: S. F. I. bis 95,2 %, gefolgt vom östlichen Altai, durch den Tarbagatai, die Mongolei bis Ussurien von der dritten Stufe mit *baicalensis* und *shulpini*: S. F. I. bis 98,5 %. Die Korrelationstabelle (Abb. 4) zeigt aber einen den genannten Subspezies nebengelagerten, die europäischen Alpenmeisen umfassenden Punkteschwarm: S. F. I nur bis 89,6 %; vgl. auch ECK 1976, Abb. 2. Diese Vögel gehörten ihren Proportionen nach auf die unterste Stufe jener Korrelationstabelle. Ihr S. F. I. beginnt mit 82 %, der von *salicarius* usw. mit 83,9 %. Es ist nur die erhebliche Gesamtgröße, welche die Alpenmeisen aus jenem Kontinuum hinauskatapultiert und ihnen eine exponierte Lage zugewiesen hat. Diese Alpenmeisen nehmen im *montanus*-Sektor eine geographische und morphologische Randlage sowie infolge ihres Reviergesanges auch stimmlich eine Sonderstellung ein. Diese auf den ersten Blick etwas verwirrende Konstellation wiederholt sich in jedem Sektor dieser Spezies und gewinnt dadurch eine Schlüsselfunktion.

Wenden wir uns dem Diagramm Abb. 6 zu, das die vier Subspezies des *songarus*-Sektors zeigt (vgl. auch Farbtafel VI). Im ersten Moment scheint dieses Diagramm mit Abb. 4 wenig Gemeinsames zu haben. Die Punkteschwärme von *weigoldicus/songarus, affinis* und *stoetzneri* zeigen nicht jene stufige, ansteigende Linie, wie sie zwischen *salicarius* und *baicalensis* zu sehen ist. Und doch besteht eine grundsätzliche Übereinstimmung. Hätten diese *songarus*-Formen differierende Handflügelindizes, dergestalt, daß *stoetzneri* als relativ langschwänzigster Vertreter den rundesten, *songarus* oder *weigoldicus* als relativ kurzschwänzigste Formen den gestrecktesten Flügel hätten - wie es bei den Weißbrauenmeisen (II.15.-16.) der Fall ist, dann bestünde mit dem *montanus*-Sektor natürlich keine Vergleichbarkeit. So verhält es sich aber nicht. Der Handflügelindex beträgt bei *songarus* 14,0-18,1 %, *weigoldicus* 13,2-17,4 %, *affinis* 13,5-18,5 %, *stoetzneri* 14,3-18,3 %. Von Belang ist also nur, wie schon gesagt, die relative Schwanzlänge. Legt man das *songarus*-Diagramm auf das *montanus*-Diagramm auf, ergibt sich eine frappierende Deckungsgleichheit. Die asiatischen Alpenmeisen *songarus* (Tienschan) und *weigoldicus* (S-China) kommen auf die europäischen Alpenmeisen zu liegen, *affinis* entspricht der *borealis*-"Stufe" und *stoetzneri* der *baicalensis*-"Stufe". *P. a. stoetzneri* ist gegenüber *baicalensis* nur etwas klein geraten. Gesamtgröße und relative Schwanzlänge werden ja von verschiedenen Faktoren geregelt. Die *salicarius*-"Stufe" des *montanus*-Sektors bleibt vom *songarus*-Sektor unbelegt. In eine Tabelle gebracht, sieht das folgendermaßen aus:

| S. F. I. im | *montanus*-Sektor | *songarus*-Sektor |
|---|---|---|
| Alpenmeisen | bis 89,6 % | bis 89,8 % |
| *borealis - affinis* | bis 95,2 % | bis 94,6 % |
| *baicalensis - stoetzneri* | bis 98,5 % (n = 61) | bis 96,8 % (n = 7!) |

Wie verhalten sich nun die vier japanisch-nordostasiatischen *kamtschatkensis*-Formen, für deren Eigenständigkeit im Range eines Sektors meines Erachtens die Umstände sprechen? Untereinander belegt ihre Zusammengehörigkeit die Korrelationstabelle Abb. 5 selbstredend, indem *sachalinensis* in die Lücke zwischen *restrictus* und *anadyrensis* paßt, *kamtschatkensis* aber lediglich eine Verkleinerung des *anadyrensis* darstellt, dem er in der Färbung sehr ähnelt (Farbtafel IIIb). Vergleicht man sie mit dem *montanus*-Sektor, sieht man, wie der *kamtschatkensis*-Sektor im Ganzen geringfügig in Richtung stärkerer Kurzschwänzigkeit verschoben ist. Es ließe sich bei der japanischen Form *restrictus* sogar von der Alpenmeise jenes Sektors sprechen (vgl. auch das oben über den Gesang Gesagte). Man darf diese Bezeichnung natürlich nicht immer wörtlich nehmen wollen, denn die innerartliche Position der Alpenmeisen ist nicht an das Vorkommen in oberen Höhenlagen gebunden. Vielmehr sind die Südformen des riesigen Areals auf das Leben im Gebirge und Hochgebirge angewiesen. Diese Alpenmeisen sind aber jeweils zugleich morphologische Extremformen mit Randverbreitung. *P. a. restrictus* kommt nach KIYOSU (erwähnt von JAHN 1942, p. 116) in N-Hondo ab 400 m, nach der Check-List of Japanese Birds (1975, englischer Text p. 282) aber ganz allgemein als echter Gebirgsvogel vor. Es heißt dort: "Breeds in the mountain forests of Hokkaido, Honshu, and Shikoku, ranging from about 800 to 2400 m alt. (in summer). Common resident at high elevations in Honshu. Rather uncommon in Hokkaido and Shikoku." In den europäischen Alpen gehen die Alpenmeisen aufwärts bis etwa 2100 m, z. B. *P. a. supermontanus* bei Turrach in der Steiermark (SCHÖNBECK 1958), *P. a. montanus* in Graubünden (THÖNEN 1962, p. 158) oder im Ötztal (LÖHRL 1963). Die südchinesische Alpenmeise *P. a. weigoldicus* lebt in einer höheren Zone, bis 4000 m, doch sagen die absoluten Höhenangaben, für sich betrachtet, ziemlich wenig aus.

Die Black-capped (*atricapillus* s. str.), Carolina (*carolinensis*) und Mexican Chickadees (*sclateri*) stelle ich den drei palaearktischen Sektoren als nearktischen Sektor gegenüber (Farbtafel IV, V) [15]. Nachdem KLEINSCHMIDT erklärt hatte, *Parus sclateri* sei eine Weidenmeise, äußerte HARTERT (1921, p. 2119): "Die mexikanische *sclateri* ist nach Kleinschmidt auch Form von *atricapillus*, nicht von *palustris*. Diese Anschauung ist begründet." KLEINSCHMIDT hat aber meines Wissens mit dieser Einbeziehung später keine Gefolgschaft gefunden. MAYR & SHORT (1970) sind sich über die Stellung von *sclateri* im unklaren.

Vom äußeren Eindruck her stehen sich *sclateri* und *carolinensis* nahe. Ersterer ist nur größer und hat grau überlaufene (ultradorsal gefärbte) Flanken, aber eine blau glänzende Kopfplatte und ziemlich scharf beschnittenen Kehlschild haben beide. KLEINSCHMIDT hat in seiner Monographie "Parus Salicarius" (Berajah) die Stellung von *sclateri* meines Erachtens vollkommen richtig erkannt. Ich habe dem aber noch einiges hinzuzufügen. Wer sich die Flügel/Schwanz-Korrelationstabellen aller *Parus atricapillus*-Sektoren in Ruhe vergleichend angesehen hat, wird, weniger deutlich beim *kamtschatkensis*-Sektor, dafür aber um so eindringlicher bei den übrigen bemerkt haben, daß die Wandlungsstufen der Proportionen in jedem Sektor prinzipiell die gleichen sind - vor allem aber, daß die Maß-Verhältnisse der exponierten europäischen, asiatischen und mexikanischen Alpenmeisen deckungsgleich sind. Auch die absoluten Maße sind es. Der S. F. I. reicht in Europa bis 89,6 %, in Asien bis 89,8 % und in Mexiko bis 89,2 %. Wer sich das noch deutlicher machen will, zeichne sich ein solches Diagramm auf Transparentpapier durch und lege es auf die anderen auf, Abb. 8.

Die Gefiederfärbung spiegelt nicht nur langzeitliche klimatische und andere Umweltverhältnisse wider, sondern erlaubt durch ihre genetische Verankerung sehr oft, Beziehungen zwischen extremen Formen aufzudecken. Zur genetischen Verankerung gehören die Anlage eines Färbungsmusters und die Persistenz arttypischer Färbungen bis in feinste Nuancen hinein. In letzterem Sinne möchte ich die bei drei Alpenmeisen auftretende Gelbfärbung deuten. Es handelt sich um die auf Farbtafel VII dargestellten *Parus atricapillus (montanus) schiebeli* aus Krain, *P. a. (songarus) songarus* aus dem Tienschan und *P. a. (atricapillus)*[15] *rayi* [*sclateri*-Subspeziesgruppe] aus S-Jalisco, Mexiko.

Wenn, wie zur Zeit, Arten nach dem Fruchtbarkeits-Kriterium quasi automatisch "erkannt" werden oder auch das typologische Art-Konzept beschworen wird, wenn die morphologischen Unterschiede als "zu groß" empfunden werden, besteht wenig Aussicht, für die Degradierung dreier nordamerikanischer "guter Arten" zu Subspeziesgruppen eines Sektors, eines Evolutionsabschnittes der Spezies *Parus atricapillus* Zustimmung zu erhalten. Was sich an der Verbreitungsgrenze zwischen "*Parus atricapillus*" und "*Parus carolinensis*" hinsichtlich des Ausmaßes der Hybridisierung abspielt - mehrere Autoren haben sich damit befaßt - ist weder grundsätzlich anders noch gewichtiger als das, was zwischen den *montanus*- und *salicarius*-Subspeziesgruppen des *montanus*-Sektors in Mitteleuropa vor sich geht. Es sind voll vergleichbare innerartliche Ereignisse (nicht Prozesse, wie es scheint), die Dank der Differenzierung der beteiligten Formen übersichtlicher als in anderen Fällen sind.

Vor dem Hintergrund des Proportions-Parallelismus dieser Weidenmeisen-Sektoren, der Verteilung der Gesangsunterschiede sowie der von *turneri* über *atricapillus* s. str. und *carolinensis* zu *sclateri* fortschreitenden Verdüsterung der Färbung bei Wahrung wesentlicher bionomischer und habitueller Charakteristika, ließe sich wohl einräumen, daß *Parus atricapillus*, wie er hier gesehen wird, für die evolutionsbiologische Betrachtung mehr Gewinn bringt als seine Zerlegung in fünf (oder sechs) Arten.

Die Größenverhältnisse aller Weidenmeisen-Formen konnten (und mußten) deshalb auf m e h r e r e Korrelationstabellen (Abb. 4-7) verteilt werden, weil die geographische Anordnung dieser jeweils auch farblich korrespondierenden Formen immer zum erneuten Ansetzen zwang. Morphologische Maßstäbe sind, losgelöst von allen anderen Bezügen, relativ wertlos. Wie ich schon weiter oben betonte, ist die geographische Vikarianz der Einzelformen pro Sektor nicht mit der geographischen Vikarianz sämtlicher Sektoren einer Art auf dieselbe Stufe zu stellen.

Folgender Einwand gegen den artlichen Zusammenschluß der *montanus*-, *kamtschatkensis*-, *songarus*- und *atricapillus*-Sektoren könnte, freilich ganz einseitig, erhoben werden. Wenn *Parus lugubris* zur Erreichung der Großgefieder-Proportionsextreme aller Sektoren bedarf und *Parus palustris*, mit einer Einschränkung (*hellmayri*-Sektor), desgleichen, wäre es doch nicht zwingend, die auch farblich gut gekennzeichneten Weidenmeisen-Gruppen anders zu interpretieren. Warum also sollte sich bei *Parus atricapillus*, verteilt auf Sektoren, viermal das vollzogen haben, wozu *P. lugubris* und *P. palustris* sämtliche Sektoren aufbieten mußten?

Bei aller Ähnlichkeit in der formativen Wandlung der Graumeisen-Arten muß man von vornherein damit rechnen, daß es auch darin Art-Unterschiede gibt. Es würde auffallen, daß diese Weidenmeisen-"Arten" streng allopatrisch sind, ganz abgesehen von ihrem mehrfach erörterten bionomisch-morphologischen Gesamtgepräge, den ja jene Einwendung bewußt nicht beachtet. Sie beachtet aber vor allem nicht, daß, wenn schon eine Art mehrmals zur Subspeziation ansetzt, sich diese Subspeziationen nicht in anderen Bahnen bewegen werden als denen, die genetisch programmiert für alle Arten der Gruppe *Poecile* verbindlich sind. Es darf allerdings nicht übersehen werden, daß die Sektoren von *P. atricapillus* auch wieder Abweichun-

[15] Auf den Farbtafeln V und VII ist den Namen der amerikanischen Vertreter der Weidenmeise in Klammern nicht der Name ihres Sektors, *atricapillus*, sondern der mit den heute gebrauchten Artnamen gleichlautende Name ihrer Subspeziesgruppe beigefügt. Dies soll der Übersichtlichkeit dienen.

gen voneinander zeigen. Bezüglich des *kamtschatkensis*-Sektors ging ich darauf schon ein. Der *songarus*-Sektor zeigt keine solch kleinwüchsige Subspeziesgruppe, die den *salicarius*- und *carolinensis*-Subspeziesgruppen entspräche. Und der *atricapillus*-Sektor geht in *turneri/septentrionalis* in der relativen Schwanzlänge über alle anderen Weidenmeisen hinaus, darin aber wieder auffallenderweise mit den nordasiatischen Lapplandmeisen *lenensis/kolymensis* Seite an Seite liegend!

Der Umstand, daß sich bei *Parus atricapillus* die Proportionsextreme in jedem Sektor zeigen (einschließlich solcher Besonderheiten, daß fast jeder Sektor eine großwüchsige, kurzschwänzige Alpenmeisengruppe aufweist), bei *Parus lugubris* oder *Parus palustris* hingegen jeder Sektor nur einen Ausschnitt aus dem Gesamtspektrum der Proportionen zeigt, ist für die Sonderung resp. Anerkennung von Sektoren belanglos. Ich verweise auf meine Ausführungen in den Annalen für Ornithologie 1 (1977), p. 134, wo Sektoren als Ausdruck voneinander scharf gesonderter intraspezifischer Evolutionsabschnitte und -richtungen definiert wurden (s. auch Falco 36, 1940, p. 21).

## Anmerkungen zu einigen Subspezies

Was aus dem Spektrum geographischer Variation einer Spezies hervorgehoben zu werden verdient, sei es aus Gründen der Verdeutlichung evolutiver Trends, der Kennzeichnung diskontinuierlicher Veränderung oder um darauf hinzuweisen, daß die Kurve individueller Variation anders als bei den Nachbarn verläuft, wird als Subspezies herausgestellt. Es liegt demnach auf der Hand, daß mit den Subspezies nie das gesamte Ausmaß geographischer Variation erfaßt werden kann - wenngleich natürlich möglichst viel davon erfaßt werden sollte. Wie weitzugehen dabei der einzelne Autor für nötig hält, ist abhängig von seiner Kenntnis des Sachverhalts, von seiner Zielstellung und seiner Fähigkeit, die Unterschiede zu erfassen (vgl. ZEDLITZ 1923). "Lumper" oder "splitter" zu sein, ist also keine Grundhaltung dem sogenannten Subspeziesproblem gegenüber, sondern Ausdruck einer Fragestellung in Bezug auf die Ausformungsrichtungen und -möglichkeiten innerhalb einer Art. Weitgefaßte Subspezies sind wenig nützlich. Erstens wird in solche Subspezies fast immer mehr "Variation" einbezogen als sie von individueller Variation wirklich hervorgebracht werden kann und zweitens werden bei großzügiger Behandlung sehr oft Populationen vereinigt, die keine engeren Beziehungen zueinander haben. Und ich betone abermals, weil es hierher paßt: Will man innerartliche Ausformung begreifen, so tut man gut daran, in der Gesamtheit konspezifischer Formen nicht lediglich geographische Vertreter zu sehen (die sie äußerlich natürlich sind), sondern die geographische Variation beschränkt auf die Grenzen des jeweiligen Sektors zu betrachten, über die sie tatsächlich nicht hinausgeht.

Zu einigen Weidenmeisen-Subspezies: Früher ließ man *P. a. baicalensis* bis zum Ural vorkommen, weil SUSCHKIN zwei Exemplare aus Ufa dieser Subspezies zugerechnet hatte und STEPANJAN (1978) läßt *borealis* (Syn. *baicalensis*!) von Norwegen bis Ussurien verbreitet sein. Ich habe sicher hinreichend gezeigt, daß es nötig ist, *baicalensis* von *borealis* zu trennen. *P. a. baicalensis* ist erst vom östlichen Altai an ostwärts beheimatet. Die Unterscheidung von *loennbergi, colletti* und *tischleri* - ersterer ist weißlichgrauer als *borealis*, letztere sind wärmer bräunlich gefärbt, alle haben aber dieselben Proportionen - ist weniger gewichtig als die von *baicalensis*, aber trotzdem nicht zu vernachlässigen. Die Variation der Unterseitenfärbung in

W-Norwegen (*colletti*) verläuft ganz offensichtlich anders als bei *borealis*. Und nur dies soll mit dem Namen *colletti* gesagt werden. Ein ähnliches Problem bieten die Weidenmeisen des Harzes (n = 10 untersucht), die nicht *salicarius* sein können, weil dessen Unterseite nicht annähernd so intensiv und ausgedehnt gelbbräunlich gefärbt ist. *P. a. rhenanus* ist auf dem Rücken deutlich brauner als die Harz-Vögel und zeigt unterseits einen anderen, weniger leuchtenden Farbton. In den Maßen dürfte die Harz-Population mit *salicarius* übereinstimmen.

Bei den vier *songarus*-Formen Asiens gab es bisher keine Subspezies-Probleme. Die ssp. *songarus* ist sehr groß mit einem exakten Maximum von 73 mm Flügellänge. 35 ♂ haben 67-73 mm, 25 ♀ 66-71,5 mm Flügellänge. Die abweichend gefärbte ssp. *weigoldicus* aus S-China steht nicht *affinis*, sondern *songarus* am nächsten. Die Flügellänge beträgt bei 18 ♂ 65-70, bei 6 ♀ 64-68 mm.

Auf die Weidenmeisen S-Chinas (*weigoldicus*) hatte O. KLEINSCHMIDT sehnsüchtig gewartet und deshalb seine Monographie "Parus Salicarius" für mehrere Jahre unterbrochen. Er schrieb (1921, p. 18): "Die andere Hälfte meiner Hoffnungen hatte ich auf die Stoetzner'sche China-Expedition gesetzt. Wiederum trat der Weltkrieg hindernd dazwischen, und das ersehnte Balg-Material blieb in China liegen." Erst 1921 gelangten die Bälge in seine Hände. Leider war es ihm verborgen geblieben, daß BEREZOWSKI einen Vogel dieser Subspezies im Januar 1886 in Sichuan (Szetschwan) erbeutete und KOZLOW im September 1900 während einer dreijährigen Expedition durch die Mongolei und Tibet (1899-1901) zehn Vögel am Mekong gesammelt hatte. Dieses Material befindet sich im Zoologischen Institut der Akademie der Wissenschaften in Leningrad. KLEINSCHMIDT gab in Berajah 1921 (p. 34) den Locus typicus von *weigoldicus* mit "Attenze" an, dem südlichsten Sammelort am Mekong, zu dem WEIGOLD vorgedrungen war. Tatsächlich stammt aber der Typus aus Mauntschi (Barongschiba), "1 1/2 Tage N von Batang", s. Farbtafel VI. Von Atentze hatte WEIGOLD nur einen Balg mitgebracht, der in die Coll. Kleinschmidt I und mit dieser ins ZFMK gelangte.

CHENG (1976) gibt auf seiner Verbreitungskarte 704 (p. 830) für *P. a. stoetzneri* eine ausgedehnte Verbreitung an. Leider habe ich nicht in Erfahrung bringen können, ob die Vögel aus den neu hinzugekommenen südlicheren Gebieten ihren Maßen nach mit typischen *stoetzneri* zusammenfallen. Es wäre nicht verwunderlich, wenn es von *stoetzneri* noch eine größere Ausgabe gäbe.

## Sektoren und deren geographische Variation (s. Karte 3)

### 1. Sektor: *Parus atricapillus (montanus)*

Von W- bis SO-Europa durchschnittlich braunere, in N- und O-Europa grauere, quer durch Asien gleichfalls graue, in Ussurien wieder leicht bräunlichere Populationen. Weitere eingehende Studien in der Schweiz und den Karpaten, auch in den Abruzzen, sind erforderlich. Die endgültige Abgrenzung der Alpenmeisen steht noch aus. Es sind relativ kurzschwänzige, sehr große Gebirgsbewohner von O-Frankreich bis Rumänien, O-Bulgarien (?), nördlich bis zur Hohen Tatra, die sich durch eigenen Reviergesang auszeichnen. Sie setzen sich aus mosaikartig angeordneten graueren und brauneren, auch größenmäßig differierenden Populationen zusammen (vgl. KLEINSCHMIDT, Berajah "Parus Salicarius", Nachtrag 1937, pp. 35-40).

I. Alpenmeisen [*montanus*-Subspeziesgruppe]

1. Jura, grau und klein, Flügel nach JOUARD 58-64 mm - eine Alpenmeise? (*alpestris*). 2. W-Schweiz, westlich (und auch östlich?, da Flügel bis 72 mm) des St. Gotthard, offenbar sehr grau (vgl. 4.), kontrastreich schwarz-weiß, Flügel 63-70 mm (*jouardi*). 3. Äußerstes NW-Italien, von Breuil beschrieben, sehr dunkel, Oberkopf tiefschwarz, Maße?, unklare ssp. (*elenae*). 4. Cottische Alpen, Meeralpen in NW-Italien, grauer als 2., Flügel nach JOUARD bis 71 mm (*arrigonii*). 5. Abruzzen, isoliertes, nicht näher bekanntes Vorkommen, s. GUGG, J. Orn. 97, p. 203, 6. O-Schweiz, Graubünden usw., dunkler, brauner als westschweizerische Vögel (2.), Flügel nach JOUARD 62,5-68 mm (*montanus*, Syn. *baldensteini*). 7. S-Tirol, über die Karnischen Alpen und Karawanken bis zum Bachergebirge, zur Koralpe usw., Unterkrain, oberseits grau, groß, Flügel 64,5-72 mm (*supermontanus*, Syn. *festai*). 8. Steiermark, Kärnten, weniger grau als 7., kleiner, Flügel 62-68 mm (*styriacus*). 9. W-Krain, südlich wohl bis Bosnien u. Albanien, bräunlich, auch Flanken intensiv rötlich gelbbraun, Flügel 63-69,5 mm (*schiebeli*). 10. S-Karpaten, bräunlich, auffallend licht gefärbt, Flügel 63,5-69,5 mm (*transsylvanicus*). 11. O- und Wald-Karpaten, Sator-Gebirge, Tatra (ECK & GEIDEL 1977), genauere Untersuchungen dieser "alpin" singenden Populationen stehen noch aus; zumindest die Vögel der Tatra und O-Karpaten sind nach Material des NMP und CZR wohl ssp. n. (Abb.11). 12. Rhodopen usw. bis O-Bulgarien, tiefbräunlich, Flügel 62-68 mm - eine Alpenmeise?, s. v. JORDANS (1940)(*rhodopeus*).

II. Weidenmeisen im eigentlichen Sinne [*salicarius*-Subspeziesgruppe]

13. England usw., dunkelbraun, klein, Flügel nach HARTERT und VAURIE 56-62 mm, Schwanz nach VAURIE 46-53 mm (*kleinschmidti*). 14. N- und O-Frankreich bis Rheinland, Niederlande, weniger braun als 13., Flügel bis 63 mm (*rhenanus*, Syn.? *subrhenanus*). 15. Harz, Eichsfeld?, oberseits ähnlich 16., unterseits intensiver und ausgedehnter gelbbräunlich als 14., bis jetzt bekanntes Flügellängen-Maximum 64 mm (ssp. n.). 16. Östlich und nördlich von 14. und 15. (NW-BRD unklar), durch Mitteleuropa, nördlich der Alpen bis Österreich, SW-Polen, heller als 14. und 15., Flügel bis 65 mm (*salicarius*, Syn. *submontanus*, *natorpi*). 17. W-Norwegen, unterseits auffallend und ausgedehnt gelbbräunlich, doch wohl nicht stets, s. Abb. Fauna och Flora 1925, p. 117 (*colletti*). 18. Schweden, ostwärts über den Ural bis W-Sibirien und offenbar bis zum Baikalsee, südlich von 20., im Süden bis S-Polen und N-Ukraine, in Asien bis zum Altai, Bauch weiß, oberseits grau bis zartem bräunlichen Anflug, Flügel 60,5-68 (70) mm, relativ langschwänzig wie 17., 19. und 20. (*borealis*, Syn. *assimilis, rossicus*?). 19. NO-Polen und angrenzende Teile der UdSSR, oberseits wärmer braun und an den Flanken stärkerer ockerfarbener Anflug als bei 18., Flügel 61-68 mm (*tischleri*). 20. N-Norwegen, Torne-Lappland, Kola-Halbinsel, äußerstes NO-Europa bis etwa zu den östlichen Jenisseizuflüssen (JOHANSEN), weißlichgrauer als 18., Armschwingen breiter und reiner weiß gesäumt (*loennbergi*). 21. O-Altai, durch die N-Mongolei, südlich des Baikalsee bis zur Mandschurei, im Osten nördlich bis zur Kolyma, grau, Oberkopf tiefschwarz, relativ langschwänziger als *borealis* usw., Flügel bis 72 mm (*baicalensis*, Syn.? *chan-*

Abb. 11. *Parus atricapillus* ssp., Alpenmeise aus den Belanské Tatry. Brutvogel im Juni 1979 bei Ždiar.

Foto B. Geidel

*gaicus*). 22. Ussurien, nach den wenigen Bälgen im ZIL eine Nuance gelblicher als 21. und wohl etwas kleiner (*shulpini*).
Bei der folgenden Nennung des untersuchten Materials blieben all jene Serien unberücksichtigt, die taxonomisch unklare Formen vertreten.

I. Alpenmeisen incl. Formen fraglicher Zugehörigkeit

- *P. a. alpestris*
  *Parus alpestris* BAILLY, 1852, Bull. Soc. Hist. Nat. Savoye, p. 7. Loc. typ.: Chambéry.

- *P. a. jouardi*
  *Parus atricapillus jouardi* v. BURG, 1925, Die Tierwelt, p. 180, Loc. typ.: Montana Vermala, Valais, Schweiz.
  Material: 2 Bälge (ZMB).

- *P. a. ?elenae*
  *Poecile atricapillus elenae* LOWE, 1921, Ann. Mag. Nat. Hist. ser. 9, 8, p. 444. Loc. typ.: Breuil, NW-Italien.

- *P. a. arrigonii*
  *Parus atricapillus arrigonii* v. BURG, 1925, Die Tierwelt, p. 180. Loc. typ.: Casteldelfino, Cottische Alpen.

- *P. a. montanus*
  *Parus cinereus montanus* CONRAD, 1827, Neue Alpina 2, p. 31. Loc. typ.: Graubünden, Schweiz.

- *P. a. supermontanus*
  *Parus Salicarius supermontanus* KLEINSCHMIDT, 1921, Berajah "Parus Salicarius", p. 17. Loc. typ.: Trient.
  Material: 10 Bälge (MTD).

- *P. a. styriacus*
  *Parus Salicarius styriacus* KLEINSCHMIDT, 1937, Berajah "Parus Salicarius", p. 35. Loc. typ.: St. Georgen ob Judenburg, S-Österreich.
  Material: 27 Bälge (MTD, UB).

- *P. a. schiebeli*
*Parus Salicarius schiebeli* KLEINSCHMIDT, 1937, Berajah "Parus Salicarius", p. 35. Loc. typ.: Zirknitz (Javornik), Krain, Jugoslawien.
Material: 16 Bälge (MTD, OK, ZIL).

- *P. a. transsylvanicus*
*Parus Salicarius transsylvanicus* KLEINSCHMIDT, 1921, Berajah "Parus Salicarius", p. 17. Loc. typ.: Türkös nahe Kronstadt (Brasov), Rumänien.
Material: 6 Bälge (MTD, ZIL).

- *P. a. rhodopeus*
*Parus atricapillus rhodopeus* HARRISON et PATEFF, 1937, Ibis, p. 604. Loc. typ.: Beglik, Rhodopen, S-Bulgarien.
Material: 2 Bälge (ZMB).

II. Weidenmeisen im eigentlichen Sinne.

- *P. a. kleinschmidti*
*Parus montanus kleinschmidti* HELLMAYR, 1900, Orn. Jahrb. 11, p. 212. Loc. typ.: Coalfall Wood bei Finchley, nahe London.
Material: 1 Balg (MTD).

- *P. a. rhenanus*
*Parus rhenanus* KLEINSCHMIDT, 1900, Orn. Monatsber. 8, p. 168. Loc. typ.: Rhein bei Darmstadt.
Syn.? *Parus Salicarius subrhenanus* KLEINSCHMIDT et v. JORDANS, 1916, Falco 12, p. 17. Loc. typ.: Bonn.
Material: 17 Bälge (MTD, UB, ZMB).

- *P. a. salicarius*
*Parus salicarius* C. L. BREHM, 1831, Handb. Naturg. Vög. Deutschlds., p. 465. Loc. typ.: Renthendorf, Thüringen.
Syn. *Parus Salicarius natorpi* KLEINSCHMIDT, 1917, Ornis Germanica (Beilage zu Falco), p. 4. Loc. typ.: Emanuelssegen, Oberschlesien.
*Parus salicarius submontanus* KLEINSCHMIDT et v. TSCHUSI, 1913, Falco 9, p. 33. Loc. typ.: Gmunden, Oberösterreich, bezieht sich auf Mischlinge zwischen *P. a. salicarius* und Alpenmeisen; 9 Bälge untersucht, ZMB, MTD.
Material: 102 Bälge (MTD, UB, BG, BS, OK, ZH, VH).

- *P. a. tischleri*
*Parus Salicarius tischleri* KLEINSCHMIDT, 1917, Ornis Germanica (Beilage zu Falco), p. 4. Loc. typ.: Losgehnen, Ostpreußen, cf. TISCHLER (1941, 1, p. 267).
Material: 13 Bälge (OK, ZMB, MTD, ZIL).

- *P. a. colletti*
*Parus colletti* STEJNEGER, 1888, Proc. U.S.Nat. Mus. 11, p. 74, Loc. typ.: Bergen, Norwegen.
Material: 1 Balg (MTD).

Abb. 12. Gegenüberstellung mongolischer *Parus atricapillus (montanus) baicalensis* (Material des ZH) und nordostasiatischer *P. a. (kamtschatkensis) anadyrensis* (Material des ZIL). Foto G. Hoffmann

- *P. a. borealis*

*Parus borealis* DE SELYS-LONGCHAMPS, 1843, Bull. Acad. Roy. Sci., Bruxelles 10 (2), p. 28. Loc. typ.: Norwegen.
Syn. *Parus assimilis* C. L. BREHM, 1855, Vollst. Vogelfang, p. 242. Loc. typ.: Galizien.
Material: 107 Bälge (ZIL, MTD, OK, UB, HK, BG).

- *P. a. loennbergi*

*Parus atricapillus lönnbergi* ZEDLITZ, 1925, Fauna och Flora, p. 153. Loc. typ.: Kuhmoniemi, Finnland.
Material: 21 Bälge (NRS).

- *P. a. baicalensis*
  *Poecile baicalensis* SWINHOE, 1871, Ann. Mag. Nat. Hist. ser. 4, 7, p. 257. Loc. typ.: Kultuk.
  Material: 73 Bälge (ZIL, ZH, ZMB, MTD), Abb. 12.

- *P. a. shulpini*
  *Penthestes montanus shulpini* PORTENKO, 1954, Pticy SSSR, III, p. 117. Loc. typ.: Sutschan, S-Ussurien. Der Holotypus (ZIL) wurde nicht von SUSCHKIN, sondern von KOTSCHUBEJ am 8.X.1909 gesammelt.
  Material: 10 Bälge (ZIL, MTD).

2. Sektor: *Parus atricapillus (kamtschatkensis)*

Japan, Sachalin, Kamtschatka und N-Kurilen, Anadyr-Region. In dieser Richtung größer, langschwänziger und heller werdend, d. h. die Anadyr-Form mit *kamtschatkensis* übereinstimmend proportioniert, etwas größer, jedenfalls diesem sehr nahestehend, ist als nördlichste Form wieder etwas dunkler, Abb. 12.

- *P. a. restrictus*
  *Parus borealis restrictus* HELLMAYR, 1900, Orn. Jahrb. 11, p. 215. Loc. typ.: Shimotsuke, Hondo; cf. Ann. Naturhistor. Mus. Wien XXI, 1906, p. 182.
  Material: 24 Bälge (AMNH, FS, ZMB, ZIL, OK).

- *P. a. sachalinensis*
  *Parus atricapillus sachalinensis* LÖNNBERG, 1908, J. College Sci. Imp. Univ. Tokyo 23, Art. 14, p. 20. Loc. typ.: Sachalin.
  Material: 14 Bälge (ZIL, ZMB).

- *P. a. kamtschatkensis*
  *Poecila kamtschatkensis* BONAPARTE, 1850, Consp. Gen. Avium I, p. 230. Loc. typ.: (Kamtschatka).
  Material: 31 Bälge (ZIL, MTD, ZMB).

- *P. a. anadyrensis*
  *Parus atricapillus anadyrensis* BELOPOLSKI, 1932, Orn. Monatsber. 40, p. 122. Loc. typ.: Markowo, Anadyr-Gebiet.
  Material: 48 Bälge (ZIL, ZMB).

3. Sektor: *Parus atricapillus (songarus)*

Im Tienschan (*songarus*) am größten und mit intensiver Gelbfärbung, extrem kurzschwänzig, worin gleich mit der kleineren, dunkleren Form S-Chinas (*weigoldicus*). Beide haben eine tiefbraune bis schwarze Kopfplatte. In N- und NO-China fahlbraunköpfige Formen, deren westliche (*affinis*) größer, deren östliche bzw. nordöstliche (*stoetzneri*) kleiner ist. *P. a. stoetzneri* ist extrem langschwänzig, *P. a. affinis* ist in der Schwanzlänge intermediär zwischen *songarus*/*weigoldicus* und *stoetzneri*. Alle vier Formen haben eine ausgesprochen braune Gesamtfärbung.

- *P. a. songarus*
  *Parus songarus* SEWERTZOW, 1872, Vertikale und horizontale Verteilung turkestanischer Tiere (russ.), p. 134. Loc. typ.: Tienschan.
  Material: 61 Bälge (ZIL, AMNH, ZMB, OK, RNH, MTD).

- *P. a. weigoldicus*
  *Parus weigoldicus* KLEINSCHMIDT, 1921, Falco 17, p. 3 (nom. nov. für den durch *Parus cristatus weigoldi* TRATZ, 1914 praeokkupierten *Parus Salicarius weigoldi* KL., 1921, Berajah "Parus Salicarius", p. 19). Loc. typ.: Mauntschi, nördlich von Batang, W-Sichuan.
  Material: 28 Bälge (ZIL, MTD, ZMB, OK).

- *P. a. affinis*
  *Poecile affinis* PRSHEWALSKI, 1876, Mongol. i Strana Tangut 2, p. 52. Loc. typ.: Alaschan und Gansu.
  Material: 29 Bälge (ZMB, MTD).

- *P. a. stoetzneri*
  *Parus Salicarius stötzneri* KLEINSCHMIDT, 1921, Berajah "Parus Salicarius", p. 20. Loc. typ.: 30 km nordöstlich Jehol, NO-Tschili.
  Material: 6 Bälge (MTD, ZMB, OK). Von einem weiteren Ex. (AMNH) erhielt ich nur die Daten.

### 4. Sektor: *Parus atricapillus (atricapillus)*

Ausgesprochen kräftig pigmentierte Formen von Mittel-Alaska und Neufundland bis S-Mexiko und Florida. Vom westlichen Nordamerika nach SO bzw. S lösen einander Subspeziesgruppen ab mit zunehmend düsterer Färbung bei in SO und S auftretendem Blauglanz im Oberkopfgefieder. Desgleichen wird die relative Schwanzlänge Stufe um Stufe geringer. Zur Subspezies-Differenzierung innerhalb der drei Subspeziesgruppen dieses Sektors (*sclateri, carolinensis, atricapillus*) vgl. das unter II.9.-11. Gesagte.

[*sclateri*-Subspeziesgruppe]

- *P. a. rayi*
  *Parus sclateri rayi* MILLER et STORER, 1950, J. Wash. Ac. Sci. 40, p. 301. Loc. typ.: Omilteme, Guerrero, Mexiko.
  Material: 3 Bälge (ZMB, AMNH).

- *P. a. sclateri*
  *Parus sclateri* KLEINSCHMIDT, 1897, J. Orn. 45, p. 133. Loc. typ.: El Jacale, S-Mexiko.
  Material: 3 Bälge (MH, RNH, OK).

- *P. a. eidos*
  *Penthestes sclateri eidos* PETERS, 1927, Proc. New England Zool. Club 9, p. 113. Loc. typ.: Chiricahua Mts., Arizona.
  Material: 10 Bälge (AMNH, MTD, ZIL, RNH).

[carolinensis-Subspeziesgruppe]

- *P. a. carolinensis*
  *Parus carolinensis* AUDUBON, 1834, Orn. Biog. 2, p. 341. Loc. typ.: Charleston, South Carolina.
  Material: 9 Bälge (AMNH, MTD, ZIL).

- *P. a. agilis*
  *Parus carolinensis agilis* SENNETT, 1888, Auk 5, p. 46. Loc. typ.: Bee County, Texas.

- *P. a. atricapilloides*
  *Parus carolinensis atricapilloides* LUNK, 1952, Wils. Bull. 64, p. 19. Loc. typ.: 10 Meilen südlich von Arnett, Ellis County, Oklahoma.
  Material: 6 Bälge (AMNH, ZIL).

- *P. a. extimus*
  *Penthestes carolinensis extimus* TODD et SUTTON, 1936, Proc. Biol. Soc. Wash. 49, p. 70. Loc. typ.: Bethany, West Virginia.
  Material: 11 Bälge (ZMB, AMNH, RNH, MH, ZIL, OK).

[atricapillus-Subspeziesgruppe]

- *P. a. occidentalis*
  *Parus occidentalis* BAIRD, 1858, in: BAIRD, CASSIN & LAWRENCE, Rept. Expl. Surv. R. R. Pacific 9, p. XXXVII, 388, 391. Loc. typ.: Shoalwater Bay, Washington.
  Material: 3 Bälge (ZMB, MTD).

- *P. a. practicus*
  *Penthestes atricapillus practicus* OBERHOLSER, 1937, Proc. Biol. Soc. Wash. 50, p. 220. Loc. typ.: Mt. Guyot, 6500 ft., Great Smoky Mts., North-Carolina.

- *P. a. bartletti*
  *Penthestes atricapillus bartletti* ALDRICH et NUTT, 1939, Sci. Publ. Cleveland Mus. Nat. Hist. 4, p. 29. Loc. typ.: Makinson's Grove, Avalon Halbinsel, Neufundland.

- *P. a. atricapillus*
  *Parus atricapillus* LINNAEUS, 1766, Syst. Nat., ed. 12, p. 341. Loc. typ.: Quebec City, Quebec.
  Material: 46 Bälge (MTD, UB, ZMB, ZFMK, OK, BG).

- *P. a. nevadensis*
  *Penthestes atricapillus nevadensis* LINSDALE, 1938, Condor 40, p. 37. Loc. typ.: Salmon River, Shoshone Creek, 5000 ft., Elko County, Nevada.

- *P. a. septentrionalis*
  *Parus septentrionalis* HARRIS, 1846, Proc. Acad. Nat. Sci. Philad. 2, p. 300. Loc. typ.: Yellowstone River, etwa 30 Meilen unterhalb des Zusammenflusses mit dem Missouri, Montana.
  Material: 3 Bälge (MTD, UB).

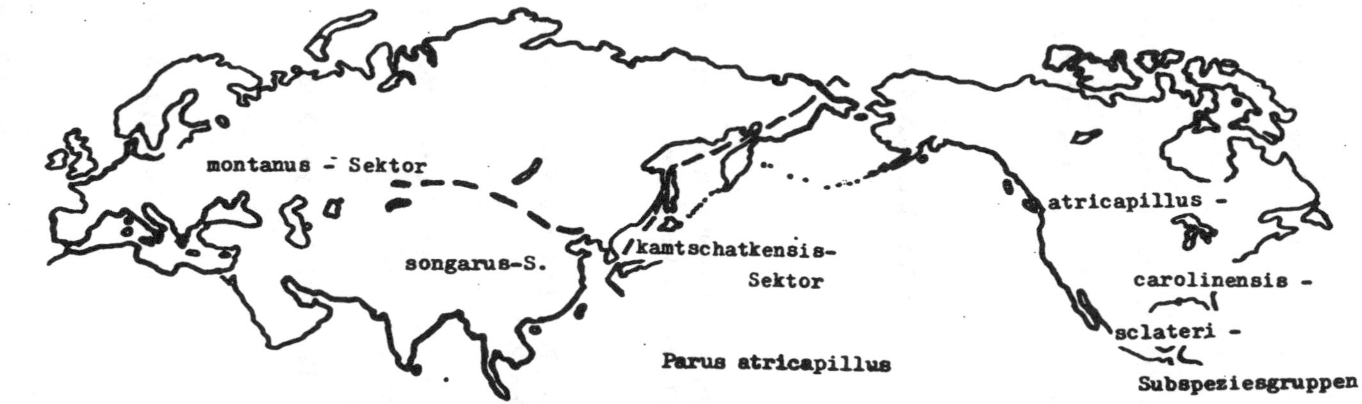


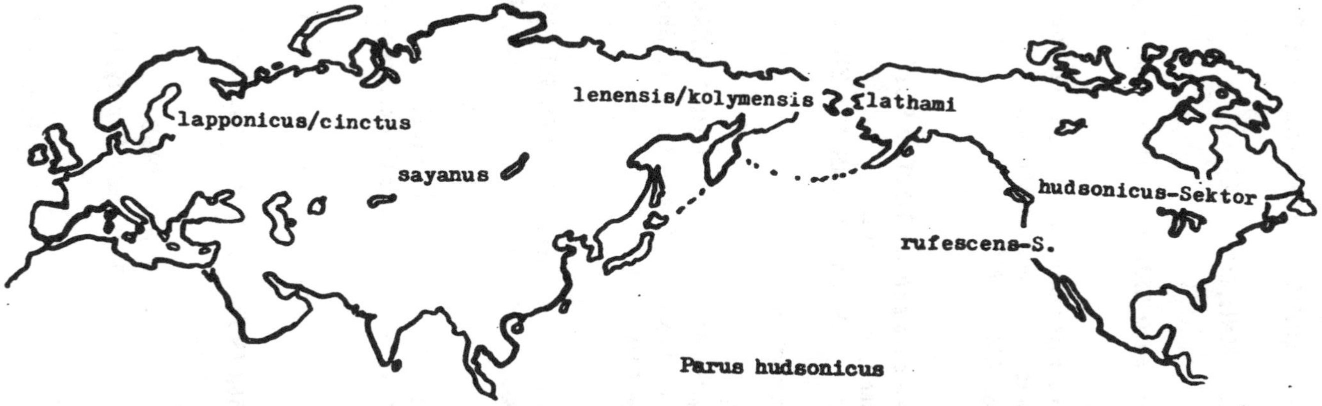


Karte 3 (oben). Die geographische Verteilung der vier Sektoren von *Parus atricapillus*. Vom amerikanischen *atricapillus*-Sektor ist die Anordnung seiner drei Subspeziesgruppen dargestellt.

Karte 4 (unten). Die geographische Verteilung der drei Sektoren von *Parus hudsonicus*. Vom *cinctus*-Sektor sind die einzelnen Subspezies eingetragen.

- *P. a. turneri*
  *Parus atricapillus turneri* RIDGWAY, 1884, Proc. Biol. Soc. Wash. 2, p. 89. Loc. typ.: St. Michael, Alaska.
  Material: 4 Bälge (ZMB, OK).

### D. **Parus hudsonicus** [MAYR et SHORT, 1970] 16)

- Lapplandmeise, Fahlkopfmeise -
Incl. Komplexe 12-14, Farbtafel VIII.

Mit der Weidenmeise wird zwar in Europa noch am ehesten die Nonnenmeise verwechselt, habituell kommt ihr aber die Lapplandmeise am nächsten. KLEINSCHMIDT äußerte schon 1897 (J. Orn., p. 135): "*P. cinctus* gehört zur *Salicarius*-Gruppe", womit im heutigen Sinne eine Artengruppe gemeint war, vergleichbar den "members of species group" bei MAYR & SHORT. Diese starke Ähnlichkeit zwischen Weiden- und Lapplandmeise wird hinreichend belegt durch das lange und lockere Gefieder, die matt gefärbte Kopfplatte, den riesigen Halsschild, den zarten, doch kleinen Schnabel (extrem klein bei *lathami* in Alaska), den auffälligen weißlichen Flügelwisch und nicht zuletzt durch die Stimme (s. HAFTORN 1971, p. 720; HARPER 1958, pp. 103-104; McLAREN 1976). Dies sollte aber nicht dazu verführen, *Parus atricapillus (songarus)* als dazwischenstehende Art aufzufassen. Färbung und Zeichnung sprechen nicht dafür, wie ich im Gegensatz zu einigen Behauptungen betonen muß. Die Braun- und Gelbbraunfärbung des Körpergefieders, die zum Teil (d. h. bei *songarus* und *weigoldicus*) schwarze Kopfplatte, die sich nach hinten "zopfartig" verjüngt wie bei den Weidenmeisen (Abb. 13) und nicht verbreitert (!), sind *Parus atricapillus*-Charaktere. Die *songarus*-Formen lassen sich auch nicht in der Korrelationstabelle zwischen den "rothaltigen" Extremen der Fahlkopfmeisen unterbringen, wie das auf den ersten Blick scheinen könnte. *P. a. stoetzneri* wäre dann nämlich nur eine Verkleinerung von *cinctus* (oder *hudsonicus*) und müßte aus der Kette *weigoldicus - affinis - stoetzneri* herausgelöst werden. Dies ist aus obigen Gründen und im Hinblick auf die Deckungsgleichheit der *songarus*- mit den *montanus*-Formen im Flügel/Schwanz-Diagramm undiskutabel.
Bei keiner anderen Graumeise sind die Extremformen so grundsätzlich übereinstimmend gefärbt, wie es hier bei den Fahl- oder Braunkopfmeisen der Fall ist. Wenn auch die Größenunterschiede zwischen *rufescens* und *sayanus* enorm sind und die prachtvolle Färbung des ersteren sich im nordsibirischen *lenensis* kaum noch andeutungsweise findet, schaffen doch das Braun der sich nach hinten erweiternden Kopfplatte (bei den meisten mit einem "mehligen" Überzug versehen) und das Rot des Rückens sowie der allen gemeinsame sehr ausgedehnte Halsschild diesen allopatrischen Formen ein so betont einheitliches Gepräge, daß sich die behauptete Artverschiedenheit von selbst erledigt. Sie findet eine scheinbare Stützung im gemeinsamen Brüten des *P. h. (hudsonicus) hudsonicus* und des *P. h. (cinctus) lathami* im Kowak-Tal, das aus RIDGWAYs (1904) Angaben hervorgeht und von A. H. MILLER (1943, p. 262) erwähnt wird. Es scheint aber niemand untersucht zu haben, wie sich diese Arealver-

16) MAYR & SHORT (1970, pp. 19, 64-65) betrachten zwar die hier als konspezifisch aufgefaßten Formengruppen als Glieder einer Superspezies, doch vermag ich darin keinen prinzipiellen Widerspruch zu sehen (cf. ECK 1978).

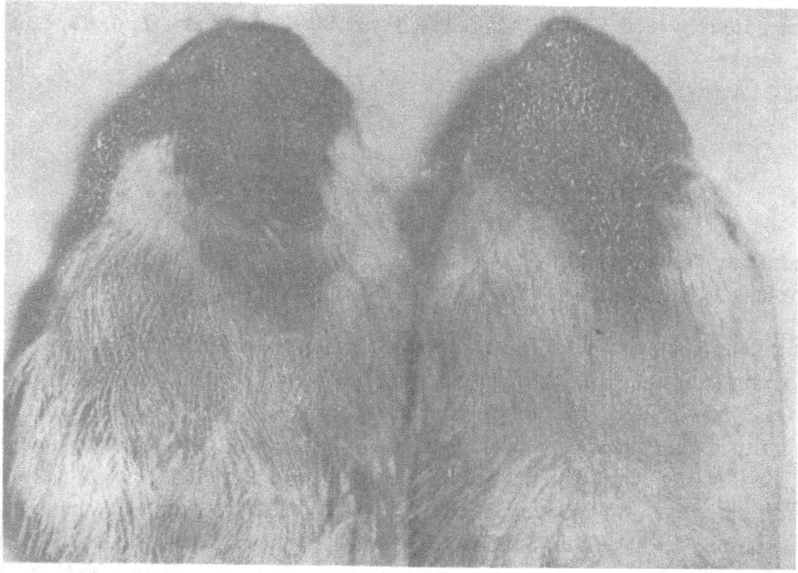

Abb. 13. Hinterkopfzeichnung bei *Parus atricapillus songarus* nach Bälgen des RNH. Links ein Vogel vom Juni, rechts vom November.

Foto G. Hoffmann

zahnung wirklich gestaltet (?). Kommt dort Vermischung mit Sicherheit nicht vor? Leider habe ich aus NW-Alaska keine Fahlkopfmeisen untersuchen können, möchte aber auf folgende Umstände hinweisen. Nach RIDGWAY (l. c.) haben männliche *P. h. hudsonicus* die stärkste Variation in der Schwanzlänge unter allen Boreal Chickadees, aber seine Tabelle (p. 413) weist aus, daß nur das Männchen aus dem Kowak-Tal eine Schwanzlänge hat, die die Flügellänge weit übertrifft. Unter den Weibchen sind es zwei, vom Nushagak und vom Kowak-Fluß, deren Schwanzlänge die Flügellänge übersteigt. RIDGWAY beschrieb 1887 aus dem Kowak-Tal eine Boreal Chickadee als *Parus stoneyi* (Syn. von *hudsonicus*), deren Schwanzlänge nach HELLMAYR (1903, p. 72) über die Flügellänge hinausgeht; Flügel 62-66 Schwanz 64-68 mm. Nach GODFREY (1951) und auch eigenen Messungen bleibt bei der ssp. *hudsonicus* und auch den anderen *hudsonicus* s. str.-Formen der S. F. I. unter 100%. Von der *cinctus*-Form *lathami* (Syn. *alascensis*) hatte RIDGWAY nur drei Männchen und zwei Weibchen, deren Schwanzlängen-Maxima unter den Flügellängen-Maxima bleiben. Frau M. LE CROY (AMNH) teilte mir freundlicherweise die Flügel/Schwanz-Maße dreier *lathami* mit: ♂ 70/66, ♀ 67/65, - 69/70 mm. Der Umstand nun, daß die nord- und nordostasiatischen Lapplandmeisen langschwänziger (vgl. Diagramm Abb. 9) sind als die westlichen und der riesige *sayanus* - vgl. die Relationen unter II.12.(!) - legt die Vermutung nahe, daß sich *lathami* darin ebenso verhält. Leider sind mir die mehrfach in der Literatur erwähnten kräftig gefärbten Vögel von der Küste des Ochotskischen Meeres unbekannt geblieben.

Ob sich nun aus den erwähnten Größenrelationen in NW-Alaska auf Vermischung zwischen *lathami* und *hudsonicus* schließen läßt, sei im Moment dahingestellt. Für deren Konspezifität kann das schon im Hinblick auf die vergleichbaren Verhältnisse bei den Weidenmeisen des östlichen Nordamerika und Mitteleuropas nicht ausschlaggebend sein.

Wie steht es aber um die Kleinheit und relative Kurzschwänzigkeit der west-nordamerikanischen *rufescens*-Formen? Man betrachte sich die die Fahlkopfmeisen enthaltende Korrelationstabelle (Abb. 9) und vergleiche sie mit anderen. Wäre es nicht sonderbar, wenn *P. hudsonicus* im Gegensatz zu den anderen Graumeisen-Arten eines relativ wie absolut kurzschwänzigen Extrems entbehrte? Ich denke, durch die *rufescens*-Gruppe erfährt die Spezies ihre ganz normale, mir jedenfalls vollkommen zwanglos erscheinende Abrundung.

*Parus palustris, P. lugubris* und *P. atricapillus* haben gezeigt, daß bei Wahrung eines "Grundmusters" der Proportionsänderung bemerkenswerte Unterschiede von Art zu Art bestehen. *P. hudsonicus* hat also nur die Extreme belegt. Ob sich auch innerhalb der einzelnen Sektoren *rufescens, hudsonicus* und *cinctus* Proportionsänderungen ergeben haben, vermag ich derzeit nur für den *cinctus*-Sektor sicher zu beantworten, beim *hudsonicus*-Sektor scheint es nicht der Fall zu sein (doch was ist "*stoneyi*"?), und im *rufescens*-Sektor hat vielleicht *barlowi* einen etwas längeren Schwanz. Im *cinctus*-Sektor scheinen zwischen den beiden westlichen Subspezies *lapponicus* und *cinctus* keine konkreten Größenunterschiede zu bestehen, während die südliche Gebirgsform *sayanus* sehr groß ist. Dagegen weichen die beiden nord- und nordostasiatischen Subspezies *lenensis* und *kolymensis* durch erhebliche relative Schwanzlänge ab, was STEPANJAN (1978, p. 243) übersah.

## Sektoren und deren geographische Variation (s. Karte 4)

### 1. Sektor: *Parus hudsonicus (rufescens)*

Von S-Alaska bis Zentral-Kalifornien, im Norden mit roten (*rufescens*), im Süden mit grauen Flanken (*barlowi*); *caliginosus*, der Name ist praeokkupiert, ist mir nicht bekannt. Der *rufescens*-Sektor vertritt das kurzschwänzige Extrem der Fahlkopfmeisen.

- *P. h. barlowi*

  *Parus rufescens barlowi* GRINNELL, 1900, Condor 2, p. 127. Loc. typ.: Stevens' Creek Cañon, Santa Clara County, California.
  Material: 5 Bälge (ZMB, ZIL, UB).

- *P. h. neglectus*

  *Parus rufescens neglectus* RIDGWAY, 1879, Proc. U.S. Nat. Mus. 1, p. 485. Loc. typ.: Nicasio California.
  Material: 3 Bälge (ZIL, MTD).

- *P. h. caliginosus*

  *Parus rufescens caliginosus* BURLEIGH, 1959, Proc. Biol. Soc. Wash. 72, p. 15. Loc. typ.: 20 Meilen nordöstlich Moscow, Latah County, N-Idaho.

- *P. h. rufescens*

  *Parus rufescens* TOWNSEND, 1837, Acad. Nat. Sci. Phila. 7, p. 190. Loc. typ.: Wälder am Columbia River, wahrscheinlich nahe Fort Vancouver.
  Material: 11 Bälge (ZIL, MTD, ZMB).

2. Sektor: *Parus hudsonicus (hudsonicus)*

Alaska und Kanada bis zum Norden der USA. Im Osten von den nordöstlichen USA bis zum St. Lorenz-Strom der kleine und braunrückige *littoralis*, westlich davon und quer durch Kanada bis Alaska (dort *evura*?) der sepiaköpfige und wie alle übrigen Subspezies größere *hudsonicus*. Die westlichen Subspezies *columbianus* und *cascadensis* (die Kaskadengebirgs-Form ist größer und langschnäbliger als *hudsonicus* und *columbianus*, auch dunkler als letzterer - nach MILLER) sind *hudsonicus* ähnlich, wie überhaupt alle Differenzierungen sehr subtil sind. Halsseiten grau.

- *P. h. littoralis*
*Parus hudsonicus* var. *littoralis* BRYANT, 1865, Proc. Boston Soc. Nat. Hist. 9, p. 368. Loc. typ.: Yarmouth, Nova Scotia.
Material: 2 Bälge (ZIL).

- *P. h. hudsonicus*
*Parus Hudsonicus* FORSTER, 1772, Phil. Trans. 62, p. 408, 430. Loc. typ.: Severn River, Westküste der Hudson Bay, Kanada.
Material: 15 Bälge (MTD, ZIL).

- *P. h. columbianus*
*Parus hudsonicus columbianus* RHOADS, 1893, Auk 10, p. 23. Loc. typ.: Field, Brit. Columbia, Canada.
Material: 1 Balg (ZIL).

- *P. h. cascadensis*
*Parus hudsonicus cascadensis* A. H. MILLER, 1943, Occ. Pap. Mus. Zool. Louisiana State Univ. Nr. 14, p. 262. Loc. typ.: 1 Meile südlich des Monuments 83, 6000 ft., Okanogan County, Washington, Grenze zwischen Kanada und den USA.

3. Sektor: *Parus hudsonicus (cinctus)*

N-Eurasien, südlichstes Vorkommen in Asien im Altai, W- und N-Alaska, östlich bis NW-Mackenzie. Am Rand des Areals (N-Europa - *lapponicus*; NO-Asien - *kolymensis*; Altai, Sajan - *sayanus*) jeweils am kräftigsten gefärbt, wobei *kolymensis* nebst dem westlicheren blassen *lenensis* relativ langschwänzig sind, *sayanus*, gleich proportioniert mit *lapponicus* und dem östlicheren und blasseren *cinctus*, ist der größte Vertreter. Die Alaska-Form (*lathami*) ist gegenüber *kolymensis* sehr blaß und extrem kleinschnäblig.

- *P. h. lathami*
*Parus lathami* STEPHENS, 1817, in: SHAW, Gen. Zool. 10, p. 44. Loc. typ.: Norton Sound, Alaska.

- *P. h. kolymensis*
*Poecile kolymensis* BUTURLIN, 1908, J. Orn. 56, p. 284. Loc. typ.: Kolyma-Distrikt, NO-Asien.
Material: 16 Bälge (ZIL, MTD).

- *P. h. lenensis*
*Parus lenensis* PALLAS, 1811, Zoogr. Rosso-As. 1, p. 558. Loc. typ.: O-Sibirien.
Material: 14 Bälge (ZIL, AMNH).

- *P. h. cinctus*
*Parus cinctus* BODDAERT, 1783, Tabl. Pl. enlum., p. 44. Loc. typ.: Sibirien.
Material: 2 Bälge (MTD).

- *P. h. lapponicus*
*Parus Lapponicus* LUNDAHL, 1848, Notiser Sällsk. Fauna Flora Fenn. 1., p. 4. Loc. typ.: Lappland.
Material: 12 Bälge (MTD).

- *P. h. sayanus*
*Poecile cincta sayana* SUSCHKIN, 1904, Bull. Brit. Orn. Club 14, p. 44. Loc. typ.: W-Sajan Altai.
Material: 10 Bälge (ZIL).

## E. Parus superciliosus [KLEINSCHMIDT, 1911]

- Weißbrauenmeise -
Incl. Komplexe 15-16, Farbtafel IX.

Die Paridae scheinen Hypothesen über konvergente Evolution besonders zahlreiche Ansätze zu bieten. Deren Auswirkungen schlagen sich dann in der wechselnden Sequenz der *Parus*-Arten in den Check-lists nieder (vgl. SNOW 1967, VOOUS 1977). Ob es Ausdruck einer berechtigten Skepsis gegenüber allzu raschen Verwandtschaftskonstruktionen auf Grund augenfälliger Ähnlichkeiten ist, sei dahingestellt. Im Falle der zentralasiatischen und west-nordamerikanischen Weißbrauenmeisen geht diese Skepsis zweifellos zu weit. Wir begegnen ihr bereits bei KLEINSCHMIDT selbst (Berajah 1911, "Parus Superciliosus", p. 1 und Geogramm pp. 2-3), welcher in Wort und Bild Bedenken anmeldet, die aber, gemessen an der Gesamtheit der Graumeisen, nicht stichhaltig sind. Der zunächst ins Auge fallende Unterschied in der Gesamtfärbung ist nicht größer als er bei *Parus lugubris* (Farbtafel II) und *Parus atricapillus* (Farbtafel VII) vorkommt. Schnabelformen zeigen erstens innerhalb von *Parus palustris* oder zwischen *Parus lugubris dubius* und *P. l. lugubris* ähnliche Umformungen, zweitens haben nicht alle Mountain Chickadees schlanke Schnäbel, was BEHLE (1956, p. 55, 68) in seiner Revision ausführlich bespricht. Weiße oder getrübte Halsseiten gehören zwar zwischen *Parus atricapillus* und *P. palustris* zu den Art-Unterscheidungshilfen, sind aber zwischen *P. hudsonicus (cinctus)* und *P. h. (hudsonicus)* nur innerartliche Differenzen. Die einheitliche Kopfzeichnung von *gambeli* und *superciliosus* erscheint angesichts sonstiger Unterschiede besonders bemerkenswert, zumal sie in dieser Meisengruppe bei keiner anderen Art auftritt [17].

17) Ein früher vermuteter Bastard zwischen *P. gambeli* und *P. atricapillus* wird von BANKS (1970) als aberranter *P. atricapillus* mit "traces of white superciliary stripes" angesehen. Ich kann mir über diesen Vogel kein Urteil bilden.

Und noch ein anderer, meßbarer Sachverhalt macht diese Extreme intraspezifischer Ausformung interessant. Das sind die Größenverhältnisse zwischen Flügel, Flügelspitze, Schwanz und Schwanzstufung. Im Gegensatz zu den anderen Graumeisen - nur bei *P. hudsonicus (hudsonicus)* fand ich gegenüber *P. h. (cinctus)* niedrigeren H. I. bei allerdings gleichem S. F. I. - zeigt die rötliche asiatische Form (*superciliosus*) bei höherem S. F. I. niedrigeren H. I. (11,9-16,8%) als die grauen amerikanischen Formen. Der H. I. im *gambeli*-Sektor:

| | | | |
|---|---|---|---|
| *gambeli* | 16,2-18,8 % | M = 17,0 | n = 13 |
| *grinnelli* | 16,9-19,7 % | M = 18,1 | n = 5 |
| *inyoensis* | 14,7-20,0 % | M = 17,6 | n = 5 |
| *abbreviatus* | 17,0-20,5 % | M = 18,5 | n = 15 |
| *baileyae* | 14,7-18,6 % | M = 16,8 | n = 12 |
| *atratus* | 18,6 % | | n = 1 |

Hinzu kommt, daß sich *superciliosus* auch in den Schwingenverhältnissen als etwas stumpfflügliger erweist, indem die HS 4 > 8 ist. Unter 18 Exemplaren hatte nur ein Vogel die HS 8 > 4, während bei den *gambeli*-Formen die Hälfte der Individuen HS 8 > 4, die andere Hälfte HS 4 > 8 haben bzw. bei mehreren HS 8 = 4 ist. Bei dem relativ kurzschwänzigen *abbreviatus* haben n = 12 von 15 die HS 8 > 4, bei einem Vogel ist die Formel nicht anzugeben (Mauser), bei zwei Exemplaren ist die HS 8 = 4. Die *gambeli*-Subspezies differieren auch intern in der relativen Schwanzlänge (cf. BEHLE), wobei die ssp. *gambeli* (bei meinem Material) das langschwänzige Extrem vertritt:

| | |
|---|---|
| *gambeli* | 86,4-91,6 % |
| *grinnelli* | 85,9-89,2 % |
| *inyoensis* | 85,7-87,5 % |
| *abbreviatus* | 82,2-88,7 % |
| *baileyae* | 82,3-85,6 % |
| *atratus* | 85,7 % |

Wie man sich an Hand der Abb. 10 überzeugen kann, sind die Unterschiede gut zu sehen, sie sind aber nicht groß zu nennen. Zwischen *abbreviatus* und *gambeli* sind die Kompensationsunterschiede durchaus deutlich, die sich dann zu *superciliosus* hin wesentlich ausgeprägter zeigen. *P. s. (gambeli) abbreviatus* hat hohen H. I. und niedrigen S. F. I., bei der ssp. *gambeli* ist es umgekehrt. - Der wie *abbreviatus* relativ kurzschwänzige *baileyae* aus S-Kalifornien neigt zu einem schwer erklärbaren niedrigen Handflügelindex.

Die Weißbrauenmeisen zeigen im Flügel/Schwanz-Diagramm zueinander ein anderes, durch die H. I. - S. F. I. -Kompensation bedingtes Lageverhältnis als die anderen Graumeisen, ähnlich dem, wie ich es bei *Parus major* fand (ECK 1977). Ob dieses im Verein mit der besonderen Kopfzeichnung ausreicht, die Weißbrauenmeisen in einem Subgenus *Poeciloides* abzutrennen, sei dahingestellt.

In Abb. 10 fällt die Lücke zwischen *superciliosus* und *gambeli* auf. Diese ist durch die erhebliche Schwanzstufung bei *superciliosus* bedingt. Setzte man eine sogenannte korrigierte Schwanzlänge (s. ECK 1973, Zool. Abh. Mus. Tierk. Dresden 32, pp. 79-80) anstatt der absoluten ein, indem man die Schwanzlänge nur bis zur Mitte der Stufung mißt - denn die Schwanzlängenzunahme erfolgt durch Verlängerung der mittleren und Verkürzung der äußeren Federn - so rückten die Punkteschwärme kontinuierlich aneinander!

*Parus superciliosus superciliosus*, die rötliche zentralasiatische Form mit niedrigem H. I., entsprechend etwas stumpferem Flügel und hohem S. F. I. bei starker Schwanzstufung (7-12 mm), und die grauen oder bräunlichen west-nordamerikanischen *gambeli*-Formen mit höherem H. I., entsprechend etwas weniger stumpfem Flügel, aber niedrigerem S. F. I. und geringerer Schwanzstufung (2-6 mm), erweisen sich in der Korrelationstabelle als morphologische Vikarianten und sind meiner Überzeugung nach auch echte geographische Vikarianten.

Zur Bionomie der *gambeli*-Formen ist bei BENT (1946) viel zusammengetragen worden. MINOCK (1971, 1972) hat das Zusammenleben der Mountain Chickadees sowie deren Kontakte mit *P. atricapillus* untersucht (vgl. auch DIXON, STEFANSKI & FOLKS 1970). Da die Angaben über *superciliosus* zu spärlich sind, ist ein ergiebiger Vergleich nicht möglich. Jedenfalls scheinen beide Weißbrauenmeisen ihre Nisthöhle nicht selbst herzustellen (s. II.15.-16.). Auch SCHÄFER vermutete zwar das Anlegen freistehender Nester bei *superciliosus*, sah aber im Mai "einige Exemplare in Erdhöhlen schlüpfen."

Über die Stimme der *gambeli*-Formen zitierte BENT verschiedene Beobachter, wonach Differenzen zwischen den westlichen und östlichen Formen zu bestehen scheinen. Die vier, meistens drei Töne z. B. von *baileyae* "ti - di - di" haben sicher einen anderen Rhythmus als das beinahe kohlmeisenartige "ti ti tü - ti ti tü", das SCHÄFER (1938, p. 282) in Ergänzung der WEIGOLDschen Angaben (KLEINSCHMIDT & WEIGOLD 1922, p. 13) mitteilte.

Die asiatische Weißbrauenmeise bewohnt die hochalpine Buschzone zwischen 4000 und 5000 m, die amerikanischen Formen leben in den Koniferenwäldern bis 3350 m Höhe (nach BENT, umgerechnet). Aus dem von BEHLE untersuchten Balgmaterial suchte ich die höchstgelegenen Fundplätze heraus. Diese lagen, in Meter umgerechnet, etwa bei *gambeli* bei 3100, *grinnelli* 2300, *abbreviatus* 3200, *baileyae* 3050, *atratus* 2600, *inyoensis* 3100 und bei *wasatchensis* bei 3200 m. Solche Höhenlagen, wie sie in China von *superciliosus* bewohnt werden, gibt es im westlichen Nordamerika nicht oder es sind Gebiete ewigen Schnees. Das Verbreitungsgebiet beider Weißbrauenmeisen liegt nach den Karten von BEHLE (l. c.) und CHENG (1976) auf derselben geographischen Breite, nur hat das der *gambeli*-Formen eine stärkere Ausdehnung nach Norden. Alle zentralasiatischen Graumeisen sind in höheren Lagen angesiedelt als ihre konspezifischen Verwandten. Dies hat mit der Besiedlungsgeschichte, also der Zeit der Besiedlung zu tun und kann schon in Unkenntnis der spezifischen Umweltbedingungen dieser Meisen nicht weiter erörtert werden. Es sei aber auf WEIGOLDs (1935, p. 225) Anmerkungen zur absoluten Höhe der Formationsgrenzen und zu den biologischen Höhengrenzen in SO-Tibet verwiesen.

## Sektoren und deren geographische Variation (s. Karte 5)

### 1. Sektor: *Parus superciliosus (gambeli)*

Von N-British Columbia südlich bis zum 32. Breitengrad auf den Westen Nordamerikas beschränkt. Gegenüber dem 2. Sektor handelt es sich um kurzschwänzige Formen von grauem Gesamteindruck. Diese sind im Westen grauer und kurzschwänziger (von Norden nach Süden *abbreviatus, baileyae* und *atratus* mit unterschiedlicher Färbungsintensität und bei letzterem reduziertem Superziliarstreifen), im Osten brauner und langschwänziger sowie schlankschnäbliger, vgl. auch unter II.15.

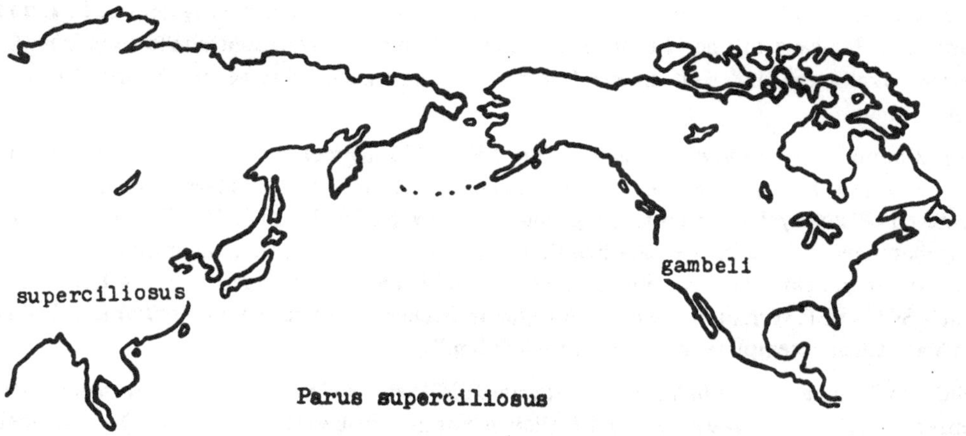


Karte 5. Die geographische Verteilung der beiden Sektoren von *Parus superciliosus.*

- *P. s. atratus*

*Penthestes gambeli atratus* GRINNELL et SWARTH, 1926, Univ. Calif. Publ. Zool. 30, Nr. 5, p. 163. Loc. typ.: La Grulla, 7200 ft., Sierra San Pedro Martir, Baja California, Mexico.
Material: 1 Balg (FM).

- *P. s. baileyae*

*Parus gambeli baileyae* GRINNELL, 1908, Condor 10, p. 29. Loc. typ.: Mt. Wilson, 5500 ft., Sierra San Gabriel, Los Angeles County, California.
Material: 12 Bälge (FM).

- *P. s. abbreviatus*

*Penthestes gambeli abbreviatus* GRINNELL, 1918, Univ. Calif. Publ. Zool. 17, Nr. 17, p. 510. Loc. typ.: Horse Creek, Siskiyou Mts. (nahe Seiad Valley Post Office), California.
Material: 15 Bälge (FM, MTD, ZMB).

- *P. s. inyoensis*

*Penthestes gambeli inyoensis* GRINNELL, 1918, Univ. Calif. Publ. Zool. 17, Nr. 17, p. 509. Loc. typ.: Panamint Mts., 3 Meilen östlich Jackass Spring, 6200 ft., Inyo County, California.
Material: 5 Bälge (FM).

- *P. s. wasatchensis*

*Parus gambeli wasatchensis* BEHLE, 1950, Condor 52, p. 273. Loc. typ.: Silver Lake P. O. (Brighton), 9000 ft., Gipfel des Big Cottonwood Canyon, Wasatch Mts., Salt Lake County, Utah.

- *P. s. grinnelli*

*Penthestes gambeli grinnelli* VAN ROSSEM, 1928, Auk 45, p. 104. Loc. typ.: Priest Lake, Bonner County, Idaho.
Material: 5 Bälge (FM).

- *P. s. gambeli*
  *Parus gambeli* RIDGWAY, 1886, in: Amer. Orn. Union Check-List North Amer. Birds, ed. 1, p. 335. Loc. typ.: westlich Santa Fé, New Mexico.
  Material: 13 Bälge (FM, UB).

2. Sektor: *Parus superciliosus (superciliosus)*

Zentral-China, nördlich bis Gansu. Gegenüber 1. Sektor unterseits "rötlich", etwas stumpfflügliger (niedrigerer H. I.) und relativ langschwänzig (höherer S. F. I.).

- *P. s. superciliosus*
  *Poecile superciliosa* PRSHEWALSKI, 1876, Mongol. i Strana Tangut 2, p. 53. Loc. typ.: Alpine Region von Gansu.
  Material: 20 Bälge (ZMB, MTD).

## BEHANDELTE ARTEN UND SEKTOREN

Genus *Parus* LINNAEUS, 1758; Typus *P. major.*

Subgenus *Poecile* KAUP, 1829; Typus *Parus palustris.*

*Parus palustris*
Sektoren: *hypermelas, palustris, hellmayri, brevirostris.*

*Parus lugubris*
Sektoren: *davidi* **stat. nov.**, *dubius, lugubris.*

*Parus atricapillus*
Sektoren: *montanus* (incl. *montanus-, salicarius*-Subspeziesgruppen), *kamtschatkensis, songarus, atricapillus* (incl. *sclateri-, carolinensis-, atricapillus*-Subspeziesgruppen).

*Parus hudsonicus*
Sektoren: *rufescens, hudsonicus, cinctus.*

?Subgenus *Poeciloides* BIANCHI, 1902; Typus *Poecile superciliosa.*

*Parus superciliosus*
Sektoren: *gambeli* **stat. nov.**, *superciliosus.*

## VI. ERGEBNISSE

Die Erweiterung der morphologischen Kenntnisse von den Graumeisen ist zugleich eine Vertiefung der Erkenntnisse über deren Verwandtschaftsverhältnisse, wenn es sich nicht allein um die Vermehrung von Detailwissen, sondern um Einsichten in Strukturzusammenhänge handelt. Den weitgehend bekannten Färbungsverhältnissen und annähernd bekannten Größenverhältnissen (nach der Flügellänge) habe ich die Großgefieder-Proportionen hinzugefügt. Ansätze dazu finden sich für die Weidenmeisen schon bei STRESEMANN & SACHTLEBEN (1920) sowie für die Weidenmeisen und Nonnenmeisen verschiedentlich bei O. KLEINSCHMIDT, doch fehlt jenen Hinweisen noch die Konsequenz, so daß das genetisch programmierte "Grundmuster" der Proportionsverhältnisse des Subgenus *Poecile* verborgen blieb. Dieses meßbare, in relativen Meßwerten ausdrückbare Gestaltliche setzt im Verein mit seiner geographischen Anordnung sowie der habituellen Übereinstimmung und Ähnlichkeit der Färbungsweise seiner Träger Maßstäbe für die Beurteilung genetischer Zusammenhänge. Die Korrelationstabellen sprechen hierzu eine beredte Sprache. Ausschließlich im Rahmen einer solchen Relationserfassung sind morphologische Kriterien wesentlich - sie sind es dann sogar mit weitem Vorsprung vor allen anderen Kriterien! Man mag dagegen einwenden, was man will - und in der Tat wird heute gegen eine solche Auffassung sehr viel vorgebracht - jeder ethologischen, ökologischen oder wie auch immer gearteten Untersuchung geht die Begegnung mit der Gestalt eines Tieres und die Einstellung auf diese Gestalt voran, die das weitere Programm der Untersuchung bestimmt.

Das Anliegen meiner Arbeit war es, die Realität von Artgrenzen zu untersuchen. Ich fand diese Grenzen weit außerhalb der heute zumeist angenommenen, ich fand sie gegeneinander dicht und muß die Feststellung treffen, daß die grenzinternen formativen Wandlungen weder mit den Regeln habitueller Gesamtähnlichkeit und geographischer Vikarianz konspezifischer Formen kollidieren noch im Widerspruch zu bionomischen Befunden stehen. Insofern halte ich die hier angegebenen Grenzen für reale Artgrenzen, die nicht zuletzt unter dem Diktat quasi symmetrisch aufgebauter Proportionsverhältnisse gefunden wurden. Für eine Erweiterung dieser Artgrenzen sehe ich keine Anhaltspunkte.

Daß das Auffinden der Symmetrie in der Verschiebung der relativen Schwanzlänge notwendigerweise davon abhängt, daß diese Proportions-Garnituren pro Art wenigstens annähernd komplett vorhanden sind, ist ebenso selbstverständlich wie es der Umstand ist, daß dieser Symmetrie ein genetisches Programm zu Grunde liegt. Dennoch ist es ein Phänomen, daß die jeweiligen formativen Wandlungsstufen so gut wie lückenlos nachzuweisen sind. Wenn man das hohe Alter dieser Arten und die Gefährdung der Existenz einzelner Populationen bedenkt, kann ja damit nicht von vornherein gerechnet werden.

Man begegnet gelegentlich der eigentümlichen Meinung, eine festgestellte bzw. angenommene Konspezifität zweier Formen sei deren weiterer Erforschung hinderlich [18]. Dies rührt daher, daß heute nur unbedeutende quantitative Verschiebungen als konspezifisch gelten. Abgesehen davon, daß sich hierin noch ein typologisches Art-Konzept auswirkt, ist jene Meinung höchst subjektiv. Das künstliche Auseinanderhalten sich (intraspezifisch) ergänzender Tierformen wäre jedenfalls weit hinderlicher. Ist nicht die chinesische Davidsmeise, immer als Reliktart und Außenseiter angesehen, als (meines Erachtens annehmbar begründeter) *Parus lugubris davidi* ein plötzlich viel interessanteres Forschungsobjekt?

Der Begriff von der Art hält sich schon über eine bemerkenswert lange Zeit in seinem Kern stabil (cf. ECK 1978, p. 103). Seine Definitionen haben ihn begreiflicherweise mit geformt, logischerweise existiert er aber nicht durch sie. Das wird manchmal nicht gesehen. - Der große Reiz, der von einer phylogenetischen Interpretation der *Poecile*-Arten ausginge, steht zunächst hinter der nüchternen Frage nach dem Grad von Realität der existierenden Arten zurück. Hierin Klarheit zu schaffen, ist der erste Schritt, dem ich diese Arbeit widmete. Insofern ist mein Beitrag zur Frage der Artbildung bei *Poecile* zwar momentan ein negativer, für künftige Hypothesen aber ein brauchbarer Ausgangspunkt.

Neben diesen Ergebnissen allgemeiner Art sind einige spezielle Befunde vorzuweisen. Dazu gehören einerseits die Gliederungen der Arten in Sektoren - eine Voraussetzung für das Ver-

[18] Das ist neuerlich zu lesen in den Säugetierk. Inform. 2 (1978), 1979, p. 33, 40.

ständnis intraspezifischer Evolution (nicht nur bei *Poecile*!), anderseits die Anerkennung einer Reihe aus dem heutigen Schrifttum verschwundener Subspezies. Letzteres muß unter dem Gesichtspunkt beurteilt werden, daß das Studium der Subspezies, genauer: der geographischen Variation, in erster Linie nicht pragmatischen Zwecken dient, sondern ein Mittel ist, die Wege intraspezifischer und, wo es angeht, transspezifischer Evolution klären zu helfen (vgl. auch unter V.C., Anmerkungen zu einigen Subspezies).

## Zusammenfassung

Nach einer Überschau, wie sich die Erforschung der Graumeisen in den letzten 150 Jahren in der Literatur niedergeschlagen hat, ohne in der Gegenwart einen akzeptablen Abschluß gefunden zu haben (Abschnitt I), wird die Gesamtheit der Graumeisen (Genus *Parus*, Subgenus *Poecile*) in taxonomisch ranglose Komplexe zerlegt (Abschnitt II). Dies geschieht aus Gründen zwangloser, von den geltenden Speziesgrenzen unabängiger Charakterisierung bestehender Formengruppen.

Ein Abschnitt (III) wird Fragen der Hybridisierung, ein weiterer (IV) den Größenrelationen zwischen Flügel und Schwanz gewidmet. Diese Relationen, als Erweiterung bestehender morphologischer Kenntnisse und als Gestaltkriterium von hohem Rang verstanden, erwiesen sich, eingebunden in eine weitgreifende morphologisch-geographische Relationserfassung, als Indikatoren für intraspezifische formative Wandlungen.

Die fünf Spezies *Parus palustris, P. lugubris, P. atricapillus, P. hudsonicus* und *P. superciliosus* sind zu charakterisieren als fünf evolutive Radiationen mit prinzipiell gleichem Modus der Proportionsverschiebung im Großgefieder (Abschnitt V). Auf eine Abweichung bei den Weißbrauenmeisen *P. superciliosus* (?Subgenus *Poeciloides*) wurde hingewiesen.

In *Parus palustris* wurden die *hypermelas*-Formen mit eingeschlossen und auf die komplizierten Verhältnisse bei den nordchinesischen und sibirisch-japanischen Subspezies näher eingegangen. *P. palustris jeholicus* wird anerkannt, und es wird festgestellt, daß *P. palustris ernsti* dem japanischen *hensoni*, nicht den kontinentalen Populationen nahesteht.

Entgegen den Darstellungen LOSKOTs wird "*Parus hyrcanus*" weiterhin als Subspezies der Trauermeise, *Parus lugubris*, angesehen, desgleichen der chinesische "*Parus davidi*" als konspezifisch mit *lugubris* erkannt.

Unter *Parus atricapillus* wird auf drei Alpenmeisen-Gruppen in Europa, Asien und Mittelamerika mit bemerkenswerten Übereinstimmungen aufmerksam gemacht (*montanus*-Subspeziesgruppe, *songarus/weigoldicus, sclateri*-Subspeziesgruppe), im Fernen Osten eine Gruppe von vier Subspezies (*restrictus, sachalinensis, kamtschatkensis, anadyrensis*) als *kamtschatkensis*-Sektor vom *montanus*-Sektor getrennt. Danach gehört *P. a. baicalensis* (nicht Synonym von *borealis*!) in den *montanus*-, *P. a. anadyrensis* in den *kamtschatkensis*-Sektor. Mit großer Wahrscheinlichkeit sind sowohl die Weidenmeisen des Harzes als auch der Ostkarpaten und Hohen Tatra subsp. nov.

Von den Lappland- oder Fahlkopfmeisen, *Parus hudsonicus* (incl. *rufescens, cinctus*) verdienen die nord- und nordostasiatischen Subspezies *lenensis* und *kolymensis* wegen ihrer (mit Ausnahme durch SNOW) unbeachteten relativen Langschwänzigkeit Beachtung.

Die Weißbrauenmeisen *Parus superciliosus* und *P. gambeli* werden als artgleich unter ersterem Namen zusammengefaßt. Ihre morphologischen und, soweit bekannten, bionomischen Unterschiede rechtfertigen das.

Ausschlaggebend für die Reduzierung auf nur fünf *Poecile*-Spezies waren nicht etwa als wertlos empfundene diagnostische (morphologische, stimmliche) Merkmale von Populationen, auch nicht das Kriterium der reproduktiven Isolation von Populationen. Ausschlaggebend war die festgestellte Tatsache der Parallelevolution einerseits und der Relativität wie Begrenztheit formativer Wandlungsstufen anderseits.


## Summary [19)]

## INTRASPECIFIC EVOLUTION IN THE GRAY TITS (PARUS, SUBGENUS POECILE)

Following a review in chapter I of previous research on the Gray Tits - which so far has not led to general agreement among authors - the entire complex of Gray Tits (*Parus*, subgenus *Poecile*) is subdivided into several groups irrespective of their taxonomic rank (chapter II). This is done to characterize informally the existing taxonomic groups and independently of accepted species limits.

Chapter III treats problems of hybridization and chapter IV describes size relations between wing and tail within the units recognized. Analysis of these relations broaden existing morphological knowledge of this avian group and are believed to be an important morphological criterion. As part of a wide ranging morphological-geographical study relations between wing and tail length revealed intraspecific morphological trends.

The following five species are recognized: *Parus palustris, P. lugubris, P. atricapillus, P. hudsonicus*, and *P. superciliosus*. They may be characterized as five evolutionary radiations showing a basically similar mode of shifts in the proportion of wing and tail feathers (chapter V). A deviation from this mode in the White-browed Tit, *P. superciliosus* (?subgenus *Poeciloides*), is discussed.

*Parus palustris* includes the *hypermelas* forms, the complex situation in the northern Chinese and Siberian-Japanese subspecies is discussed in detail. *P. palustris jeholicus* is a valid subspecies and *P. palustris ernsti* is closely related to the Japanese form *hensoni* rather than to the continental populations.

In contrast to LOSKOT I continue to treat "*Parus hyrcanus*" as a subspecies of the Sombre Tit, *Parus lugubris*. I also consider the Chinese form "*Parus davidi*" as conspecific with *P. lugubris*.

Within *Parus atricapillus*, three groups of Alpine Willow Tits showing remarkable similarities exist in Europe, Asia and Middle America (*montanus* subspecies group, *songarus/weigoldicus*, and *sclateri* subspecies group, respectively). I separate from the *montanus* sector [20)] the Far Eastern *kamtschatkensis* sector which is composed of four subspecies (*restrictus, sachalinensis, kamtschatkensis, anadyrensis*). *Parus atricapillus baicalensis* is not synonymous with *borealis* and part of the *montanus* sector, whereas *P. a. anadyrensis* belongs in the *kamtschatkensis* sector. The Willow Tits of the Hartz Mountains and also those of the Eastern and Northern Carpathian Mountains very probably represent undescribed valid subspecies within the *montanus* sector.


19) Herrn Dr. JÜRGEN HAFFER (Essen) danke ich für die Übersetzung der Zusammenfassung, die er in entgegenkommender Weise übernahm.

20) S e k t o r, cf. Falco 36: 21, Zool. Anz. 177: 66-68, Ann. Orn. 1: 134.

Among the populations of the Boreal Tit, *Parus hudsonicus* (including *rufescens* and *cinctus*), the Asiatic subspecies *lenensis* and *kolymensis* merit attention because of their proportionately long tails, a fact previously noted only by D. W. SNOW.
The White-browed Tits *Parus superciliosus* and *gambeli* are considered as conspecific and lumped under the former name. This tratment appears justified because of morphological and, as far as known, biological differences.
The reduction of the *Poecile* group to only five species did not result from downgrading diagnostic morphological or vocal characters or from an application of the criterion of reproductive isolation between populations. Decisive for this taxonomic treatment was the fact of parallel evolution within the five units here designated as species on one hand and the relativity and limitations of morphological changes on the other hand.

## Literatur

Mit einem + versehene Publikationen konnten nicht eingesehen werden.

+ABE, N. & O. KUROSAWA, 1976: Morphological differences between Marsh Tit *Parus palustris* and Willow Tit *P. montanus* in Hokkaido - Misc. Rep. Yamashina Inst. Orn. **8**: 192-205.
AMANN, F., 1954: Neuere Beobachtungen an Weiden- und Alpenmeisen, *Parus atricapillus*, mit vergleichenden Angaben über die Nonnenmeise, *Parus palustris*. - Orn. Beob. **51**: 104-109.
AUSTIN jr., O. L., 1972 (1948): The Birds of Korea. - Bull. Mus. Comp. Zool. **101**: 1-301.
BACMEISTER, W., 1924: Lassen sich die einzelnen Formen der Mattkopfmeisen auch an ihren Locktönen unterscheiden? - Verh. Orn. Ges. Bay. **16**: 51-53.
BANGS, O., 1932: Birds of western China obtained by the Kelley-Roosevelts expedition. - Field Mus. Pub. Chicago, Zool. Ser. **18**: 343-379.
BANKS, R. C., 1970: Re-evaluation of two supposcd hybrid birds. - Wils. Bull. **82**: 331-332.
BARLOW, C., 1901: Some characteristics of the mountain chickadee. - Condor **3**: 111-114.
BARNES, J. A. G., 1975: The Titmice of the British Isles. London/Vancouver.
BECKER, P. H., 1978: Der Einfluß des Lernens auf einfache und komplexe Gesangsstrophen der Sumpfmeise (*Parus palustris*). - J. Orn. **119**: 388-411.
-, 1978: Sumpfmeise lernt künstliche Gesangsstrophe vom Tonband und tradiert sie. - Naturwiss. **65**: 338.
BEHLE, W. H., 1956: A systematic review of the Mountain Chickadee. - Condor **58**: 51-70.
BEICK, W., 1937: s. E. STRESEMANN, W. MEISE & M. SCHÖNWETTER.
BELOPOLSKI, L., 1932: *Parus atricapillus anadyrensis* subsp. nova. - Orn. Monatsber. **40**: 122.
BENT, A. C., 1946: Life histories of North American Jays, Crows, and Titmice. - Bull. U.S. Nat. Mus. **191**: 495 S.
BIANCHI, V., 1902: Catalogue of the known species of the Paridae or the family of Tits. - Ann. Mus. Zool. Ac. Imp. Sc. Petersb. **7**: 235-262.
BRAESTRUP, F. W., 1968: Evolution der Wirbeltiere. Ökologische und ethologische Gesichtspunkte. - Zool. Anz. **181**: 1-22.
BREHM, C. L., 1823: Lehrbuch der Naturgeschichte aller europäischen Vögel. Erster Teil. Jena.
-, 1828: Uebersicht der deutschen Vögelarten nach Brehm. - Isis von Oken **21**: Sp. 1268-1285.
-, 1831: Handbuch der Naturgeschichte aller Vögel Deutschlands. Ilmenau.
-, 1855: Der vollständige Vogelfang. Weimar.
-, 1856: Eigentliche Sumpfmeisen (Poecilae proprie sic dictae). - Naumannia **6**: 368-370.

BREWER, R., 1961: Comparative notes on the life history of the Carolina Chickadee. - Wils. Bull. **73**: 348-373.

-, 1963: Ecological and reproductive relationships of Black-capped and Carolina Chickadees.- Auk **80**: 9-47.

BRODKORB, P., 1978: Catalogue of fossil birds, 5 (Passeriformes). - Bull. Florida State Mus., Biol. Ser. **23** (3): 139-228.

BURG, G. v., 1907: Katalog der schweizerischen Vögel, 6 (Hrsg. STUDER und FATIO). Bern.

-, 1907: Die Sumpf- und Weidenmeisen. - Tierwelt: 1-11.

CASTROVIEJO, J., J. GARZON-HEYDT & F. PALACIOS, 1972: Nouvelles données sur la distribution de la mésange nonnette *Parus palustris* L. dans la péninsule Ibérique. - Alauda **40**: 184-187.

CATUNEANU, I., 1975: Arealul de răspîndire al speciei *Parus lugubris* şi cuibăritul ei în România. - Studii şi comunicari, Şt. nat. **19**: 273-295.

CHENG, T.-H., 1976: Distributional List of Chinese Birds. Peking.

CONRAD, T., 1827: Nachrichten über die Sumpf-Meise (Mönchs-Meise) - (*Parus palustris* Linn.). - Neue Alpina **2**: 30-36.

CSATÓ, I., 1883: Bemerkungen über die Sumpf- und Trauer-Meise, *Parus palustris* L. und *lugubris* Natterer. - Mitt. orn. Ver. Wien **7**: 50-51.

DATHE, H., 1934: Ein Beitrag zur Wirbeltierfauna Dalmatiens. - Zool. Garten **7**: 108-130.

DEDITIUS, K. 1897: Die Vögel der westchinesischen Provinz Gan-su. Übersetzung. - J. Orn. **45**: 57-75

DHONT, A. A. & J. HUBLÉ, 1969: Een geval van hybridisatie tussen een Glanskopmees ♀ (*Parus palustris*) en een Matkopmees ♂ (*Parus montanus*) te Gent. - Gerfaut **59**: 374-377.

DIXON, K. L., R. A. STEFANSKI & F. N. FOLKS, 1970: Acoustic signals in the mating of Mountain and Black-capped Chickadees. - Auk **87**: 322-328.

DORKA, V., 1977: Beobachtungsnotizen zur Nahrungssuche und zum Gesangsverhalten von Mönchsmeisen *Parus montanus* in slowenisch-kroatischen Gebirgen. - Anz. Orn. Ges. Bay. **16**: 133-140.

DUVALL, A. J., 1945: Distribution and taxonomy of the Black-capped Chickadees of North America. - Auk **62**: 49-69.

ECK, S., 1973: Neue Feststellungen zur Morphologie der Feldlerchen. - Naturk. Jber. Mus. Hein. **8**: 19-29.

-, 1975: Evolutive Radiation in der Gattung *Fringilla* L. Eine vergleichend-morphologische Untersuchung. - Zool. Abh. Mus. Tierk. Dresden **33**, Nr. 19: 277-302.

-, 1976: Taxonomische Studien an palaearktischen Weidenmeisen (*Parus atricapillus*) und anderen Graumeisen. - Orn. Jber. Mus. Hein. **1**: 33-50.

-, 1977: Vergleichende Messungen an Kohlmeisen, *Parus major*. - Beitr. Vogelkd. **23**: 193-228.

-, 1978: Die Entwicklung superspezifischer Begriffe in der zoologischen Taxonomie seit der Jahrhundertwende. - Biol. Rdsch. **16**: 98-103.

-, 1979: Geographischer Parallelismus und intraspezifische Gruppenbildungen bei Nonnenmeisen (*Parus palustris*) und palaearktischen Weidenmeisen (*P. atricapillus*). - Orn. Jber. Mus. Hein. **4**: im Druck.

- & B. GEIDEL, 1977: Alpenmeisen in den Belanské Tatry. - Orn. Jber. Mus. Hein. **2**: 19-22.

FATIO-BEAUMONT, J. S., 1856: Bemerkungen über die Gruppe der Graumeisen. - Naumannia **6**: 160-163.

FEHRINGER, O., 1922: Die Vogelwelt Macedoniens, Spez. Teil. - J. Orn. **70**: 286-324.

+FOSTER, I. & C. GODFREY, 1950: A study of the British Willow-tit. - Brit. Birds **43**: 351-361.

FRANK, F., 1938: Pigmentanalytische Untersuchungen am Rassenkreis *Parus atricapillus*. - Compt. Rend. Congr. Int. Orn., Rouen: 161-175.

GADOW, H., 1883: Catalogue of the Birds in the British Museum, VIII. London.

GODFREY, W. E., 1951: Geographical variation in the Boreal Chickadee east of the Rockies. Can. Field-Nat. **65**: 22-26.
-, 1960: Notes on Newfoundland Birds. - Bull. Nation. Mus. Canada **172**: 98-111.
GRINNELL, J., 1904: The origin and distribution of the Chestnut-backed Chickadee. - Auk **21**: 364-382.
-, 1918: The subspecies of the Mountain Chickadee. - Univ. Calif. Publ. Zool. **17**: 505-515.
- & H. S. SWARTH, 1926: New subspecies of birds (*Penthestes, Baeolophus, Psaltriparus, Chamaea*) from the Pacific coast of North America. - Univ. Calif. Publ. Zool. **30**: 163-175.
GÜNTHER, E., 1950: Oekologische und funktionelle Anmerkungen zur Frage des Nahrungserwerbes bei Tiefseefischen mit einem Exkurs über die ökologischen Zonen und Nischen. - Moderne Biologie (Festschrift Nachtsheim): 55-93. Berlin.
GYLDENSTOLPE, N., 1926: Types of birds in the Royal Natural History Museum in Stockholm. - Ark. Zool. **19** A(1): 1-116 (p. 37!).
HAFTORN, S., 1971: Norges Fugler. Oslo/Bergen/Tromso.
HAMERSTROM, F., 1942: Dominance in winter flocks of chickadees. - Wils. Bull. **54**: 32-42.
HARPER, F., 1958: Birds of the Ungava Peninsula. Lawrence, Kansas.
HARTERT, E., 1898: A hitherto overlooked british bird. - Zoologist: 116-118.
-, 1905: Die Vögel der paläarktischen Fauna, I (3). Berlin.
-, 1905: Some common-sense notes on creepers, titmice, and reed-warblers. - Ornis **13**: 58-61.
-, 1907: On birds represented in the British Isles by peculiar forms. - British Birds **1**: 208-222.
-, 1920: Types of birds in the Tring Museum. B. Types in the General Collection. - Novit. Zool. **27**: 425-505.
-, 1921: Die Vögel der paläarktischen Fauna, III (Zusätze und Berichtigungen zu Bd. I). Berlin.
- & F. STEINBACHER, 1933/34: Die Vögel der paläarktischen Fauna, Erg.-Bd. (1932-1938) Berlin.
+HEIM DE BALSAC, H., 1929: Remarques osteologiques, ethologiques et oologiques sur *Parus atricapillus subrhenanus* Kl. et Jordans. - Alauda **1**: 305-335.
HELLMAYR, C. E., 1900: Einige Bemerkungen über die Graumeisen. - Orn. Jahrb. **11**: 201-217.
-, 1903: Paridae, Sittidae, Certhiidae. - Tierreich 18. Berlin.
-, 1911: Paridae, in: WYTSMAN, Genera Avium (publ. Febr. 1912). 84 S., 3 Farbtaf.
HIRSCHFELD, K., 1970: Zum Vorkommen der Weidenmeise, *Parus montanus salicarius* C. L. Brehm, in Ostthüringen. - Beitr. Vogelkd. **15**: 353-380.
HÖHR, H., 1935: Parus capitulo fusconigricanti Höhr. Die matt-glanzköpfige Nonnenmeise.- Verh. Mitt. Siebenb. Ver. Naturwiss. Hermannstadt **83/84**: 42-58.
HORVATH, L. & A. KEVE, 1975: Die Unterarten der ungarischen Sumpfmeisen, *Parus palustris* L. - Larus **26-28**: 55-65.
IWANOW, A. I., 1976: Katalog der Vögel der UdSSR. Leningrad (russ.).
JAHN, H., 1942: Zur Oekologie und Biologie der Vögel Japans. - J. Orn. **90**: 1-302.
JAMES, R. D., P. L. McLAREN & J. C. BARLOW, 1976: Annotated Checklist of the Birds of Ontario. - Life Sc. Misc. Publ., Royal Ontario Museum, 75 S.
JEFREMOW, W. D., 1976: in ILJITSCHEW, Bestimmung von Geschlecht und Alter der Sperlingsvögel der UdSSR. Moskwa (russ.).
JOHANSEN, H., 1952 (1944): Die Vogelfauna Westsibiriens II/1. - J. Orn. **92**: 145-204.
JORDANS, A. v., 1940: Ein Beitrag zur Kenntnis der Vogelwelt Bulgariens. - Mitt. Naturwiss. Inst. Sofia **13**: 49-152.
JOUARD, H., 1925: La Mésange Alpestre. - Rev. Franc. Orn. Nr. 189-197, 78 S.
-, 1931: Trois articles sur les "Mésanges grises", Notes critiques. - Alauda, Sér. II, **4**: 1-17.
-, 1936: Revision systematique des formes eurasiatiques et specialement alpestres de *Parus atricapillus*, avec un apercu de ses formes "chinoises", "japonaises" et "americaines". - Alauda **8**: 342-471.

-, 1941: Plasticite de la Mésange boreale. - Schweiz. Arch. Orn. **1**: 511-534.
KLEINSCHMIDT, O., 1897a: Beiträge zur Ornis des Grossherzogtums Hessen und der Provinz Hessen-Nassau, IV. - J. Orn. **45**: 112-137.
-, 1897b: Die paläarktischen Sumpfmeisen. - Orn. Jahrb. **8**: 45-103.
-, 1898: Weitere Notizen über Sumpfmeisen. - Orn. Monatsber. **6**: 33-36.
-, 1898: Wissenschaftliche Fragen an beobachtende Vogelwirthe. II. Die singende Sumpfmeise. - Gef. Welt **27**:153-154.
-, 1900: Kurze Bemerkungen über das individuelle und geographische Variieren der Meisen und Baumläufer. - Orn. Monatsber. **8**: 167.
-, 1907: Der Herbstgesang der glanzköpfigen Sumpfmeise. - Falco **3**: 89.
-, 1911: Realgattung Parus Superciliosus. Augenstreif-Sumpfmeise. - Berajah, Zoogr. infin.: 1-4.
-, 1912-37: Realgattung Parus Salicarius. - Berajah, Zoogr. infin.
-, 1921: s. unter 1912.
-, 1928: Das Kniegelenk als unterscheidender Charakter. - Falco **24**: 3.
-, 1937: s. unter 1912.
-, 1938: Über die Wandlung von "Artmerkmalen". - Falco **34**: 62-63.
-, 1938-43: Katalog meiner ornithologischen Sammlung (1935-43). Beilage zu Falco, pp. I-XII, 1-236, A-H.
-, 1939: Nachtrag zu meiner Monographie des Weltformenkreises Parus Salicarius. - Falco **35**: 37-40.
- & H. WEIGOLD, 1922: Zoologische Ergebnisse der W. Stötznerschen Expeditionen nach Szetschwan, Osttibet und Tschili auf Grund der Sammlungen und Beobachtungen Dr. H. Weigolds - Corvidae, Certhiidae, Sittidae, Paridae, Cinclidae. - Abh. Ber. Zool. u. Anthr.-Ethn. Mus. Dresden **XV**/3, 1. Teil: 1-18.
KNIPRATH, E., 1976: Untersuchungen zur Variation der Rückenfärbung der beiden Meisen *Parus montanus* und *Parus palustris*. - J. Orn. **108**: 1-46.
KOSLOW, P. K., 1909: The Mongolia - Sze-chuan expedition of the Imperial Russian Geographical Society. - Geogr. J. **34**: 384-408, Fortsetzung ibidid. **36**: 288-310.
KOWSCHAR, A. F., 1976: On ecology of Dzhungarian Tit. - Vestn. Zool., Kiew, 1976, 3: 34-39 (russ.).
KUMERLOEVE, H., 1961: Zur Kenntnis der Avifauna Kleinasiens. - Bonn. zool. Beitr. **12**, Sonderheft.
KUZJMINA, M. A., 1972: Paridae, in KORELOW & KOWSCHAR, Die Vögel Kasachstans, IV. Alma-Ata (russ.).
LAAKSONEN, M. & E. LEHIKOINEN, 1976: Age determination of Willow and Crested Tits *Parus montanus* and *P. cristatus*. - Orn. Fenn. **53**: 9-14.
LACK, D., 1971: Ecological Isolation in Birds. Oxford/Edinburgh.
LA TOUCHE, J. D. D., 1925: A Handbook of the Birds of Eastern China, I (1925-30). London.
LEONOWITSCH, W. W., M. N. SCHURAWLJEW & M. S. ADAMJAN, 1970: Verbreitung und Biologie der Trauermeise im südlichen Transkaukasus. - Biol. J. Armen. **23** (8): 71-78 (russ.).
LÖHRL, H., 1963: Zur Höhenverbreitung einiger Vögel in den Alpen. - J. Orn. **104**: 62-68.
-, 1966: Zur Biologie der Trauermeise (*Parus lugubris*). Mit Bemerkungen über die Untergattung *Poecile*. - J. Orn. **107**: 167-186.
LÖNNBERG, W., 1925: Två olika raser av nordisk mes, *Parus "borealis"*, på den Skandinaviska halvön. - Fauna och Flora **20**: 113-118.
LOSKOT, W. M., 1977: On species independence of *Parus hyrcanus* Sar. et Loud. - Vestn. Zool., Kiew, 1977, 4: 28-31 (russ.).
-, 1978: The Hyrcanian Tit, *Parus hyrcanus* Sarudny et Loudon. - Trudy Zool. Inst. Ak. Nauk, Leningrad, **76**: 46-60 (Abb. III-VII) (russ.).
LOWE, P. R., 1932: Structural Differences in the Feathers of the Crown of the Head of the Marsh- and Willow-Tits. - Bull. Brit. Orn. Club **53**: 40-44.

LUDESCHER, F.-B., 1973: Sumpfmeise (*Parus p. palustris* L.) und Weidenmeise (*P. montanus salicarius* Br.) als sympatrische Zwillingsarten. - J. Orn. **114**: 3-56.
LUNK, W. A., 1952: Notes on variation in the Carolina Chickadee. - Wils. Bull. **64**: 7-21.
MADARÁSZ, J. v., 1884: Einige Bemerkungen über *Parus palustris* L., *P. fruticeti* Wall. und *P. kamtschatkensis* Bp. - Z. ges. Orn. **1**: 75-79.
MAŠTROVIC, A., 1942: Die Vögel des Küstenlandes Kroatiens, I. Zagreb.
MAUERSBERGER, G., 1978: Über das ökologische Wirkungsgefüge der Art und die Begriffe Nische und Ökon. - Ann. Orn. **2**: 57-104.
MAYR, E., 1956: Gesang und Systematik. - Beitr. Vogelkd. **5**: 112-117.
-, 1967: Artbegriff und Evolution. Hamburg/Berlin.
-, 1975: Grundlagen der zoologischen Systematik. Hamburg/Berlin.
- & L. L. SHORT, 1970: Species Taxa of North American Birds. A Contribution to Comparative Systematics. - Publ. Nuttall Orn. Club Nr. 9 Cambridge/Mass.
+McLAREN, M. A., 1975: Breeding biology of the Boreal Chickadee. - Wils. Bull. **87**: 344-354.
-, 1976: Vocalizations of the Boreal Chickadee. - Auk **93**: 451-463.
MEISE, W., 1975: Natürliche Bastardpopulationen und Speziationsprobleme bei Vögeln. - Abh. Verh. naturwiss. Ver. Hamburg (N.F.) **18/19**: 187-254.
MEUNIER, K., 1959: Die Größenabhängigkeit der Körperform bei Vögeln. - Z. wiss. Zool. **162**: 328-355.
MILLER, A. H., 1943: A new race of Brown-headed Chickadee from northern Washington. - Occ. Pap. Mus. zool. Louisiana State Univ. No. **14**: 261-263.
- & R. W. STORER, 1950: A new race of *Parus sclateri* from the Sierra Madre del Sur of Mexico. - J. Wash. Ac. Sc. **40**: 301-302.
+MINOCK, M. E., 1971: Social relationships among mountain chickadees (*Parus gambeli*). - Condor **73**: 118-120.
+-, 1972: Some behavioral relationships between black-capped and mountain chickadees in an area of year-around sympathy. - Diss. Abstr. Int. **32B** (7): 4302.
+-, 1972: Interspecific aggression between black-capped and mountain chickadees at winter feeding stations. - Condor **74**: 454-561.
MINOT, H. D., 1880: Notes on Colorado Birds. - Bull. Nutt. Orn. Club **5**: 223-232.
MÜHLE, H. v. d., 1844: Beiträge zur Ornithologie Griechenlands. Leipzig.
MÜLLER, A. K., 1963: Über den Gesang der Weidenmeise (*Parus montanus* Baldenstein). - Anz. orn. Ges. Bay. **6**: 541-545.
MÜLLER, H. J., W. SCHÖNBORN, G. STÖCKER & D. UHLMANN, 1977: Zu einigen Grundbegriffen der theoretischen Ökologie. - Biol. Rdsch. **15**: 196-198.
NIETHAMMER, G., 1937: Handbuch der deutschen Vogelkunde, I. Leipzig.
ODUM, E., 1941: Annual Cycle of the Black-capped Chickadee, *Parus a. atricapillus*. - Auk **58**: 314-333, 518-535.
-, 1942: Annual Cycle of the Black-capped Chickadee. - Auk **59**: 499-531.
+-, 1943: Some physiological variations in the Black-capped Chickadee. - Wils. Bull. **55**: 178-191.
PALUDAN, K., 1938: Zur Ornis des Zagrossgebietes, W.-Iran. - J. Orn. **86**: 562-638.
PEUS, F., 1954: Auflösung der Begriffe "Biotop" und "Biozönose". - Dtsch. Ent. Z. (N.F.) **1**: 271-308.
PHILLIPS, A., J. MARSHALL & G. MONSON, 1964: The Birds of Arizona. Tucson.
PIECHOCKI, R. & A. BOLOD, 1972: Beiträge zur Avifauna der Mongolei, Teil II. Passeriformes. Ergebnisse der Mongolisch-Deutschen Biologischen Expeditionen seit 1962, Nr. 56. - Mitt. Zool. Mus. Berlin **48**: 41-175.
PORTENKO, L. A., 1939: Die Fauna des Anadyr-Gebietes, Vögel I. Leningrad (russ.).
-, 1954: Die Vögel der UdSSR, III. Moskwa/Leningrad (russ.).
-, 1955: Neue Unterarten von Sperlingsvögeln (Aves, Passeriformes). - Trudy Zool. Inst. Ak. Nauk **18**: 493-507 (russ.).
RIDGWAY, R., 1904: The Birds of North and Middle America, III. - Bull. U.S. Nat. Mus. **50**,

801 S.
RISING, J. D., 1968: A multivariate assessment of interbreeding between the chickadees *Parus atricapillus* and *P. carolinensis*. - Syst. Zool. **17**: 160-169.
ROMANOWSKI, E., 1976: Der Gesang von Sumpf- und Weidenmeise (*Parus palustris* und *Parus montanus*). Variation, Funktion und reaktionsauslösende Parameter. Diss. Köln, 94 S.
-, 1978: Der Gesang von Sumpf- und Weidenmeise (*Parus palustris* und *Parus montanus*) - Variation und Funktion. - Vogelwarte **29**: 235-253.
-, 1979: Der Gesang von Sumpf- und Weidenmeise (*Parus palustris* und *Parus montanus*) - reaktionsauslösende Parameter. - Vogelwarte **30**: 48-65.
ROTHSCHILD, W., 1907: The British Willow Tit (*Parus atricapillus kleinschmidti* Hellm.). - British Birds **1**: 44-47.
+SALIS, H. v., 1861: Die Bergmönchsmeise (*Parus Baldensteini*). Ein Beitrag zur Bundnenschen Ornithologie. - Jber. Naturf. Ges. Graubünd. **6**: (107).
SCHÄFER, E., 1938: Ornithologische Ergebnisse zweier Forschungsreisen nach Tibet. - J. Orn. **86**; Sonderheft.
SCHLEGEL, H., 1844: Kritische Übersicht der europäischen Vögel. Leiden.
SCHÖNBECK, H., 1958: Zur Vogelwelt von Turrach und Umgebung. - Mitt. Naturwiss. Ver. Steiermark **88**: 221-232.
SCHRÖDER, E., 1969: Die Graumeisen und ihre Lebensräume. - Orn. Mitt. **21**: 101-102.
SCHUSTER, W., 1904: Entwicklung oder Nicht-Entwicklung. - J. Orn. **52**: 431-443.
SCHWARZ, M., 1948: Zur Verwendung der Bezeichnung "Graumeise". - Orn. Beob. **45**: 191-192.
SCLATER, P. L., 1907: Remarks on a supposed new British tit of the genus *Parus*. - Brit. Birds **1**: 23-24.
SHORT, L. L., 1969: Taxonomic aspects of avian hybridization. - Auk **86**: 84-105.
SIEWING, R., 1978: Evolution. Uni-Taschenbücher 748. Stuttgart/New York.
SNOW, D. W., 1954: Trends in geographical variation on palearctic members of the genus *Parus*. - Evolution **8**: 19-28.
-, 1954: The habitats of Eurasian Tits (*Parus* spp.). - Ibis **96**: 565-585.
-, 1956: The specific status of the Willow Tit. - Bull. Brit. Orn. Club **76**: 29-31.
-, 1957: Supplementary Notes (zu VAURIE 1957). - Amer. Mus. Novit. Nr. 1852: 36-43.
-, 1967: Paridae, in PETERS' Check-List of Birds of the World, XII. Cambridge/Mass.
STEINFATT, O., 1954: Vogelkundliche Beobachtungen in Attika. - J. Orn. **95**: 245-262.
STEPANJAN, L. S., 1974: A new subspecies *Parus lugubris talischensis* Stepanyan ssp. n. (Paridae, Aves) from Talish. - Bull. Mosc. Soc. Natur., Biol. Ser. **79**, Heft 6: 143-145.
-, 1978: Die Vögel der UdSSR und ihre Verbreitung, Passeriformes, Moskwa (russ.).
STRESEMANN, E. & G. HEINRICH, 1940: Die Vögel des Mount Victoria. Ein Beitrag zur Ornithologie von Burma. - Mitt. Zool. Mus. Berlin **24**: 151-264.
-, W. MEISE & M. SCHÖNWETTER, 1937: Aves Beickianae. - J. Orn. **85**: 375-576.
- & H. SACHTLEBEN, 1920: Über die europäischen Mattkopfmeisen (Gruppe *Parus atricapillus*). - Verh. Orn. Ges. Bay. **14**: 228-269.
SUSCHKIN, P. P., 1913: Die Vogelfauna des Minussinsk Gebietes, des westlichen Teils des Sajan Gebirges und des Urjanchen-Landes. - Bull. Soc. Imp. Nat. Mosc. (1912): 198-399.
TACZANOWSKI, L., 1872: Bericht über die ornithologischen Untersuchungen des Dr. Dybowski in Ost-Sibirien. - J. Orn. **20**: 433-454.
+TANNER, J. T., 1952: Black-capped and Carolina Chickadees in the southern Appalachian Mountains. - Auk **69**: 407-424.
THIELCKE, G., 1968: Gemeinsames der Gattung *Parus*. Ein bioakustischer Beitrag zur Systematik. - Vogelwelt, Beiheft **1**: 147-164.
THÖNEN, W., 1962: Stimmgeographische, ökologische und verbreitungsgeschichtliche Studien über die Mönchsmeise (*Parus montanus* Conrad). - Orn. Beob. **59**: 101-172.
-, 1970: *Parus montanus* and *Parus atricapillus*: song variation and systematics. - Proc. XV. Int. Orn. Congr.: 696.

TISCHLER, F., 1924: Weidenmeise und Zwergfliegenschnäpper in Ostpreußen. - Beitr. Tierkunde, Widmungsschrift Braun: 67-78.
-, 1941: Die Vögel Ostpreußens und seiner Nachbargebiete, I. Königsberg.
TROLLER, J., 1922: Die Weidenmeise. Ihre Unterarten in der Schweiz. - Orn. Beob. **20**: 17-21, 33-37.
TSCHUSI, V. v., 1898: Bemerkungen über die europäischen Graumeisen (*Parus palustris* auct.) nebst Bestimmungsschlüssel derselben. - Orn. Jahrb. **9**: 163-176.
TUCKER, B. W., 1935: On differences in the microscopic characters of the crown-feathers of tits of the genus *Parus*, with particular reference of the Marsh and Willow-tits. - Proc. Zool. Soc. Lond. 1935, part II: 431-441 (5 Tafeln).
VAURIE, C., 1950: Notes on some Asiatic titmice. - Amer. Mus. Novit. Nr. 1459, 66 S.
-, 1957: Systematic notes on Palearctic birds, Nr. 27. Paridae, the genera *Parus* and *Sylviparus*. - Amer. Mus. Novit. Nr. 1852: 1-35.
-, 1959: The birds of the Palearctic fauna. Passeriformes. London.
-, 1972: Tibet and its birds. London.
VOOUS, K. H., 1962: Die Vogelwelt Europas und ihre Verbreitung. Hamburg/Berlin.
-, 1977: List of recent Holarctic bird species. Passerines (part.). - Ibis **117**: 376-406.
+WARD, R., 1966: Regional variation in the song of the Carolina chickadee. - Living Bird **5**: 127-150.
+- & D. A. WARD, 1974: Songs in contiguous populations of Black-capped and Carolina Chickadees in Pennsylvania. - Wils. Bull. **86**: 344-356.
WEIGOLD, H., 1922: s. KLEINSCHMIDT & WEIGOLD.
-, 1935: Als Ornithologe in Jehol. - J. Orn. **83**; Sonderheft.
-, 1935: Südost-Tibet als Lebensraum. - Jb. Geogr. Ges. Hannover für 1934/35: 203-247.
WOJINSTWENSKIJ, M. A., 1954: Paridae, in DEMENTIEW & GLADKOW, Die Vögel der Sowjetunion, 5. Moskwa (russ.).
WOLTERS, H. E., 1950: Zur taxonomischen Wertung der paläarktisch-amerikanischen Vikarianten in der Vogelordnung Passeriformes. - Zool. Anz., Erg.-Bd. zu Bd. **145**: 1121-1139.
-, 1975: Zur Artgeschichte und Herkunft einiger Vogelarten des Rheinlands. - Charadrius **11**: 41-45.
ZEDLITZ, O., 1923: Warum sind die Systematiker so oft uneinig in der Bewertung von Subspezies? - Falco **19**: 5-24.

Anschrift des Autors:

S. Eck, Staatliches Museum für Tierkunde, DDR - 801 Dresden, Augustusstraße 2.

D 2/10/79

# ZOOLOGISCHE ABHANDLUNGEN

STAATLICHES MUSEUM FÜR TIERKUNDE IN DRESDEN

Band 36 | Ausgegeben: 30. April 1980 | Nr. 10

## Über eine Zahnanomalie des zweiten Incisivus bei einer Hausspitzmaus (Crocidura russula HERMANN, 1780) aus Süd-Frankreich

### (Mammalia, Insectivora, Soricidae)

Mit 2 Abbildungen

INDULIS E. VESMANIS und ANDREA VESMANIS
Frankfurt/M.

Bei Durchsicht einer größeren Population von Hausspitzmäusen aus Süd-Frankreich (Banyuls-sur-Mer, Coll. R. FONS) fanden wir bei einem Exemplar (Nr. 70 E 7, ♀, 05.V.1970, leg. R. FONS) eine bisher noch nicht beschriebene Zahnanomalie am $I^2$ des Oberkiefers.

Während bisher immer eine Reduktion (SCHAEFER 1935, LEHMANN 1954, BUCHALCZYK 1958) oder eine Vermehrung (NIETHAMMER 1964, VESMANIS u. VESMANIS im Druck) bei den kleinen einspitzigen oberen Zähnen nachgewiesen werden konnte, fanden wir jetzt erstmals eine Spaltung des $I^2$. In den Abbildungen (1 u. 2) haben wir diese Spaltung zeichnerisch dargestellt. Interessant dabei ist auch die Tatsache, daß der gespaltene $I^2$ auch noch einen zusätzlichen 3. Wurzelast besitzt, mit einer entsprechenden Alveole im Rostrum. Gegenüber dem normal ausgebildeten $I^2$ ist der gespaltene Zahn um etwa ein Drittel größer. Mit etwas Vorbehalt könnte man den gespaltenen Zahn als Vorstufe zu einer Vermehrung (hervorgerufen durch den $I^2$) der kleinen einspitzigen Zähne betrachten. Die Backenzähne der Hausspitzmaus ($P^4$ bis $M^3$) unterscheiden sich weder metrisch noch morphologisch von Backenzähnen anderer Hausspitzmäuse aus der uns vorliegenden Population von Banyuls-sur-Mer, Süd-Frankreich.

### Summary

ON THE ABNORMITY OF SECOND INCISIVUS OF A COMMON WHITE–TOOTHED SHREW (CROCIDURA RUSSULA HERMANN, 1780) FROM SOUTHERN FRANCE

Examining a collection of Common White-toothed Shrews from Southern France, at one specimen we found an abnormity of $I^2$ in the shape of its splitting-up. Such abnormity has not been known yet, it is described and illustrated here.

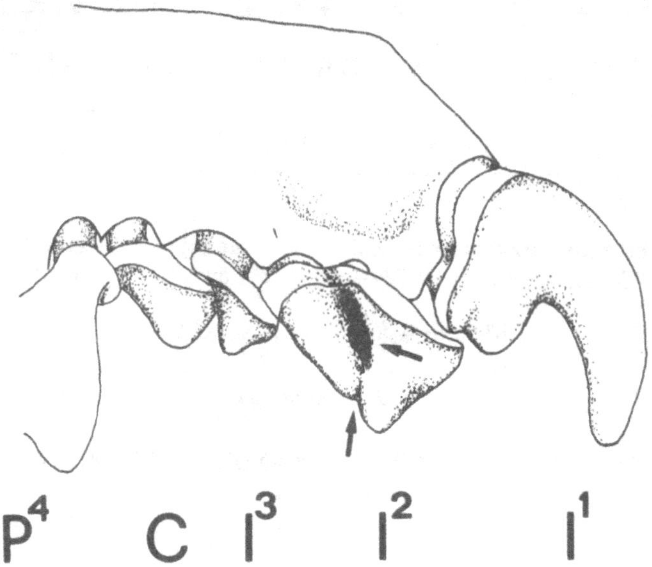


Abb. 1. Seitliche Rostrumansicht einer Hausspitzmaus aus Süd-Frankreich mit einem gespaltenen $I^2$ (durch Pfeile gekennzeichnet).

**Literatur**

BUCHALCZYK, T., 1958: Die Feldspitzmaus, *Crocidura leucodon* (Hermann) in den nordöstlichen Gebieten Polens. - Acta theriol. **2**, 55-70.

LEHMANN, E. VON, 1954: Zur Kleinsäugerfauna des Fürstentums Liechtenstein. - Bonn. zool. Beitr. **5**, 17-31.

NIETHAMMER, J., 1964: Ein Beitrag zur Kenntnis der Kleinsäuger Nordspaniens. - Zeitschr. f. Säugetierkunde **29**, 193-220.

SCHAEFER, H., 1935: Studien an mitteleuropäischen Kleinsäugern, mit besonderer Berücksichtigung der Rassenbildung. - Arch. f. Naturgesch., N. F., Berlin **4**, 535-590.

VESMANIS, I. u. VESMANIS, A., im Druck: Über eine interessante Zahnanomalie bei der Hausspitzmaus, *Crocidura russula* (Hermann, 1780) (Mammalia, Insectivora). - Zool. Beitr., N. F., Berlin.

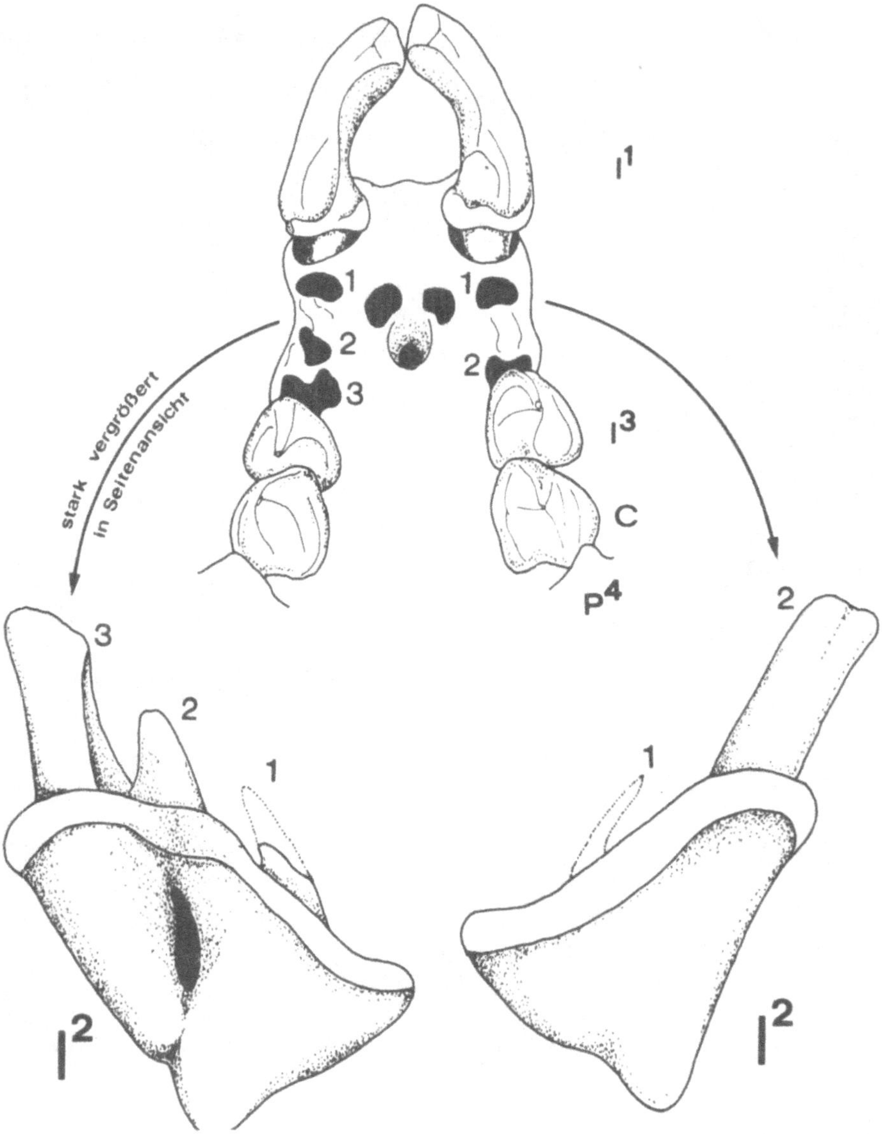


Abb. 2. Occlusale Ventralansicht des Rostrums (bis zum C) mit entferntem rechten und linken I2. Auf der rechten Seite sind deutlich 2 Alveolen (durch Zahlen gekennzeichnet) zu sehen, während wir auf der linken Seite 3 Alveolen vorfinden. Beide I2 wurden vergrößert in Seitenansicht gesondert herausgezeichnet, wobei die Wurzeläste analog zu den entsprechenden Alveolen numeriert wurden.

Anschrift der Autoren:

Dr. I. E. und A. Vesmanis, Institut für Paläoanthropologie und Archäometrie, J. W. Goethe-Universität, FB 16, Siesmayerstraße 70; D - 6000 Frankfurt/M.

# ZOOLOGISCHE ABHANDLUNGEN

STAATLICHES MUSEUM FÜR TIERKUNDE IN DRESDEN

Band 36 Ausgegeben: 30. April 1980 Nr. 11

## Taphozous saccolaimus TEMMINCK, 1841 auf Sulawesi (Celebes) (Mammalia, Chiroptera, Emballonuridae)

ALFRED FEILER
Moritzburg

RIBBE und KÜHN hatten 1883 8 Exemplare von *Taphozous saccolaimus*, 4 adulte Weibchen und 4 Jungtiere, an das Museum für Tierkunde in Dresden abgegeben. Die Tiere waren von ihnen auf S-Sulawesi gesammelt worden, eine genauere Ortsangabe fehlte. Ein aufgestelltes Weibchen ist davon (nach den Bombenangriffen auf Dresden 1945) heute noch vorhanden. Es verdient als Erstnachweis für Sulawesi Interesse. Bei POHLE (1950), LAURIE u. HILL (1954) und GROVES (1976) wird die Art nicht für Sulawesi genannt. Der Erstnachweis für die Kleinen Sundainseln erfolgte erst kürzlich für Timor anhand eines Exemplares durch GOODWIN (1979).

Bei der Katalogisierung unseres Materials gab es offenbar Zweifel über die Zuordnung zu einer Art. Zwei der 8 Exemplare, darunter das erhalten gebliebene, wurden im Eingangsbuch als *"T. saccolaimus"* oder *"T. affinis"* bezeichnet. Die fragliche Zuordnung der Stücke dürfte ihre Ursache in der auffallend hellen Unterseite gehabt haben. Sie ist dunkler als bei *T. affinis*, jedoch heller als es bei *T. s. saccolaimus* von Djawa gewöhnlich festzustellen ist. Seine Flughäute sind in der für *T. saccolaimus* charakteristischen Weise gefärbt. Bereits DOBSON (1875) bemerkte die Ähnlichkeit zwischen *T. saccolaimus* und *T. affinis* in der allgemeinen Struktur und Größe. TATE (1941) war es nicht möglich, die kleinste strukturelle Differenz zwischen beiden Arten zu finden. Lediglich die Unterseitenfärbungen sind auffällig verschieden. TATE lagen von *T. saccolaimus* 3 Paratypoide sowie 8 Exemplare von Cheribon/N-Djawa und von *T. affinis* der Typus sowie 6 Exemplare von Parit Sampit (Tjempaga)/SW-Kalimantan vor. Das Exemplar aus Sulawesi ist Anlaß für weitere Vergleiche hinsichtlich Färbung, Zeichnung und Maße zwischen *T. saccolaimus* und *T. affinis*.

## Material

*T. s. saccolaimus*: 17 Ex., 12 ♂♂, 4 ♀♀; Cheribon/N-Djawa, leg. J.J. MENDEN, Febr./März 1933/1937, B11928-B11933, Staatl. Mus. f. Tierkunde Dresden (= MD); 48526-48535, Zool. Mus. Berlin (= ZMB)[1]; 1 Ex., o, Djawa, leg. FEMMORIK, ZMB 435. *T. saccolaimus* subsp.: 1 Ex., ♀, S-Sulawesi, leg. RIBBE u. KÜHN 1883, MD B 1538. *T. affinis*: 2 Ex., ♂♂,

1) Dank gebührt Herrn Dr. H. HACKETHAL (Berlin) für freundliche Unterstützung.

| (Maße in mm) | Körperlänge | | | Schwanzlänge | | | Unterarmlänge | | |
|---|---|---|---|---|---|---|---|---|---|
| | n | min.-max. | $\bar{x}$ | n | min.-max. | $\bar{x}$ | n | min.-max. | $\bar{x}$ |
| Djawa (Java) | 17 | 88-95 | 93,8±2,2 | 17 | 24-31 | 28,1±4,0 | 18 | 69-74 | 72,5±1 |
| Kalimantan (Borneo) | 2 | 93-95 | | 2 | 26 | | 2 | 69-72 | |
| Sulawesi (Celebes) | - | - | | - | - | | 1 | 76 | |

Parit Sampit (Tjempaga)/SW-Kalimantan, leg. J.J. MENDEN, 19.6.1935, 3.7.1935, ZMB 48338, 48339; 2 Ex. ohne Herkunftsangabe, MD, ZMB.

## Zeichnung und Färbung

Diesbezügliche Unterschiede zwischen Männchen und Weibchen ließen sich an dem Material aus Djawa nicht finden. In der Zeichnung unterscheidet sich bekanntlich *T. affinis* durch das bis auf die Flughäute ausgedehnte Cremeweiß der Unterseite von *T. saccolaimus*. Oberseits sind die Exemplare auf braunem Grund ebenso weiß getüpfelt wie die meisten Stücke von *T. s. saccolaimus*. Von *T. affinis* hat das Ex. ZMB 48338 nur einen weißen Tupfer oberseits, das Ex. ZMB 48339 ist regelmäßig getüpfelt und besitzt vor der Schwanzflughaut einen weißen Saum. Unterseite und Oberseite sind scharf voneinander getrennt. Das trifft aber ebenfalls für *T. s. saccolaimus* zu, wird nur deshalb und dann nicht so deutlich, wenn die Unterseite relativ dunkel gefärbt ist. Hier zeigen sich erhebliche Unterschiede von dem üblichen gelblichbraunen Farbton. GOODWIN (1979) fand unter 3 Paratypoiden und 10 weiteren Exemplaren ein Stück mit abweichender Unterseitenfärbung ("... much paler and less yellow ventrally than other specimens from Java."). Von den 18 von mir untersuchten Tieren wiesen drei Stücke ebenfalls eine solche Ventralfärbung auf, 2 ♂♂, 1 ♀, wovon 2 Exemplare durch ein relativ wenig abgenutztes Gebiß auffielen. Ein anderes Exemplar ist unterseits fast ockerfarben und ist dem lediglich helleren Tier von Sulawesi sehr ähnlich. Während das Exemplar von Djawa oberseits ein helleres Braun als die anderen Stücke vom selben Fundort aufweist, unterscheidet sich das Tier von Sulawesi von den letztgenannten nicht. Von 18 Exemplaren aus Djawa haben 14 eine gut ausgeprägte Tüpfelung auf der Dorsalseite, 4 eine schwache bzw. gar nicht ausgeprägte, darunter 2 mit einer sehr hellen Unterseite. An weiterem Material wird zu klären sein, ob altersbedingte oder individuelle Variation vorliegt.

## Größenverhältnisse und strukturelle Unterschiede

Die Maße am Schädel wurden mit einer kleinen Schublehre, die am Balg mit dem Stechzirkel genommen, andere (wie Körper- und Schwanzlänge) nach den Angaben des Sammlers J. J. MENDEN übernommen. Einige Größenangaben sind in der Tabelle zusammengestellt. Sie zeigen eine weitgehende Übereinstimmung zwischen *T. s. saccolaimus* und *T. affinis*. Das Exemplar von Sulawesi liegt in den Maßen in den meisten Fällen innerhalb der Variationsweite von *T. s. saccolaimus*. Bemerkenswert ist die etwas andere, an der Choanenöffnung spitzere Form das Palatinums bei den 2 vorliegenden Schädeln von *T. affinis*. *T. saccolaimus* ist dort breiter.

| Condylobasallänge | | | Jochbogenbreite | | | Zahnreihenlänge, oben Alveolen, Minimum | | | Mastoidweite | | |
|---|---|---|---|---|---|---|---|---|---|---|---|
| | min.-max. | $\bar{x}$ | n | min.-max. | $\bar{x}$ | n | min.-max. | $\bar{x}$ | n | min.-max. | $\bar{x}$ |
| 7 | 22,3-23,8 | 23,0±0,4 | 16 | 15,7-17,1 | 16,6±0,4 | 18 | 10,0-11,1 | 10,5±0,3 | 18 | 13,5-14,6 | 14,1±0,3 |
| 2 | 21,8-22,2 | | 2 | 15,5-16,2 | | 2 | 9,8-10,0 | | 2 | 13,0-13,6 | |
| 1 | 23 | | 1 | 17,1 | | 1 | 10,8 | | 1 | 14,3 | |

Die auffällige Übereinstimmung zwischen *T. affinis* und *T. saccolaimus* und ihr weitgehender bzw. vollständiger geographischer Ausschluß machen ihre Konspezifität sehr wahrscheinlich. Ob beide gemeinsam vorkommen, bedarf der Überprüfung. ELLERMAN u. MORRISON-SCOTT (1951) erwähnen nur *T. saccolaimus* und geben ihre Verbreitung annäherungsweise für Sri Lanka (Ceylon), die Indische Halbinsel bis Bangladesh (Bengalen), wahrscheinlich Burma, die malaysischen Staaten, Sumatera (Sumatra) und Djawa (Java) an. Nach CHASEN (1940) kommt auch *T. affinis* in den malaysischen Staaten sowie auf Sumatera, Kalimantan und Djawa vor. Er schreibt von *T. saccolaimus*: "... and have the white areas on the wings more extensive than in three topotypes of *saccolaimus*." Das Weiß auf den Flughäuten charakterisiert jedoch *T. affinis*. GOODWIN (1979) hält es für wahrscheinlich, daß der in Queensland vorkommende *T. nudicluniatus* und *T. saccolaimus* konspezifisch sind. Das Verbreitungsgebiet der Art würde dann bis N-Australien reichen. Interessant ist die Art *T. longimanus*, die in *T. longimanus leucopleurus* von Flores eine Subspezies mit weißen Flughäuten besitzt. An weit mehr Material, als mir zur Verfügung stand, ließen sich zweifellos Artgrenzen und innerartliche Ausformung besser charakterisieren.


## Summary

TAPHOZOUS SACCOLAIMUS TEMMINCK, 1841 IN SULAWESI (CELEBES)

The first record of *Taphozous saccolaimus* from Celebes is given. Only one specimen still exists in Museum fuer Tierkunde Dresden which differs only little from *T. s. saccolaimus* of Java.


## Literatur


CHASEN, F. N., 1940: A handlist of Malaysian Mammals. A systematic list of the mammals of the Malay Peninsula, Sumatra, Borneo, and Java, including the adjacent small islands. - Bull. Raffl. Mus. **15**. Singapore.

ELLERMAN, J. R. u. T. C. S. MORRISON-SCOTT, 1951: Checklist of Palaearctic and Indian Mammals 1758-1946. London (British Museum).

DOBSON, G. E., 1875: Description of a new species of *Taphozous* from Labuan. - Ann. Nat. Mag. N. H., IV. Ser. **16**, 232.

GOODWIN, R. E., 1979: The bats of Timor, systematics and ecology. - Bull. Am. Mus. Nat. Hist. **163**, 2,73-122.

GROVES, C. P., 1976: The origin of the mammalian fauna of Sulawesi (Celebes). - Z. f. Säugetierk. **41**, 4,201-216.

LAURIE, E. M. O. u. J. E. HILL, 1954: List of land mammals of New Guinea, Celebes and adjacent islands 1758-1952. London (British Museum).
POHLE, H., 1950: Zur Säugetiergeographie der Kleinen Sundainseln. In: JORDANS, A. u. F. PEUS, Syllegomena biologica, Festschrift 80. Geburtstag O. Kleinschmidt, 319-346. Leipzig u. Wittenberg Lutherstadt.
TATE, G. H. H., 1941: Notes on oriental *Taphozous* and allies. Results of the Archbold expeditions No. 37. - Am. Mus. Novit. No. **1141**.
TEMMINCK, C. J., 1841: Monographies de Mammifères, **2**, 285-287, Abb. LX.

Anschrift des Autors:

Dr. A. Feiler, Staatl. Museum f. Tierkunde Dresden, Außenstelle Moritzburg,
DDR - 8105 Moritzburg, Fasanenschlößchen.

ZOOLOGISCHE ABHANDLUNGEN

STAATLICHES MUSEUM FÜR TIERKUNDE IN DRESDEN

Band 36 Ausgegeben: 30. April 1980 Nr. 12

# Ergänzende Bemerkungen zu den Testudiniden Madagaskars (Reptilia, Chelonia, Testudinidae)

Mit 1 Abbildung

FRITZ JÜRGEN OBST
Dresden

Aktualität einer wissenschaftlichen Fragestellung beweist sich nicht selten dadurch, daß sie an verschiedenster Stelle von verschiedenen Personen unter - leider auch - verschiedenen Umständen zu lösen versucht wird. Ich habe das Vergnügen, mich mit dem etwa gleichzeitig zu meinen "Beiträgen zur Kenntnis der Testudiniden Madagaskars" erschienenen wertvollen Aufsatz meines sehr verehrten Kollegen Roger BOUR "Les tortues actuelles de Madagascar: liste systématique et description de deux sous-espèces nouvelles" hier auseinandersetzen zu können und die Ergebnisse zu vergleichen. Ich glaube, daß nach meinen kritischen Bemerkungen zu den Studien an madagassischen Testudinidae durch VUILLEMIN bzw. VUILLEMIN et DOMERGUE besondere Notwendigkeit des Ausdruckes meiner kollegialen Hochachtung vor den Ergebnissen von BOUR besteht.

## 1. Zu Pyxis arachnoides BELL

Auf Grund des reichen Materials aus dem gesamten Areal der Art im Süden und Südwesten Madagaskars gewann BOUR eine Erklärung für die Deutung von *Pyxoides brygooi*, deren Logik man sich nicht entziehen kann. Die Beweglichkeit des vorderen Plastrallappens wurde von ihm als ein geographisch variierendes Merkmal erkannt, dessen Ausprägung in den Populationen von Süd nach Nord abnimmt. Meine Diskussion, daß die Beweglichkeit des Plastrallappens zudem vom Alter der Individuen abhängt, wird dadurch nicht hinfällig. BOUR konnte außerdem aufzeigen, daß das Areal von *Pyxis arachnoides* in drei (wahrscheinlich voneinander isolierte) Populationsgruppen zerfällt. Die beiden südlichsten mit gut beweglichen Plastrallappen unterscheiden sich noch dazu eindeutig hinsichtlich der Zeichnung bzw. Zeichnungslosigkeit des Plastrons. Ich halte die davon abgeleitete subspezifische Trennung beider Gruppen in die südlichste, als *Pyxis arachnoides matzi* BOUR neu beschriebene, und mittlere, als Nominatform *Pyxis arachnoides arachnoides* BELL, für voll gerechtfertigt. Ebenso schließe ich mich der logisch daraus folgenden Taxierung der nördlichsten Gruppe mit starrem Plastron als *Pyxis arachnoides brygooi* (VUILLEMIN et DOMERGUE) an. Durch die partielle Revalidisierung dieses Taxons sehe ich meine Argumente, mit denen ich die Synonymisierung unter *Pyxis arachnoides* begründete, dennoch erfreulich bestätigt. Ich bedauere nur, daß mir nicht mehr *Pyxis*-Material mit exakten Fundortangaben und im adulten Zustand vorlag, um die geographische Abhängigkeit dieses Taxons erkennen zu können. Um so mehr gratuliere ich Kollegen BOUR zur erfolgreicheren Auseinandersetzung mit dem diskutierten Problem!

## 2. Zu Acinixys planicauda (GRANDIDIER) und Testudo morondavaensis VUILLEMIN

Aus der umfassenden Sicht des *Pyxis/Pyxoides*-Problem ergibt sich die von BOUR erkannte Stellung dieser Testudiniden sowohl zoogeographisch als auch hinsichtlich ihrer klinalen Merkmalsentwicklung mit verblüffender Logik: Die Population der flachrückigeren, stets mit starrem Plastron ausgerüsteten Testudiniden von Moroundava ist das nördlichste Glied einer direkt zusammenhängenden Populationskette! Der von BOUR getroffenen generischen Zuordnung von *planicauda* (= *morondavaensis*) zu *Pyxis* kann ich unter Revision meiner Meinung nur zustimmen. Ich habe bislang nur vier Exemplare von *Pyxis planicauda* gesehen und untersuchen können (l. c., p. 51), und diese leider infolge der Ausleihumstände auch nicht gleichzeitig. Auffällig in Erinnerung ist mir die frappierende Übereinstimmung im Zeichnungsduktus und der Färbung bei manchen *Pyxis arachnoides* und *Pyxis planicauda* (vgl. l. c., Abb. 1a-c mit 13a-c!). Ebenso fühlte ich mich anhand meiner Untersuchungen nur in der Lage, die Identität der Extremitätenbeschuppung zwischen *Acinixys planicauda* und *Testudo morondavaensis* aufzuzeigen (vgl. l. c., Abb. 13f und 14f). Vergleiche ich heute noch einmal die Detailfotos der Vorder- und Hinterextremitäten von *Pyxis arachnoides* und *Pyxis planicauda*, so muß ich die Unterschiede als äußerst subtil bezeichnen! Beide Arten besitzen auf der Innenseite der Hinterextremitäten eine einfache Reihe von 3-4 stark vergrößerten Schuppen, die fußwärts an Größe zunehmen, und die ich als ein wertvolles pholidiagnostisches Merkmal der Gattung *Pyxis* betrachten möchte (vgl. dazu Abb. 1a+b). Der morphologische und phylogenetische Abstand zwischen beiden Formen erscheint mir nach der erleuchtenden Sicht BOURs nur so gering, daß mir selbst eine subgenerische Trennung beider Formen, an der BOUR in seiner Liste noch festhält, nicht mehr gerechtfertigt erscheint. Im Gegenteil halte ich es für möglich, daß wünschenswerte serologische und anatomische Vergleiche auf zuverlässig breiter Materialbasis Argumente liefern könnten, auch die artliche Trennung von *arachnoides* und *planicauda* in Frage zu stellen. Anhand der mir ausschließlich zur Verfügung stehenden morphologischen Vergleichsmöglichkeiten muß ich jedenfalls feststellen, daß die morphologische Ähnlichkeit beider Formen e r h e b l i c h größer ist als beispielsweise die der mediterranen *Testudo graeca* und *Testudo hermanni* oder zwischen den madagassischen *Asterochelys radiata* und *Asterochelys yniphora*! Es besteht durchaus die Möglichkeit, daß sich bei der Untersuchung des Problems - an dem mich der Mangel an Untersuchungsgut hindert - eindeutig ergibt, daß sich sämtliche allopatrische Populationen von *Pyxis* im Südwesten Madagaskars als ein und dieselbe polytypische Art erweisen, im geringsten Falle aber zumindest sich *arachnoides* und *planicauda* als allopatrisches Artenpaar darstellen. Interessant erscheint mir in diesem Zusammenhang auch die Tatsache, daß sich die an der Peripherie des Areals siedelnden Populationen - also *planicauda* und *arachnoides matzi* - stark hinsichtlich der Zeichnung und Färbung des Plastrons ähneln, während die zentralen Populationen (*arachnoides arachnoides* und *arachnoides brygooi*) ein zeichnungsloses Plastron besitzen.

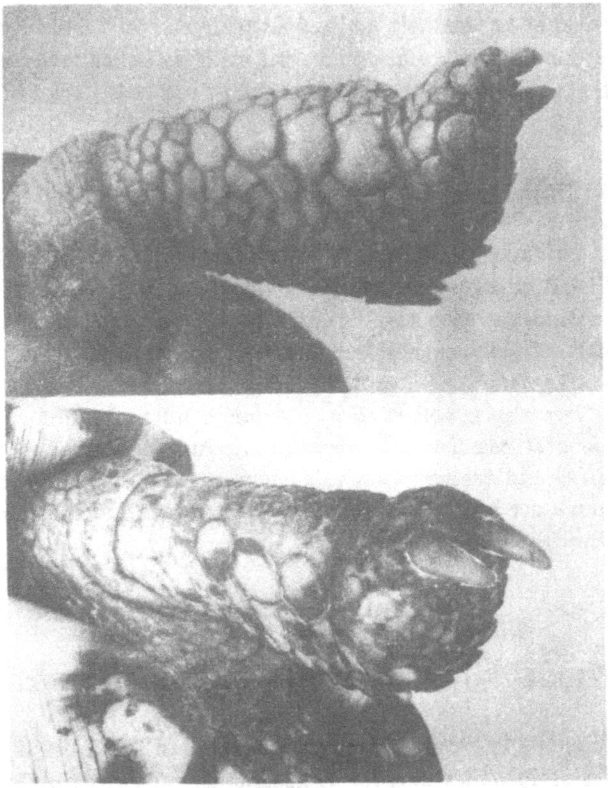

Abb. 1a+b. Ventrale Ansicht der linken Hinterextremität mit der charakteristischen Reihe vergrößerter Schuppen.
1a (oben): *Pyxis arachnoides arachnoides* BELL - 1b (unten): *Pyxis planicauda* (GRANDIDIER).

### 3. Zu Kinixys belliana GRAY und Madakinixys domerguei VUILLEMIN

Die gleiche Auffassung zwischen BOUR und mir hinsichtlich der Zuordnung der madagassischen Gelenkschildkröten zu *Kinixys belliana* GRAY erfreut mich ebenso wie der diesbezügliche Schritt von WERMUTH u. MERTENS (1977) (übrigens auch hinsichtlich der Bewertung der anderen diskutierten Taxa von VUILLEMIN!). Hinsichtlich der zoogeographischen Situation habe ich mit meinen Abbildungen 15a-c und 16a-c (l.c.) auch der Auffassung BOURs ein Argument geliefert, die Identität der nordmadagassischen *Kinixys*-Population mit den südostafrikanischen Vertretern der Art (ZMB 235 von Mocambique) zu verdeutlichen. Die von BOUR vertretene Bewertung der südostafrikanischen *Kinixys belliana* als Subspezies *zombensis* HEWITT betrachte ich als wertvollen Diskussionsbeitrag zur weiteren Aufklärung der subspezifischen Gliederung der Art. Bei der möglichen Bestätigung der Validität von *Kinixys belliana zombensis* HEWITT im Rahmen einer gründlichen Revision von *Kinixys belliana* und der schlüssigen Zuordnung auch der madagassischen *Kinixys belliana* zu eben dieser Subspezies würde sich der schon lange geäußerte Verdacht einer Verschleppung dieser

Art durch den Menschen nach Madagaskar erhärten. Problematisch bleiben solche Auffassungen jedoch in hohem Maße. Nur selten klären sich "mysteriöse" Fälle der Schildkrötenfauna so heiter wie die durch die Verschleppung von madagassischen *Asterochelys radiata* nach Hinterindien oder gar auf eine Südsee-Insel verursachten Rätsel!


## Zusammenfassung

1. Es werden die Befunde BOURs (1978) mit denen von OBST (1978) verglichen. Dabei wird der durch BOUR erfolgten Taxierung von *Pyxoides brygooi* als geographische Subspezies zu *Pyxis arachnoides* ebenso zugestimmt wie der Gliederung dieser Art in zwei weitere Subspezies, die sich deutlich geographisch aneinanderreihen: *Pyxis arachnoides arachnoides* und *Pyxis arachnoides matzi*.
2. Die generische Vereinigung von *Pyxis* und *Acinixys* unter dem prioritätsberechtigten Namen *Pyxis* wird lebhaft begrüßt. Die subgenerische Aufrechterhaltung von *Acinixys* innerhalb *Pyxis* wird auf Grund der außerordentlichen morphologischen Ähnlichkeit angezweifelt.
3. In der Feststellung der Identität der madagassischen mit den südostafrikanischen *Kinixys* stimmen BOUR und OBST überein.



## Summary

ADDITIONAL NOTES ON THE TESTUDINIDS OF MADAGASCAR

1. The results of BOUR (1978) are compared with those of OBST (1978). The author agrees with the valuation of *Pyxoides brygooi* as geographic subspecies of *Pyxis arachnoides* by BOUR just as the separation of that species into two further subspecies which are clearly arranged in a geographic row: *Pyxis arachnoides arachnoides* and *Pyxis arachnc' 'es matzi*.
2. The generic combination of *Pyxis* and *Acinixys* to *Pyxis* (this latter name has the priority) is warmly welcomed. The maintenance of *Acinixys* as subgenus within the genus *Pyxis* is considered as dubious by reason of the extraordinary morphologic similarity.
3. In regard of the statement of identity between *Kinixys* specimens from Madagascar and South-East Africa BOUR and OBST are of the same opinion.


## Literatur


BOUR, R., 1978: Les tortues actuelles de Madagascar (République malgache): liste systématique et description de deux sous-espèces nouvelles (Reptilia-Testudines). - Bull. Soc. Et. sci. Anjou, N.S. **10**: 141-154.

OBST, F. J., 1978: Beiträge zur Kenntnis der Testudiniden Madagaskars (Reptilia, Chelonia, Testudinidae). - Zool. Abh. Mus. Tierk. Dresden **35**, Nr. 2: 31-54.



Anschrift des Autors:

Dipl.-Biol. F. J. Obst, Staatliches Museum für Tierkunde Dresden, DDR - 801 Dresden, Augustusstraße 2.

Staatliches Museum für Tierkunde in Dresden

## Übersicht über die herausgegebenen Publikationen

**Reichenbachia**

Fachgebiet: Taxonomie (Neubeschreibungen, Revisionen und andere taxonomische Arbeiten mit geringem Umfang).

Tiergruppen: Insecta, Myriapoda, Arachnida.

**Entomologische Abhandlungen**

Fachgebiete: Taxonomie (Bestimmungstabellen, Monographien und andere taxonomische Arbeiten mit größerem Umfang), Phylogenie, Evolution, Morphologie, Anatomie, Biologie, Ökologie, Zoogeographie.

Tiergruppen: Insecta, Myriapoda, Arachnida.

**Faunistische Abhandlungen**

Fachgebiet: Faunistik. Diese Reihe dient auch zur Veröffentlichung faunistischer Kurzmitteilungen.

Tiergruppen: alle Gruppen mit Ausnahme der Protozoa.

**Zoologische Abhandlungen**

Fachgebiete: Taxonomie, Phylogenie, Evolution, Morphologie, Anatomie, Biologie, Ökologie, Zoogeographie.

Tiergruppen: Vertebrata; daneben Evertebrata mit Ausnahme der Insecta, Myriapoda, Arachnida, Mollusca und Protozoa.

**Malakologische Abhandlungen**

Fachgebiete: Taxonomie, Phylogenie, Evolution, Morphologie, Anatomie, Biologie, Ökologie, Zoogeographie.

Tiergruppe: Mollusca.

## Übersicht über die erschienenen Publikationen

Nach 1945 erschienen folgende Bände:

**Abhandlungen und Berichte aus dem Staatlichen Museum für Tierkunde in Dresden**

Bände 21 (1953) – 25 (1960)
(Band 21 ist vergriffen)

Ab 1961 wurden die „Abhandlungen und Berichte aus dem Staatlichen Museum für Tierkunde in Dresden" in zwei Reihen unterteilt:

**Entomologische Abhandlungen**

Ab Band 26 (1961–1962) ff.
Zu den Bänden 36, 37, 39 und 40 erschienen Supplementbände.

**Zoologische Abhandlungen**

Ab Band 26 (1961–1964) ff.
Ab Band 26 ohne Insecta, ab Band 27 ohne Mollusca.
(Bände 26–29 sind vergriffen).

Im Zeitraum von 1962–1964 wurden zusätzlich die folgenden Reihen neu eingerichtet:

**Reichenbachia**

Ab Band 1 (1962–1963) ff.

**Faunistische Abhandlungen**

Ab Band 1 (1963–1966) ff.

**Malakologische Abhandlungen**

Ab Band 1 (1964–1967) ff.

Alle genannten Reihen erscheinen fortlaufend, jedoch zwanglos und ohne feste Bindung an das Kalenderjahr.

III-9-16 Jt 1943/75 10 T. (30045/9)

FSC
www.fsc.org
MIX
Papier | Fördert gute Waldnutzung
FSC® C083411

Kolibri 360 GmbH
Ferdinand-Jühlke-Straße 7
99095 Erfurt, Deutschland
produktsicherheit@kolibri360.de